KB261989

시퀀스 제어
이론과 실험

윤만수 편저

 일진사

개정판을 내면서...

생산 현장의 자동화는 인간을 육체적, 정신적 노동으로부터 해방시켜 산업의 생산성을 높일 뿐만 아니라, 인간의 생활 수준을 향상시키기 위해 끊임없이 추구해 온 과제들이다.

이번 개정판에서는 가장 기본이 되는 시퀀스 제어의 이론과 실무 지식을 알기 쉽게 체계적으로 자세히 설명함으로써 초보자를 위한 기술 습득과 실무 능력 향상을 위해 다음 사항에 역점을 두었다.

첫째, 전기 분야는 물론, 기계 분야 등 산업 현장에서 꼭 필요한 지침서가 되도록 하였다.

둘째, 초보자를 위한 시퀀스 제어의 이론적인 개념과 전자 제어 및 시퀀스 제어의 실체 배선도를 구성함으로써 실험을 통한 기초 지식을 쌓도록 하였다.

셋째, 일상 생활에 사용되는 자동화 설비의 예를 수록하여 현장 적응력을 높이도록 하였다.

넷째, 자동화 설비의 회로도를 PLC 제어에도 적용하여 활용할 수 있도록 하였다.

특히, 이 책을 수정·보완함에 있어서 불충분한 시퀀스 제어 회로도의 동작 설명을 좀더 상세히 설명하였으며, 실체 배선도는 독자들이 직접 작성하도록 수정하였다.

끝으로, 어려운 여건 속에서도 개정판을 출간하는 데 아낌없는 노력을 해 주신 도서출판 **일진사** 직원 여러분에게 깊은 감사를 드린다.

저자 씀

차 례

1장

자동제어의 개념

— *2*장

시퀀스 제어

— *3*장

전기용 기호

---

*4*장 시퀀스 제어용 기기

4. 제어 기기 …………………………………………………………… 161

5. 구동용 기기 …………………………………………………………… 181

6. 전동기 …………………………………………………………………… 187

5장

공사 방법 및 계기 사용법

1. 전 선 …………………………………………………………………… 192

*6*장

논리대수

— *7*장 ——————————————————————

시퀀스 제어 회로

*8*장

시퀀스 제어 실험

제 1 장

자동제어의 개념

1. 개 요

역사가 시작되면서 인류는 많은 것을 필요로 하게 되었다. 1763년에 와트 (Watt, James) 가 증기 기관을 발명한 것은 산업 분야에 일대 혁명을 가져왔다.

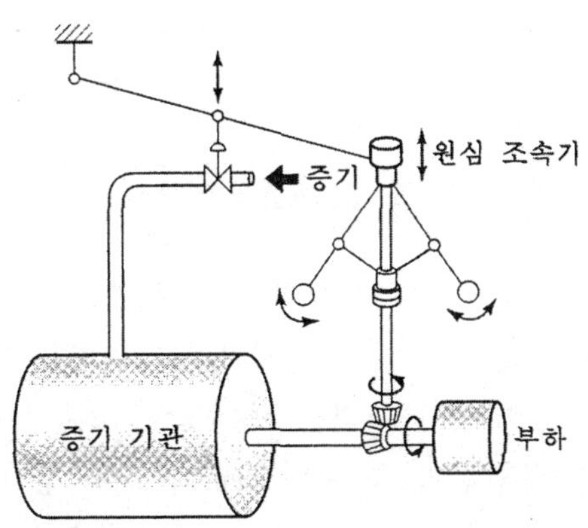

그림 1-1 증기 기관의 원심 조속기

　그 후 동력 기관의 속도를 제어할 수 있는 원심 조속기(governor)의 개발을 기점으로 자동화는 맥스웰(J. C. Maxwell), 루소 (E. J. Routh), 나이퀴스트 (H. Nyquist), 보드 (H. Bode) 등에 의하여 연구·개발되었으며, 현재에는 우리들 생활 주변에까지 영향을 끼쳐 작게는 가전 제품 및 일상 생활의 편리함과, 크게는 공작 기계, 기구 등의 산업 기계, 원자력 발전소, 우주 로켓 등의 최첨단 분야에까지 다양하게 응용 및 실용화되고 있다.

1 - 1 제어의 종류

제어(control)라 함은 어떤 주어진 동작을 하도록 만들어진 물리계에 그 동작이 바라는 바와 같이 되도록 하기 위하여 물리계에 필요한 조작을 가하는 것으로 수동 제어와 자동 제어로 구분한다.

(1) 수동 제어 (manual control)

제어 공정의 운전 상태나 제품의 품질이 인간에 의해서 감시되어 목표값의 차이를 인식하고 이를 수정하기 위한 조작이 인간의 손에 의해서 행해지는 경우 이를 수동 제어라고 한다.

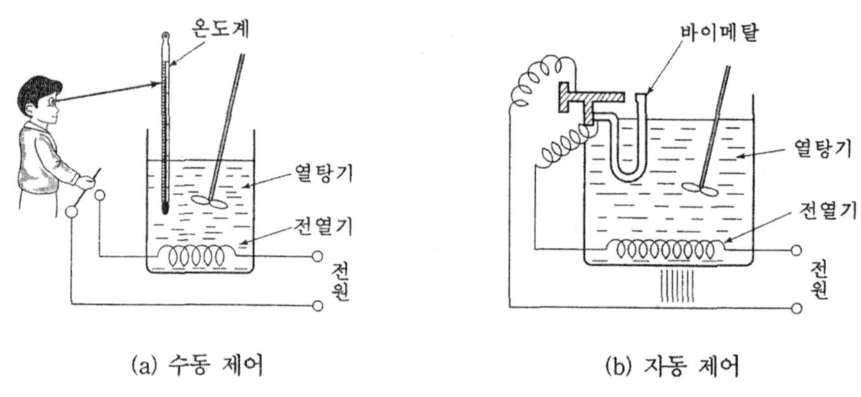

그림 1 - 2 액온의 제어

물의 온도를 제어하는 경우 열탕기에 설치된 온도계의 눈금을 보고 그 온도가 임의로 설정한 목표 온도 60℃ 보다 낮을 경우에는 전열기의 스위치를 투입하고 목표 온도 60℃ 보다 높을 경우에는 스위치를 개방하는 액온 제어에서, 그림 1−2 (a)와 같이 열탕기 내의 온도를 온도계로 측정한 측정값과 액온의 목표 온도를 정한 목표값에 대한 편차의 여부를 인간이 판단하고 그 편차를 제어하는 조작을 인간이 직접 행하는 경우에는 수동 제어이다.

(2) 자동 제어 (automatic control)

제어 공정의 운전 상태나 제품의 품질이 인간이 아닌 기계 또는 기구 자체에 의해서 행해지는 경우 이를 자동 제어라고 한다.

그림 1−2 (b)와 같이 측정값과 액온의 목표 온도를 정한 목표값에 대한 편차의 여부를 바이메탈 (bimetal)을 사용한 온도 조절기에 의해서 물의 온도를 제어하는 경우가 자동 제어이다.

1-2 제어계의 블록 선도

그림 1-2에서 제어되는 제어 대상은 전열기의 열탕기, 제어량은 열탕기의 온도, 제어량을 검출하는 검출기는 온도계이다. 제어량과 목표값과의 차이인 제어 편차를 감지하여 적당한 조작량을 제어 대상에 주기 위한 요소로는 인간과 온도 조절기를 들 수 있다. 이들 각 요소 사이를 출입하는 물리적 양의 관계를 그 제어계 전체의 구성이나 성질을 이해하기 쉽게 표시한 것이 블록 선도이다. 그림 1-2의 액온 제어를 그림 1-3과 같이 블록 선도로 표시할 수 있다.

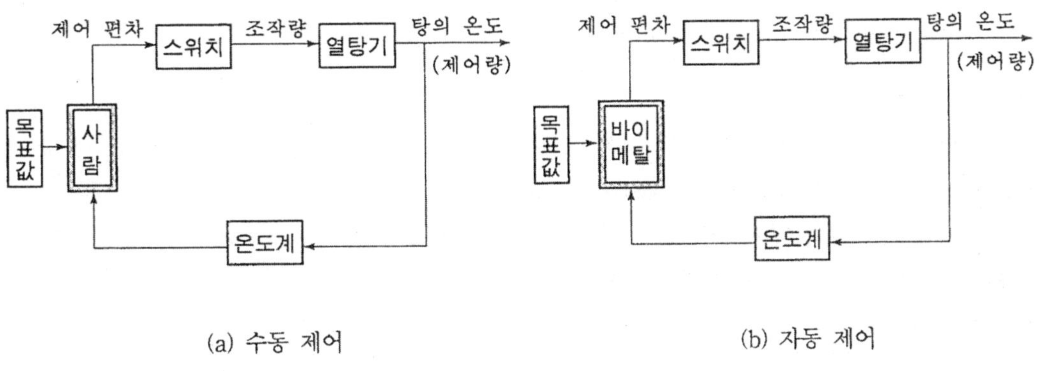

(a) 수동 제어   (b) 자동 제어

그림 1-3 액온 제어계의 블록 선도

(1) 제어 (control)

제어 대상물의 상태를 사람이 원하는 상태로 조절하는 행위를 제어라 한다.

(2) 제어 대상 (controlled system)

제어량을 발생시키는 장치로서 제어계에서 직접 제어를 받는 장치로 전열기의 열탕기를 제어 대상이라 한다.

(3) 제어량 (controlled variable)

제어하려는 물리량으로 전압, 전류, 주파수, 온도, 속도, 시간, 유압, 유량, 순서, 위치, 방향 등을 제어량이라 한다.

(4) 제어 명령 (control instruction)

스위치의 개폐 작용, 전압 조정기의 개폐 작용 등을 사람이 원하는 상태로 조정하는 것을 제어 명령이라 하며, 입력 제어 신호에는 디지털 신호와 아날로그 신호가 있다.

1-3 제어 명령

제어와 제어량을 원하는 상태로 입력하는 제어 명령에는 정성적 제어와 정량적 제어로 구분한다.

(1) 정성적 제어 (qualitative control)

제어 대상에 대하여 미리 일정한 시간 간격을 기억시켜 제어 회로를 ON / OFF 또는 유·무의 상태만으로 제어하는 제어 명령이 두 개의 값만의 성질을 가지고 있는 제어계이며, 이산 정보 (discrete information)와 디지털 정보 (digital information)가 있다.

(2) 정량적 제어 (quantitative control)

제어 대상에 대하여 온도, 압력, 위치, 속도, 전압 등과 같은 물리적 양을 어떤 크기로 제어하는 제어 명령이 무한개의 정보를 가지고 있는 제어계이며, 아날로그 정보 (analog information)와 연속 정보 (continuous information)가 있다.

그림 1-4 (a)의 전열기 제어는 발열량에 관계없이 스위치를 개폐하는 정성적 제어를 나타내며, 그림 1-4 (b)의 전기로 제어는 온도의 높고 낮음, 즉 제어량의 크기 및 양에 대하여 전압 조정기로 조정하는 정량적 제어를 나타내고 있다.

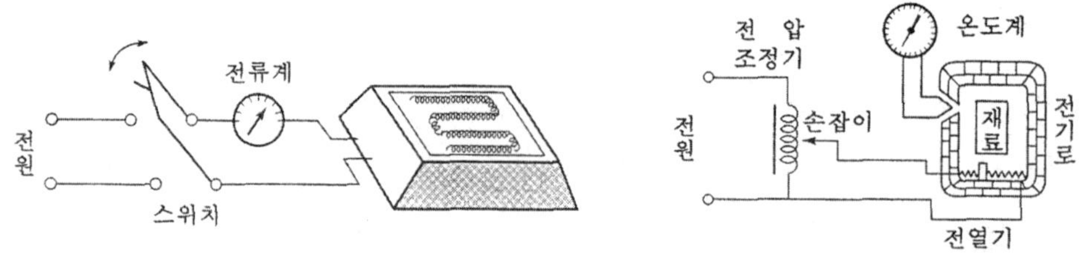

(a) 정성적 제어   (b) 정량적 제어

그림 1-4 제어 명령의 종류

공압용 커넥터

1-4 제어 신호

　제어 명령은 실제로는 물리량의 상태로 나타나며, 제어 신호는 물리량의 종류보다는 크기의 정도 및 변화하는 상태가 중요하며, 제어 신호에는 디지털 신호와 아날로그 신호가 있다.

(1) 디지털 신호 (digital signal)

　스위치 개폐의 상태를 나타내는 정성적 제어로서 ON / OFF의 두 종류의 상태를 나타내는 2진 신호 (binary signal)이다.

(2) 아날로그 신호 (analog signal)

　온도의 크기 및 변화를 나타내는 정량적 제어로서 제어량의 크기를 연속적으로 나타내는 신호이다.

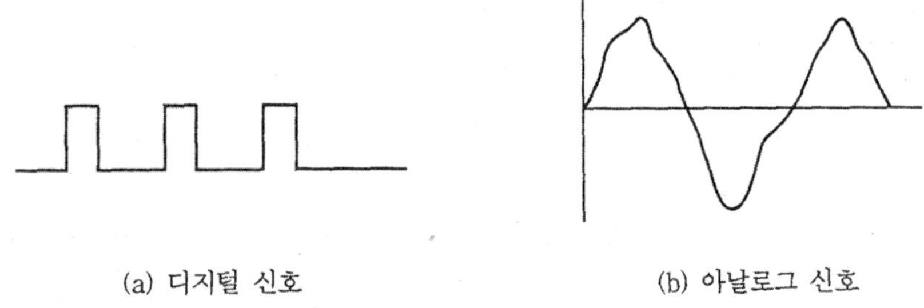

(a) 디지털 신호　　　　　　　　(b) 아날로그 신호

그림 1-5 제어 신호

❀ 동력용 스위치

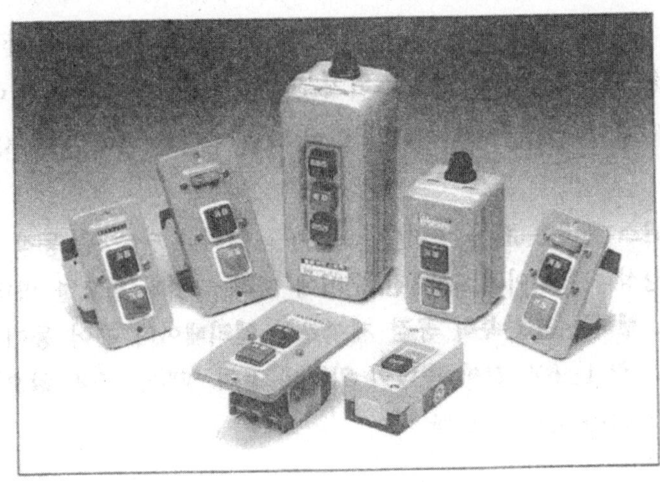

2. 자동 제어의 종류

자동 제어의 종류에는 분류 방법에 따라 여러 가지로 구분할 수 있으나 일반적으로 다음과 같이 구분한다.

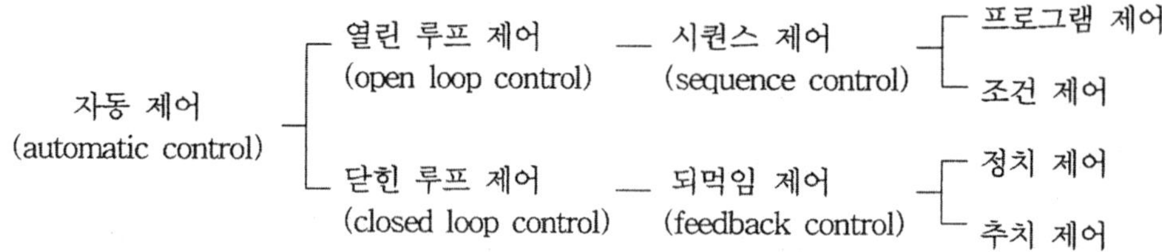

표 1-1 시퀀스 제어와 되먹임 제어의 비교

자동 제어	제어량	제어 신호	회 로	특 성
시퀀스 제어	정성적 제어	디지털 신호	개루프 회로	순서 제어
되먹임 제어	정량적 제어	아날로그 신호	폐루프 회로	비교 제어

2-1 시퀀스 제어 (sequence control)

전등을 점멸하는 제어 회로에 있어서 스위치 S_3의 개폐를 수동으로 조작하는 대신에 스위치 S_1을 조작하여 타이머를 사용하여 주 스위치 S_3을 동작하여 전등을 점멸하는 회로이다. 여기서 전등을 '켜라' 또는 '꺼라' 하는 외부에서 주어지는 명령을 실행하는 스위치 S_1의 개폐를 작업 명령이라 하고 스위치 S_2의 개폐를 제어 명령이라 하며, 스위치 S_1과 스위치 S_2 사이에 있는 타이머에 의하여 작업 명령과 제어 명령 사이에 명령 처리가 이루어진다.

이와 같이 시퀀스 제어는 제어 명령이 스위치를 열거나 닫는 두 동작 가운데 한 동작으로 행해지는 정성적 제어이며, 정해진 순서에 따라 그것에 필요한 명령 처리를 각 단계를 순차적으로 행하는 불연속적 공정 제어로서 엘리베이터 제어 등이 시퀀스 제어에 해당된다. 또한, 그림 1-6과 같이 출력이 입력에 전혀 영향을 주지 않으므로 열린 제어 회로 (open loop control)라고도 한다.

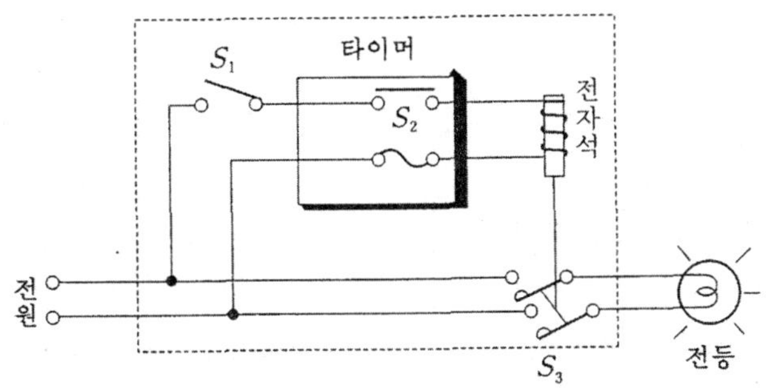

그림 1-6 시퀀스 제어의 예

(1) 시퀀스 제어계의 목적

① 시퀀스 제어(sequence control)의 정의 : 디지털 신호로 이루어지는 정성적 제어로서 미리 정해진 순서에 따라 제어의 각 단계를 순차적으로 행하는 열전 제어로 개루프 제어(open loop control)라 한다.

② 시퀀스 제어(sequence control)의 목적 : 시퀀스 제어 방식을 사용하는 목적은 제품의 생산, 제조, 공정 등에서 설비의 시동과 정지 작업이나 가공, 조립, 운반, 포장 등과 같은 기계 작업을 자동적으로 처리하여 작업 환경을 개선하는 것이 목적이다.

(2) 시퀀스 제어의 종류

① 명령 처리에 따른 분류

㈎ 순서 제어 : 기억과 판단 기구에 의하여 순차적으로 제어한다.

㈏ 한시 제어 : 기억과 시한 기구에 의하여 일정 시간에 따라 동작 상태를 제어한다.

㈐ 조건 제어 : 판단 기구에 의하여 일정한 조건에 따라 제어 명령을 결정하여 제어한다.

㈑ 프로그램 제어 : 기억과 판단 기구 및 시한 기구에 의하여 정해진 프로그램에 의해 제어한다.

② 제어 장치에 따른 분류

㈎ 유접점 제어 장치 : 릴레이, 전자 개폐기 등 전자 계전기의 기계적 유접점을 이용한 전기 제어 장치이다.

㈏ 무접점 제어 장치 : 다이오드, IC 등 반도체의 무접점을 이용한 전자 제어 장치이다.

㈐ PLC (Program Logic Controller) : 컴퓨터를 이용하여 시퀀스 회로를 프로그램화한 로직 제어 장치이다.

표 1-2 유접점 방식과 무접점 방식의 비교

항　목	유접점 방식	무접점 방식
동작의 빈번도	적은 경우에 사용한다.	많은 경우에 사용한다.
수　　　명	수명이 짧다.	수명이 반영구적이다.
작 동 속 도	ms 단위로 늦으며 한계가 있다.	μs 단위로 빠르다.
주 위 온 도	온도 특성이 양호하다.	열에 약하며 보호 대책이 필요하다.
환 경 조 건	진동이나 충격에 약하다.	진동이나 충격에 강하다.
서　　　지	전기적 노이즈에 안정하다.	노이즈에 약하며 안정 대책이 필요하다.
소 비 전 력	많다.	적다.
작동확인상태	용이하다.	테스트에 의해 가능하다.
장 치 의 외 형	일반적으로 크다.	작으므로 가장 큰 장점이다.
입 · 출 력 수	독립된 다수의 출력을 동시에 얻는다.	다수의 입력과 소수 출력이 용이하다.
전　　　원	직류 혹은 교류를 사용한다.	별도의 직류 전원이 필요하다.
가　　　격	소규모에서 염가이다.	대규모에서 염가이다.

(3) 시퀀스 제어계의 구성

① 시퀀스 제어계의 기본 구성 : 일반적으로 시퀀스 제어계는 그림 1-7과 같이 명령 처리부, 조작부, 제어 대상, 표시 경보부, 검출부 등으로 구성되며, 블록은 시퀀스 제어계의 각 구성 요소를 표시하고, 화살표는 제어계의 진행 방향을 나타낸다.

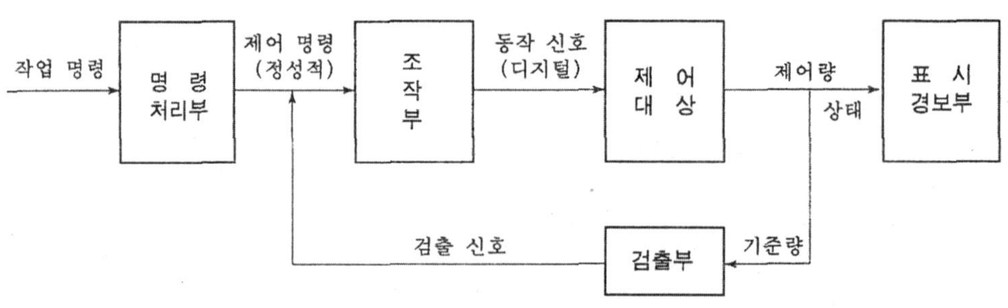

그림 1-7 시퀀스 제어계의 기본 구성

② 시퀀스 제어계 요소의 용어 : 시퀀스 제어계의 구성 요소에 대한 용어 설명은 다음과 같다.

　㈎ 작업 명령 : 제어계의 외부에서 주어지는 입력 신호를 말한다.

　㈏ 명령 처리부 : 작업 명령 또는 검출 신호를 미리 기억시켜 둔 신호에 의해서 제

어 명령을 만드는 부분을 말한다.

㈐ 제어 명령 : 제어부를 제어하는 입력 신호로 정성적 제어이다.

㈑ 조작부 : 제어 명령 신호를 증폭하여 제어 대상을 직접 제어하는 부분을 말한다.

㈒ 동작 신호 : 제어 대상을 조작하기 위한 제어 대상의 입력 신호로 디지털 신호이다.

㈓ 제어 대상 : 제어하고자 하는 목적의 장치 또는 기기를 말한다.

㈔ 표시 경보부 : 제어 대상의 상태를 표시하거나 또는 경보 신호를 발생시키는 부분을 말한다.

㈕ 제어량 : 제어 대상을 조작하기 위한 목적의 상태를 말한다.

㈖ 기준량 : 검출의 기준을 나타내는 신호를 말한다.

㈗ 검출부 : 제어량이 소정의 상태인지 표시하는 2진 신호를 발생하는 부분을 말한다.

㈘ 검출 신호 : 제어량이 소정의 조건을 만족하고 있는가를 지시하는 신호를 말한다.

2-2 되먹임 제어 (feedback control)

그림 1-8과 같이 전기로의 온도를 일정하게 유지시키기 위하여 전압 조정기를 사용한 전기로의 제어 회로에 있어서 시간에 따라 원하는 온도가 미리 정해진 목표값에 따라서 제어하려면 전압 조정기의 손잡이 위치를 조정하면 된다. 그러나 경우에 따라서는 주위의 온도나 전원 전압의 변화 또는 가열 물질의 크기에 따라 전기로의 온도가 변할 때가 있다.

이와 같이 목표값에 따라 제어하기 위해서는 전기로의 온도, 즉 제어량의 지시와 목표값의 지시를 비교하여 전기로의 온도를 일정하게 유지하는 되먹임 제어이다.

그림 1-9는 제어계의 목표값과 전기로의 온도를 측정한 제어량을 비교한 제어 편차를 증폭기로 증폭하여 전동기로 전압 조정기의 손잡이를 자동적으로 조정하는 되먹임 제어의 예를 나타내고 있으며, 프로세서 제어, 기계적 변위를 제어하는 추적 레이더, 전력 계통의 제어 계통 등이 되먹임 제어에 해당된다.

되먹임 제어계는 전기로의 온도에서 얻은 제어량 신호를 목표값이 있는 곳으로 되돌아오게 하여 비교함으로써 제어한다.

이와 같이 출력 신호를 입력 쪽으로 되돌아오게 하는 것을 되먹임이라 하고 되먹임에 의하여 목표값에 따라 자동적으로 제어하는 것을 되먹임 제어라 한다.

되먹임 제어계는 주로 양에 관한 것을 제어하므로 정량적 제어에 속하며, 되먹임을 하기 위하여 출력이 입력에 의해 제어되므로 닫힌 제어 회로 (closed loop control)라고도 한다.

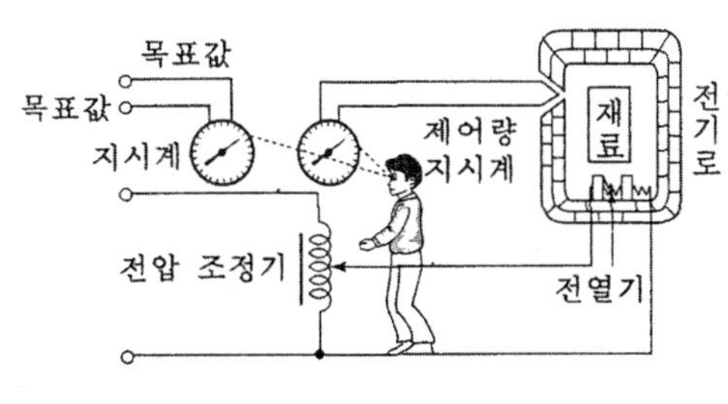

그림 1-8 전기로 제어

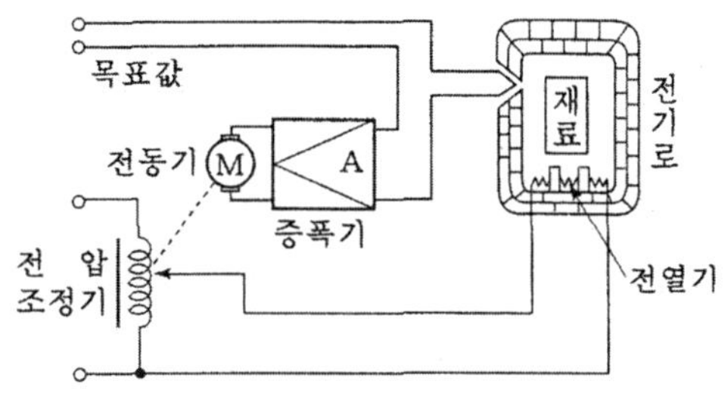

그림 1-9 되먹임 제어

(1) 되먹임 제어계의 목적

① 되먹임 제어(feedback control)의 정의 : 아날로그 신호로 이루어지는 정량적 제어로서 일정한 목표값과 출력값을 비교·검토하여 자동적으로 행하는 닫힌 제어로 폐루프 제어(closed loop control)라고 한다.

② 되먹임 제어(feedback control)의 목적 : 되먹임 제어는 출력과 기준 입력 사이의 오차를 줄일 목적으로 사용되나 안정도, 대역폭, 감도, 전체 이득 등 제어계의 제어 특성에도 영향을 끼치며 다음과 같은 장점이 있다.

  (가) 외부 조건의 변화에 대한 영향을 줄일 수 있다.

  (나) 제어기 부품들의 성능이 다소 나빠지더라도 큰 영향을 받지 않는다.

  (다) 제어계의 특성을 향상시킬 수 있다.

  (라) 목표값에 정확히 도달할 수 있다.

    한편, 제어계가 복잡해지고 제어기의 값이 비싸지며 전체 제어계가 불안정해질 수 있다는 단점이 있다.

(2) 되먹임 제어의 종류

① 제어계의 특성에 따른 분류

  (가) 선형 제어계 : 입력에 따라 출력이 비례하는 제어계이다.

  (나) 비선형 제어계 : 입력에 따라 출력이 비례하지 않는 제어계로 대부분의 물리계는 비선형 제어계이다. 그러나 수학적으로 취급하기 어려우므로 비선형 제어계를 작은 구간으로 나누어 선형 제어계로 간략화하여 해석한다.

② 제어 목적에 따른 분류

  (가) 정치 제어(constant value control) : 목표값이 시간적으로 변화하지 않는 일정한 제어를 의미하며 공정 제어와 자동 조정 등이 이에 속한다.

⑷ 추치 제어(follow up control) : 목표값이 시간적으로 변화하며 목표값에 제어량을 추종하도록 하는 제어를 의미하며, 자동 추미 또는 추종 제어라고도 하며 서보 제어가 이에 속한다.

③ 제어량의 종류에 따른 분류

⑺ 서보 기구 : 기계적 위치 방향, 자세 등을 제어량으로 하는 추치 제어로서 비행기 및 선박의 방향 제어계, 미사일 발사대의 자동 위치 제어계, 추적용 레이더, 자동 평형 기록계 등이 이에 속한다.

⑷ 공정 제어 : 온도, 압력, 유량, 액위, 농도, 비중 등을 제어량으로 하는 정치 제어로서 일반 화학 공장의 제어계, 석유 공장의 플랜트 제어계, 제지 공장의 제어계 등이 이에 속한다.

⒟ 자동 조정 : 속도, 회전력, 전압, 주파수, 역률 등을 제어량으로 하는 정치 제어로서 자동 전압 조정 장치, 발전기의 조속기 등이 이에 속한다.

(3) 되먹임 제어계의 구성

① 되먹임 제어계의 기본 구성 : 제어계의 가장 기본적인 구성 요소는 제어 대상이라 할 수 있으며, 동작 신호를 제어 대상의 조작량으로 바꾸어 주는 제어 요소와 목표값과 출력값을 비교하는 비교부 및 설정부와 조절부를 포함하는 조절기로 구성되어 있다.

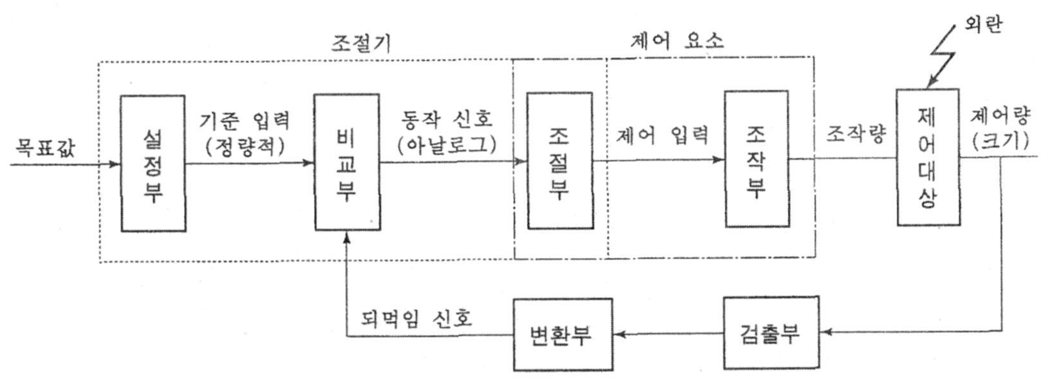

그림 1-10 되먹임 제어계의 기본 구성

② 되먹임 제어계 요소의 용어 : 되먹임 제어계의 구성 요소에 대한 용어 설명은 다음과 같다.

⑺ 목표값 (설정값) : 귀환 제어계의 속하지 않은 신호이며, 외부에서 제어량이 그 값을 갖도록 제어계에 주어지는 값으로 일정한 값일 때에는 설정값이라 한다.

㈏ 제어 명령 : 제어계에서 실제로 동작시키는 기준 신호로서 목표값에 비례하는 전압, 길이, 높이 등의 정량적 제어이다.

㈐ 비교부 : 기준 입력과 되먹임 신호를 비교하는 되먹임 제어계에만 있는 장치이다.

㈑ 동작 신호 : 기준 입력과 되먹임 신호와의 차이로 제어 동작을 일으키는 기본적인 신호로 아날로그 신호이며, 제어 편차라고도 한다.

㈒ 제어 요소 : 동작 신호에 따라 제어 대상을 제어하기 위한 조작량으로 변환시키는 장치로서 조절부와 조작부로 나누어지기도 한다. 이 제어 요소의 설계가 제어 공학의 가장 중요한 부분이다.

㈓ 조작량 : 제어 대상의 제어량을 제어하기 위하여 제어 요소를 만들어내는 회전력, 열, 수증기, 빛 등과 같은 것이 조작량이다.

㈔ 제어 대상 : 제어량을 발생시키는 장치로서 제어계에서 직접 제어를 받는 장치이다.

㈕ 외란 : 제어량의 값을 변화에 영향을 주는 외적인 입력 신호이다.

㈖ 제어량 : 제어 대상의 출력을 말하며 전체 제어계가 추구하는 목적은 제어량이 목표값을 가지도록 하는 것이다.

㈗ 되먹임 요소 : 제어량이 목표값과 일치하는가를 비교하기 위하여 되먹임시키는 장치이며 센서나 측정 장치가 이 되먹임 요소의 역할을 하는 경우가 많다.

㈘ 변환부 : 검출부에서 검출된 디지털 신호를 아날로그 신호로 변환하는 장치이다.

㈙ 되먹임 신호 : 제어량을 되먹임 요소에 의하여 변환시켜 얻는 신호이며 기준 입력과 같은 정량적 제어이다.

㈚ 조절기 : 설정부, 비교부, 조절부를 합하여 조절기라 한다.

이상은 되먹임 제어계의 기본 구성 요소들을 설명한 것이며 기준 입력 요소, 제어 요소, 귀환 요소 등을 통틀어 제어 장치라고 한다.

커넥터의 종류

3. 제어계

3-1 제어계의 종류

제어계는 제어 동작에 따라 개회로 제어계와 폐회로 제어계로 구분하고 있다.

(1) 개회로 제어계 (open loop control system)

개회로 제어계는 제어 동작이 출력과 전혀 관계가 없어 오차가 많이 생길 수 있고, 이 오차를 수정할 수 없는 단점이 있으나 간단한 제어계이기 때문에 가장 많이 사용한다. 이 제어계는 미리 정해진 순서에 따라서 제어의 각 단계가 순차적으로 진행되므로 시퀀스 제어라고도 한다. 예를 들면, 전기 세탁기는 사람 대신 세탁물을 세탁하는 자동 기계로 세탁 시간을 사람이 설정하면 세탁물의 세척 상태에 상관없이 세탁기는 정해진 시간 이후에는 정지하는 개회로 제어계이다.

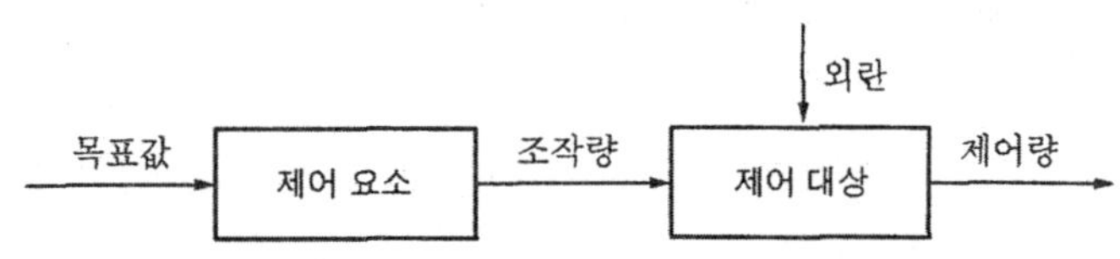

그림 1-11 개회로 제어계의 블록 선도

(2) 폐회로 제어계 (closed loop control system)

폐회로 제어계는 정확하고 신뢰성이 있는 제어를 하기 위해 제어계의 출력인 제어량이 목표값과 일치하는가를 비교하여 일치하지 않을 경우에는 그 차이에 비례하는 제어 신호를 제어요소에 다시 보내어 오차를 수정하도록 하는 궤환 경로를 가지고 있는 되먹임 제어계이다.

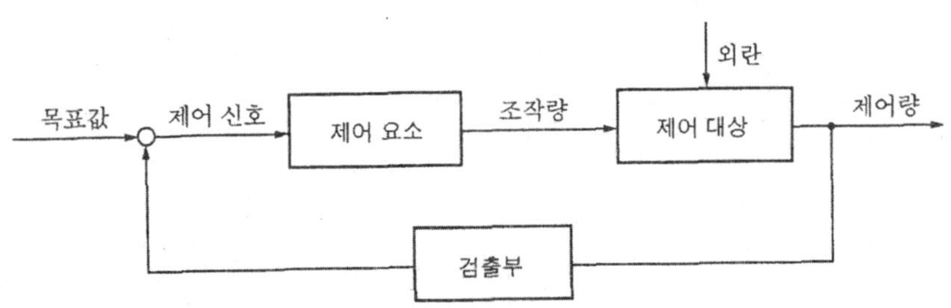

그림 1-12 폐회로 제어계의 블록 선도

3-2 제어계의 분류

자동 제어계는 제어계의 성격, 용도, 구성, 동작 등에 따라 분류되며 응용되는 분야도 다양하다. 자동 제어의 급속한 발전과 실제 적용이 확대됨에 따라 제어의 명칭이 늘어나고 있어 분류에 다소 차이가 있으나 다음과 같이 분류하고 있다.

(1) 제어량의 종류에 의한 분류

① 프로세서 제어 (process control) : 어떤 장치에 원료를 넣어서 이것에 물리적, 화학적 처리를 하여 목적하는 제품을 만드는 공정을 프로세서라 하며, 온도, 유량, 압력, 액위, 농도, 밀도 등의 공업 프로세서의 상태량을 제어량으로 제어하는 제어를 프로세서 제어라 한다.

　　응용의 예로서, 수조의 온도 제어, 대단위 화학 플랜트 등이 있다.

② 서보 기구 (servo mechanism) : 물체의 위치, 방위, 각도 등의 기계적 변위를 제어량으로 하고 목표값의 임의의 변화에 추종하는 것과 같이 구성된 제어 장치를 서보 기구 또는 서보계(servo system)라 한다.

　　응용의 예로서, 공작 기계, 공업 로봇 (robot), 로켓(rocket), 비행기 및 선박의 방향 제어계, 미사일 발사대의 자동 위치 제어계, 추적용 레이더, 자동 평형 기록계 등이 있다.

③ 자동 조정 (automatic regulation) : 회전기의 회전수 전압, 주파수, 압력, 온도 등의 전기적, 기계적인 양을 제어량으로 하고 목표값을 장시간 일정하게 유지하도록 구성된 제어 장치를 자동 조정이라 한다.

　　응용의 예로서, 컴퓨터의 자동 전원 조정 장치, 증기 기관의 조속기 등이 있다.

(2) 목표값의 시간적 변화에 의한 분류

① 정치 제어 (constant value control) : 목표값이 시간에 따라서 변화하지 않는 제어를 말하며, 목표값을 설정값이라 하고 프로세서 제어, 자동 조정 등이 이에 속한다.

② 추치 제어 (value control) : 목표값이 시간에 따라서 변화하는 제어를 말하며, 목표값에 정확히 추종하도록 설계한 제어계로서 서보 기구가 대표적인 예이고, 시간에 따라 목표값이 변화하는 상태에 따라 다음과 같이 분류한다.

　(가) 추종 제어(follow up control) : 목표값이 시간에 따라 임의로 변화하는 경우의 제어로서 대공포의 포신 제어, 자동 아날로그 선반 등이 이에 속한다.

　(나) 프로그램 제어(program control) : 목표값이 미리 정해진 변화량에 따라 변화하는 경우의 제어로서 열처리 노의 온도 제어, 무인 열차 운전 등이 이에 속한다.

㈐ 비율 제어(proportion control) : 목표값이 다른 양과 일정한 비율 관계를 가지고 변화하는 경우의 제어로서 보일러의 자동 연소 장치, 암모니아의 합성 프로세서 제어 등이 이에 속한다.

(3) 제어 장치의·에너지에 의한 분류

① 자력 제어 (direct control) : 조작부를 움직이는 데 별도의 동력을 필요로 하지 않고 조절기로부터 제어 신호 자체를 이용하는 제어로서 구조가 간단하고 동작이 확실하며 염가이다. 플랜트에 의한 액위 제어, 바이메탈에 의한 온도 제어 등이 이에 속한다.

② 타력 제어 (indirect control) : 조작부를 움직이는 데 별도의 동력을 필요로 하는 제어로서 자력 제어에 비해 구조가 복잡하고 비싸지만, 정보 처리, 조작 속도면에서 자력 제어보다 우수하다. 공기, 유압, 전기 등을 보조 동력으로 사용하고 위치 서보, 전기로의 온도 제어 등이 이에 속한다.

(4) 제어 동작에 의한 분류

제어 동작이란 어떤 동작 신호에 따라 조작량을 제어 대상에 주어 제어 편차를 감소시키는 동작을 말하며, 제어 동작의 연속성에 따라 분류한다.

① ON / OFF 동작 : 제어량이 설정값에서 어긋나면 조작부를 개폐하여 운전을 정지하거나 기동하는 것으로 제어 결과가 사이클링(cycling)을 일으키며, 또한 오프셋(offset)을 일으키는 결점이 있다. 대부분의 프로세서 제어계에서 이용하나 응답 속도가 요구되는 제어계에서는 사용할 수 없다.

② 비례 제어 (P 동작 ; proportional action) : 조절부의 전달특성이 비례적인 특성을 가진 제어 시스템으로서 조절부의 입력 $r(t)$가 주어지고 그 결과로 조절부의 출력 $c(t)$는 다음과 같다.

$$c(t) = K_P r(t)$$

여기서, K_P : 정수로서 비례감도

③ 미분 동작 (D 동작 ; derivative action) : 제어 오차가 검출될 때 오차가 변화하는 속도에 비례하여 조작량을 가감하도록 하는 동작으로 오차가 커지는 것을 미연에 방지한다. 조절부 동작을 수식으로 표시하면 다음과 같다.

$$c(t) = K_P T_D \frac{dr(t)}{dt}$$

여기서, T_D : 미분 시간, 미분 동작의 정도

④ 적분 동작 (I 동작 ; integral action) : 오차의 크기와 오차가 발생하고 있는 시간에 둘러싸인 면적, 즉 적분값의 크기에 비례하여 조작부를 제어하는 것으로 잔류 오차가 없도록 제어할 수 있다. 조절부 동작을 수식으로 나타내면 다음과 같다.

$$c(t) = K_P \frac{1}{T_P} \int r(t)dt$$

여기서, T_P : 적분 시간, $1/T_P$: 리셋률 (reset rate)

⑤ 비례 적분 제어 (PI 동작 ; proportional integral action) : 비례 동작에 의해 발생되는 잔류 오차를 소멸시키기 위해 적분 동작을 부가시킨 제어 동작으로, 제어 결과가 진동적으로 되기 쉬우나 잔류 오차가 적다. 조절부 동작을 수식으로 나타내면 다음과 같다.

$$c(t) = K_P \left[r(t) + \frac{1}{T_P} \int r(t)dt \right]$$

⑥ 비례 미분 동작 (PD 동작 ; proportional derivative action) : 제어 결과에 빨리 도달하도록 미분 동작을 부가한 동작으로 응답 속응성의 개선에 사용된다. 조절부 동작을 수식으로 나타내면 다음과 같다.

$$c(t) = K_P \left[r(t) + T_D \frac{dr(t)}{dt} \right]$$

⑦ 비례 적분 미분 제어 (PID 동작 ; proportional integral and derivative action) : 비례 적분 동작에 미분 동작을 추가시킨 것이다. 조절부 동작을 수식으로 나타내면 다음과 같다.

$$c(t) = K_P \left[r(t) + \frac{1}{T_P} \int r(t)dt + T_D \frac{dr(t)}{dt} \right]$$

여기서 미분 동작의 역할은 큰 시정수가 있는 프로세서 제어 등에서 나타나는 오버슈트 (overshoot)를 감소시키는 역할을 하고, 또한 적분 동작에 의해 잔류 오차를 없애는 작용을 가지고 있으므로 연속동작 중 가장 좋은 제어 동작이다.

(5) 제어 방식에 의한 분류

① 최적 제어 (optimal control) : 제어 대상의 상태를 자동적으로 제어 장치의 특성을 최적 상태로 하려는 제어로서 목표값이 제어 공정과 기타의 제한 조건에 순응하면서 가능한 한 가장 짧은 시간에 요구되는 최종 상태까지 가도록 설계하는 제어를 말한다.

② 적응 제어 (adaptive control) : 제어 대상의 상태 환경이 변화하여 제어계의 특성이 변화하는 경우, 이들 변화에 대응하여 제어 장치의 특성을 어떠한 요소 조건을 충족하도록 적응시키는 제어를 말한다.

③ 디지털 제어(digital control) : 제어 시스템 내의 신호를 어떤 양자화된 신호로 쓰는 제어를 말한다. 이 경우 공작 기계가 대상일 때에는 수치 제어(numerical control)라 한다.

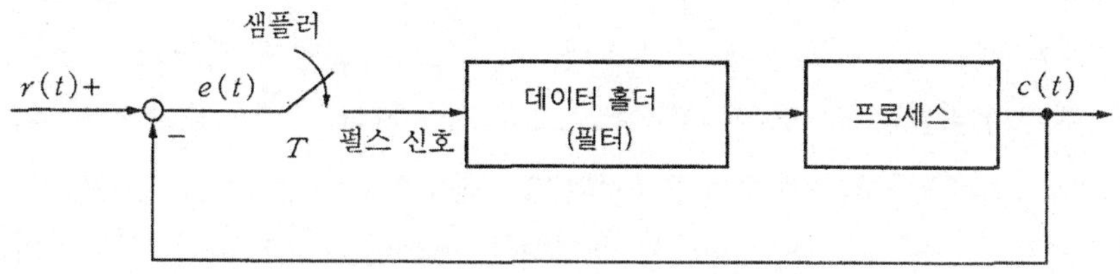

그림 1-13 디지털 시스템의 블록 선도

디지털 제어 시스템(digital control system)은 신호가 펄스 신호(pulse signal)이거나 디지털 코드(digital code)라는 점에서 연속 시스템과는 차이가 있다. 이산값 제어 시스템(discrete-data control system) 또는 샘플값 제어 시스템(sampled-data control system)을 디지털 시스템 대신 사용하기도 한다.

그림 1-13은 전형적인 디지털 제어 시스템을 나타낸 것으로 입력 신호 $r(t)$가 시스템에 인가될 때 오차신호 $e(t)$는 샘플러(sampler)에 의하여 샘플링되며, 샘플러의 출력은 펄스 신호이다.

(6) 제어 정보 형태에 의한 분류

제어 정보란 신호를 담고 있는 물리량을 뜻하는데 제어 시스템에서 처리되는 제어 정보에 따라 그림 1-14와 같이 구분할 수 있다.

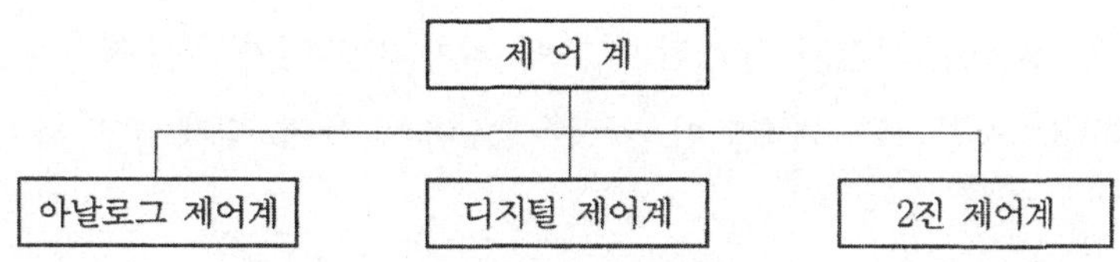

그림 1-14 제어 정보에 의한 분류

① 아날로그 제어계 : 연속적인 물리량으로 표시되는 아날로그 신호로 처리되는 시스템을 말하는데, 일반적으로 자연계에 속하는 모든 물리량은 연속적인 정보를 갖고 있다. 예를 들면, 온도, 속도, 길이, 조도, 질량 등이 그것인데 이들은 제어되는 연속적인 모든 시간에서 그 크기가 모두 연속적이다. 하지만 이것을 제어 시스템에서 처리하고자 한다면 비용이 상당히 드는 어려운 제어 시스템이 된다.

② 디지털 제어계 : 처리하기 어려운 아날로그 제어를 시간과 정보의 크기면에서 모두 불연속적으로 표현한 제어 시스템으로서 보다 경제적이며 최근에 전자 공학의 발달에 힘입어 많은 부분에서 디지털 제어를 채택하고 있다. 즉, 이 시스템은 정보의 범위를 여러 단계로 등분하여 이 각각의 단계에 하나의 값을 부여한 디지털 제어 신호에 의하여 제어되는 시스템을 의미한다. 이 제어 시스템에 입력되는 제어 정보는 카운터, 레지스터, 메모리 등의 디지털 신호를 제공하는 기구들을 통하여 입력된다.

③ 2진 제어계 : 하나의 제어 변수에 2가지의 값, 신호의 유 · 무, ON / OFF, YES / NO, 1 / 0 등과 같은 2진 신호를 이용하여 제어하는 시스템을 의미하며, 실린더의 전진과 후진, 모터의 정회전과 역회전 또는 기동과 정지 등에 의해 작업을 수행하는 자동화 시스템에서 가장 많이 이용되는 시스템이다.

(7) 신호 처리 방식에 의한 분류

제어 시스템을 신호를 처리하는 데 따라 그림 1-15와 같이 구분할 수 있다.

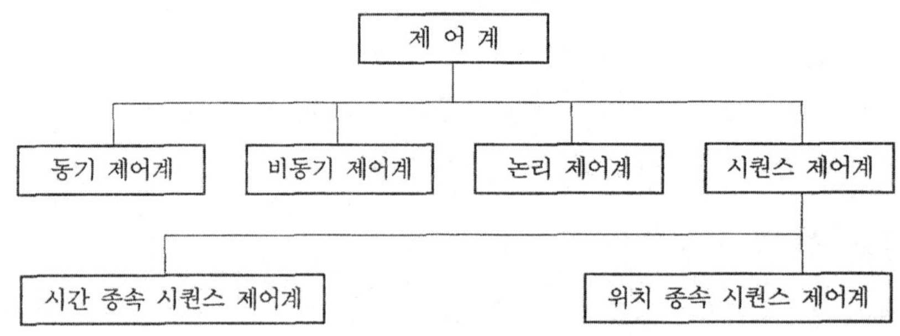

그림 1-15 신호 처리 방식에 의한 분류

① 동기 제어계 : 실제의 시간과 관계된 신호에 의하여 제어가 행해지는 것을 의미한다.

② 비동기 제어계 : 시간과는 관계없이 입력 신호의 변화에 의해서만 제어가 행해지는 것이다.

③ 논리 제어계 : 요구되는 입력 조건이 만족되면 그에 상응하는 신호가 출력되는 시스템이다. 이러한 논리 제어 시스템은 메모리 기능이 없으면 여러 개의 입 · 출력이 사용될 경우 이의 해결을 위해 불대수가 이용된다.

④ 시퀀스 제어계 : 제어 프로그램에 의해 미리 결정된 순서대로 제어 신호가 출력되어 순차적인 제어를 행하는 것을 의미한다. 한편, 이것은 시간 종속과 위치 종속 시퀀스 제어계로 구분된다.

㈎ 시간 종속 시퀀스 제어계 : 순차적인 제어가 시간의 변화에 따라서 행해지는 제어 시스템을 의미한다. 즉, 벨트나 캠축을 모터로 회전시켜 일정한 시간이 경과되

면 다음 작업이 행해지도록 하는 것으로 전 단계의 작업 완료 여부와 관계없이 다음 단계의 작업이 진행될 수 있다.

(나) 위치 종속 시퀀스 제어계 : 순차적인 작업이 전 단계의 작업 완료 여부를 확인하여 행하는 제어 시스템이다. 즉, 전 단계 작업 완료 여부를 리밋 스위치나 센서 등을 이용하여 확인한 후 다음 단계의 작업을 수행하는 것으로 일반적으로 시퀀스 제어는 위치 종속 시퀀스 제어계를 의미한다.

(8) 제어 과정에 따른 분류

제어 시스템은 제어를 행하는 과정인 작동되는 시퀀스 형태에 따라 그림 1-16과 같이 구분할 수 있다.

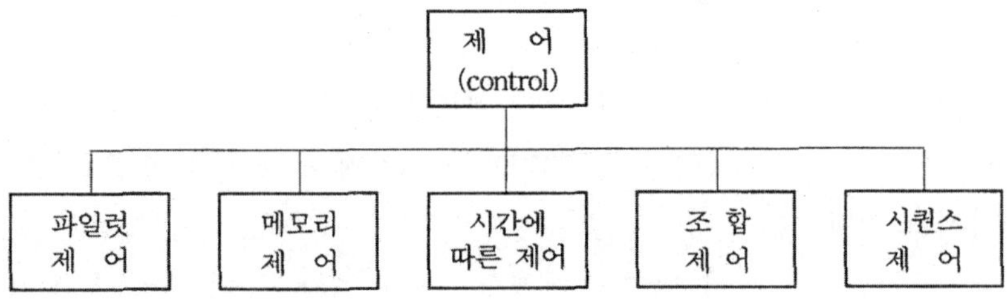

그림 1-16 제어 과정에 의한 분류

① 파일럿 제어 : 요구되는 입력 조건이 만족되면 그에 상응하는 출력 신호가 발생하는 제어계이다. 즉, 입력과 출력이 1:1 대응 관계에 있는 시스템을 말하는데, 일명 논리 제어라고도 하며 메모리 기능은 없고 이의 해결에 불논리 방정식이 이용된다.

② 메모리 제어 : 어떤 신호가 입력되어 출력 신호가 발행한 후에는 입력 신호가 없어져도 그 때의 출력 상태를 유지하는 제어 방법을 의미한다. 즉, 이 제어계에서는 출력에 영향을 미칠 반대되는 입력 신호가 들어올 때까지 한번 출력된 신호는 기억되고 있다.

③ 시간에 따른 제어 : 시간의 변화에 따라서 행해지게 된다. 출력 신호가 발생하는 제어계이다. 즉, 기계적으로 캠축이나 벨트 등이 모터에 의해 회전하며 일정한 시간 경과 후 그에 따른 제어 신호가 출력되는 장치와 전기나 전자적인 방법에 의해 제어하는 옥외 광고와 같은 것이 대표적이다. 이 제어 시스템은 전 단계와 다음 단계의 작업 사이에는 아무런 관계도 없다.

④ 조합 제어 : 목표값이 캠축이나 프로그램 벨트 또는 프로그래머에 의하여 영향을 받는다. 즉, 제어 명령은 시간에 따른 제어와 같은 방법으로 주어지나 이의 수행은 시

퀀스 제어와 마찬가지의 방법으로 감시된다.

⑤ 시퀀스 제어 : 전 단계의 작업 완료 여부를 리밋 스위치나 센서를 이용하여 확인한 후 다음 단계의 작업을 수행하는 것으로써 공장 자동화에 가장 많이 이용되는 제어 방법이다.

4. 자동 제어의 필요성

일반적으로 사람이 가지고 있는 작업 능력은 매우 우수하다고 할 수 있다. 간단한 손 작업이라도 그것과 동일한 작업을 기계로 실행하려면 때때로 매우 높은 수준의 복잡한 장치가 필요하기도 하고 혹은 불가능할 때도 있다. 또한, 사람은 어느 정도 돌발적인 사태에 대해서 적절한 판단을 내릴 수가 있고 새로운 작업에 대해서도 비교적 신속히 작업에 익숙해질 수가 있으며, 어떠한 정밀 기계를 이용해도 도저히 흉내낼 수 없는 고도의 능력을 가지고 있다.

그러나 반면에 사람이 기계에 도저히 미치지 못하는 점도 있다. 우선 단조로운 작업을 장시간 연속해서 작업할 수 있는 능력과 많은 힘이 소요되는 작업에 대해서는 기계에 훨씬 미치지 못한다. 따라서 사람이 하기 힘든 작업을 기계화와 자동화를 함으로써 사람이 하는 것보다 정확하고 연속적으로 작업을 할 수 있다.

결국 사람 대신 자동 제어계로 대행시키면 제어의 정확도와 정밀도를 높일 수 있다. 이것을 생산 공정이나 기계 장치 등에 이용하면 다음과 같은 이점이 있다.

① 제품의 생산 속도를 증가시킨다.
② 제품의 품질이 향상되고 제품의 균일화로 인해 불량품이 감소한다.
③ 수동 조작을 위한 작업자가 필요 없으므로 노동력이 줄어 인건비가 절감된다.
④ 생산 설비에 일정한 힘을 가하므로 수명이 길어진다.
⑤ 힘이 드는 작업을 자동화함으로써 노동 조건이 향상된다.

제2장

시퀀스 제어

1. 개 요

시퀀스 제어는 우리의 일상 생활에서 사용되는 전기 밥솥이나 전기 세탁기의 스위치를 개폐하는 간단한 것으로부터 수력 발전소의 운전, 열차의 운전, 자동 선반의 조작과 같은 복잡한 것에 이르기까지 여러 분야에서 널리 이용되고 있다. 특히, 자동차 공장이나 화학 공장과 같은 생산·제조 공장의 자동화에는 없어서는 안 될 중요한 것이다. 여기서는 시퀀스 제어를 사용하는 목적과 구성에 대하여 알아보기로 한다.

1-1 자동 양수 장치의 제어계 구성

그림 2-1은 수조의 수위가 하한점 이하로 내려가면 하한 액면 스위치가 폐로되어 자동적으로 전동기 펌프가 가동하여 저수조의 물을 수조로 송수하고, 수조의 수위가 상한점까지 올라가면 상한 액면 스위치가 개로되어 자동적으로 전동기 펌프는 자동 정지하는 자동 양수 장치의 실체 배선도를 나타낸 것으로 항상 일정한 물을 수조에 저장시키는 장치의 실체 배선도를 나타내고 있다.

그림에서 번호는 제어 동작 순서를, 화살표는 전류의 방향을 표시하고 있으며, 그림 2-3의 제어 회로도에 의해 실체 배선도를 구성할 수 있다.

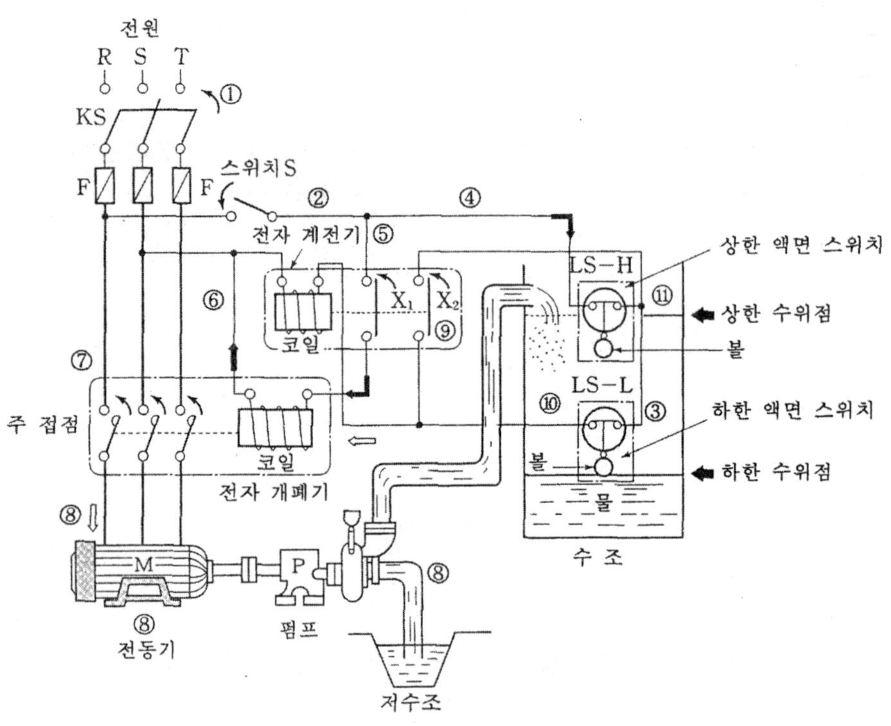

그림 2-1 자동 양수 장치의 실체 배선도

(1) 자동 양수 장치의 신호 전달 계통

자동 양수 장치의 동작 기구의 동작 상태를 블록 선도로 나타내면 그림 2–2와 같다.

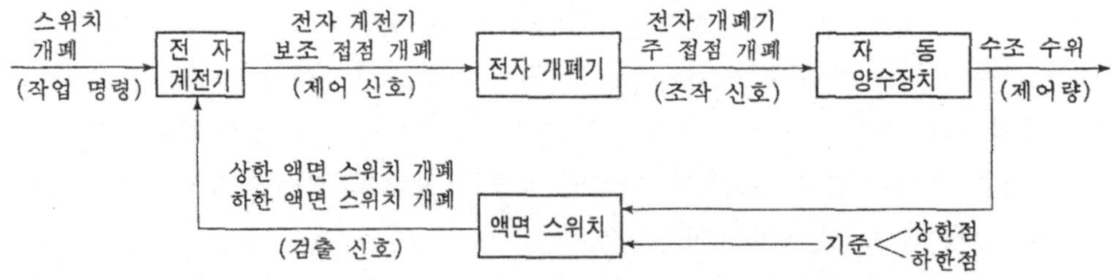

그림 2-2 자동 양수 장치의 신호 전달 계통

(2) 자동 양수 장치의 제어계 요소

자동 양수 장치 제어계의 구성 요소 및 신호에 대하여 살펴보면 다음과 같다.

① 작업 명령 : 스위치 S의 개폐에 의해 장치의 운전 및 정지를 지시하는 입력 신호이
  다.
② 명령 처리부 : 액면 스위치의 검출 신호에 따라 전자 계전기 X가 개폐되어 수위를 조
  정하므로 전자 계전기 X가 명령 처리부에 해당된다.
③ 제어 명령 : 전자 계전기 X의 개폐되는 상태의 신호가 제어 명령에 해당된다.
④ 조작부 : 장치를 직접 제어하는 전자 개폐기 MC가 조작부에 해당된다.
⑤ 조작 신호 : 장치를 직접 제어하는 전자 개폐기 MC의 개폐 신호가 조작 신호에 해당
  된다.
⑥ 제어 대상 : 전동기, 펌프, 수조 등으로 구성되는 양수 장치가 제어 대상이다.
⑦ 표시 경보부 : 운전과 정지를 나타내는 표시등으로 동작 상태를 나타낸다.
⑧ 제어량 : 수조의 수위가 제어량이다.
⑨ 기준량 : 액면 스위치의 설정값인 수위의 높이가 기준량이다.
⑩ 검출부 : 상한 수위의 액면 스위치와 하한 수위의 액면 스위치가 검출부이다.
⑪ 검출 신호 : 수위의 상한점과 하한점을 검출하는 액면 스위치의 개폐 상태가 검출 신
  호이다.

(3) 자동 양수 장치의 동작 순서

자동 양수 장치의 동작 순서를 살펴보면 다음과 같으며, 자동 양수 장치의 제어 회로
도는 그림 2-3과 같다. 도면에서 번호는 동작 순서를 나타낸다.

① 커버 나이프 스위치를 투입한다.
② 작업 명령 스위치 S를 ON시킨다.
③ 수조의 수위가 저하되어 하한 수위에 도달하면 하한용 액면 스위치 LS-L의 접점
  은 폐로 상태가 된다.
④ 전자 계전기의 코일에 전류가 통하여 동작한다.
⑤ 전자 계전기의 접점 X_1, X_2가 폐로 상태가 된다.
⑥ 전자 개폐기의 코일에 전류가 통하여 동작한다.
⑦ 전자 개폐기의 주 접점이 폐로 상태가 된다.
⑧ 전동기 M에 전류가 흘러서 기동되며 펌프가 회전하여 물을 퍼 올린다.
⑨ 전자 계전기가 동작하면 X_2가 폐로되어 자기 유지 회로를 유지한다.
⑩ 수조의 수위가 상승하면 하한용 액면 스위치 LS-L의 접점은 볼의 부력에 의해
  개로되나 X_2에 의한 자기 유지 회로에 의해 계속 동작한다.
⑪ 수조의 상한점에 도달하면 상한용 액면 스위치 LS-H의 접점은 볼의 부력에 의해
  B 접점이 개로되어 전동기는 정지한다.

⑫ 수조의 수위가 저하되어 하한점에 도달될 때까지 전동기는 정지되었다가 수위가 하한점 이하로 내려가면 순서 ③에 따라 반복 운전한다.

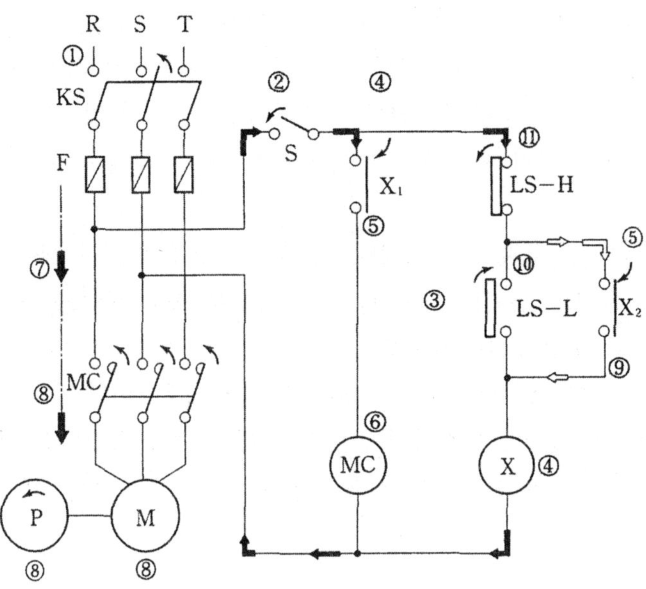

그림 2-3 자동 양수 장치의 제어 회로도

2. 시퀀스 제어계의 표시 방법

　시퀀스 제어계를 도면화시키는 방법에는 실체 배선도와 선도가 있다. 실체 배선도는 기기의 접속과 배치를 중심으로 표시하므로 실제로 회로를 배선하는 경우에는 편리하나 회로가 복잡하면 회로 판독의 어려움이 있다. 그러므로 시퀀스의 표현에는 2차원적 표시가 가능한 선도를 주로 이용하며 이 선도는 구조도, 기능도, 및 특성도로 분류한다. 구조도에는 전개 접속도, 배선도, 제어 대상 구성도 등이 있고, 기능도에는 논리도, 블록도 등이 있다. 또한, 특성도에는 타임 차트, 플로 차트 등이 있다.

　일반적으로 시퀀스도는 대부분 전개 접속도를 말하며, 제어 대상 구성도는 기계 제어 장치의 공유압 회로도, 전력 제어 장치의 전기 접속도, 플랜트 제어의 계장도 등이 있다. 특히, 시퀀스 제어계를 작성할 때는 언제, 어디서나, 누구나 쉽게 알 수 있도록 약속된 표시 기호와 심벌(symbol)을 사용하여 작성하여야 한다.

2-1 블록 선도 (block diagram)

블록 선도는 시퀀스 제어계를 구성하는 기계와 기구의 동작 상태와 신호의 전달을 대략적으로 플로 차트로 나타낸 것이다.

(1) 기기 및 기구의 상태

그림 2-4는 시퀀스 제어계의 구성 요소인 기기, 기구의 상태가 스위치를 열거나 닫히는 2개의 상태를 나타낸 블록 선도의 표시 방법을 나타낸 것이다. 그림에서 ①에는 기계나 기구의 명칭을, ②와 ③에는 스위치의 개폐 상태와 같이 서로 반대가 되는 기계 및 기구의 동작 상태를 나타낸다.

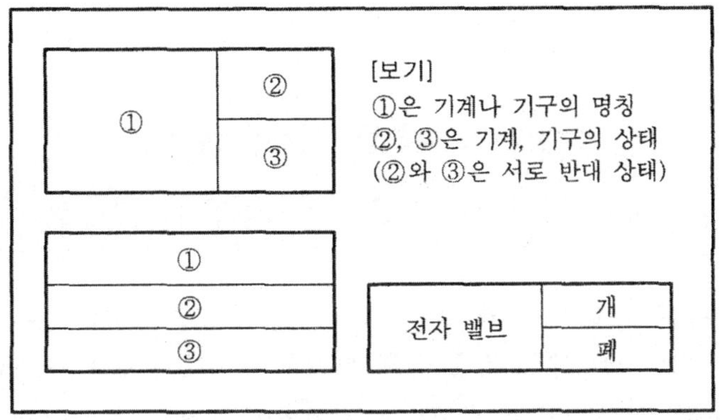

그림 2-4 블록 선도의 표시 방법

(2) 신호의 전달

시퀀스 제어계의 신호 전달은 실선 또는 점선의 화살표로 나타낸다. 제어계에서 정지 및 시동 상태를 구분할 필요가 있을 경우에 정지 상태는 흑색 화살표 또는 실선으로 화살표를 그리고, 동작(사용) 상태는 적색 화살표 또는 점선으로 화살표를 그린다.

이와 같은 방법을 이용하여 펌프의 운전을 제어하는 시퀀스 제어계의 블록 선도를 그림 2-6과 같이 그릴 수 있다.

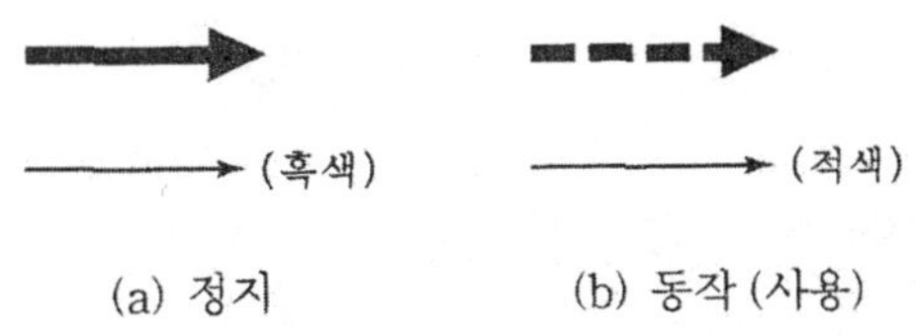

그림 2-5 신호의 전달

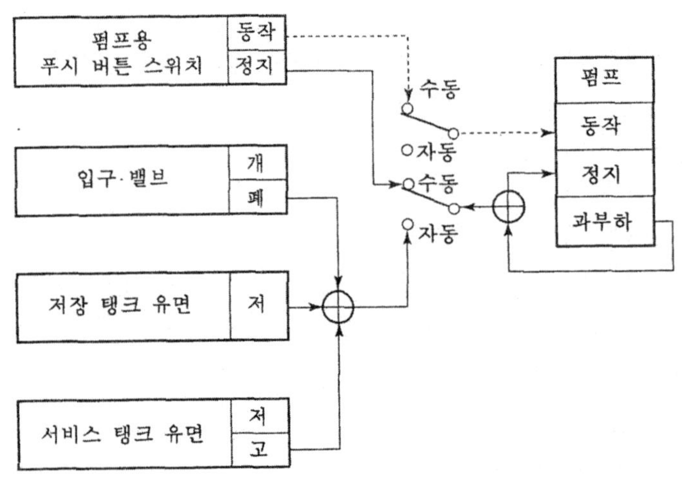

그림 2-6 자동 양수 장치의 블록 선도

(3) 신호의 변환

신호의 종류에는 제어 정보의 상태를 나타내는 상태 신호와 기계 및 기구의 기동, 정지와 같이 동작 변화를 나타내는 변화 신호가 있으며 다음과 같이 구분한다.

① 직렬 신호 (serial signal) : 디지털 신호를 시간적인 차례로 조합한 것으로 제어 정보의 전송 시간이 길다.

② 병렬 신호 (parallel signal) : 2개 이상의 제어 정보를 몇 개의 2진 신호와 조합하여 나타낸 것으로 택일 신호와 조합 신호로 구분한다.

  ㈎ 택일 신호 : 전송하는 정보값을 1회선에 대응시켜 전송하는 방식으로 정보값의 수와 같은 회선의 수가 필요하다.

  ㈏ 조합 신호 : 전송하는 정보값을 2개 이상의 회선에 신호값의 조합으로 나타내는 것으로 적은 회선으로 많은 정보값을 전송할 수 있다.

③ 직렬 신호 변환

  ㈎ 병렬 신호를 직렬 신호로 변환하는 신호 : 병렬 신호를 직렬 신호로 변환하는 신호에는 신호 검출 회로와 플리커 회로 등이 있다.

  ㈏ 직렬 신호를 병렬 신호로 변환하는 신호 : 직렬 신호를 병렬 신호로 변환하는 신호에는 자기 유지 회로와 플립플롭 회로 등이 있다.

④ 병렬 신호 변환

  ㈎ 조합 신호의 변환 : 조합 신호의 변환에는 논리 판단 회로와 쌍대 회로 등이 있다.

   (나) 조합 신호를 택일 신호로 변환 : 조합 신호를 택일 신호로 변환하는 신호에는 선택 회로, 다이오드, AND 회로 등이 있다.

   (다) 택일 신호를 조합 신호로 변환 : 택일 신호를 조합 신호로 변환하는 신호에는 부호화 회로, 다이오드, OR 회로 등이 있다.

2-2 논리도 (논리 회로도)

논리도는 시퀀스 제어계에서 2진 신호의 동작을 AND, OR, NOT 등의 논리 기호를 조합하여 세부적으로 나타내는 데 사용된다. 이들 동작은 전자 계전기 또는 무접점 계전기에 의하여 이루어지는 무접점 회로도이다. 그림 2-7은 무접점 계전기에 의한 논리도를 나타낸다.

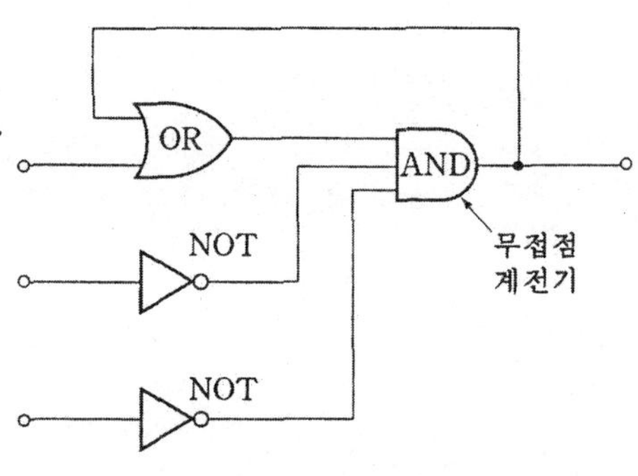

그림 2-7 논리도

2-3 실체 배선도 (배선도, 이면 배선도)

(1) 실체 배선도

실체 배선도는 부품의 배치, 배선 상태 등을 실제의 구성에 맞추어 그린 것이다. 실체 배선도에는 기기의 구조와 배선 등이 정확히 기입되어 있기 때문에 실제로 장치를 제작하거나 보수 점검할 때에 편리하다. 그러나 복잡한 회로에서는 계통의 동작 원리 및 순서를 이해하는 데 어려운 경우도 있다.

(2) 이면 배선도

이면 배선도는 전자 계전기 등을 배전반에 설치한 후 배선반 이면에 배선 상태를 나타낸 회로도를 말하며, 전개 접속도와 쉽게 대조할 수 있도록 되어 있다.

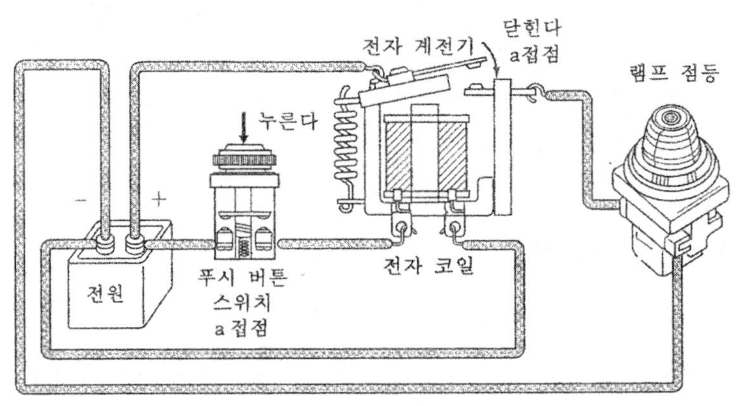

그림 2-8 실체 배선도

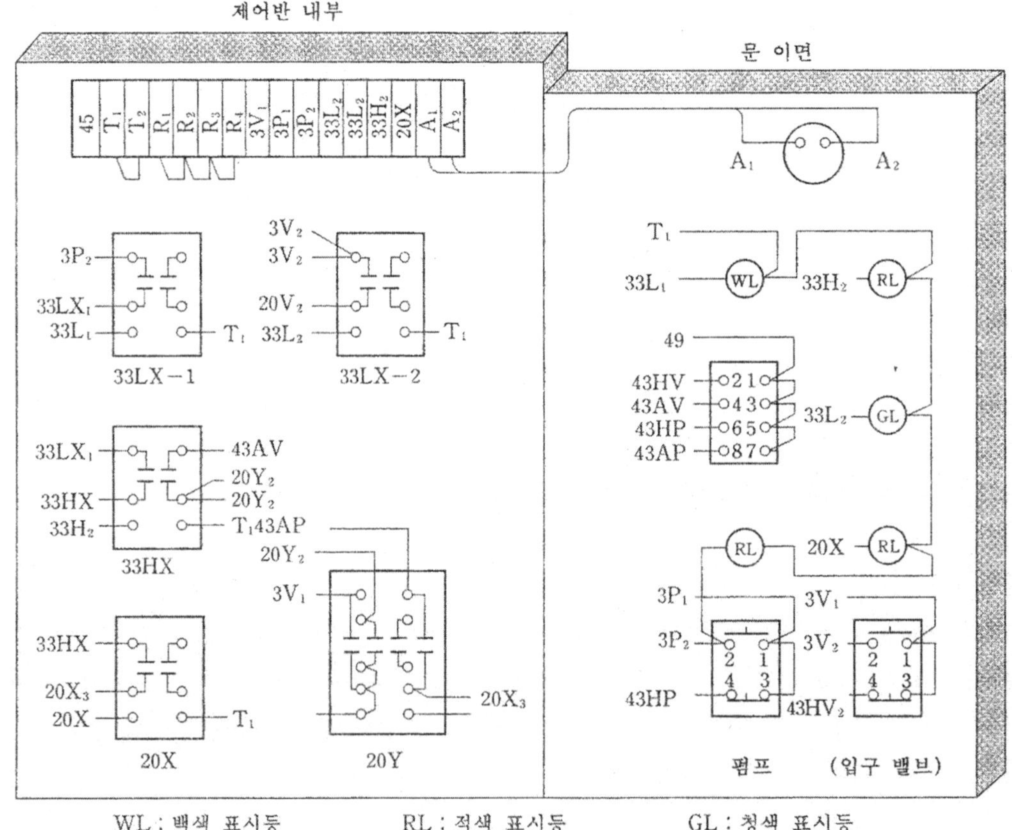

(a) 제어반   (b) 이면 배선도

그림 2-9 제어반의 모습과 이면 배선도

2-4 전개 접속도 (시퀀스 회로도)

전개 접속도를 보통 시퀀스 회로도라 하며, 전개 접속도는 동작 순서를 알기 쉽게 전개하여 그린 접속도이다. 전개 접속도를 그리는 방법에는 그림 2-10과 같이 가로로 그리는 방법과 그림 2-11과 같이 세로로 그리는 두 가지 방법이 있다.

(1) 가로로 그리는 방법

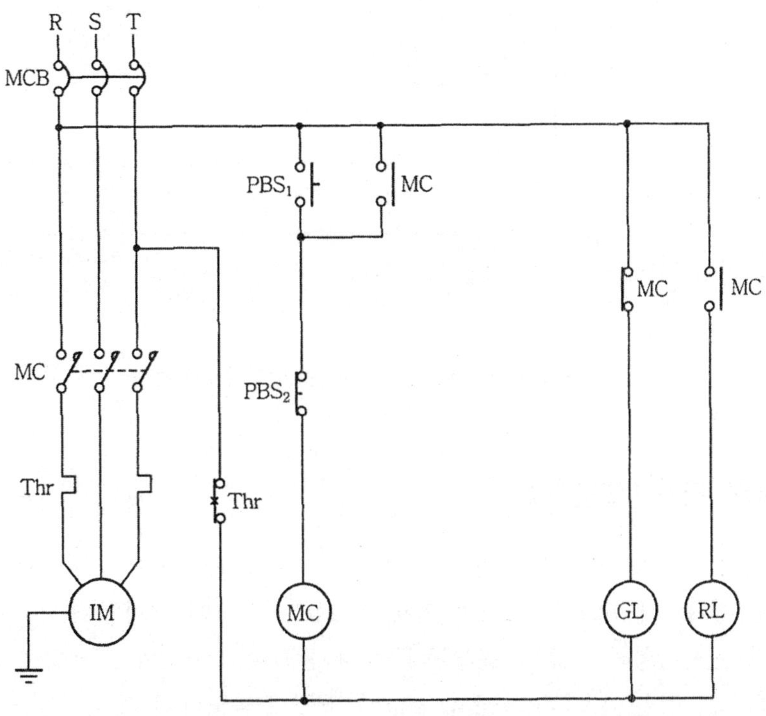

그림 2-10 가로로 그리는 방법(종서 시퀀스도)

(2) 세로로 그리는 방법

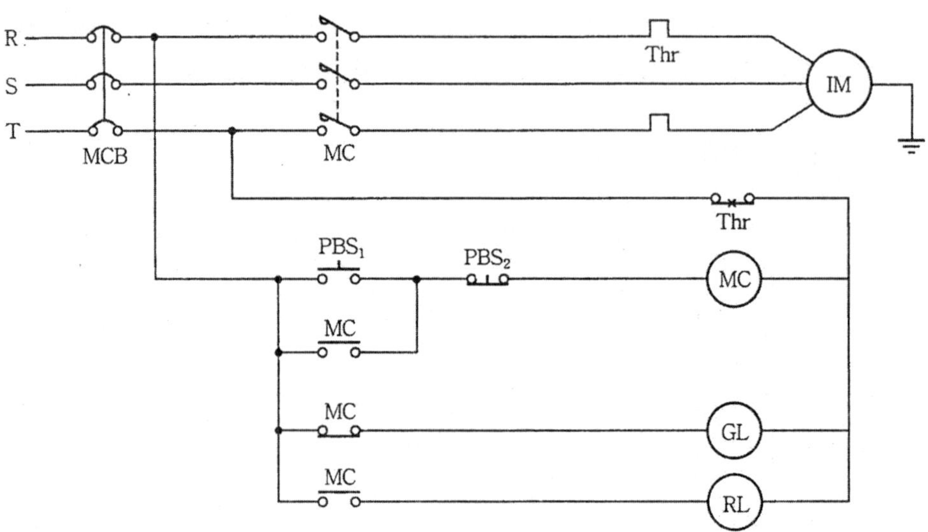

그림 2-11 세로로 그리는 방법(횡서 시퀀스도)

2-5 플로 차트 (흐름도)

  시퀀스 제어는 각종 기기가 결합되어 복잡한 회로로 구성되므로 각 구성 기기 간의
작동 순서를 상세하게 그리면 오히려 전체 회로를 이해하기 어렵게 되는 수가 있다. 이
러한 경우에는 사각형의 기호와 화살표 등을 사용하여 간단하게 표시하여 회로를 이해
할 수 있게 그린 것을 플로 차트(flow chart) 또는 흐름도라 한다.

(1) 램프 점멸 회로의 시퀀스 회로도

  간단한 램프 점멸 회로에 대하여 동작 순서 및 시퀀스 회로도를 그려보자.
  동작 순서는 다음과 같은 순서로 동작된다.

   ① 먼저 푸시 버튼 스위치 PBS를 누르면 전자 릴레이 X 가 작동한다.
   ② 전자 릴레이 X 가 작동하면 X-a 접점이 연동되어 폐회로가 된다.
   ③ 전자 릴레이 X-a 접점이 폐로되면 램프 L이 점등된다.

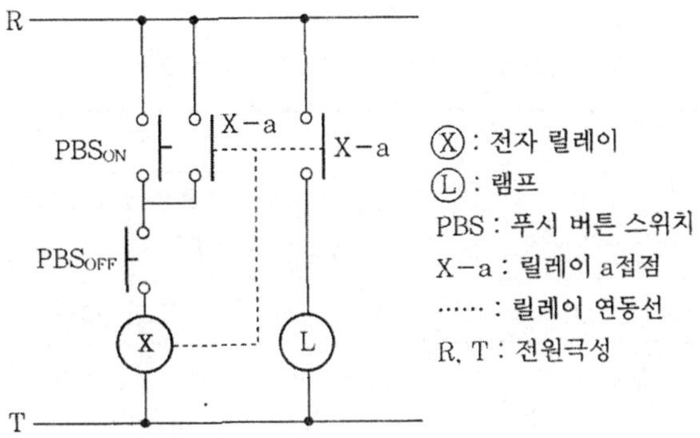

그림 2-12 램프 점멸 회로의 시퀀스 회로도

(2) 램프 점멸 회로의 플로 차트

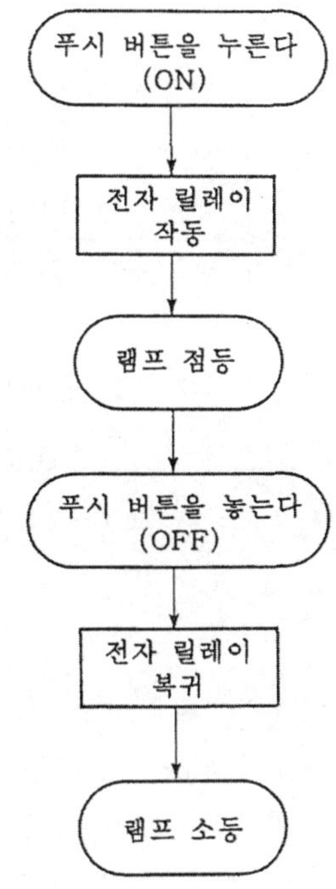

그림 2-13 램프 점멸 회로의 플로 차트

(3) 플로 차트에 쓰이는 기호

표 2-1 플로 차트에 쓰이는 기호

기 호	명 칭	설 명
──	흐름선 (flow line)	기호끼리의 연결을 나타내며, 교차와 결합의 두 가지 상태가 있다.
═	병행 처리 (parallel mode)	둘 이상의 동시 조작 개시 또는 종료를 나타낸다.
○	결합자 (connector)	플로 차트 다른 부분으로부터의 입구 또는 다른 부분의 출구를 나타낸다.
⬭	단 자 (terminal interrupt)	플로 차트의 단자를 표시하며 개시, 종료, 정지, 중단 등을 나타낸다.
▭	처리 (process)	모드 종류의 작동 조작 등 처리 기능을 나타낸다.
◇	판 단 (decision)	몇 개의 경로에서 어느 것을 선택하는가의 판단 또는 YES, NO 중의 선택 등을 나타낸다.
⬡	준 비 (preparation)	프로그램 자체를 바꾸는 등의 명령 또는 변경을 나타낸다.
▽	병 합 (merge)	두 개 이상의 집합을 하나의 집합으로 결합하는 것을 나타낸다.
△	추 출 (extract)	하나의 집합 중에서 한 개 이상의 특정 집합을 빼내는 것을 나타낸다.
▱	입·출력 (in put / out put)	입·출력 기능을 0과 1로 나타낸다. 즉, 정보의 처리를 가능하게 한다.
⬠	카 드 (punched card)	펀칭 카드를 매개체로 하는 입·출력 기능을 나타낸다.

2-6 타임 차트 (동작 순서도)

시퀀스 제어에 있어서 동작되는 기기 및 기구에 대한 시간적인 변화에 동작 상태를 알기 쉽게 나타낸 도면을 타임 차트 (time chart) 또는 동작 순서도라 한다.

그리는 방법은 세로 축에 제어 기기를 동작 순서에 따라 그리고, 가로 축에는 이들의 시간적 변화를 선으로 표현한다. 또한, 제어 기기의 동작이 다른 어느 기기의 작동과 어떤 관계가 있는가를 점선으로 나타내는 수도 있으며 기동·정지, 누른다·놓는다, 폐회로 (ON)·개회로 (OFF), 여자·소자, 점등·소등 등의 동작 상태를 타임 차트 위에 또는 아래에 표시한다.

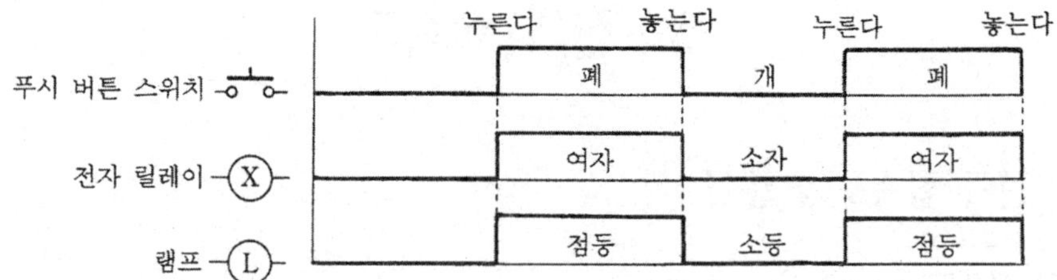

그림 2-14 램프 점멸 회로의 타임 차트

2-7 래더도 (ladder diagram)

시퀀스 회로도를 릴레이 대신에 PLC를 이용하여 릴레이 심벌 언어로 프로그램을 작성하여 제어하는 방법이다.

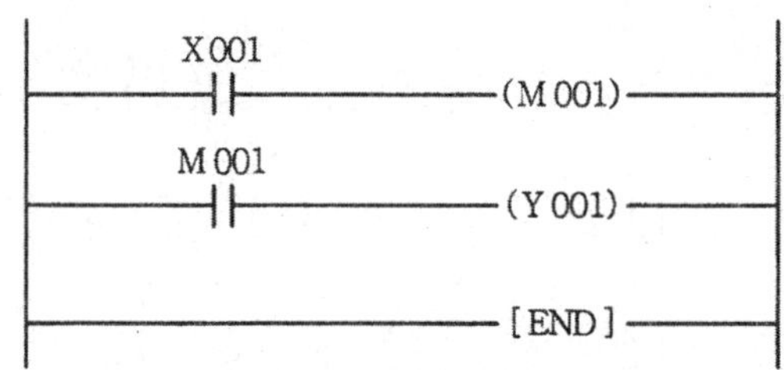

그림 2-15 램프 점멸 회로의 래더도

2-8 코딩 (coding)

래더도 혹은 시퀀스 회로도에 의하여 작성된 제어 회로를 로직 심벌 언어로 프로그램을 작성하여 제어하는 방법이다.

표 2-2 램프 점멸 회로의 코딩

STEP 수	명 령 어	DEVICE
0	LD	X 001
1	OUT	M 001
2	LD	M 001
3	OUT	Y 001
4	END	

3. 전기 접속도

3-1 전기 접속도의 종류

(1) 단선 접속도 (single line diagram)

　단선 접속도란 전기 기기의 계통과 전기적인 접속 관계를 단선으로 표시한 접속도로서 발전소, 변전소의 플랜트 등 전기 설비 관계의 계통 구성을 나타내기 위한 전반적인 접속 및 주요 기간의 접속 계기 및 계전기의 접속 등에 사용한다.

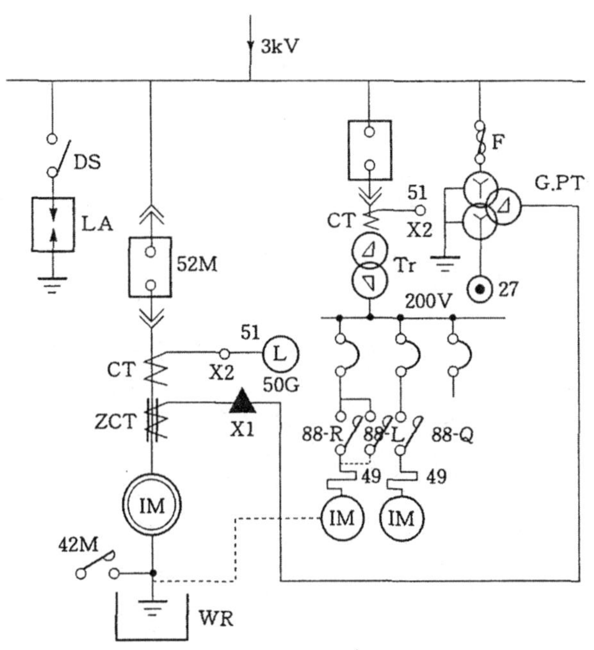

DS : 단로기	WR : 액체 저항기	27 : 저전압 릴레이
LA : 피뢰기	Tr : 트랜스	51 : 과전류 릴레이
52 M : 차단기	G. PT : 접지용 트랜스	50 G : 선택 접지 릴레이
42 M : 전자 접촉기	CT : 변류기	49 : 열동형 과전류 계전기
88 : 보조 기기용 전자 개폐기	ZCT : 영상 변류기	
IM : 유도 전동기	F : 단로기형 고압용 퓨즈	

그림 2-16 전동기 기동 회로의 단선 접속도

(2) 복선 접속도(double line diagram)

복선 접속도란 CT 나 PT 등의 접속 및 접지 상태와 전기 기기의 계통과 전기적인 접속 관계를 복선으로 표시한 접속도로서 접속 상태를 선의 수대로 표시하고 모든 접속을 그려서 회로의 이해는 쉬우나 복잡해지는 결점이 있다.

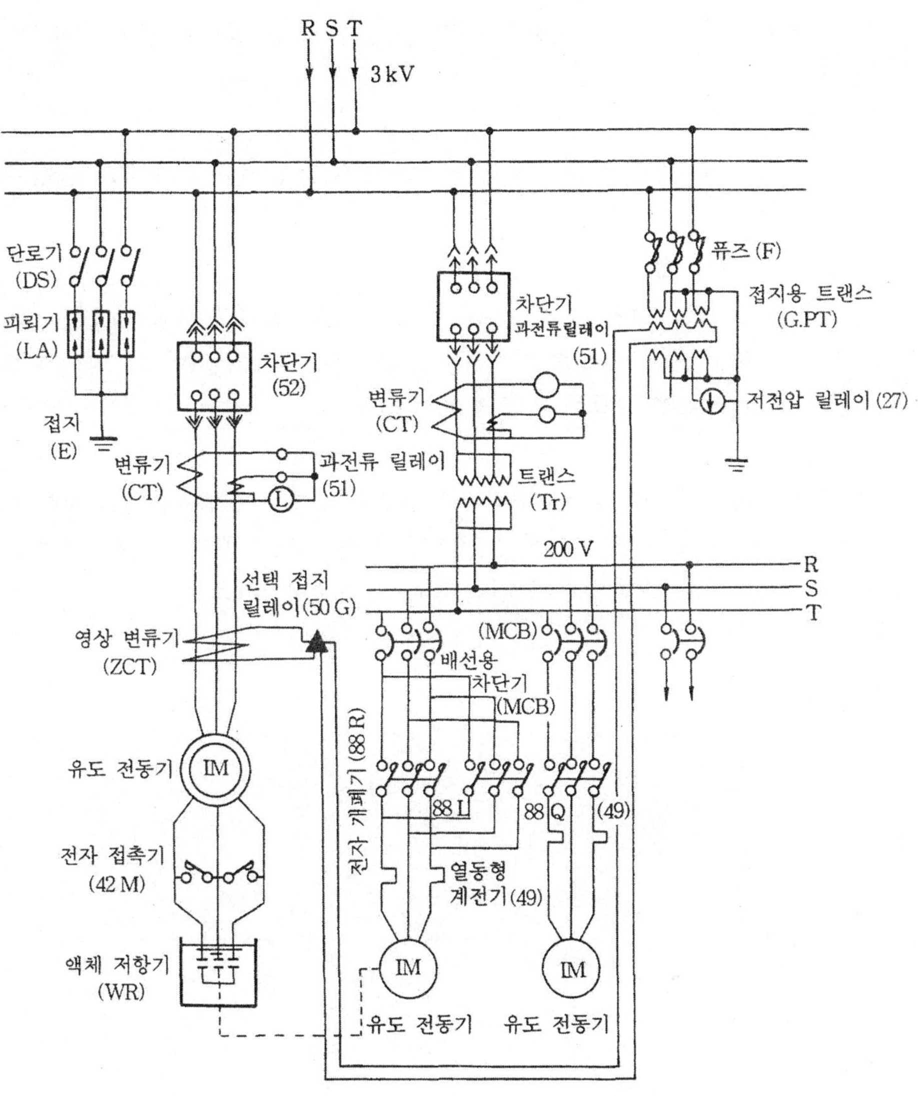

그림 2-17 전동기 기동 회로의 복선 접속도

(3) 전개 접속도

전개 접속도란 전기 기기의 동작 순서에 따라 나열하여 자동 제어 장치의 동작이나 운전을 이해할 수 있도록 한 도면이며, KS C 0301에서 규정된 심벌을 사용하여 나타내며 기구 번호를 병용한다.

① 전개 접속도의 종류

　㈎ 상세 전개 접속도 : 제어계의 기기와 장치 등의 접속을 KS C 0102에 정해진 그림 기호를 사용하여 상세히 전개해서 동작 순서 및 배선 상태를 알기 쉽게 그린 접속도이다.

　㈏ 간략 전개 접속도 : 제어계의 기기와 장치 등의 접속을 □ 또는 ○ 속에 기능이나 장치의 문자 기호, 명칭 혹은 약호를 표시하여 동작 순서를 알기 쉽게 그린 접속도이다.

② 전개 접속도의 번지제 표시

　㈎ 접점의 표시 : 전개 접속도의 접점은 KS C 0102에 정해진 그림 기호를 사용하여 소속되는 기구의 문자 기호를 첨부하여 표시하며, 필요에 따라 그 기구가 표시되어 있는 그림 기호의 적당한 위치에 표시한다.

　㈏ 번지제 표시 : 그림 2-18과 같이 제어 모선에 번호를 붙여서 각 계전기 접점이 어디에 사용되고 있는가를 a 접점과 b 접점으로 구별하여 번호를 표시하는 방법이 번지제이다. 그리고 제어 모선에 붙인 번호를 번지라고 한다. 이 번지제는 회로의 동작을 조사하기도 하고 보수와 점검할 때에 도움이 된다.

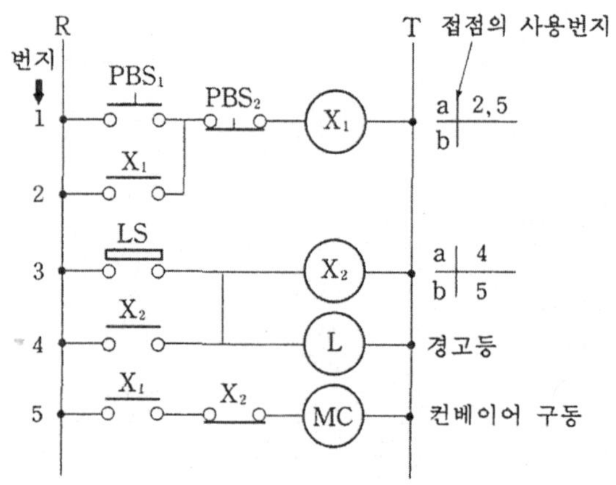

그림 2-18 번지제 표시

그림 2-18에서 번지 1에 있는 계전기 X_1의 a 접점은 2번지와 5번지에, 또 번지 3에 있는 계전기 X_2의 a 접점은 4번지에, b 접점은 5번지에 사용되고 있는 것을 나타내고 있다. 이와 함께 표시등 및 전자 접촉기 등의 조작 기기는 그것을 사용하는 목적을 명시한다.

③ 전동기 기동 회로의 전개 접속도

  ㈎ 동작 설명

- 시동용 푸시 버튼 스위치 PBS_1을 누르면 시동 릴레이 X_1이 여자되어 릴레이 X_1의 a 접점 X_1-a 에 의해 자기 유지 회로가 되며 PL_1이 점등된다.
- 시동 릴레이 X_1-a 에 의해 오일 펌프용 전자 접촉기 88 Q가 여자되어 88 Q-a 접점에 의해 자기 유지 회로가 되며, 또한 PL_2가 점등된다.
- 플로 계전기 69 Q가 동작하면 플로 계전기용 릴레이 69 X가 여자되고 시동 완료 표시등 PL_3이 점등, 시동용 벨이 울리며, 릴레이 X_2가 여자되어 타이머 T 가 여자된다.
- 타이머 설정 시간 t초 후 T-a 가 닫혀 52 M-b 접점을 통하여 52 M용 보조 릴레이 X_3이 여자되어 X_3-a 접점에 의해 52 M용 투입 코일 CC 에 전류가 흐르고, 차단기 52 M이 닫혀 52 M-a 접점에 의해 보조 릴레이 X_4가 여자되어 X_4 -b 접점에 의해 X_3이 소자되어 52 M용 투입 코일 CC 의 전류를 차단한다.
- 유도 전동기 운전 전자 접촉기 52 M-b 접점이 열려 벨이 정지하고 릴레이 X_2 가 소자된다. 또한, 52 M-a 접점에 의해 PL_4가 점등되고 88 R이 여자되어 액체 저항기의 저항값을 감소시킨다.
- 유도 전동기의 전류값이 규정값보다 커지면 과전류 릴레이 L이 여자되고 L-b 접점이 열려 IM용 전자 개폐기 88 R이 소자되고, 또한 액체 저항기의 저항값이 최소로 되면 위치 검출 개폐기 33-2가 열려 88 R이 소자된다.
- 액체 저항기의 위치 검출 개폐기 33-4가 닫히면 전자 접촉기 42 M이 여자되고 표시등 PL_5가 점등되고 PL_1은 소등된다.
- 정지시에는 푸시 버튼 스위치 PBS_2를 누르면 릴레이 X_5가 여자된다.
- 릴레이 X_5-a 접점이 닫히면 차단기 52 M의 트립 코일에 전류가 흘러 소자된다.
- 차단기 52 M-b 접점이 닫히면 전자 접촉기 42 M의 트립 코일에 전류가 흘러 소자된다.
- 차단기 52 M-b 접점이 닫히면 88 L이 작동하여 액체 저항기의 저항값이 증가한다.
- 액체 저항기의 시동 리밋 스위치 33-1이 닫히면 릴레이 X_6이 여자되고 X_6-b 접점이 열려 88 Q가 정지하고 88 Q-a 접점이 열려 릴레이 X_5가 소자되어 모든 것이 정지한다.

㈏ 전개 접속도

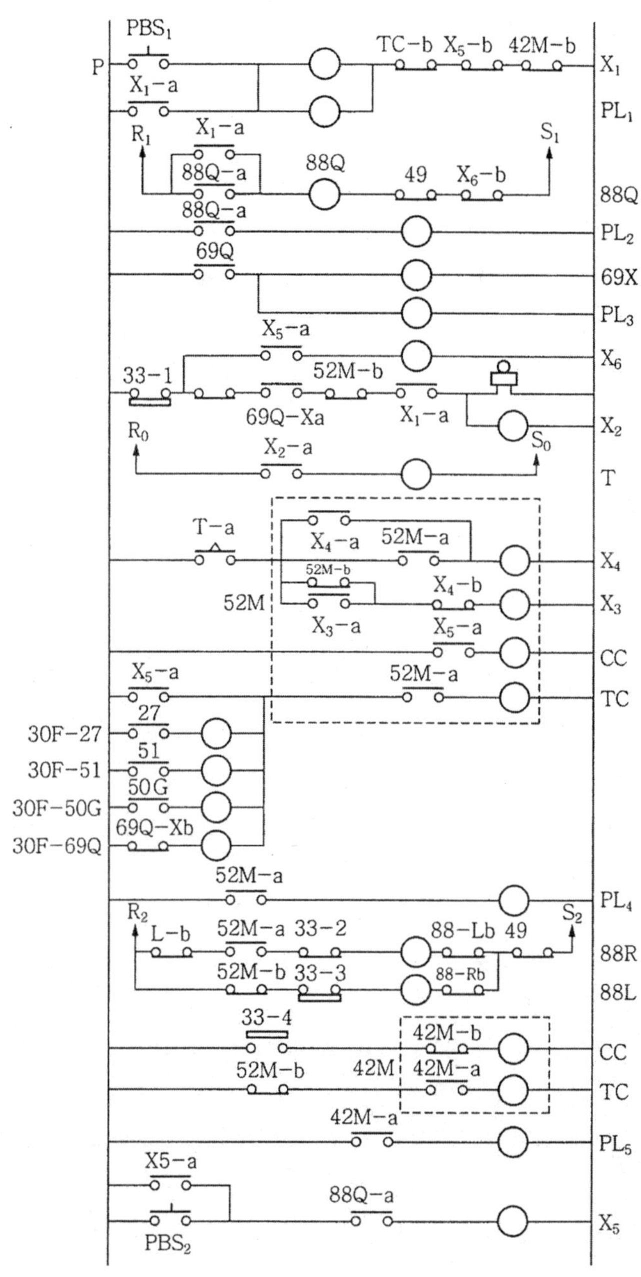

그림 2-19 전동기 기동 회로의 전개 접속도

3-2 시퀀스도 접속도 작도법

(1) 시퀀스도 (sequence diagram) 작도법의 규칙

최근과 같이 각종 장치가 사용되는 복잡한 제어 회로에서 기기 상호 간의 접속을 표시할 때 단선 접속도나 복선 접속도, 배치도 등을 보아서는 동작이 어떻게 이루어지는지, 또한 어떤 형태로 제어 회로가 이루어지는지 이해하기 어려울 때가 많다. 이러한 경우에 제어 방식이나 동작 순서를 알기 쉽게 표시한 접속도의 필요성이 요구된다.

시퀀스도란 이와 같은 목적으로 만들어진 도면이며 표현 방법에도 일반 접속도와 차이가 있다. 여기서는 시퀀스도를 그리는 데 필요한 기본적인 사항을 설명하고자 한다.

(2) 시퀀스도의 작성 방법

① 제어 전원 모선은 전원 도선으로 도면 상하에 가로선으로 또는 도면 좌우에 세로선으로 표시한다.

② 제어 기기를 연결하는 접속선은 상하 전원 모선 사이에 수직선으로 또는 좌우 전원 모선 사이에 수평선으로 표시한다.

③ 접속선은 작동 순서에 따라 좌에서 우로 또는 위에서 아래로 그린다.

④ 제어 기기는 비작동 상태로 하며 모든 전원은 차단한 상태로 표시한다.

⑤ 개폐 접점을 가진 제어 기기는 그 기구 부분이나 지지 보호 부분 등의 기계적 관련 상태를 생략하고 접점 및 코일 등으로 표시하며, 접속선에서 분리하여 표시한다.

⑥ 제어 기기가 분산된 각 부분에는 그 제어 기기명을 표시한 문자 기호를 첨가하여 기기의 관련 상태를 표시한다.

(3) 시퀀스도의 종서와 횡서

시퀀스 도면상의 대부분은 접속선의 방향이나 전원 모선의 방향 또는 제어 동작의 진행 방향 등에 의해서 여러 가지로 생각할 수 있지만, 접속선 내의 신호의 흐름 방향을 기준으로 해서 종서와 횡서로 구분된다.

① 종서 시퀀스도의 작도법

㈎ 제어 전원 모선은 도면의 상하 방향으로 가로선으로 그린다.

㈏ 접속선은 제어 전원 모선 사이의 세로선으로 그린다.

㈐ 제어 기기는 작동 순서에 따라 좌에서 우로 그리는 것을 원칙으로 한다.

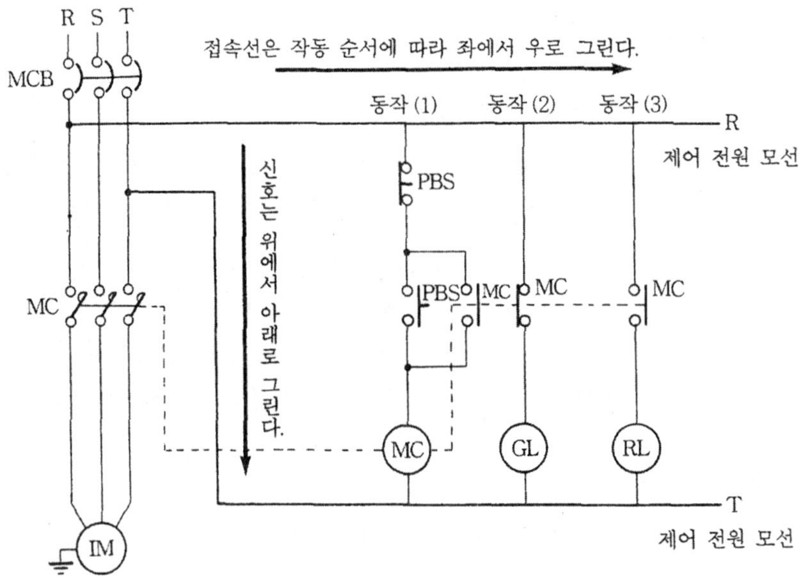

그림 2-20 종서 시퀀스도

② 횡서 시퀀스도의 작도법

   (가) 제어 전원 모선은 도면의 좌우 방향으로 세로선으로 그린다.

   (나) 접속선은 제어 전원 모선 사이의 가로선으로 그린다.

   (다) 제어 기기는 작동 순서에 따라 위에서 아래로 그리는 것을 원칙으로 한다.

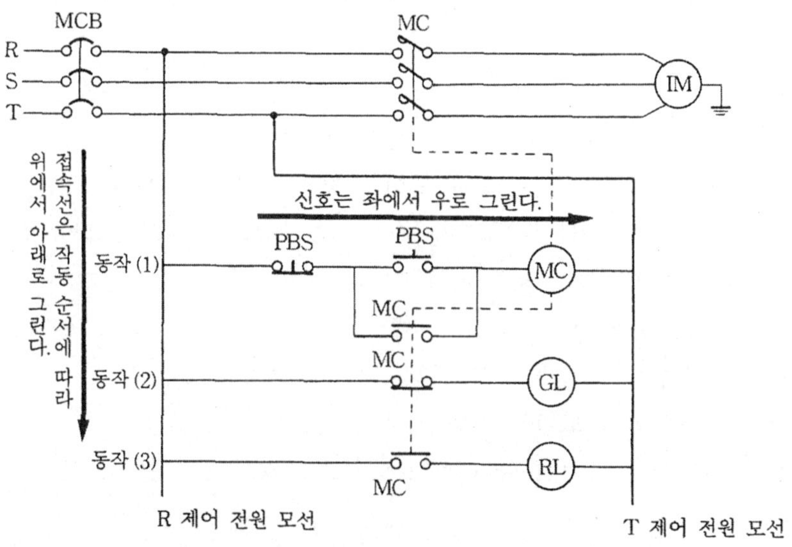

그림 2-21 횡서 시퀀스도

(4) 시퀀스도의 제어 전원 모선의 표시법

시퀀스도의 제어 전원 모선은 하나 하나씩 전원 심벌로 표시하지 않고 직류 전원은 PN으로, 교류 전원은 RS 또는 RT로 표시한다.

① 직류 제어 전원 모선의 표시법 : 직류 전원은 P (positive) 선과 N (negative) 선으로 표시하는데 양극 P는 + (정)를 표시하고 위쪽이나 좌측에 그리며, 음극 N은 - (부)를 표시하고 아래쪽이나 우측에 그린다.

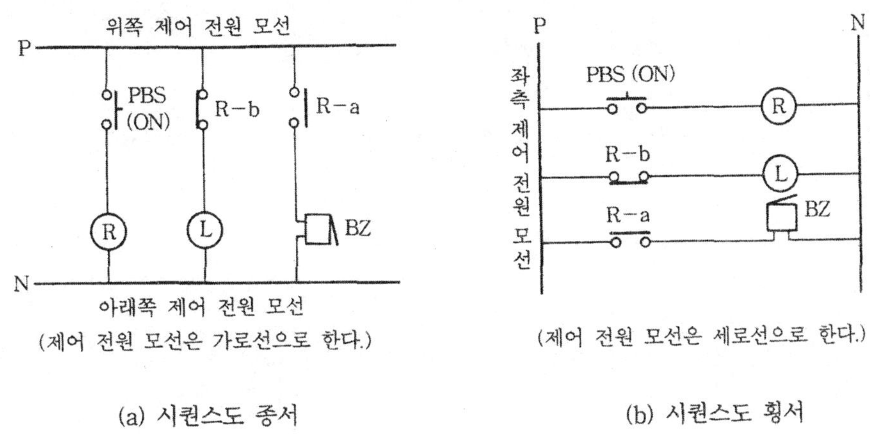

(a) 시퀀스도 종서   (b) 시퀀스도 횡서

그림 2-22 직류 전원 표시법

② 교류 제어 전원 모선의 표시법 : 교류 전원은 RS 또는 RT로 표시하며 극성은 극히 중요하지 않다.

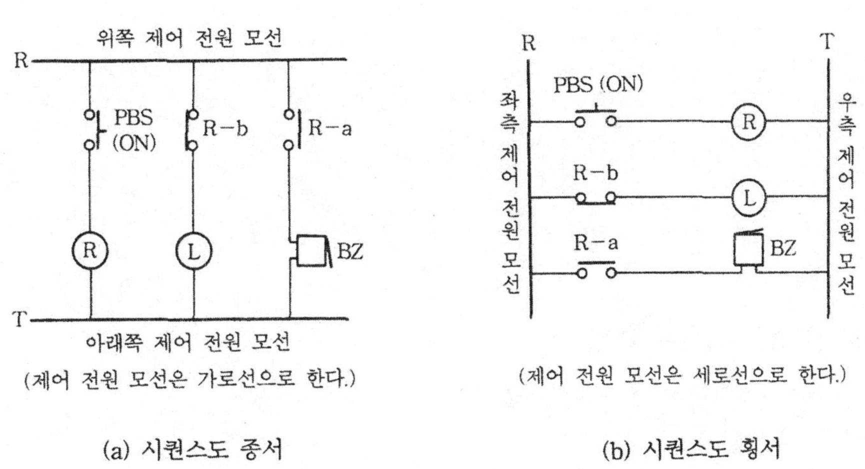

(a) 시퀀스도 종서   (b) 시퀀스도 횡서

그림 2-23 교류 전원 표시법

③ 직류 및 교류 제어 전원 모선의 표시법 : 직류 전원 모선은 종서에는 위쪽에, 횡서에는 왼쪽으로 그리고, 교류 전원은 종서에는 아래쪽, 횡서에는 오른쪽에 그린다.

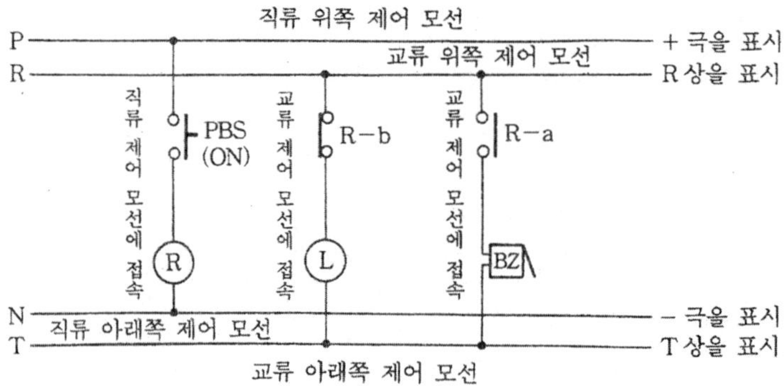

(a) 시퀀스도 종서

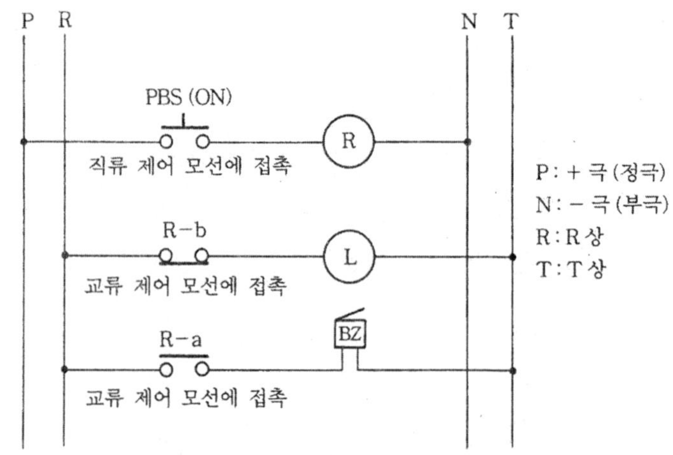

(b) 시퀀스도 횡서

그림 2-24 직류, 교류 전원 표시법

(5) 개폐점을 갖는 기기의 표현법

① 수동 조작 기기는 손을 뗀 상태를 그린다.
③ 전원은 차단한 상태로 그린다.
④ 복귀형 기기는 복귀한 상태로 그린다.

(6) 표시등의 색상

각 검출 요소에 표시등을 접속하여 회로의 동작 상태 및 고장 등을 구별하기 위하여 다음과 같이 색상을 구분하여 사용한다.

표 2-3 표시등의 색상

표시 종류	색 상	약 호
전원 표시	백 색	WL, PL
운전 표시	적 색	RL
정지 표시	녹 색	GL
경보 표시	등 색	OL
고장 표시	황 색	YL

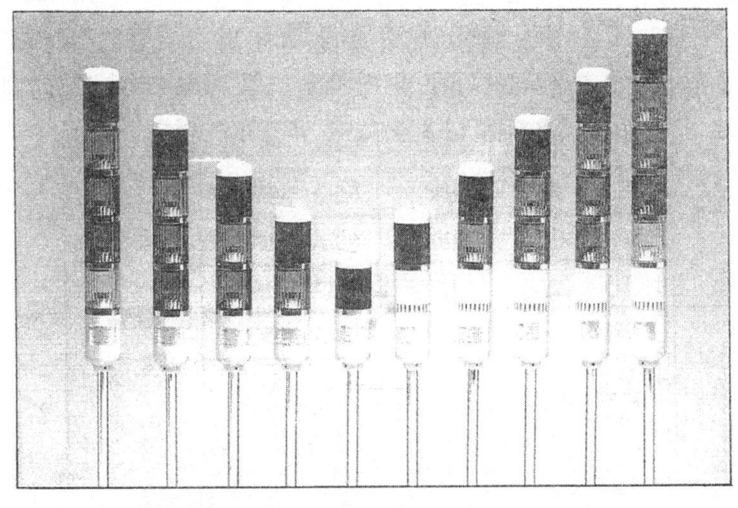

제3장

전기용 기호

한국 산업 규격에서 제정한 전기 심벌은 전기용 기호 KS C 0102와 옥내 배선용 기호 KS C 0301이 있다. 전기용 기호의 심벌과 전력용 심벌은 전기 설비 설계도에 이용되고 통신 설비 설계도에는 통신용 심벌을 사용한다. 또한 옥내 배선 기호는 전등, 전력, 통신, 신호, 재해 방지 피뢰 설비 등의 배선, 기기, 부착 위치 및 부착법을 규정하고 있으며, 일반적으로 전개 접속도에 사용되는 기기 및 장치를 그림 기호(도식 기호), 문자 기호, 기구 번호 등으로 구분하여 사용되며 다음과 같이 규정하고 있다.

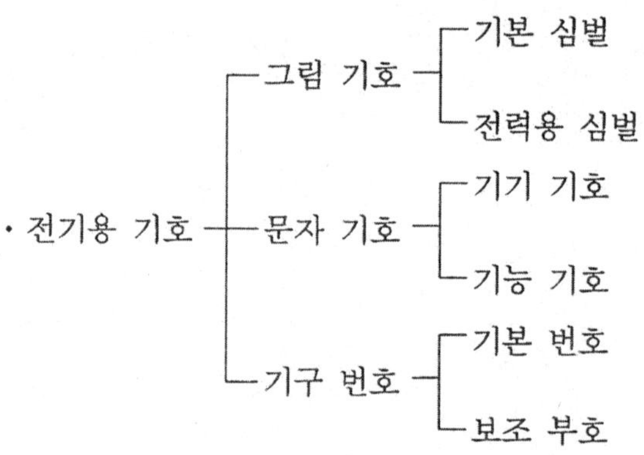

그림 3-1 그림 기호

그림 기호는 전기 회로의 접속 관계를 나타내는 도면에 사용하는 도식 기호인 심벌을 정한 것으로 기본 심벌은 일반적으로 전기 회로에 널리 적용하며, 전력용 심벌은 주로 전기 기계 · 기구를 사용하는 장소에서 표시하는 도면에 대하여 KS C 0102에서 규정하고 있다.

1. 그림 기호

1-1 그림 기호의 개요

그림 기호는 전기 회로의 접속 관계를 나타내는 도면에 사용하는 도식 기호(이하 심벌이라 한다.)를 정한 것으로 기본 심벌은 전기 회로에 널리 사용되며, 전력용 심벌은 주로 발전소, 변전소, 공장 설비 등의 전기 기계 및 기구를 표시하는 도면에 사용하는 심벌이다. 그림 기호의 종류에는 기본 심벌과 전력용 심벌이 있으며, 다음과 같이 각 용도에 맞게 구분하여 사용한다.

기본 심벌	전력용 심벌
① 전류 ② 도선 및 접속 ③ 가변 및 연동 ④ 인덕턴스 및 저항, 콘덴서 ⑤ 전원 및 장치 ⑥ 개폐기류 ⑦ 계측기 및 열전대 ⑧ 보호 장치 및 램프	① 회전기 ② 변압기 ③ 정류기 ④ 계기용 변압기 및 변류기 ⑤ 배전반 부착 기구 ⑥ 전력용 접점 ⑦ 개폐기 및 제어 장치 ⑧ 콘덴서 및 리액터 ⑨ 보호 장치 ⑩ 계전기 및 접점 ⑪ 계기 심벌

그림 기호를 그리는 방법에는 KS C 0102에 정해진 상세 그림 기호와 간략 그림 기호가 있으며, 그림 기호의 심벌의 크기는 마음대로 바꿀 수 있으나 반드시 닮은꼴이 되어야 한다. 다만, 선의 굵기를 바꿔서 용도를 구별하여도 무방하다.

(1) 상세 그림 기호

KS C 0102에 정해진 그림 기호로서 대부분 상세 전개 접속도에 사용한다.

(2) 간략 그림 기호

기구는 ▢, 회전기와 계측기는 ○ 속에 장치의 기능이나 문자 기호, 명칭, 약호 등을 써 넣은 것으로 간략한 전개 접속도에 사용한다.

1-2 그림의 종류

　KS C 0102 에 정해진 그림 기호의 문자 부분이 문자 기호의 문자와 다를 때는 문자 기호의 문자를 사용한다.

(1) 기본 심벌

　① 전 류

번　호	명　　칭	심　　벌	적　　요
1.1	직　류 (direct current)	——	[보기]　Ⓐ　　Ⓖ
1.2	교　류 (alternating current)	∿	[보기]　Ⓐ　　Ⓖ
1.3	고 주 파 (high-frequency wave)	⋀⋀⋀	[보기]　Ⓐ

　② 도선 및 접속

번　호	명　　칭	심　　벌	적　　요
2.1	도　선 (conductor)	———	① 전선 및 모선 등에 널리 사용된다. ② 필요에 따라 굵기를 구별한다. ③ 도선의 가닥수를 명시하고 싶을 때는 다음과 같이 표시할 수 있다. 　・2가닥의 경우 : ⫫ 　・3가닥의 경우 : ⫫ 　・4가닥의 경우 : ⫫
2.2	속 (束) 선 (line of flux)		① 원호의 부분을 사선으로 해도 된다. ② 꺾어진 방향은 배선의 방향을 표시한다.

2.3	연 결 선 (line of coupler)		① ○ 속에 대조 번호를 기입한다. ② 번호가 불필요할 때는 ○를 생략한다.
2.4	단 자 (terminal)	(a) (b)	[보기]
2.5	도선의 분기 (branch of conductor)		
2.6	도선의 접속 (joint of conductor)		아래 그림과 같이 표시해도 된다.
2.7	도선이 접속하지 않은 경우		
2.8	접 지 (earth)		
2.9	케이스에 접속 (joint of case)		차질이 생길 염려가 없을 때에는 사선의 일부 또는 전부를 생략할 수 있다.

③ 가변 및 연동

번 호	명 칭	심 벌	적 요
3.1	가변을 나타내는 일반 심벌	(a) (b) (c)	① (b)는 반고정을 나타낼 경우에 사용한다. ② (c)는 탭 절환을 나타낼 경우에 사용한다. ③ 특히, 비직선상을 나타낼 경우에는 아래 그림과 같이 표시한다.
3.2	연동을 나타내는 일반 심벌	- - - -	[보기] 4.10의 적요를 참조

④ 인덕턴스 및 저항, 콘덴서

번 호	명 칭	심 벌	적 요
4.1	저항 또는 저항기 (resister)	(a) (b)	① 특히, 필요할 때는 산의 수를 바꿀 수 있다. ② (b)는 무유도를 나타낼 때 사용한다.
4.2	가변 저항 또는 가변 저항기 (rheostat)	(a) (c) (b) (d)	① 특히, 필요할 때는 산의 수를 바꿀 수 있다. ② (c) 및 (d)는 특히, 무유도를 나타낼 때 사용한다.
4.3	탭 붙이 저항기	(a) (b)	① 특히, 필요할 때는 산의 수를 바꿀 수 있다. ② (b)는 특히, 무유도를 나타낼 때 사용된다.
4.4	인덕턴스 또는 코일 (inductance or coil)	(a) (b) (c)	① 특히, 필요할 때는 산의 수를 바꿀 수 있다. ② (c)는 저항과 혼동될 우려가 없을 경우에는 코일을 표시하는 데 사용해도 된다. ③ 전력용 부분에서 코일을 표기할 때는 아래 그림을 사용해도 된다. 　　　또는 ④ 특히, 철심이 들어 있는 것을 표시할 경우에는 아래와 같이 표시한다. 또한, 압분 철심이 들어 있는 것을 나타낼 경우에는 ——— 을 ———— 으로 해도 된다.
4.5	가변 인덕턴스 (variable inductance)	(a) (b)	특히, 필요할 때는 산의 수를 바꿀 수 있다.

4.6	탭 붙이 인덕턴스	(a) (b)	
4.7	상호 인덕턴스 또는 변압기(변성기) (mutual inductance or transformer)	(a) (b) (c)	① 특히, 필요할 때는 산의 수를 바꿀 수 있다. ② 특히, 철심이 들어 있는 것을 나타낼 경우에는 다음과 같이 나타낸다. ③ (c)는 변압기를 사용하는 경우에 한해서 사용해도 된다.
4.8	가변 상호 인덕턴스 (variable mutual inductance)	(a) (b)	특히, 필요할 때는 산의 수를 바꿀 수 있다
4.9	정전 용량 또는 콘덴서 (electrostatic capacity or condenser)		① 단선 심벌에 사용되지 않는 선은 생략하고 ⊥ 으로 해도 된다. ② 콘덴서의 전극을 구별할 필요가 있을 때에는 저전위의 소자를 곡선으로 나타내어 ⊥ 로 해도 된다.
4.10	가변 정전 용량 또는 가변 콘덴서 (variable electrostatic capacity or variable condenser)		① 특히, 로터를 구별할 필요가 있을 경우에는 ⊥ 와 같이 표시한다. ② 특히, 가변 평형형 콘덴서를 표시할 경우에는 ≠ 을 사용한다.

번호	명칭	심벌	적요
4.10	가변 정전 용량 또는 가변 콘덴서 (variable electrostatic capacity or variable condenser)		③ 특히, 가변 차동 정전 용 량 또는 콘덴서를 표시할 때에는 을 사용한다. ④ 특히, 연동 가변 정전 용량 또는 콘덴서를 나타 낼 경우에는 을 사용한다.
4.11	반고정 콘덴서		
4.12	전해 콘덴서 (chemical condenser)		① 극성을 명시하고 싶을 때 에는 로 할 수 있다. ② 특히, 전해 콘덴서라는 것이 명확할 때에는 사선 을 생략하고 으로 해 도 된다.
4.13	임피던스 (impedance)		
4.14	가변 임피던스 (variable impedance)	(a) (b)	

⑤ 전원 및 장치

번 호	명 칭	심 벌	적 요
5.1	전지 또는 직류 전원 (battery or D.C electric source)		① 극성은 긴 선을 양극, 짧 은 선을 음극으로 한다. ② 다수 연결일 때는 또는 로 해도 된다. ③ 번거로울 때에는 로 해도 된다.
5.2	정 류 기 (rectifier)	(a) (b)	화살표는 정삼각형으로 하 고, 전류가 통하는 방향을 나타낸다.
5.3	교 류 전 원 (AC electric source)		상수 및 주파수를 나타낼 경우에는 다음에 따른다. [보기] $3\phi \sim 60\,\mathrm{Hz}$ (상수) (주파수)

5.4	전원 플러그 (electric source plug)	(a) (b)	① (a)는 2극을 나타낸다. ② (b)는 3극을 나타낸다.
5.5	회 전 기 (rotating instrument)	○	① ○ 속에 종류를 표시하는 기호를 넣는다. [보기] 발전기 전동기 발전 전동기 (가역형) G M GM ② 특히, 교류·직류의 구별을 필요로 할 때는 아래 그림에 따른다. 교류의 경우 직류의 경우
5.6	기기 또는 장치 (instrumental or setting)	(a) □ (b) ▭	▭ 속에 종류를 나타내는 문자 또는 심벌을 넣는다.
5.7	차폐(shield)	- - - - - - -	[보기]

⑥ 개폐기류

번 호	명 칭	심 벌	적 요
6.1	개 폐 기 (switch)		
6.2	절환 개폐기 (change over switch)		
6.3	회전 개폐기 (로터리 스위치) (rotary switch)		
6.4	잘린 쪽 붙이 로터리 스위치		① 잘린 쪽의 모양은 한 보기를 나타낸다. ② 스위치의 절환 접점(화살표)의 위치는 절환 개시의 접점 위치로 한다.

⑦ 계측기 및 열전대

번 호	명 칭	심 벌	적 요
7.1	계기 또는 측정기 (meter or measurement intrument)	○	① ○ 속에 종류를 나타내는 문자 또는 심벌을 넣는다. [보기] 전류계 Ⓐ 전압계 Ⓥ 전력계 Ⓦ 오실로스코프 ⊙osc 오실로그래프 ⊙ ② 특히, 직류·교류·고주파의 경우를 구별할 때는 아래 그림과 같이 한다. 직류　교류　고주파  ③ 지침의 한쪽 진동 또는 양쪽 진동을 나타낼 경우에는 다음과 같이 한다. · 한쪽 진동의 경우 · 양쪽 진동의 경우
7.2	열 전 대 (thermo couple)	 V	① 특히, 직렬형 열전대를 표시하는 경우  ② 특히, 방열형 열전대를 표시하는 경우  ③ 특히, 진공 직렬형 열전대를 표시하는 경우 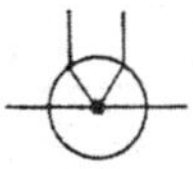 ④ 특히, 진공 방열형 열전대를 표시하는 경우 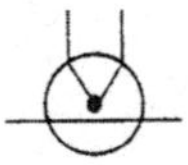

⑧ 보호 장치 및 램프

번 호	명 칭	심 벌	적 요
8.1	피 뢰 기 (arrester) (접지할 경우)	(a) (b)	3극 피뢰기는 아래 그림과 같이 표기한다.
8.2	방 전 캡 (discharge cap)		특히, 전극의 양상을 구별하고 싶을 경우에는 아래 그림의 보기에 따른다. [보기] · 각형: · 침형: · 구:
8.3	퓨 즈 (fuse)		특히, 개방형, 포장형을 구별하고 싶을 경우에는 다음과 같이 한다. · 개방형: · 포장형:
8.4	경보 퓨즈		특히, 개방형, 포장형을 구별하고 싶을 경우에는 다음과 같이 한다. · 개방형: · 포장형:
8.5	히트 코일 (heat coil)		히트 코일형 퓨즈를 포함한다.
8.6	램 프 (lamp)	(a) (b) (c)	특히, 색이나 용도를 구별할 경우에는 보기에 따라야 하고, 아래 그림과 같이 기입한다.

8.6	램　프 (lamp)		[보기] 적색 (RL), 황적 (OL) 녹색 (GL), 청색(BL) 백색 (WL), 황색 (Y) 투명 (TC), 파일럿(PL) RL
8.7	저　항　기 (resister)		안정 저항관(버랙터를 포함)을 표시할 경우에는 아래 그림과 같이 표시한다.

(2) 전력용 심벌

① 회전기

(가) 심벌 중에 조합해서 사용하는 코일은 기본 심벌(인덕턴스 또는 코일)의 (a), (b) 또는 (c)에 따라야 한다. 또한, 이하의 심벌에서는 보기로서 (c)를 사용한 것을 나타낸다.

(나) 동일 심벌 속에서 2개 이상의 코일을 사용하고 있는 것으로, 코일의 크기를 특별히 구별하고 싶을 때는 코일의 산수를 바꿔서 나타낼 수 있다.

번　호	명　칭	심　벌		적　요
		단선도용	복선도용	
1.1	직류 분권 발전기 (DC shut generator)		(a) (b)	① 타 여자일 경우에는 다음에 따른다. ② 파선부는 저항기류를 접속할 경우, 그것이 없을 때는 실선으로 한다. ③ 여자형임을 표시할 때는 G 대신 Ex를 사용한다. ④ 보극권선 또는 보상권선은 필요에 따라서 추가한다.

1.2	직류 분권 전동기 (DC shut motor)	(그림)	(a) (b)	① 타 여자일 경우에는 다음에 따른다. ② 파선부는 저항기류를 접속할 경우, 그것이 없을 때는 실선으로 한다. ③ 보극권선 또는 보상권선은 필요에 따라서 추가한다.
1.3	직류 직권 발전기 (DC series generator)	(그림)	(a) (b)	보극권선 또는 보상권선은 필요에 따라서 추가한다.
1.4	직류 직권 전동기 (DC series motorr)	(그림)	(a) (b)	보극권선 혹은 보상권선은 필요에 따라서 추가한다.
1.5	직류 복권 발전기 (DC compound generator)	(그림)	(a) (b)	① 파선부는 저항기류를 접속할 경우를 나타내고, 그것이 없을 때는 실선으로 한다. ② 보극권선 또는 복상권선은 필요에 따라서 추가한다.
1.6	직류 복권 전동기 (DC compound motor)	(그림)	(a) (b)	

1.7	동기 발전기 (synchronous generator)	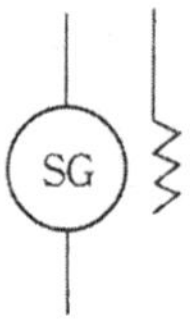 SG	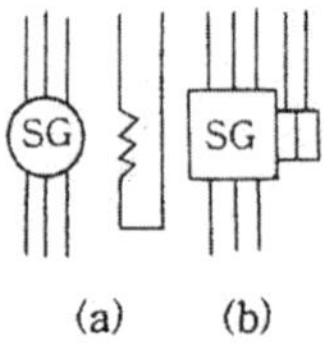 SG SG (a) (b)	① 동기 발전기라는 것이 명확할 때는 단순히 G로 기입해도 된다. ② 전기자의 아래쪽에 표시한 선은 중성점측 인출을 나타낸다. ③ 단선 심벌에서 계자코일의 기호를 필요로 하지 않을 때에는 생략해도 된다. ④ 복선도형은 3상일 경우를 나타낸다.
1.8	동기 전동기 (synchronous motor)	 SM	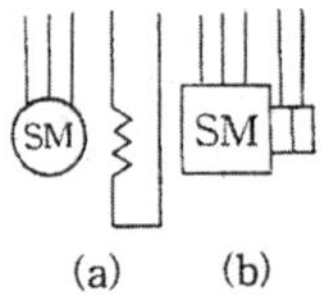 SM SM (a) (b)	단선 심벌에서 계자 코일의 기호를 필요로 하지 않을 경우에는 생략해도 된다.
1.9	동기 발전 전동기 (가역형) (synchronous generator motor)	 SGM	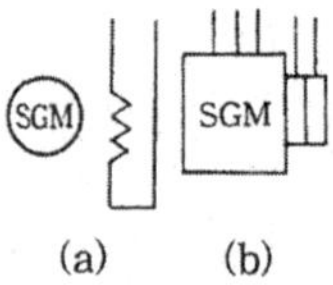 SGM SGM (a) (b)	단선 심벌에서 계자 코일의 기호를 필요로 하지 않을 경우에는 생략해도 된다.
1.10	동기 조상기 (synchronous phase modifier)	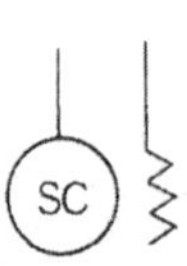 SC	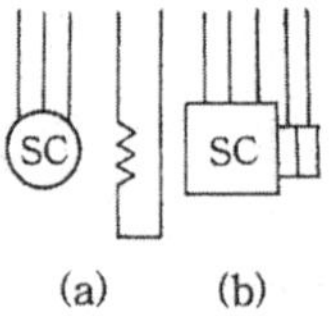 SC SC (a) (b)	
1.11	유도 전동기(일반) (induction motor)	 IM	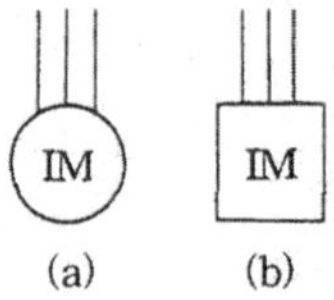 IM IM (a) (b)	① 유도 전동기라는 것이 명확할 때에는 M이라고 기입해도 된다. ② 복선도용은 3상일 경우를 나타낸다.
1.12	6선식 3상 농형 유도 전동기		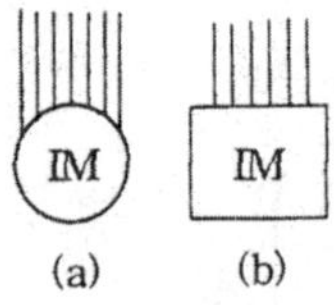 IM IM (a) (b)	

1.13	권선형 유도 전동기 (wound rotor type induction motor)	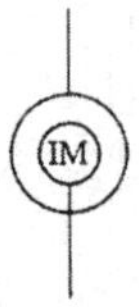 (IM)	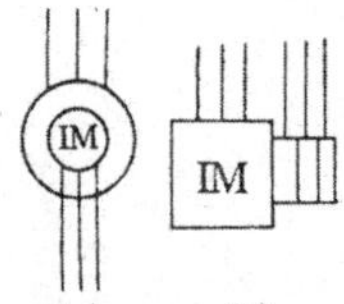 (IM) (a) IM (b)	
1.14	유도 발전기 (induction generator)	 IG	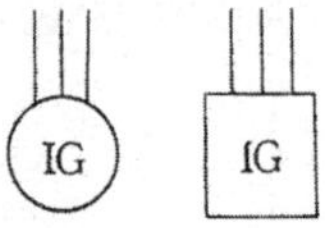 IG (a) IG (b)	
1.15	단상 반발 전동기 (single plase repulsion motor)		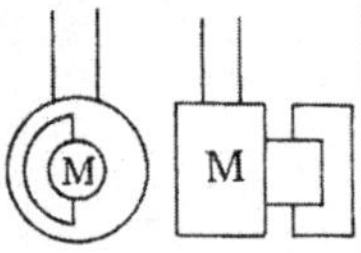 (M) (a) M (b)	
1.16	직 권 정류자 전동기 (series commutator motor)	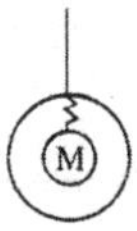 (M)	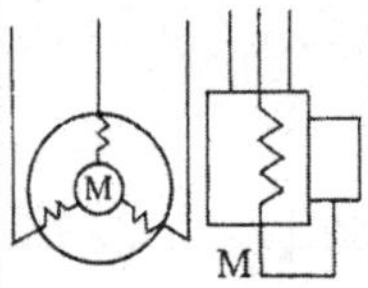 (M) (a) M (b)	복선도용은 3상인 경우를 나타낸다.
1.17	3상 본권 정류장 전동기 (threephase shunt commutator motor)		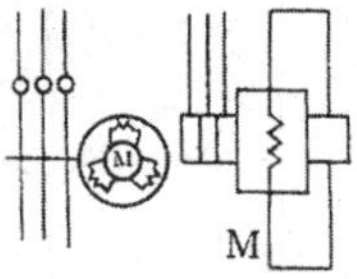 (M) (a) M (b)	
1.18	회전 변류기 (synchronous converter)	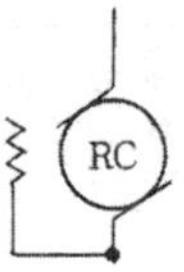 RC	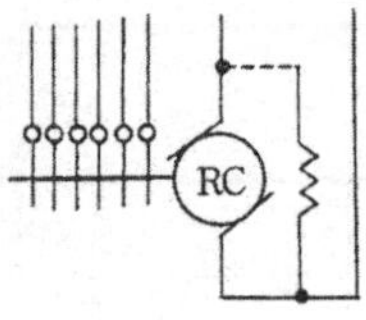 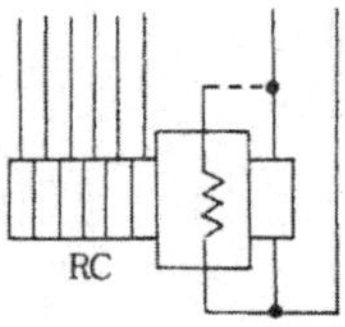 RC (a) RC (b)	① 단선도용으로 상부는 교류측, 하부는 직류측 을 나타낸다. ② 단선도로 계자 코일은 필요가 있을 때에만 붙 인다. ③ 복선도용은 6상 분권 일 경우를 나타낸다.

1.19	전동 발전기 (motor generator)		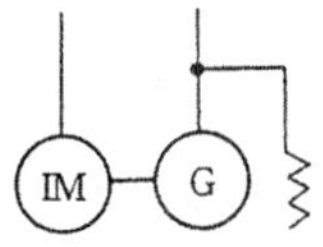 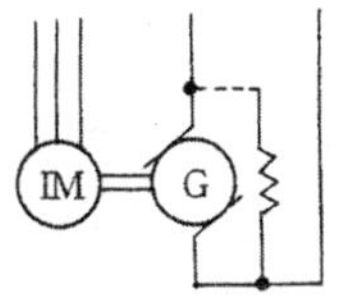 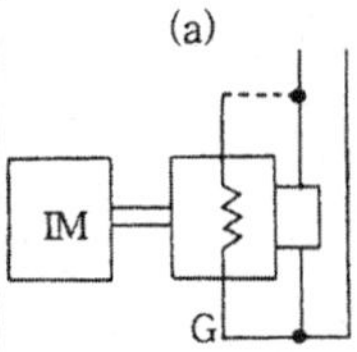 ① 유도 전동기로 직류 분권 발전기를 구동할 경우를 나타낸다. ② 단선도로 계자 코일은 필요가 있을 경우에 붙인다.
1.20	주파수 변환기 (frequency changer)		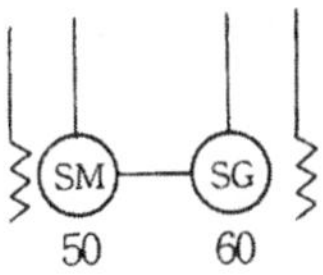 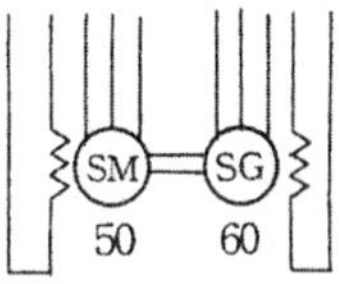 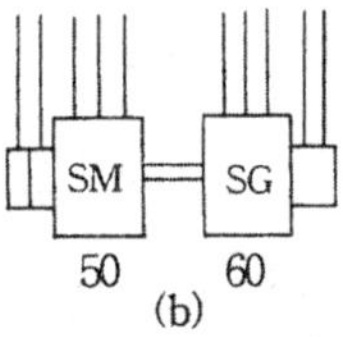 ① 동기 전동기로 동기 발전기를 구동해서 50 Hz를 60 Hz로 변환할 경우를 나타낸다. ② 단선도로 계자 코일은 필요가 있을 경우에 붙인다.
1.21	회전 기기용 원동기		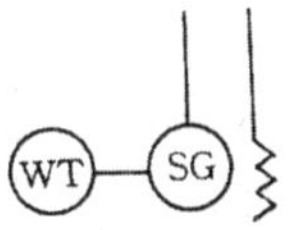 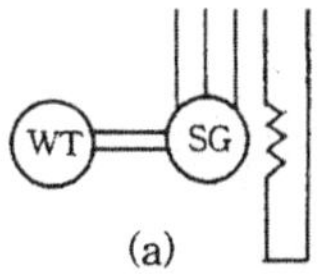 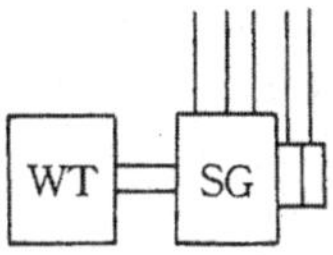 원동기의 종별은 다음에 따른다. ・수차 : WT ・펌프 터빈 : PT ・증기 터빈 : ST ・가스 터빈 : GT ・디젤 터빈 : DE

② 변압기

번 호	명 칭	심 벌		적 요
		단선도용	복선도용	
2.1	변압기(일반) (transformer)	  (a)　　　(b)		혼촉 방지판이 붙은 것은 다음에 따른다. 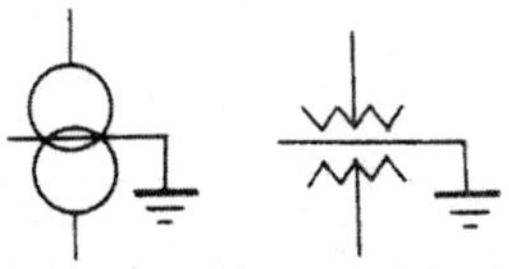

2.2	단상 변압기 (single phase transformer)	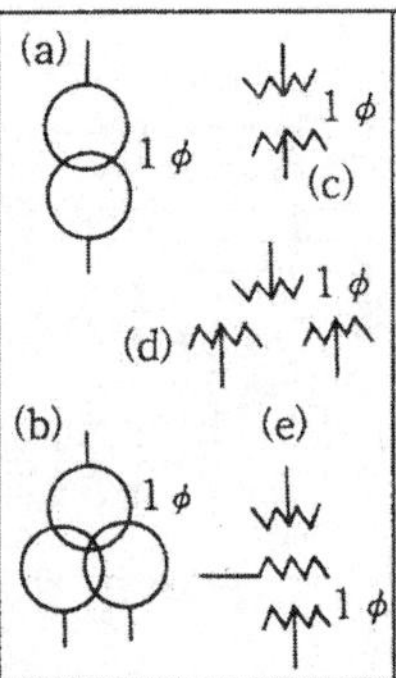 (a) 1φ (c) 1φ (d) (e) (b) 1φ / 1φ	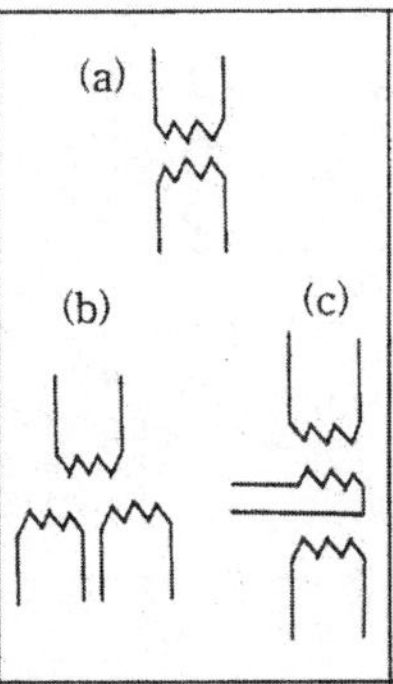 (a) (b) (c)	단선도용 (b), (d), (e) 및 복선도용 (b), (c)는 3권선 변압기의 경우를 표시한 다.
2.3	삼상 변압기 (three phase transformer)	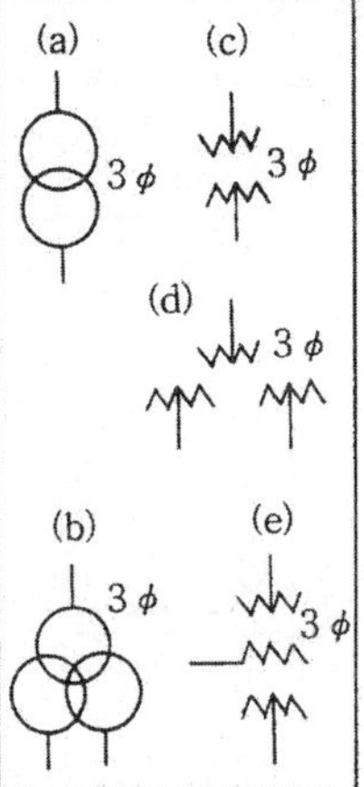 (a) (c) 3φ 3φ (d) 3φ (b) (e) 3φ 3φ	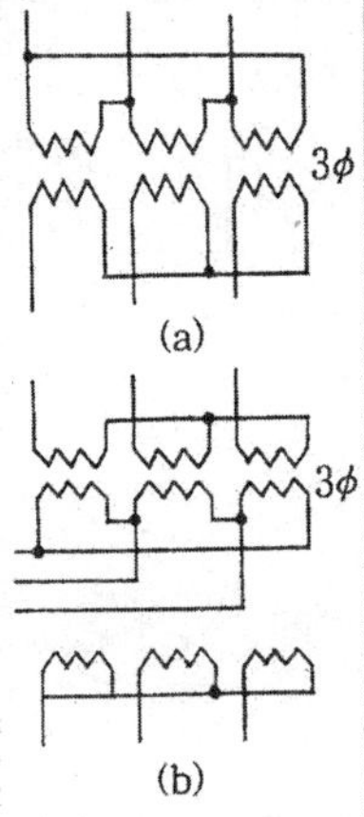 3φ (a) 3φ (b)	① 단선도용 (b), (d), (e) 및 복선도용 (b)는 3권 선 변압기의 경우를 표 시한다. ② 복선도용 (a)는 YΔ 접 속, (b)는 YΔY 접속의 경우를 표시한다.
2.4	변압기 접속 보기 (transformer joint)	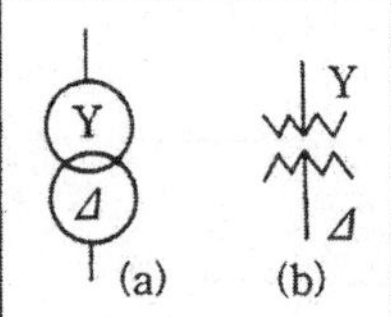 Y / Δ (a) Y / Δ (b)	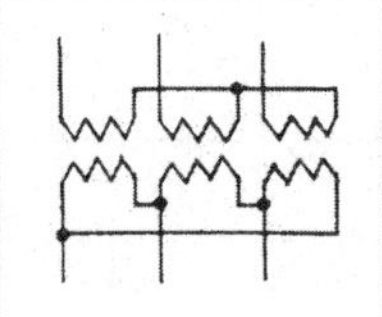	① YΔ 접속의 경우를 표시한다. ② 특히, 3상 변압기를 표 시할 필요가 있을 경우에 는 옆에 3φ를 기입한다.
		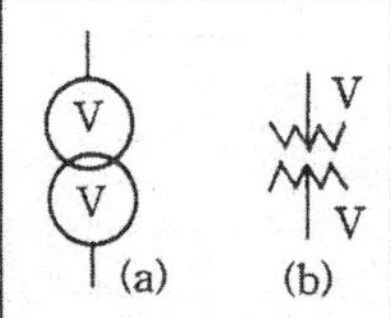 V / V (a) V / V (b)	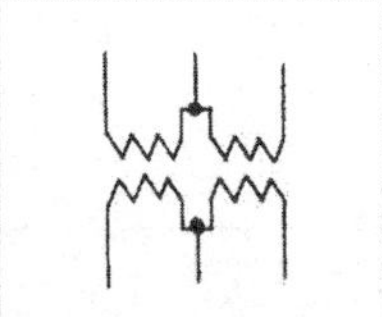	① V 접속의 경우를 표시한다. ② 특히, 3상 변압기를 표 시할 필요가 있을 경우에 는 옆에 3φ를 기입한다.
		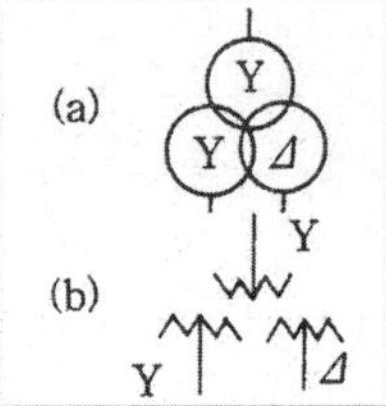 (a) Y Y / Δ (b) Y Y / Δ	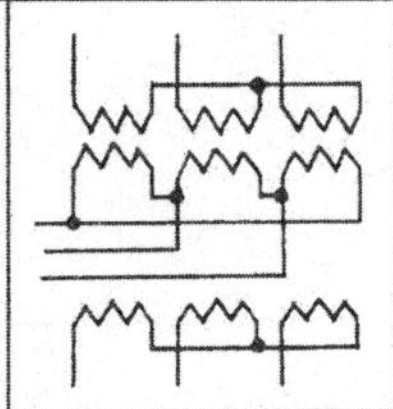	① 3권선 변압기의 보기를 표시한다. ② 특히, 3상 변압기를 표 시할 필요가 있을 경우에 는 옆에 3φ를 기입한다.
		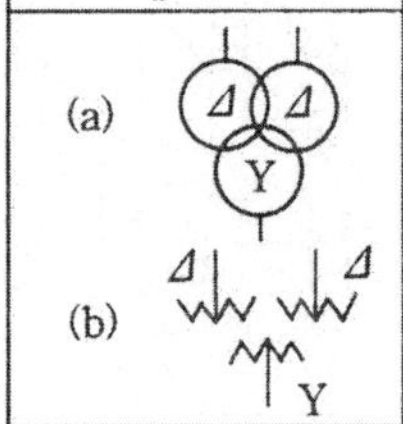 (a) Δ Δ / Y (b) Δ / Δ Y	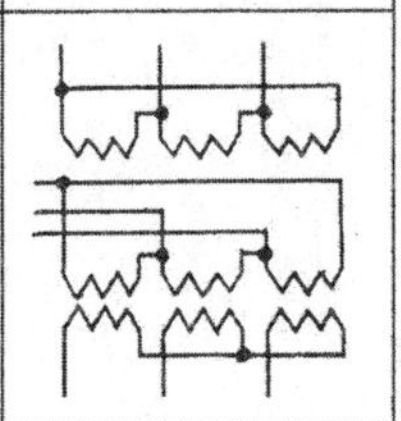	

2.4	변압기 접속 보기 (transformer joint)			① 3권선 변압기에 중성점측 인출의 경우를 표시한다. ② 특히, 3상 변압기를 표시할 필요가 있을 경우에는 옆에 3ϕ를 기입한다.
				① ⊿Y 접속의 변압기에 중성점측 인출의 경우를 표시한다. ② 특히, 3상 변압기를 표시할 필요가 있을 경우에는 옆에 3ϕ를 기입한다.
				6상 회전 변류기 2대용의 경우를 표시한다.
				6상 6극 수은 정류기용의 경우를 표시한다.
				① 2중 탭 변압기로서 ⊿ 접속의 경우를 표시한다. ② 단선도용에서 절선 인출선은 중간 인출선을 표시한다.

2.4	변압기 접속 보기 (transformer joint)	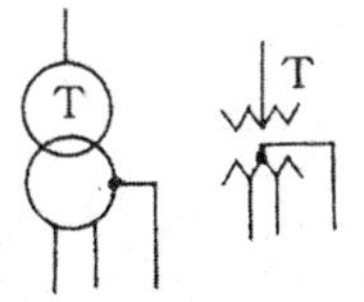 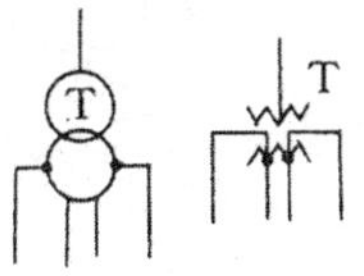	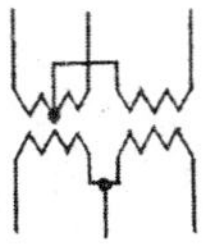 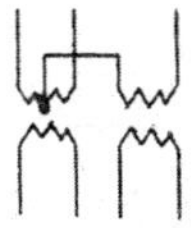	교류 전철용 스코트 결선 전용 변압기의 경우를 표시한다.
2.5	삼상 부하시 전압 조정 변압기	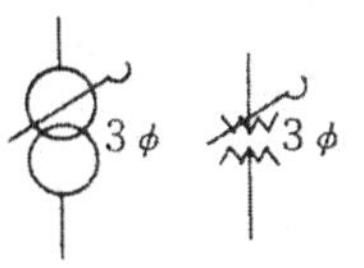	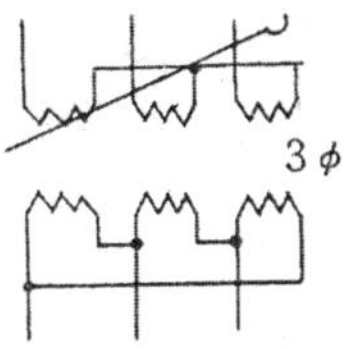	① 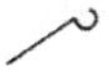 는 조정 장치가 있는 쪽에 붙인다. ② 복선도용은 2차측 Δ 접속의 경우를 표시한다. ③ 특히, 조정 장치가 별치형인 것을 나타내는 경우는 그 취지를 부기한다.
2.6	단상 단권 변압기 (single phase auto transformer)	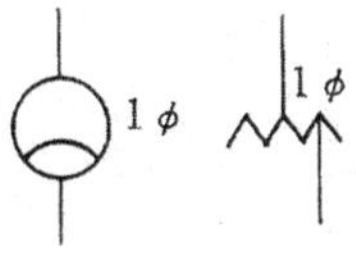 (a) (b) 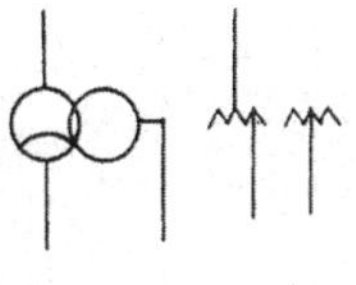 (c) (d)	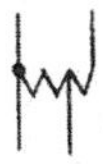 (a) 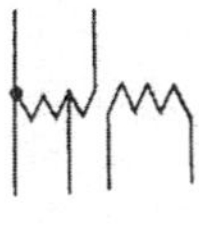 (b)	① 상부는 고전압측, 하부는 저전압측을 표시한다. ② 역인 경우에는 아래와 같다. 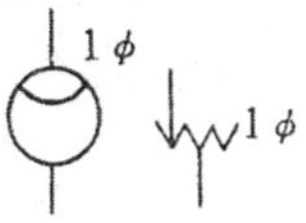 ③ 단선도용 (c), (d) 및 복선도용 (b)는 3차 권선 붙이 경우를 표시한다. ④ 부하시 전압 조정기 붙인 경우는 아래와 같다. 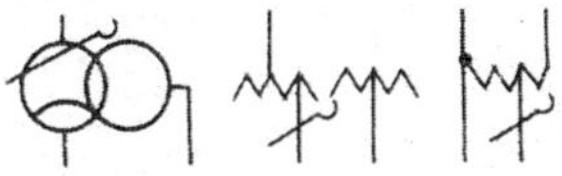
2.7	삼상 단권 변압기 (three phase auto transformer)	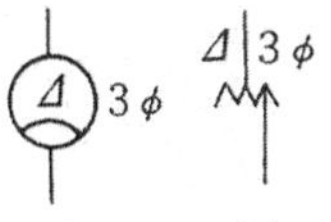 (a) (b)	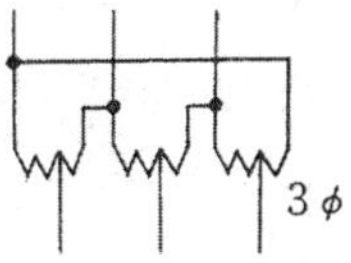	Δ 접속의 경우를 표시한다.

2.8	접지 변압기 (earth transformer)	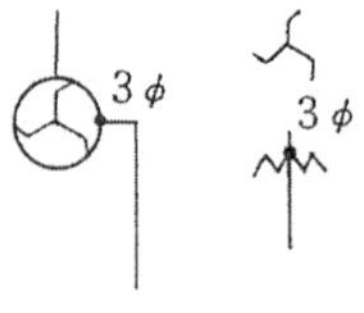 (a)　　(b)	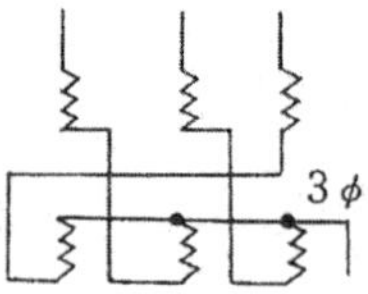	3상 천조(千鳥) 접속의 경우를 표시한다.
2.9	소호 변압기 (arc suppressing transformer)	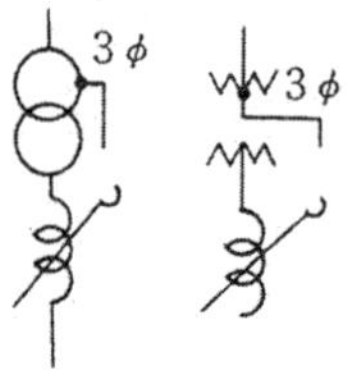 (a)　　(b)	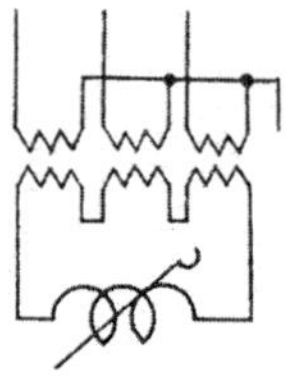	리액터 부분은 아래와 같이 나타낼 수 있다. 
2.10	단상 유도 전압 조정기 (single phase induction voltage regulator)	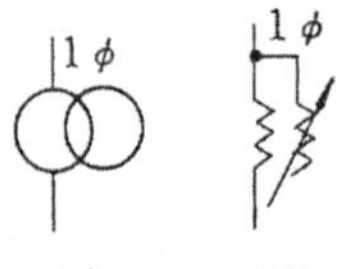 (a)　　(b)	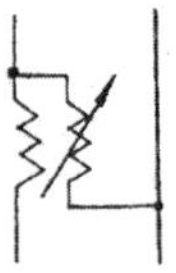	$\diagup$ 은 생략할 수 있다.
	3상 유도 전압 조정기 (three phase induction voltage regulator)	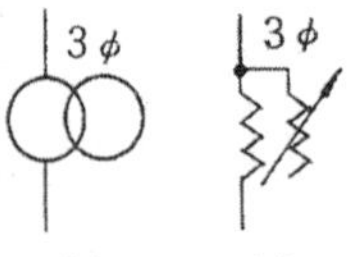 (a)　　(b)	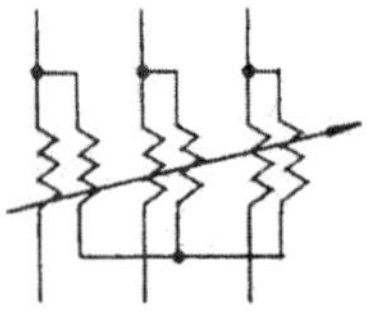	
2.12	3상 부하시 전압 조정기	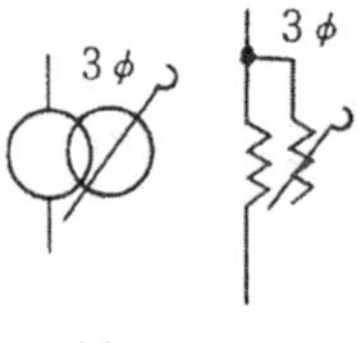 (a)　　(b)	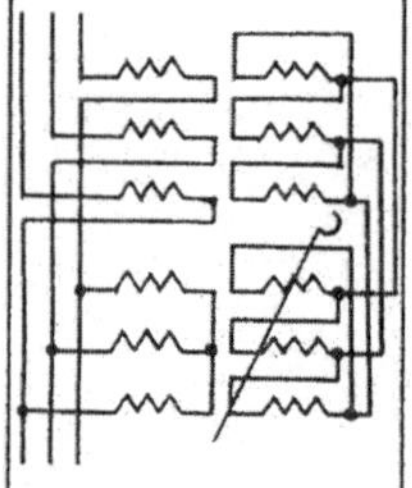	복선도용은 한 보기를 표시한다.
2.13	3상 이상기	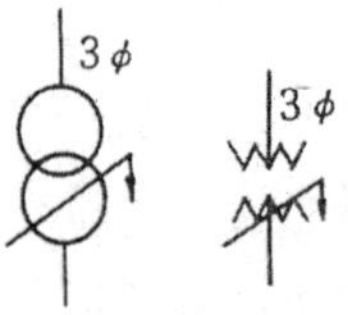 (a)　　(b)	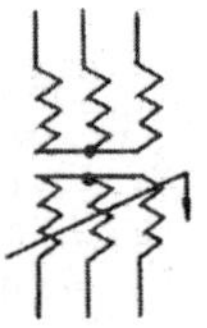	

③ 정류기

번 호	명 칭	심 벌		적 요
		단선도용	복선도용	
3.1	정류기 (일반) (rectifier)	(a) (b)		화살표는 정삼각형으로 하고 직류가 통하는 방향으로 한다.
3.2	정 류 기 (브리지형 접속)	(a) (b)		(b)의 화살표는 직류가 통하는 방향이다.
3.3	제어 정류 소자	(a)	(b)	(a)는 P 게이트를 표시한다. (b)는 N 게이트를 표시한다.
3.4	수은 정류기 (일반) (mercury rectifier)	(a) (b) MR		① 유리제 수은 정류기는 이것을 사용한다. ② 전극 및 수은은 도장을 하지 않은 것도 좋다.
3.5	철제 수은 정류기			① 격자 붙이 보기를 표시한다. ② 전극 및 수은은 도장을 하지 않은 것도 좋다.

| 3.6 | 기계적 정류기 | 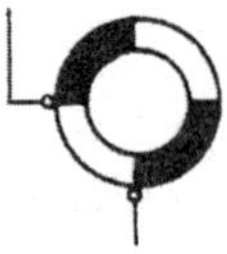 | 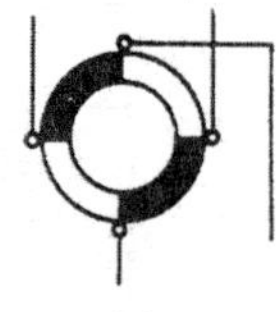 (a) 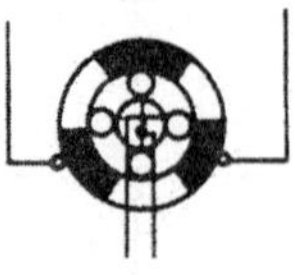
(b) | 단선도용은 단상, 3상 어느 경우에도 쓰인다. |

④ 계기용 변압기 및 변류기

번 호	명 칭	심 벌		적 요
		단선도용	복선도용	
4.1	계기용 변압기 (일반) (instrument transformer)	 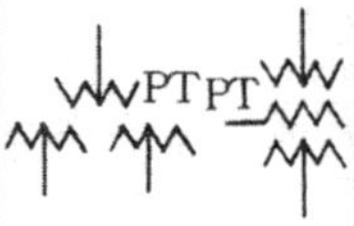 PT (a) PT PT (b) (c)	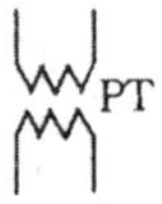 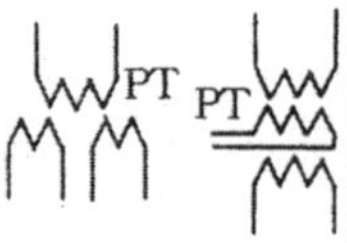 PT (a) PT PT (b) (c)	① 주 변압기와 구별할 때는 가늘게 그린다. ② (a)는 2권선의 경우를 표시한다. ③ (b), (c)는 3권선의 경우를 표시한다. ④ 혼동할 우려가 없는 한 2.1 변압기(일반)의 (a) 기호를 사용한다. 조합하면 2.4의 보기와 같다.
4.2	단상 계기용 변압기	 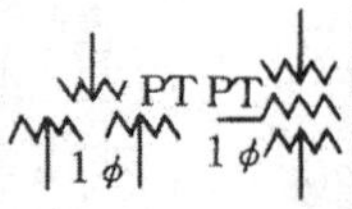 PT 1ϕ (a) PT PT 1ϕ 1ϕ (b) (c)	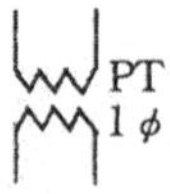 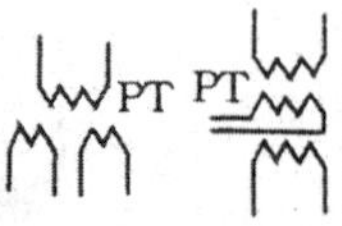 PT 1ϕ (a) PT PT (b) (c)	① 주 변압기와 구별할 때는 가는 글씨를 써 넣는다. ② 단선도에는 필요에 따라 접속을 옆에 기입한다. ③ (a)는 2권선, (b), (c)는 3권선의 경우를 표시한다.

4.3	3상 계기용 변압기	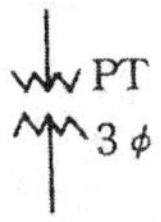 (a) 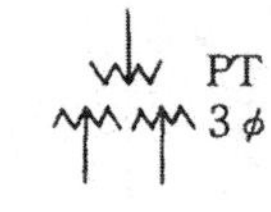 (b) 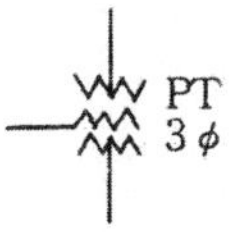 (c)	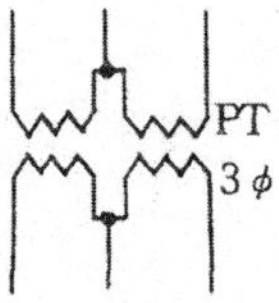 (a) 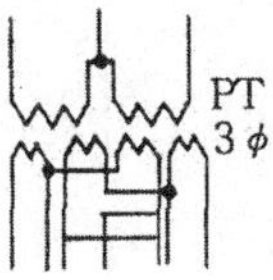 (b) 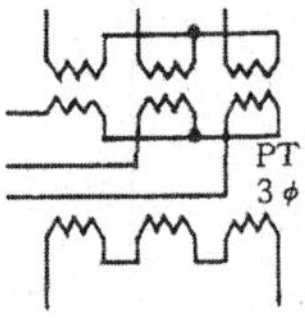 (c)	① 주 변압기와 구별할 때는 옆에 가는 글씨를 써 넣는다. ② 복선도용의 (a), (b)는 V 접속의 경우, (c)는 人人꼬의 경우를 표시한다. ③ 단선도용에는 필요에 따라 접속을 옆에 기입한다. ④ (a)는 2권선, (b), (c)는 3권선의 경우를 표시한다.
4.4	부싱형 계기용 변압기	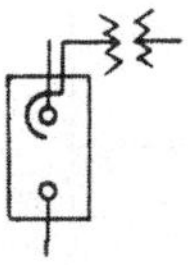 (a) 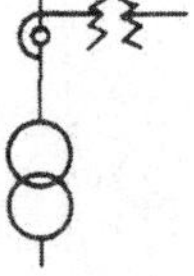 (b) 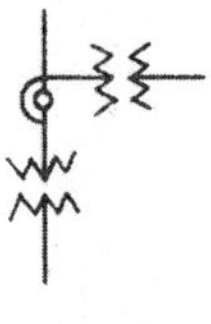 (c)	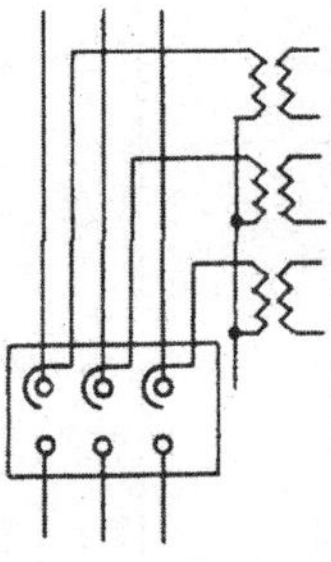 (a) 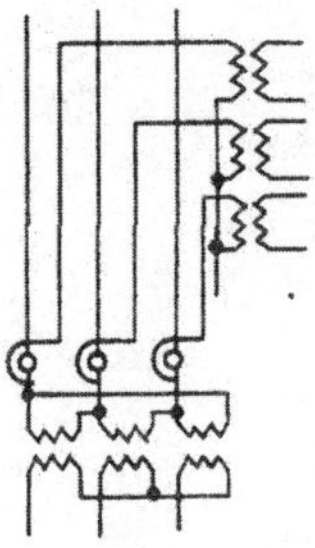 (b)	① 주 변압기를 구별할 때는 그 옆에 가는 글씨를 써 넣는다. ② (a)는 교류 차단기에 장치할 경우를 나타낸다. ③ (b), (c)는 변압기에 장치할 경우를 나타낸다. ④ 복선도용 (b)는 3상 변압기에 장치할 경우를 나타낸다.

| 4.5 | 콘덴서형 계기용 변압기 | (a) (b) (c) | (a) (b) (c) | ① 주 변압기와 구별할 때는 가늘게 그린다.
② (a)는 2권선의 경우를 나타낸다.
③ (b), (c)는 3권선의 경우를 나타낸다.
④ 송전 계통도에서 단선도용 (a), (b), (c) 를 그리기 곤란할 경우에는 ┤├ 와 같이 표시할 수 있다. |
| 4.6 | 변 류 기
(current transformer) | (a) (b) (c) | (a) (b) (c) | ① 단선도용 (a), (b) 및 복선도용 (a)는 2 권선의 경우를 표시한다.
② 단선도용 (c), (d) 및 복선도용 (b)는 3 권선의 경우를 표시한다.
③ 단선도용 (e) 및 복선도용 (c)는 2중 철심의 경우를 표시한다. |

4.7	부싱형 변류기 (bushing type current transformer)	(a) (b) (c) (d) (e) (f) (g)	(a) (b) (c)	① (a), (b), (e), (f)는 교류 차단기에 장치할 경우를 표시한다. ② (c), (d)는 변압기에 장치할 경우를 표시한다. ③ (b), (f)는 3권선의 경우를 표시한다. ④ (g)는 2중 철심의 경우를 표시한다.
4.8	계기용 변압 변류기			주 변압기와 구별하기 위하여 가늘게 그린다.

번　호	명　칭	심　벌 (단선도용)	심　벌 (복선도용)	적　요
4.9	영상 계기용 변압기	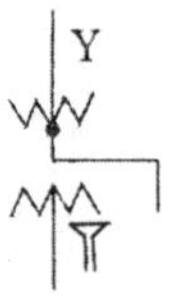	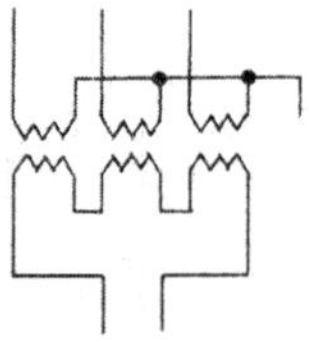	
4.10	영상 변류기 (zero - phase sequence current transformer ZCT) (a) (b)	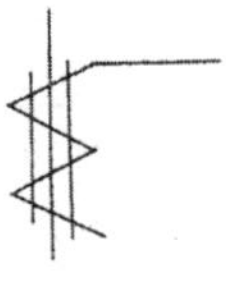 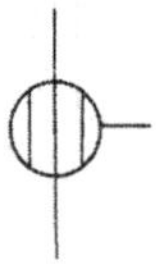	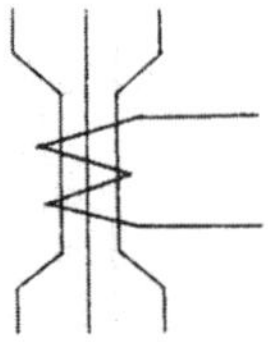 (a) 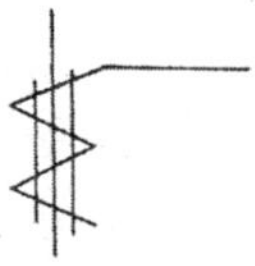 (b)	복선도용 (b)는 3심 케 이블용을 나타낸다.

⑤ 배전반 부착 기구

번　호	명　칭	심　벌		적　요
		단선도용	복선도용	
5.1	계기용 절환 개폐기	 (a) 　(b)		① (a)는 전압 회로용 에 쓰인다. ② (b)는 전류 회로용 에 쓰인다.
5.2	전류계용 분류기	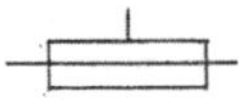	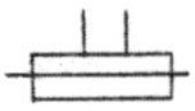	
5.3	시험용 전압 단자	(a) 　(b) 　(c)		[보기]  (a)　(b)　(c)
5.4	시험용 전류 단자			[보기] 

⑥ 전력용 접점

㈎ 이 규격의 적용 범위에 표시한 상태에서 개로하는 것에 대해서 가동 부분을 오른쪽 혹은 위쪽에 나타내고, 폐로하는 것에 대해서는 가동 부분을 왼쪽 혹은 아래쪽에 나타낸다.

㈏ 이 규격의 적용 범위 이외의 상태를 나타내는 경우에는 보기를 들면 6.5의 a 접점을 │ , ─○─○─ , b 접점을 │ , ─○─○─ 와 같이 나타낼 수 있다.

번 호	명 칭	심 벌		적 요
		a 접점	b 접점	
6.1	접점(일반) 혹은 수동 접점	(a) (b)	(a) (b)	옥내 배선용 텀블러 스위치로서 접점의 개폐를 수동으로 조작하는 스위치
6.2	수동 조작 자동 복귀 접점	(a) (b)	(a) (b)	손을 떼면 복귀하는 접점이며 단추 스위치, 조작 스위치 등의 접점에 쓰인다 (눌림형, 인장형, 비틀림형에 공통).
6.3	기계적 접점	(a) (b)	(a) (b)	리밋 스위치와 같이 접점의 개폐가 전기적 이외의 원인에 의해서 이루어지는 것에 쓰인다.
6.4	조작 스위치 잔류 접점	(a) (b)	(a) (b)	토글 스위치와 같이 접점의 개폐가 조작 스위치에 위해 유지되는 것에 쓰인다.

6.5	계전기 접점 혹은 보조 스위치 접점	(a) (b)	(a) (b)	전자 계전기(릴레이)와 같이 접점 스위치의 동작이 순시 동작 순시 복귀하는 접점에 쓰인다.
6.6	한시(限時) 동작 접점	(a) (b)	(a) (b)	한시 동작 순시 복귀형인 ON 타이머
6.7	한시 복귀 접점	(a) (b)	(a) (b)	순시 동작 한시 복귀형인 OFF 타이머
6.8	수동 복귀 접점	(a) (b)	(a) (b)	인위적으로 복귀시키는 것으로 전자석으로 복귀시키는 것도 포함한다. 보기를 들면, 수동 복귀의 열동 계전기 접점, 전자 복귀식 벨 계전기 접점 등이 있다.
6.9	전자 접촉기 접점	(a) (c) (b) (d)	(a) (c) (b) (d)	혼동될 우려가 없는 경우에는 계전기 접점과 같은 심벌을 쓸 수 있다. 특히, (c), (d)인 경우 콘덴서와 혼동을 피하기 위하여 간격을 넓게 한다.
6.10	제어기 접점 (드럼형 혹은 캠형)			그림은 접점 한 개를 표시한다.

⑦ 개폐기 및 제어 장치

번　호	명　　칭	심　　벌		적　　요
		단선도용	복선도용	
7.1	계폐기(일반) (switch)	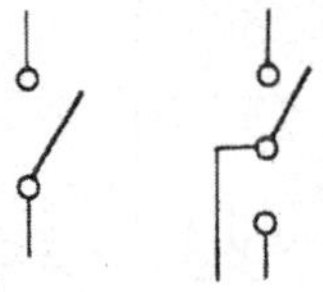 (a)　(b)		(b)는 단극 쌍투의 경우에 쓰인다.
7.2	단로기(일반) (disconnecting switch)	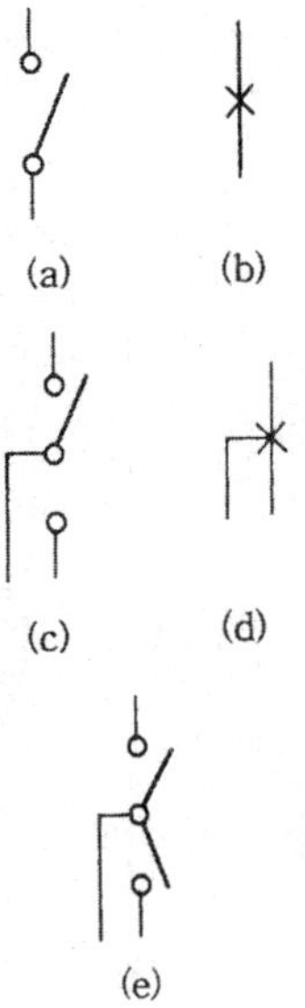 (a)　(b) (c)　(d) (e)	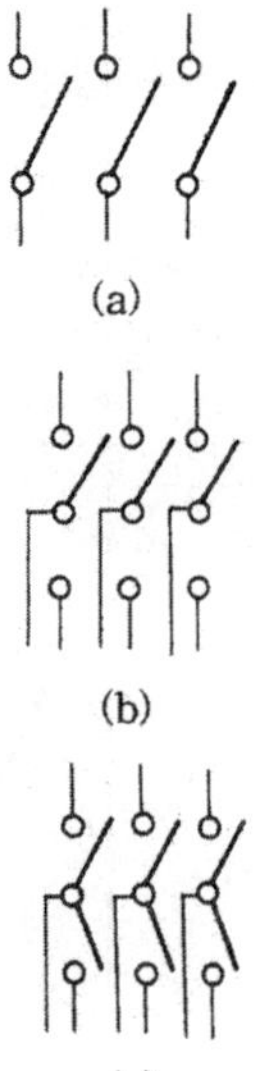 (a) (b) (c)	① 단선도용 (b), (d)는 특별히 간단하게 나타낼 필요가 있는 경우 ② 단선도용 (c), (d) 및 복선도용 (b)는 쌍투형의 경우 ③ 단선도용 (e), 복선도용 (c)는 쌍투 쌍날형의 경우 ④ 무부하 상태일 때 개폐하는 스위치
7.3	링크(link) 기구에 의한 수동 조작의 단로기	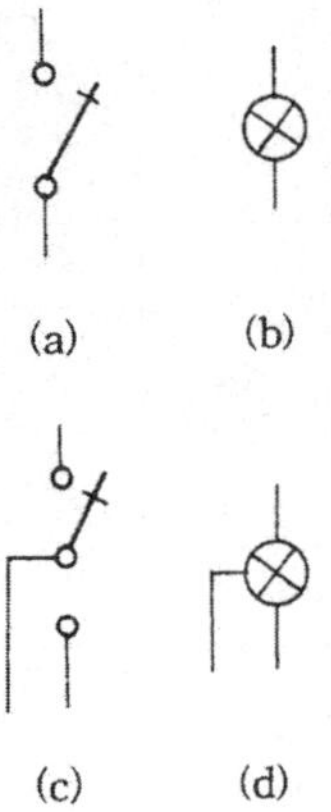 (a)　(b) (c)　(d)	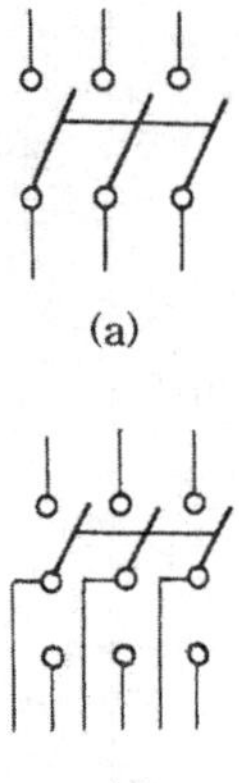 (a) (b)	① 단선도용 (b), (c), (f)는 특별히 간단하게 나타낼 필요가 있는 경우 ② 단선도용 (c), (d) 및 복선도용 (b)는 쌍투형의 경우 ③ 단선도용 (e), (f) 및 복선도용 (c)는 쌍투 쌍칼형의 경우

7.3	링크 (link) 기구에 의한 수동 조작의 단로기	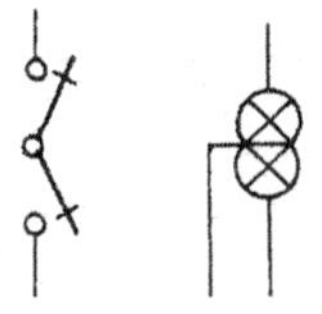 (e) (f)	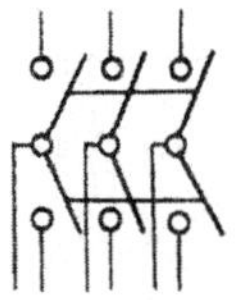 (c)	④ 단선도에 있어서 반그래프형 또는 직립투입형을 나타낼 필요가 있는 경우에는 다음과 같다. 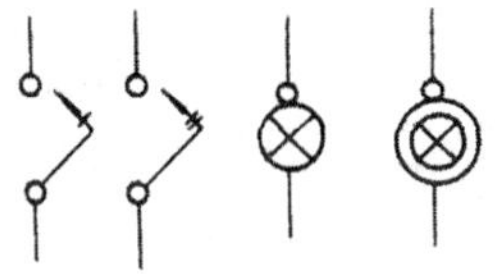 "O"는 고정 접속부에 부착 ⑤ 접지 기구부를 나타낼 필요가 있는 경우에는 다음과 같다. 접지 기구의 수동 동작 접지 기구의 동력 조작 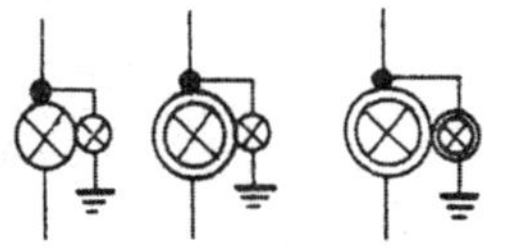 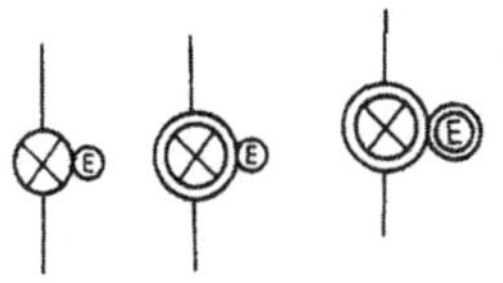
7.4	동력 조작의 단로기	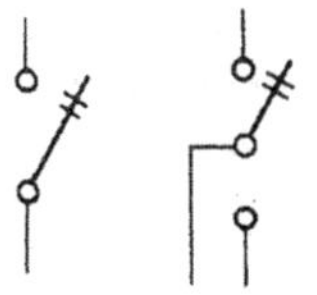 (a) (b) 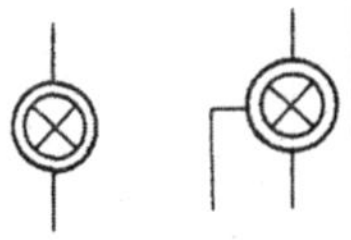 (c) (d) 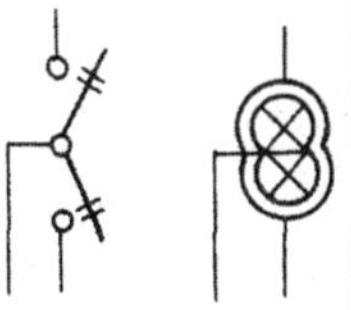 (e) (f)	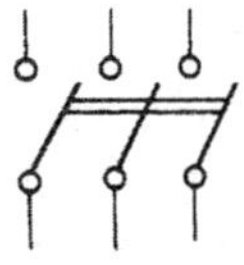 (a) 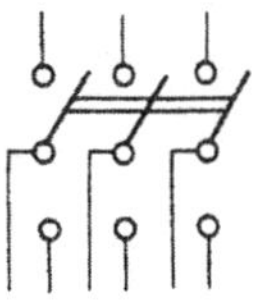 (b) 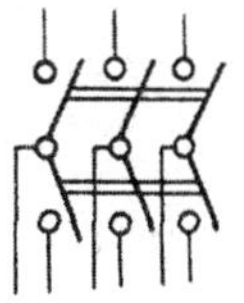 (c)	
7.5	수동 조작의 단로기형 부하 개폐기	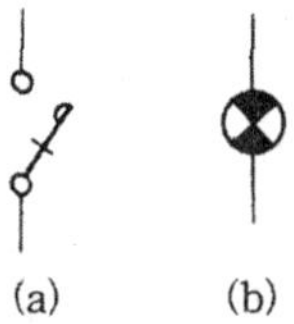 (a) (b)	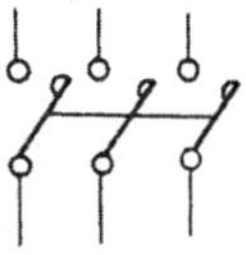	(b)는 특히, 간단하게 나타낼 필요가 있는 경우에 쓰인다.
7.6	동력 조작 단로기형 부하 개폐기	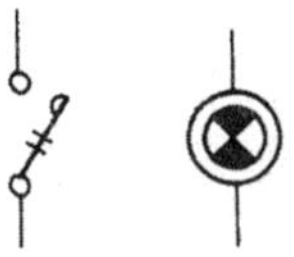 (a) (b)	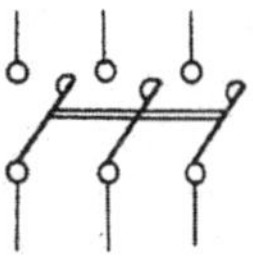	(b)는 특히, 간단하게 표시할 필요가 있는 경우에 쓰인다.
7.7	플러그형 단로기			

7.8	나이프 스위치 (knife switch)	 (그림)	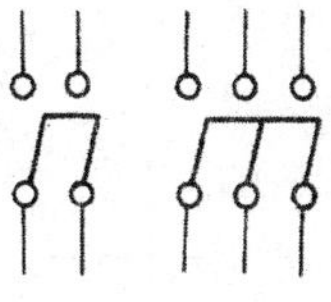 (a) (b)	① (a)는 2극인 경우 ② (b)는 3극인 경우
7.9	2극 계자 개폐기	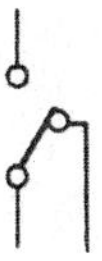 (그림)	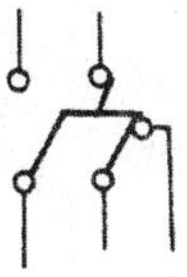 (그림)	
7.10	기중 차단기(일반) (air circuit breaker)	 (그림)	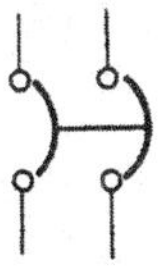 (그림)	① 배선용 차단기도 포함한다. ② 복선도용은 2극인 경우이다.
7.11	기중 차단기 트립 코일부의 보기 (단극의 경우)	[보기 1]  (그림)		직렬 트립 코일을 붙인 경우
		[보기 2] 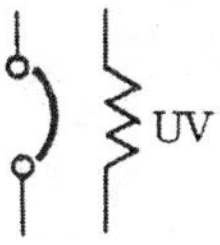 (그림) UV		부족 전압 트립 코일을 붙인 경우
		[보기 3] 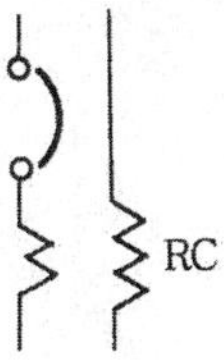 (그림) RC		역류 트립 코일을 붙인 경우
		[보기 4]  (그림)		인장 코일에 보조 스위치가 있는 경우

7.12	직류 고속도 차단기 (DC high speed circuit breaker)			
7.13	교류 차단기(일반) (AC circuit breaker)	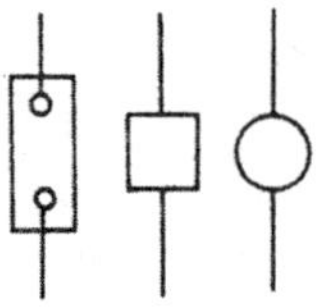	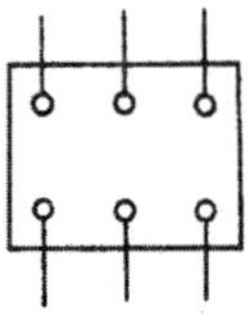	① 종류를 나타내는 경우에는 옆의 다음 글자를 부가한다. · 기름 차단기 : OCB · 공기 차단기 : ABB · 자기 차단기 : MBB ② (b)는 간단히 나타낼 필요가 있을 경우 ③ (c)는 전자 코일과 혼동되지 않을 경우에 사용할 수 있다.
7.14	교류 차단기 트립부의 보기	[보기 1] 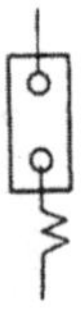	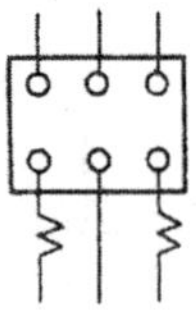	직렬 트립 코일부를 붙인 경우
		[보기 2] 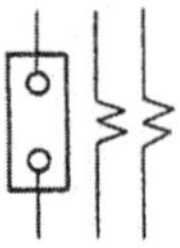	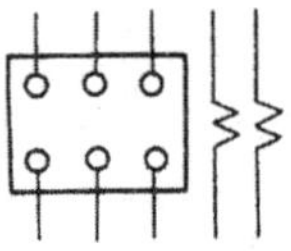	변류기 2차 전류 트립을 붙인 경우
		[보기 3] 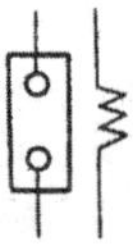	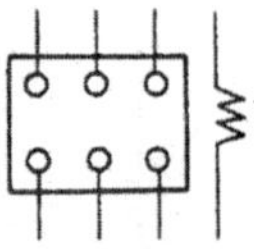	부족 전압 트립 코일을 붙인 경우
		[보기 4] 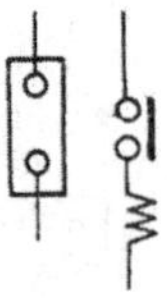	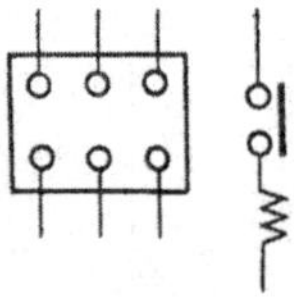	트립 벌린 코일의 보조 개폐기를 붙인 경우

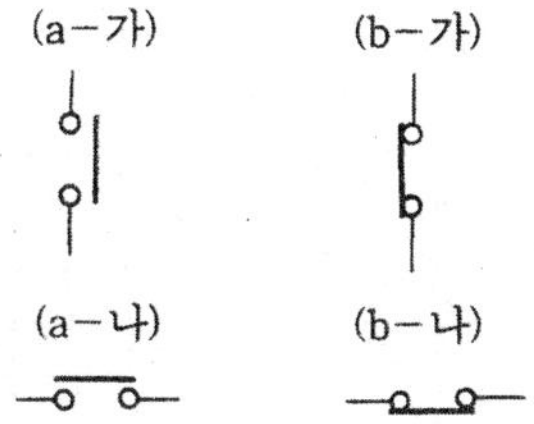

		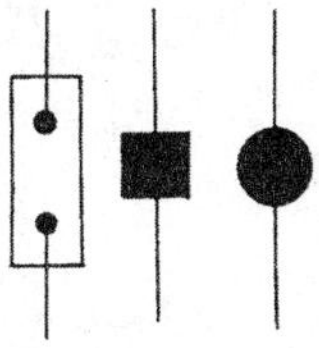	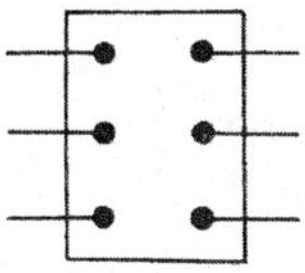	① 종류를 나타낼 경우에는 옆에 다음의 문자를 기입한다. · 유부하 개폐기 : OS · 기중 개폐기 : ASB · 진공 개폐기 : VS · 가스 개폐기 : GS ② (b)는 간단히 표시할 필요가 있는 경우 ③ (c)는 다른 심벌과 혼동될 염려가 없는 경우
7.15	고압 교류 부하 개폐기	(a) (b) (c)		
7.16	보조 스위치 (auxiliary switch)	(a-가) (a-나)	(b-가) (b-나)	
7.17	푸시 버튼 스위치 (push button switch)	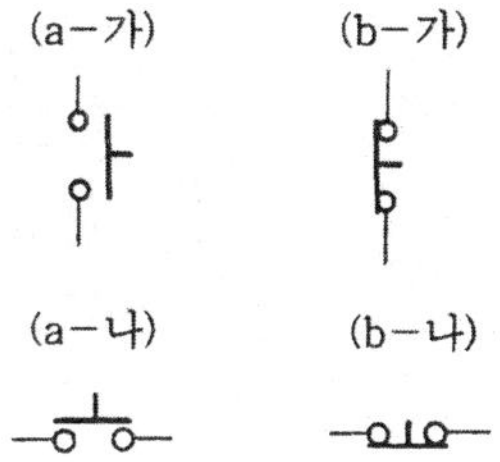 (a-가) (a-나)	(b-가) (b-나)	① (a)는 누르는 조작에 따라 폐로가 되는 경우 ② (b)는 누르는 조작에 따라 개로가 되는 경우
7.18	트립 버튼 스위치 (trip button switch)	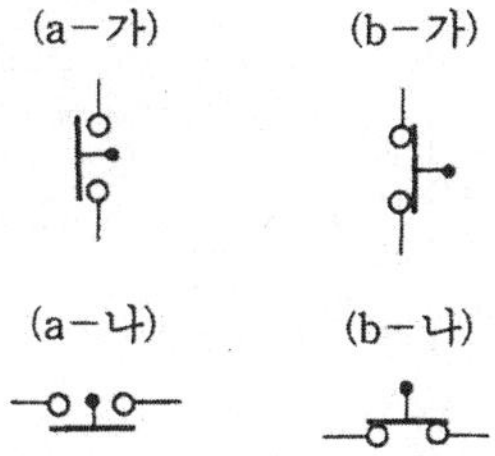 (a-가) (a-나)	(b-가) (b-나)	① (a)는 당기는 조작에 따라 폐로가 되는 경우 ② (b)는 당기는 조작에 따라 개로가 되는 경우
7.19	쌍푸시 버튼 스위치 (double push button switch)	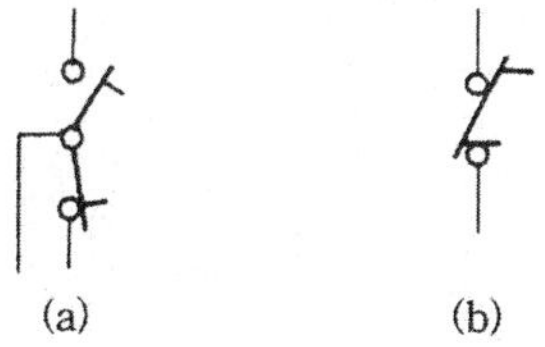 (a)	(b)	① (a)는 쌍투용 ② (b)는 단투용

7.20	전자 접촉기 (electromagnetic contactor)	(a) (b)	① (a)의 휴지(rest) 상태에서 여는 경우를 나타내고, 복선도용은 3극 취소 코일 및 보조 스위치 붙이의 보기 ② (b)는 휴지(rest) 상태에서 닫는 경우를 나타내고, 복선도는 단극 취소(吹消) 코일 및 보조 스위치의 보기
7.21	열등 과전류 계전기의 히터	(a)　　　(b)	
7.22	제어기(일반) (controller)		
7.23	드럼형 제어기 (전개) (drun type controller)	0　1　2　3	
7.24	캠 제어기(전개) (cam controller)	2　1　0　1　2	귀선이 공통인 경우
7.25	리밋 스위치 (limit switch)	(a)　　　(b)	① (a)는 작동의 경우에 폐로되는 경우 ② (b)는 작동의 경우에 개로되는 경우
7.26	텀블러 스위치 혹은 로터리형 스위치 (tumbler switch or rotary switch)	(a)　　(b)　　(c)	① (a)는 단극 단투용 ② (b)는 단극 쌍투용 ③ (c)는 쌍극 단투용

7.27	부동 스위치 · 압력 스위치 등 (floating switch pressure switch)	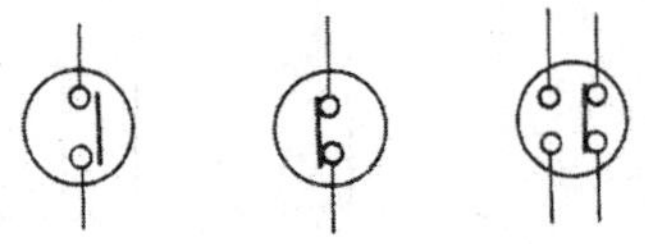 (a)　(b)　(c)	① (a)는 작동하면 폐로되는 것 ② (b)는 작동하면 개로되는 것 ③ (c)는 단극 절환용
7.28	속도 개폐기 (speed switch)	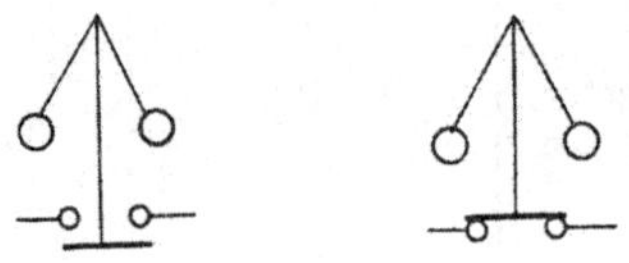 (a)　(b)	① 특히, 원심력 스위치임을 나타내고 싶을 때 사용 ② (a)는 작동하면 폐로되는 것 ③ (b)는 작동하면 개로되는 것
7.29	다이얼형 스위치 (dial switch)		쌍극 단투의 경우
7.30	갸놉 스위치	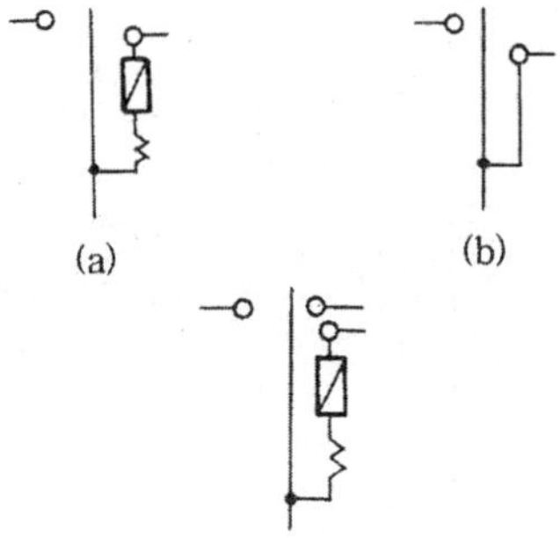 (a)　(b)　(c)	① (a)는 단투로서 취소 코일 및 퓨즈를 붙인 경우 ② (b)는 단투로서 취소 코일 및 퓨즈가 없는 보기 ③ (c)는 쌍투로서 취소 코일 및 퓨즈를 붙인 경우
7.31	다이얼형 가감 저항기 (dial type rheostat)	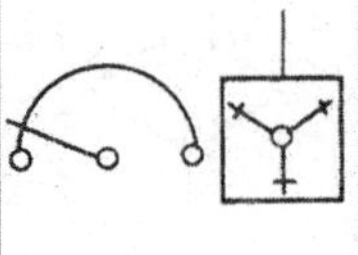 (a)　(b) 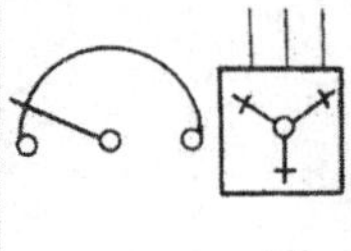　(a)　(b)	① (a)는 3상용의 것을 나타낸 것이다. ② 단선도 (a)에 있어서 단자를 필요로 하지 않는 부분의 ○은 떼어도 좋다.
7.32	액체 저항기 (liquid resitor)	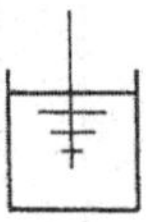 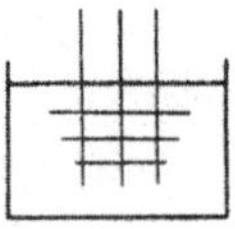	

7.33	시동 보상기 (auto starter)	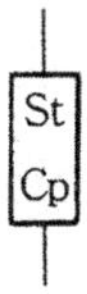 St Cp	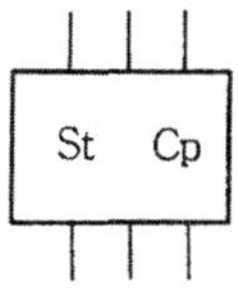 St　Cp	
7.34	스타 델타 시동기 (star – delta starter)	 Y Δ	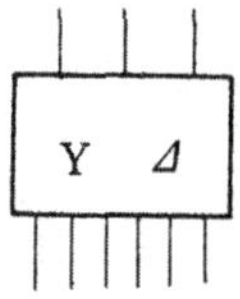 Y　Δ	
7.35	자동 조정기 (automatic regulator)	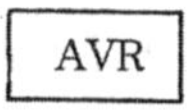 AVR		① 그림은 자동 전압 조정기의 보기이다. 이외의 경우에는 다음 문자를 사용한다. · 자동 전류 조정기 : ACR · 자동 무효 전력 조정기 : AQR · 자동 역률 조정기 : APER · 자동 부하 조정기 : ALR ② 교류, 직류를 구별할 필요가 있는 경우에는 다음과 같다. · 교류  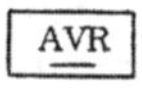　AVR · 직류　AVR
7.36	판토 그래프 (panto graph)	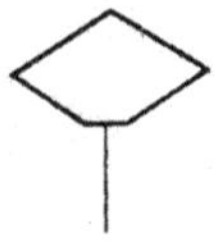		
7.37	집 전 자 (collector shoe)		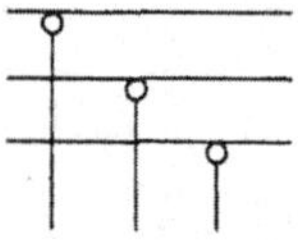	복선도용은 세 개의 경우

7.38	슬 립 링 (collector ring)		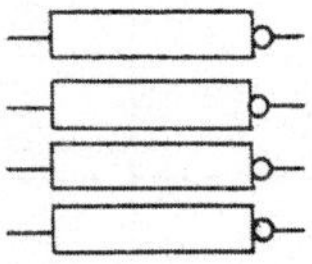	복선도용은 네 개의 경우
7.39	플러그형 접속기 (plug type connector)	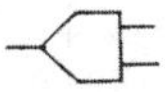 (a) 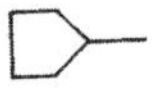 (b)	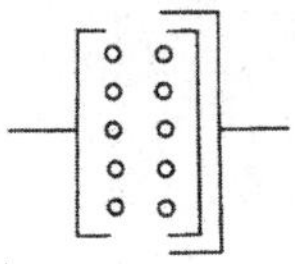	① 단선도용의 (a)는 플러그 받이임을 나타낸다. ② 복선도용의 ○ 의 수는 단자 수와 같다.
7.40	제어용 전자 코일	 (a)	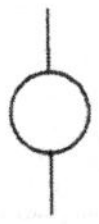 (b)	용도를 나타낼 경우, 다음과 같이 글자를 부기할 수 있다. [보기 1] 브레이크용 전자석으로서, (a)는 전압 코일의 경우 (b)는 전류 코일의 경우 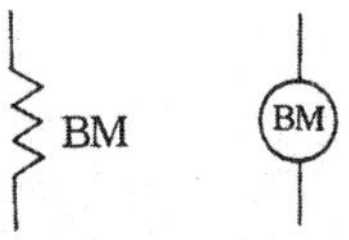 BM (a) BM (b) [보기 2] 투입 코일의 경우 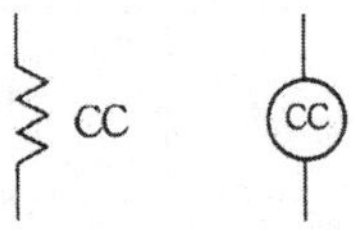 CC (a) CC (b) [보기 3] 잡아빼기 코일의 경우 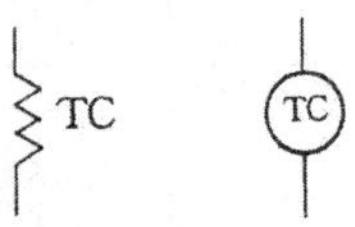 TC (a) TC (b)

⑧ 콘덴서 및 리액터

번 호	명 칭	심 벌		적 요
		단선도용	복선도용	
8.1	전력용 콘덴서			① 단선도의 도면상에서 접속되어 있지 않은 경우에는 다음과 같이 그 선은 삭제할 수 있다. ② 복선도용은 ⊿ 결선의 보기 ③ 간편 표시의 경우 다음과 같은 심벌을 사용한다. C
8.2	전력용 분로 리액터			① 복선도용은 ⊿ 결선의 보기 ② 간편 표시의 경우 다음과 같은 심벌을 사용한다. L

⑨ 보호 장치

번 호	명 칭	심 벌		적 요
		단선도용	복선도용	
9.1	피 뢰 기	(a) (b)		방전 캡의 유·무에 상관없이 이것으로 나타낸다.
9.2	피뢰기 방전 전류 측정기			

9.3	정전 방전기		
9.4	퓨즈 (일반)	(a)　　(b)	실 퓨즈, 판 퓨즈를 포함한다.
9.5	포장 퓨즈	(a)　　(b)	① 통형 퓨즈, 전력 퓨즈, 플러그 퓨즈를 포함한다. ② 사선은 우상 (右上)으로 하다.
9.6	퓨즈 붙이 단로기	(a)　　(b)	
9.7	한류 (限流) 리액터	(a)　　(b)	
9.8	소호 (消弧) 리액터	(a) (b) (c)	(a) (b) (c)	① (b), (c)는 탭을 가진 것을 나타낸다. ② (c)는 2차 코일을 가진 것을 나타낸다. ③ 리액터의 부분은 아래와 같이 그려도 좋다.

⑩ 계전기 및 접점

　㈎ 계전기

　　· 다른 기기와 혼동될 우려가 없는 경우에는 ▭ 대신에 ◯ 을 사용할 수 있다.

　　· 이들의 심벌은 계전 방식을 나타내는 경우에도 사용할 수 있다.

- 계전 방식과 계전기를 조합할 경우, 아래의 보기에 따른다.

  [보 기] 1. 단락 방향 계전 방식용의 과전류 계전기 $\boxed{\text{DS-OS}}$

  2. 반송 계전 방식용의 방향 거리 계전기 $\boxed{\text{Cr-D}_2}$

  3. 계통 분리 계전 방식용의 부족 주파수 계전기 $\boxed{\text{DI-UF}}$

- 특히, 교류, 직류의 구별을 할 경우에는 $\boxed{\text{OC}}$ $\boxed{\underline{\text{OC}}}$ 로 구별한다.

- 아래 표의 적요란 ①, ②는 다음을 의미한다.

  ①은 O (과, 過), U (부족) 혹은 OU (과부족)을 달 수 있는 것

  [보 기] 10.4, 10.18 등

  ②는 S (단락) 혹은 G (지락)를 끝에 첨가할 수 있는 것

  [보 기] 10.20, 10.26 등

- 고속도인 경우 표의 글자 선두에 H를 첨가한다.

  [보 기] 10.4 를 $\boxed{\text{HC}}$ 로

- 전압 억제부가 있는 것은 표의 글자 끝에 v 를 첨가한다. 다만, S 혹은 G 의 앞에 단다.

  [보 기] 전압 억제부 단락 과전류 계전기 $\boxed{\text{OCvS}}$

번 호	명 칭	심 벌	적 요
10.1	계전기(일반) (relay)	$\boxed{}$	
10.2	단락 계전기 (short circuit relay)	$\boxed{\text{S}}$	
10.3	지락 계전기 (ground relay)	$\boxed{\text{G}}$	
10.4	전류 계전기 (current relay)	$\boxed{\text{C}}$	①
10.5	과전류 계전기 (over current relay)	$\boxed{\text{OC}}$ ◯ (a)　(b)	
10.6	지락 과전류 계전기 (over current ground relay)	$\boxed{\text{OCG}}$ ● (a)　(b)	
10.7	부족 전류 계전기 (under current relay)	$\boxed{\text{UC}}$	

10.8	역류 계전기 (reverse - current relay)	RC	
10.9	과부하 계전기 (over load relay)	OL	
10.10	한류 계전기 (current limiting relay)	CL	
10.11	반상 (反相) 전류 계전기 (phase current relay)	$R\phi C$	RPhC 로 표시할 수 있다.
10.12	섬락 계전기 (flash over relay)	FO	
10.13	전압 계전기 (voltage relay)	V	①
10.14	과전압 계전기 (over voltage relay)	OV (a) ⊕ (b)	
10.15	지락 과전압 계전기 (over voltage ground relay)	OVG (a) ⊕ (b)	
10.16	부족 전압 계전기 (under voltage relay)	UV (a) ⊕ (b)	
10.17	반상 전압 계전기 (reverce voltage relay)	$R\phi V$	RPhV 로 표시할 수 있다.
10.18	주파수 계전기 (frequency relay)	F	①
10.19	극성 계전기 (polarity relay)	$P\,l$	
10.20	방향 계전기 (directional relay)	D	②
10.21	단락 방향 계전기 (directional circuit relay)	DS (a) △ (b)	
10.22	지락 방향 계전기 (directional ground relay)	DG (a) ▲ (b)	

10.23	전력 계전기 (power relay)	P		①
10.24	역전력 계전기 (reverce power relay)	RP		
10.25	무효 전력 계전기 (reactive power relay)	Q		①
10.26	차동 계전기 (differential relay)	Df (a)	⊖ (b)	②
10.27	비율 차동 계전기 (phase comparison relay)	RDf (a)	⊕ (b)	②
10.28	위상 비교 계전기 (phase comparison relay)	ϕ		② Ph 로 표시할 수 있다.
10.29	평형 계전기 (balance relay)	B		
10.30	단락 회전 선택 계전기 (selective short circuit relay)	SS (a)	□ (b)	
10.31	지락 회전 선택 계전기 (selective ground relay)	SG (a)	■ (b)	
10.32	전류 평형 계전기 (current balance relay)	CB		
10.33	전압 평형 계전기 (voltage balance relay)	VB		
10.34	상평형 계전기 (phase balance relay)	ϕB		PhB 로 표시할 수 있다.
10.35	상선별 계전기 (phase)	$\phi S\,l$		② PhS l 로 표시할 수 있다.
10.36	비율 계전기 (percentage relay)	R		
10.37	거리 계전기 (distance relay)	Z (a)	Ⓩ (b)	②

10.38	방향 거리 계전기 (directional distance relay)	DZ (a) Z△ (b)	
10.39	동기 투입 계전기 (synchronizing relay)	Sy	동기 검출 계전기 포함
10.40	탈조 계전기 (step - out relay)	SO	
10.41	계자 지락 계전기 (loss - of - excitation relay)	FG	
10.42	계자 상실 계전기 (loss - of - field relay)	LF (a) (b)	
10.43	계통 분리 계전기	DI	②
10.44	모선 계전기 (bus bar relay)	BP	②
10.45	열동 계전기 (thermal relay)	Th	
10.46	열동 과전류 계전기 (thermal over current relay)	ThOC	
10.47	열동 과부하 계전기 (thermal over load relay)	ThOL	
10.48	한시 계전기 (timing relay)	TL (a) (b)	
10.49	보조 계전기 (auxiliary relay)	Ax (a) (b)	
10.50	다접촉 계전기 (many contact relay)	MC (a) (b)	
10.51	폐쇄 계전기 (locking relay)	L	
10.52	연동 계전기 (inter locking relay)	I *l*	
10.53	자유 잡아빼기 계전기 (trip free relay)	TF	

10.54	재폐로 계전기 (reclosing relay)	ReC ⊕ (a)　　(b)	
10.55	노칭 계전기 (notching relay)	Nch	
10.56	플리커 계전기 (flicker relay)	Fc	
10.57	고장 표시기 (fault indicater)	FI	
10.58	온도 계전기 (temperature relay)	T	①
10.59	압력 계전기 (pressure relay)	Pr	①
10.60	흐름 계전기 (flow relay)	Fl	①
10.61	유류 계전기 (oil flow relay)	$OlFl$	①
10.62	기류 계전기 (air flow relay)	$ArFl$	①
10.63	수류 계전기 (water flow relay)	$WtFl$	①
10.64	위치 계전기 (position relay)	Po	
10.65	속도 계전기 (speed relay)	Sp	①
10.66	진공 계전기 (vacuum relay)	Vc	
10.67	부흐홀츠 계전기 (buchholtz relay)	BH	
10.68	고장 검출 계전기 (fault check relay)	FDt	②
10.69	반송 계전기 (carrier relay)	Cr·	
10.70	반송 수신 계전기 (carrier receiver relay)	CrRe	

10.71	방향 비교식 반송 계전기 (directional comparison carrier relay)	CrD	②
10.72	위상 비교식 반송 계전기 (phase comparison carrier relay)	Cr φ	② CrPh 로 하여도 좋다.
10.73	전송 잡아빼기식 반송 계전기 (transferred tripping carrier relay)	CrTT	②
10.74	표시선 계전기 (pilot wire relay)	Pw	②
10.75	방향 비교식 표시선 계전기 (directional comparison pilot wire relay)	PxD	②
10.76	차동식 표시선 계전기 (differential pilot wire relay)	PwDf	②
10.77	전송 잡아빼기식 표시선 계전기 (transferred tripping pilot wire relay)	PwTT	②
10.78	표시선 감시 계전기 (pilot wire monitor relay)	PwMo	②
10.79	마이크로파 계전기 (micro wave relay)	M	
10.80	방향 비교식 마이크로파 계전기 (directional comparison micro wave relay)	MD	②
10.81	위상 비교식 마이크로파 계전기 (phase comparison micro wave relay)	M φ	② MPh 로 하여도 좋다.
10.82	전송 잡아빼기식 마이크로파 계전기(transferred tripping micro wave relay)	MTT	②
10.83	전송 잡아빼기식 계전기 (transferred tripping relay)	TT	②

㈏ 계전기 접점 심벌

- 이 규격의 적용 범위에서 기술된 상태에서 개로된 것에 대하여는 가동 부분을 오른쪽 혹은 위쪽에 쓰고, 폐로된 것에 대하여는 가동 부분을 왼쪽 또는 아래쪽에 쓴다.

- 이 규격의 적용 범위 이외의 상태를 나타내는 경우에는 10.84 의 a 접점을 ┤, ─○ ○─ , 10.85 의 b 접점을 ┤, ─○ ○─ 와 같이 표시할 수 있다.

번 호	명 칭	심 벌	적 요
10.84	a 접 점	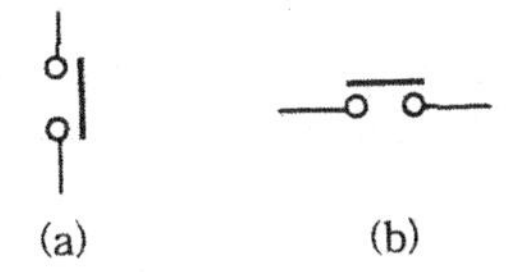 (a) (b)	순시 동작 순시 복귀형 a 접점
10.85	b 접 점	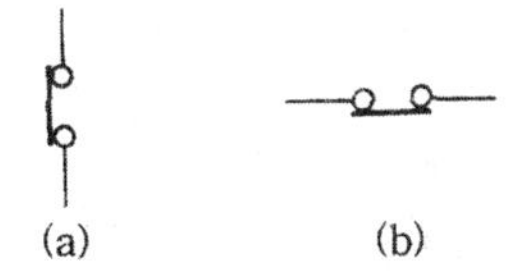 (a) (b)	순시 동작 순시 복귀형 b 접점
10.86	c 접 점	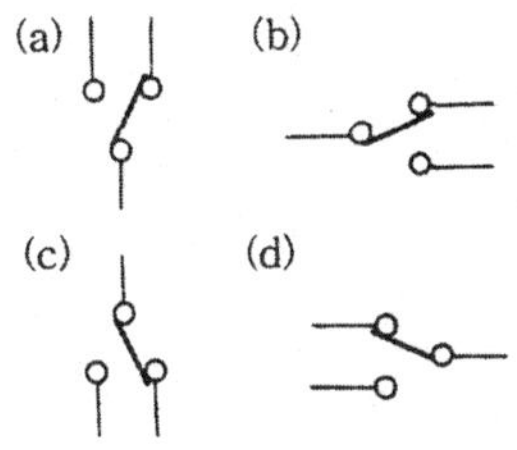 (a) (b) (c) (d)	순시 동작 순시 복귀형 a 접점 b 접점 혼합
10.87	l 접 점	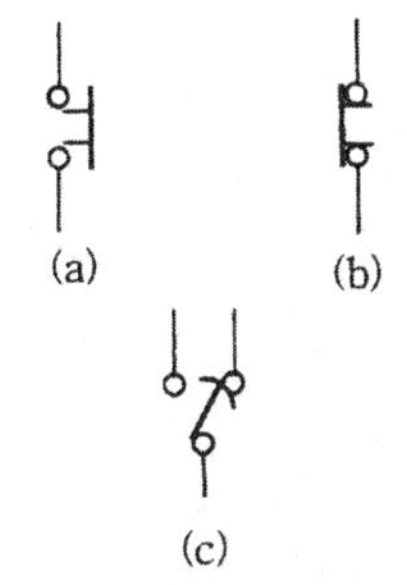 (a) (b) (c)	계전기의 동작 혹은 복귀시 개로 접점이 개로하기 전에 폐로 접점이 폐로하여 일시적으로 쌍방의 접점이 폐로 상태를 유지하는 절환 접점을 말한다. (a)는 a l 접점, (b)는 b l 접점, (c)는 c l 접점
10.88	쌍방향 접점	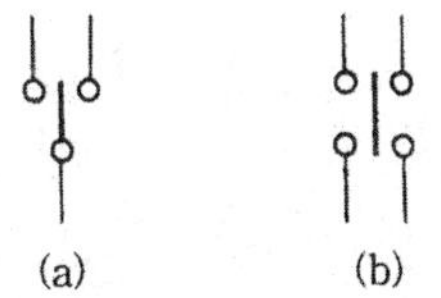 (a) (b)	a 접점의 경우

10.89	3단자 접점	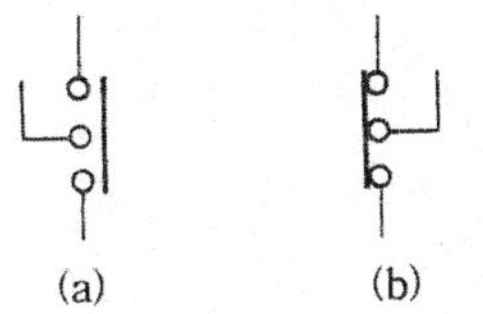 (a) (b)	(a)는 3단자 a 접점 (b)는 3단자 b 접점
10.90	수동 복귀 계전기 및 전기 복귀 계전기의 접점	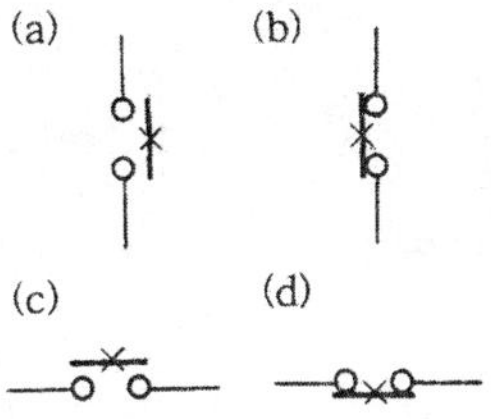 (a) (b) (c) (d)	(a)는 a 접점 (b)는 b 접점
10.91	한시 접점 — 폐로에 한시(限時)가 있는 접점	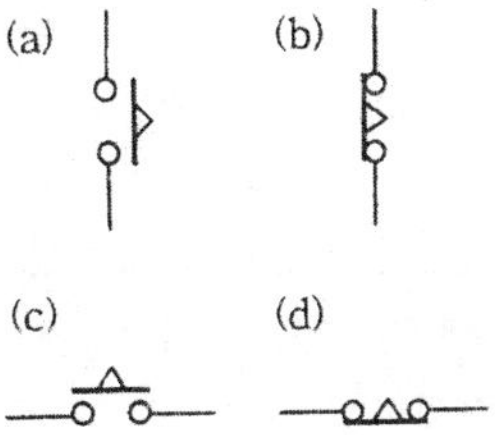 (a) (b) (c) (d)	한시 동작 순시 복귀형 ON 타이머 (a)는 a 접점 (b)는 b 접점
	한시 접점 — 개로에 한시(限時)가 있는 접점	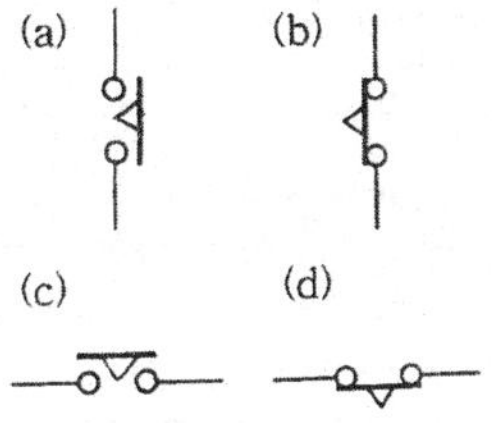 (a) (b) (c) (d)	순시 동작 한시 복귀형 OFF 타이머 (a)는 a 접점 (b)는 b 접점
	한시 접점 — 폐로 및 개로에 한시(限時)가 있는 접점	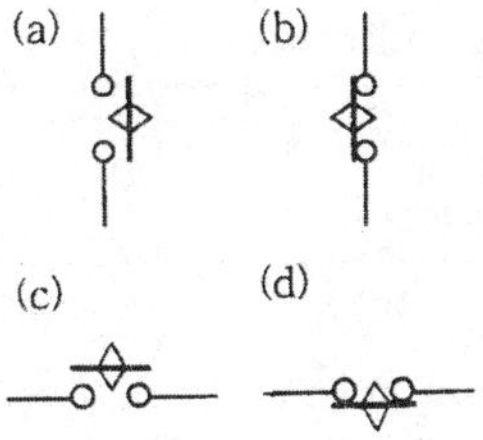 (a) (b) (c) (d)	한시 동작 한시 복귀형 타이머 (a)는 a 접점 (b)는 b 접점

⑪ 계기 심벌

  ㈎ 기록형은 심벌 글자의 첫머리에 R 자를 붙인다.

  ㈏ 종합형은 심벌 글자의 첫머리에 T 자를 붙인다.

  ㈐ 인자형은 심벌 글자의 첫머리에 P 자를 붙인다. ·

  ㈑ 최대, 최소를 표시할 수 있는 것은 심벌 글자의 첫머리에 M 자를 붙인다.

번　호	명　칭	심　벌	적　요
11.1	계기 (일반) (meter)	○	○ 속에 종류를 나타내는 글자를 넣는다. 특히, 직류, 교류, 고주파의 구별은 다음과 같다. 직류　교류　고주파 지침의 한쪽 흔들림 또는 양쪽 흔들림을 나타낼 경우는 다음과 같다. : 한쪽 방향으로 지침이 움직임 : 양쪽 방향으로 지침이 움직임
11.2	전 류 계 (ammeter)	Ⓐ	
11.3	기록 전류계 (recording ammeter)	⒭Ⓐ	
11.4	적산 전류계 (ampere - hour metter)	ⒶⒽ	
11.5	전 압 계 (volt meter)	Ⓥ	
11.6	기록 전압계 (recording voltmeter)	⒭Ⓥ	
11.7	저 항 계 (ohm meter)	Ω	
11.8	하이로 전압계 (high - low meter)	⒣⒧Ⓥ	
11.9	전 력 계 (watt meter)	Ⓦ	
11.10	기록 전력계 (recording watt meter)	⒭Ⓦ	
11.11	종합 전력계 (totalizing watt meter)	⒯Ⓦ	

11.12	기록 종합 전력계 (recording totalizing watt meter)	RTW	
11.13	최대 수용 전력계 (maximum .demand watt meter)	MDW	최대 수용 전력계(최대 지침부 포함)의 경우에 는 MDA 로 한다.
11.14	전력량계 (watt - hour meter)	WH (a)　WH (b)	(b)는 검정필한 것을 나 타내는 경우
11.15	무효 전력계 (reactive V.A meter)	VAR	
11.16	적산 무효 전력계 (var - hour meter)	VARH	
11.17	역 률 계 (power factor meter)	PF	
11.18	무효율계(reactive factor meter)	Sn	
11.19	주파수계 (frequency meter)	F	
11.20	속 도 계 (speed meter)	S	
11.21	회 전 계 (tacho meter)	N	
11.22	위치 지시계 (position indicator)	PI	
11.23	수 위 계 (water lever meter)	WLI	
11.24	검 류 기 (ground detector)	GD	
11.25	검 전 기 (voltage detector)	VD	발광 검전기를 포함
11.26	동기 검전기 (synchroscope)	Sy	
11.27	온 도 계 (temperautre indicator)	T	

11.28	최대 전류계 (maximum ammeter)	(MA)	
11.29	최대 · 최소 전압계 혹은 최대 전압계 (maximum volt meter)	(MV)	
11.30	영상 전류계 (zero - phase sequence ammeter)	(Ao)	
11.31	영상 전압계 (zero - phase sequence volt meter)	(Vo)	
11.32	최대 영상 전압계 (maximum zero - phase sequence volt meter)	(MVo)	
11.33	시 간 계 (hour meter)	(H)	① 용도를 명시할 경우, 보기를 들면 고장 시간계를 (FH) 와 같이 적당한 글자를 부기한다. ② 계산 시간계도 이것을 사용한다.
11.34	유 량 계 (flow meter)	(Fl)	
11.35	적산 유량계 (flow - hour meter)	(FlH)	
11.36	인자형(印字形) 전력량계 (printing watt - hour meter)	(PlWH)	
11.37	송량기(일반) (transmission meter)	(Tm)	송량기임이 확실한 경우, 측정 요소의 종류를 구별하면 다음과 같다. · 전류 송량기 : (AT) · 전압 송량기 : (VT) · 전력 송량기 : (WT) · 무효 전력 송량기 : (VART)

11.37	송량기(일반) (transmission meter)		• 주파수 송량기 : Ⓕ • 전압 주파수 송량기 : Ⓥ
11.38	배전선 고장 구간 표시기	Ⓢ	

2. 문자 기호

문자 기호는 일반 산업의 시퀀스 제어계에 있어서 전기 계통의 전개 접속도에 사용되는 기기 및 장치에 대한 문자를 사용하여 그림 기호와 함께 표시한다.

2-1 적용 범위

① 시퀀스 제어계의 전기 계통을 대상으로 하고, 그 이외의 부분에 대해서는 규정하지 않는 것을 원칙으로 한다.

② 전력 설비의 시퀀스 제어는 일단 적용 범위에서 제외되나, 지장이 없는 한 이 규격을 준용함이 바람직하다.

③ 시퀀스라 함은 현상이 일어나는 순서를 말하고, 시퀀스 제어라 함은 미리 정해진 순서 또는 일정한 논리에 의하여 정해진 순서에 따라 제어의 각 단계를 순차적으로 진행하는 제어를 말한다.

2-2 문자 기호의 종류

문자 기호는 기기 또는 장치를 표시하는 기기 기호와 기기 또는 장치가 동작하는 기능 등을 표시하는 기능 기호로 분류하고, 양자를 조합하여 사용할 때는 기능 기호, 기기 기호의 순서로 쓰며, 그 사이에 "하이펀(−)"을 넣는 것을 원칙으로 한다.

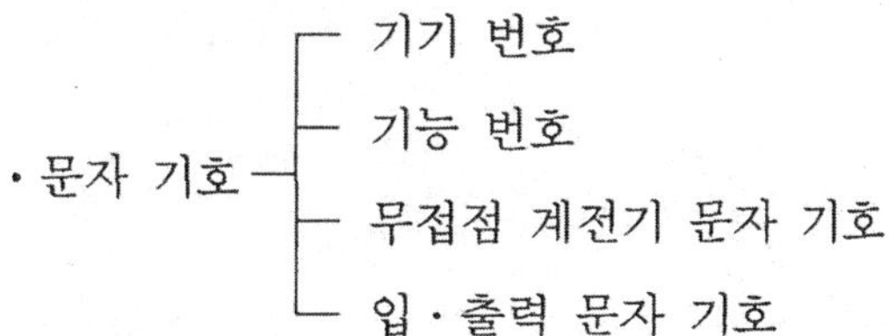

(1) 기기 기호

① 회전기

문자 기호	용　　어	대　응　영　어
EX	여　자　기	Exciter .
FC	주파수 변환기	Frequency Changer, Frequency Converter
G	발　전　기	Generator
IM	유도 전동기	Induction Motor
M	전　동　기	Motor
MG	전동 발전기	Motor - Generator
OPM	조작용 전동기	Operating Motor
RC	회전 변류기	Rotary Converter
SEX	부 여자기	Sub - Exciter
SM	동기 전동기	Synchronous Motor
TG	회전 속도계 발전기	Tachometer Generator

② 변압기 및 정류기류

문자 기호	용　　어	대　응　영　어
BCT	부싱 변류기	Bushing Current Transformer
BST	승　압　기	Booster
CLX	한류 리액터	Current Limiting Reactor
CT	변　류　기	Current Transformer
GT	접지 변압기	Grounding Transformer
IR	유도 전압 조정기	Induction Voltage Reguiator
LTT	부하시 탭 전환 변압기	On - load Tap - Changing Transformer
LVR	부하시 전압 조정기	On - load Voltage Regulator
PCT	계기용 변압 변류기	Potential Current Regulator Combined Voltage and Current Transformer
PT	계기용 변압기	Potential Transformer, Voltage Transformer
T	변　압　기	Transformer
PHS	이　상　기	Phase Shifter
RF	정　류　기	Rectifier
ZCT	영상 변류기	Zero - Phase - Sequence Current Transformer

③ 차단기 및 스위치류

문자 기호	용　어	대 응 영 어
ABB	공기 차단기	Airblast Circuit Breaker
ACB	기중 차단기	Air Circuit Breaker
AS	전류계 전환 스위치	Ammeter Change - over Switch
PBS	버튼 스위치	Push Button Switch
CB	차　단　기	Circuit Breaker
COS	전환 스위치	Change - over Switch
CS	제어 스위치	Control Switch
DS	단　로　기	Disconnecting Switch
EMS	비상 스위치	Emergency Switch
F	퓨　　즈	Fuse
FCB	계자 차단기	Field Circuit Breaker
FLTS	플로트 스위치	Float Switch
FS	계자 스위치	Field Switch
FTS	발밟음 스위치	Foot Switch
GCB	가스 차단기	Gas Circuit Breaker
HSCB	고속도 차단기	High - speed Circuit Breaker
KS	나이프 스위치	Knife Switch
LS	리밋 스위치	Limit Switch
LVS	레벨 스위치	Level Switch
MBB	자기 차단기	Magnetic Blow - out Circuit Breaker
MC	전자 접촉기	Electromagnetic Contactor
MCB	배선용 차단기	Molded Case Circuit Breaker
OCB	기름 차단기	Oil Circuit Breaker
OSS	과속 스위치	Over - speed Switch
PF	전력 퓨즈	Power Fuse
PRS	압력 스위치	Pressure Switch
PHS	근접 스위치	Proximity Switch
RS	회전 스위치	Rotary Switch
PXS	광전 스위치	Photo Electric Switch

S	스위치, 개폐기	Switch
SPS	속도 스위치	Speed Switch
TS	텀블러 스위치	Tumbler Switch
VCB	진공 차단기	Vacuum Circuit Breaker
VCS	진공 스위치	Vacuum Switch
VS	전압계 전환 스위치	Voltmeter Change - over Switch
CTR	제 어 기	Controller
MCTR	주 제어기	Master Controller
STT	기 동 기	Starter
YDS	스타 델타 기동기	Star - delta Sarter

④ 저항기

문자 기호	용 어	대 응 영 어
CLR	한류 저항기	Current - Limiting Resistor
DBR	제동 저항기	Dynamic Braking Resistor
DR	방전 저항기	Discharging Resistor
FRH	계자 조정기	Field Regulator, Field Rheostat
GR	접지 저항기	Grounding Resistor
LDR	부하 저항기	Loading Resistor
NGR	중성점 접지 저항기	Neutral Grounding Resistor
R	저 항 기	Resistor
RH	가감 저항기	Rheostat
STR	기동 저항기	Starting Resistor

⑤ 계전기

문자 기호	용 어	대 응 영 어
BR	평형 계전기	Balance Relay
CLR	한류 계전기	Current Limiting Relay
CR	전류 계전기	Current Relay
DFR	차동 계전기	Differential Relay

FCR	플리커 계전기	Flicker Relay
FLR	흐름 계전기	Flow Relay
FR	주파수 계전기	Frequency Relay
GR	지락 계전기	Ground Relay
KR	유지 계전기	Keep Relay
LFR	계자 손실 계전기	Loss of Field Relay, Field Loss Relay
OCR	과전류 계전기	Over - current Relay
OSR	과속도 계전기	Over - speed Relay
OPR	결상 계전기	Open - phase Relay
OVR	과전압 계전기	Over - voltage Relay
PLR	극성 계전기	Polarity Relay
PR	역전 방지 계전기(플러깅 계전기)	Plugging Relay
POR	위치 계전기	Position Relay
PRR	압력 계전기	Pressure Relay
PWR	전력 계전기	Power Relay
R	계 전 기	Relay
RCR	재폐로 계전기	Reclosing Relay
SOR	탈조 (동기 이탈) 계전기	Out - of - step Relay, Step - out Relay
SPR	속도 계전기	Speed Relay
STR	기동 계전기	Starting Relay
SR	단락 계전기	Short - circuit Relay
SYR	동기 투입 계전기	Synhronizing Relay
TDR	시연 계전기	Time Delay Relay
TFR	자유 트립 계전기	Trip - free Relay
THR	열동 계전기	Thermal Relay
TLR	한시 계전기	Time - lag Relay
TR	온도 계전기	Temperature Relay
UVR	부족 전압 계전기	Under - voltage Relay
VCR	진공 계전기	Vacuum Relay
VR	전압 계전기	Voltage Relay

⑥ 계 기

문자 기호	용　어	대　응　영　어
A	전 류 계	Ammeter
F	주 파 수 계	Frequency Meter
FL	유 량 계	Flow Meter
GD	검 류 기	Ground Detector
HRM	시　계	Hour Meter
MDA	최대 수요 전류계	Maximum Demand Ammeter
MDW	최대 수요 전력계	Maximum Demand Watt - meter
N	회전 속도계	Tachometer
PI	위치 지시계	Position Indicator
PF	역 률 계	Power - factor Meter
PG	압 력 계	Pressure Gauge
SH	분 류 기	Shunt
SY	동기 검정기	Synchronoscope, Synchronism Indicator
TH	온 도 계	Thermometer
THC	열 전 대	Thermocouple
V	전 압 계	Voltmeter
VAR	무효 전력계	Var Meter, Reactive Power Meter
VG	진 공 계	Vacuum Gauge
W	전 력 계	Watt - meter
WH	전 력 량 계	Watt - hour Meter
WLI	수 위 계	Watt Level Indicator

⑦ 기 타

문자 기호	용　어	대　응　영　어
AN	표 시 기	Annunciator
B	전　지	Battery
BC	충 전 기	Battery Charger
BL	벨	Bell

BL	송 풍 기	Blower
BZ	버 저	Buzzer
C	콘 덴 서	Condenser, Capacitor
CC	폐로 코일	Closing coil
CH	케이블 헤드	Cable Head
DL	더미 부하 (의사 부하)	Dummy Load
EL	지락 표시등	Earth Lamp
ET	접지 단자	Earth Terminal
FI	고장 표시기	Fault Indicator
FLT	필 터	Filter
H	히 터	Heater
HC	유지 코일	Holding Coil
HM	유지 자석	Holding Magnet
HO	혼	Horn
IL	조 명 등	Illuminating Lamp
MB	전자 브레이크	Electromagnetic Brake
MCL	전자 클러치	Electromagnetic Clutch
MCT	전자 카운터	Magnetic Counter
MOV	전동 밸브	Motor - operated Valve
OPC	동작 코일	Operating Coil
OTC	과전류 트립 코일	Over - current Trip Coil
RSTC	복귀 코일	Reset Coil
SL	표 시 등	Signal Lamp, Pilot Lamp
SV	전자 밸브	Solenoid Valve
TB	단자대, 단자판	Terminal Block, Terminal Board
TC	트립 코일	Trip Coil
TT	시험 단자	Testing Terminal
UVC	부족 전압 트립 코일	Under - voltage Release Coil Under - voltage Trip Coil

(2) 기능 기호

기능 기호 중 중요한 것은 다음과 같다.

문자 기호	용 어	대 응 영 어
A	가 속·중 속	Accelerating
AUT	자 동	Automatic
AUX	보 조	Auxiliary
B	제 동	Braking
BW	후 방 향	Backward
C	제 어	Control
CL	닫 음	Close
CO	전 환	Change − over
CRL	미 속	Crawling
CST	코 스 팅	Coasting
DE	감 속	Decelerating
D	하 강·아 래	Down, lower
DB	발 전 제 동	Dynamic Braking
DEC	감 소	Decrease
EB	전 기 제 동	Electric Braking
EM	비 상	Emergency
F	정 방 향	Forward
FW	앞 으 로	Forward
H	높 다	High
HL	유 지	Holding
HS	고 속	High Speed
ICH	인 칭	Inching
IL	인 터 로 크	Inter - locking
INC	증 가	Increase
INS	순 시	Instant
J	미 동	Jogging
L	왼 편	Left

L	낮　　　다	Low
LO	로 크 아 웃	Lock - out
MA	수　　　동	Manual
MEB	기 계 제 동	Mechanical Braking
OFF	개 로, 닫 다	Open, Off
ON	폐 로, 닫 다	Close, On
OP	열　　　다	Open
P	플 러 깅	Plugging
R	기　　　록	Recording
R	반대로, 역방향	Reverse
R	오 른 편	Right
RB	재 생 제 동	Regenerative Braking
RG	조　　　정	Regulating
RN	운　　　전	Run
RST	복　　　귀	Reset
ST	시　　　동	Start
SET	세　　　트	Set
STP	정　　　지	Stop
SY	동　　　기	Synchronizing
U	상 승, 위 로	Raise, Up

(3) 무접점 계전기의 문자 기호

　무접점 계전기에 대해서 사용하는 문자 기호는 다음과 같으며, 복귀 기억(ORM)은 전원 투입시 출력 상태는 항상 "0"이고, 영구 기억(RM)은 전원을 재투입하여도 지워지지 않고 이전의 상태를 기억하고 있다.

문자 기호	용　　　어	대 응 영 어
NOT	논 리 부 정	Not, Negation
OR	논 리 합	Or
AND	논 리 적	And
NOR	노　　　어	Nor

NAND	낸　　　드	Nand
MEM	메　모　리	Memory
ORM	복　귀　기　억	Off Return Memory
RM	영　구　기　억	Retentive Memory
FF	플　립　플　롭	Flip Flop
BC	이　진　카　운　터	Binary Counter
SFR	시프트 레지스터	Shift Register
TDE	동작 시간 지연	Time Delay Energizing
TDD	복귀 시간 지연	Time Delay De‑energizing
TDB	시　간　지　연	Time Delay (Both)
SMT	슈미트 트리거	Schmidt Trigger
SSM	단안정 멀티바이브레이터	Single Shot Multi‑vibrator
MLV	멀티바이브레이터	Multi‑vibrator
AMP	증　폭　기	Amplifier

(4) 입·출력 문자 기호

무접점 계전기의 입·출력을 명확히 할 필요가 있을 경우에는 다음의 문자 기호를 사용한다.

문자 기호	용　　　어	문자 기호	용　　　어
X	정　상　입　력	SE	익스팬드 입력 세트
Y	역　상　입　력	RE	익스팬드 입력 리셋
Z	보　조　입　력	F	중간 입·출력
A	정　상　출　력	JK	절연 입·출력
B	역　상　출　력	LM	영 조정 입력
S	세　트　입　력	PN	직류 (바이러스 포함)
R	리　셋　입　력	UVW	교　　　류
XE	익스팬드 입력 정상	O	공통 모선 또는 중성점
YE	익스팬드 입력 역상		

[비고] 1. 전원 단자 번호에 첨부 숫자를 붙일 때는 전위가 높은 것으로부터 1, 2로 한다.
　　　 2. 정상, 역상의 정의는 그 요소의 기능을 기준으로 하여 정한다.

3. 기구 번호

자동 제어 기구 번호는 한국 산업 표준 규격 KS C 0103에 의해 규정되어 있으며, 발전소, 변전소 등 주로 전력용 설비의 시퀀스 제어에 사용되는 전문 용어이다.

3-1 기구 번호의 구성

자동 제어 기구 번호란 제어 기기에 정해진 고유의 번호로서 1부터 99까지의 기본 번호와 기기의 종류, 성질, 용도 등을 표시하기 위한 알파벳을 기초로 사용하는 보조 부호로 구성되어 있다.

$$
\cdot \text{기구 번호}
\begin{cases}
\text{기본 번호} : 1{\sim}99 \\
\text{보조 부호} : \text{알파벳}
\end{cases}
$$

(1) 기본 번호에 의한 표시법

① 기본 번호뿐인 경우 : 기본 번호 하나로 표현한다.

　예　2 : 기동 지연 릴레이
　　　3 : 조작 개폐기
　　　52 : 교류 차단기

② 기본 번호와 기본 번호의 경우 : 기본 번호 하나로 표현할 수 없을 경우 '기본 번호-기본번호' 형태로 표현한다.

　예 3-52 : 교류 차단기용 조작 개폐기

　　　(a) 기동 지연 릴레이　　　　　(b) 교류 차단기용 조작 개폐기

그림 3-1 자동 제어 기구 번호의 예

(2) 기본 번호와 보조 부호에 의한 표시법

① 기본 번호와 보조 부호의 경우 : 기본 번호만으로 기기의 용도를 표현할 수 없을 경우 기본 번호와 보조 부호를 함께 사용에 표현한다.

　예 52M : 전동기용 교류 차단기

② 기본 번호와 보조 부호 및 보조 부호에 의한 표시법 : 기본 번호와 보조 부호 2종류 이상 을 사용하여 표현할 때에는 원칙적으로 다음 순서에 따른다.

　⑺ 일반적인 기구 번호

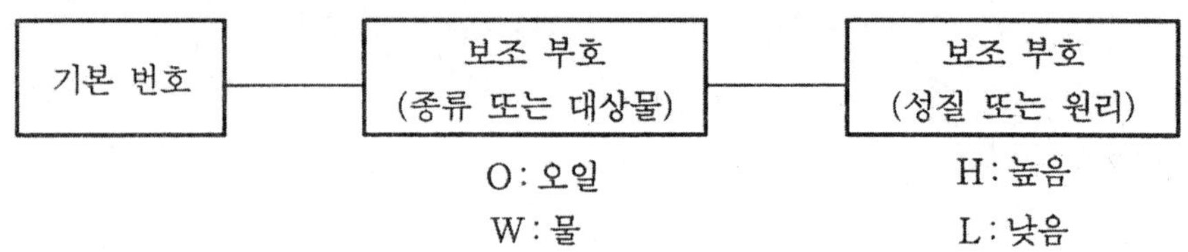

　⑷ 보호 단전기 관계의 기구 번호

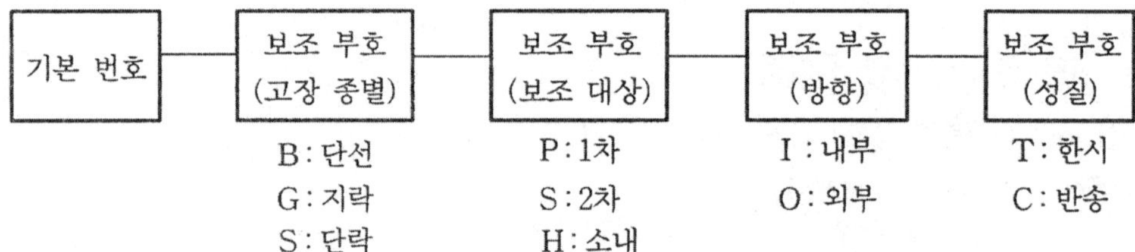

3-2 기구 번호의 종류

(1) 기본 번호

　기본 번호란 1부터 99까지의 숫자에 기기의 종류, 용도, 성질 등의 의미를 부여하여 기호화한 것이다. 따라서, 기본 번호는 기기의 용도, 기능 자체를 번호와 연관 없이 부여 한 것이므로 오로지 기억하는 수밖에 없다.

번 호	기구 명칭	번 호	기구 명칭
1	주 제어 개폐기 · 계전기	4	주 제어 회로용 접촉기 · 계전기
2	기동 · 폐로 지연 계전기	5	정지 개폐기 · 계전기
3	조작 개폐기	6	기동 차단기 · 접촉기 · 계전기

7	조정 개폐기	34	전동 순서 제어기
8	계자 전원 개폐기·계전기	35	슬립 링 단락 장치
9	계자 전극 개폐기·계전기	36	극성 계전기
10	순서 개폐기·프로그램 조정기	37	부족 전류 계전기
11	시험 개폐기·계전기	38	축받이 온도 계전기
12	과속도 개폐기·계전기	39	예비 번호
13	동기 속도 개폐기·계전기	40	계자 전류·계자 상실 계전기
14	저속도 개폐기·계전기	41	계자 차단기·접촉기·개폐기
15	속도 조정 장치	42	운전 차단기·접촉기·개폐기
16	표시선 감시 계전기	43	제어 회로 전환 접촉기·개폐기
17	표시선 계전기	44	거리 계전기
18	가속·감속 접촉기	45	직류 과전압·계전기
19	기동·운전 전환 접촉기	46	역상·상 불평형 전류 계전기
20	보기 밸브	47	결상·역상 전압 계전기
21	주기 밸브	48	정체 검출 계전기
22	예비 번호	49	회전 온도 계전기
23	온도 조정 계전기	50	단락 지락 선택 계전기
24	탭 전환 기구	51	교류 지락 과전류 계전기
25	동기 검출 기구	52	교류 차단기·접촉기
26	정지기 온도 계전기	53	여자 계전기·여호 계전기
27	교류 부족 전압 계전기	54	직류 고속도 차단기
28	경보 장치	55	역률 계전기
29	소화 장치	56	동기 이탈 계전기
30	기기의 상태·고장 표시 장치	57	전류 계전기
31	계자 변경 차단기·접촉기	58	예비 번호
32	직류 역류 계전기	59	교류 과전압 계전기
33	위치 개폐기·위치 검출 장치	60	전압 평형 계전기

61	전류 평형 계전기		81	조속기 구동 장치
62	정지·폐로 지연 계전기		82	직류 재폐로 계전기
63	입력 계전기		83	선택 접촉기·계전기
64	지락 과전압 계전기		84	전압 계전기
65	조속 장치		85	신호 계전기
66	단속 계전기		86	폐쇄·계전기
67	지락 방향 계전기		87	전류 차동 계전기
68	혼입 검출기		88	보조용 접촉기·개폐기
69	플로 계전기		89	단로기
70	가감 저항기		90	자동 전압 조정기
71	정류 소자 고장 검출 장치		91	자동 전력 조정기
72	직류 차단기·접촉기		92	도어(문)
73	단락용 차단기·접촉기		93	예비 번호
74	조정 밸브		94	자유 트립 접촉기 계전기
75	제동 장치		95	자동 주파수 조정기
76	직류 과전류 계전기		96	정지 유도기 내부 고장 검출 장치
77	부하 조정 장치		97	러너
78	반송 보호 위상 비교 계전기		98	연결 장치
79	교류 재폐로 계전기		99	자동 기록 장치
80	직류 부족 전압 계전기			

(2) 보조 부호

보조 부호는 기본 번호만으로 기기 및 기구의 종류, 용도, 성질 등을 표시하는 경우 불충분할 때에 사용하는 것으로서, 원칙적으로 전기 용어의 영문 머리 문자를 딴 알파벳으로 나타낸다. 보조 부호는 하나의 문자로도 여러 가지의 의미를 표현하므로 사용 용도에 따라 다르다.

보조 부호	주요 내용	영 어 명	보조 부호	주요 내용	영 어 명
A	교　　류 자　　동 양　　극 공　　기 전　　류	Alternating Current Automatic Anode Air Ampere	M	계　　기 　　주 동　력 전동기	Meter Main Motive Force Motor
B	단　　선 　벨 전　　지 모　　선 제　　동	Broken Wire Bwell Battery Bus Brake	N	중　　성 음　　극	Neutral Negative
			O	외　　부	Outer
C	공　　통 투입코일 냉　　각 제　　어	Common Closing Coil Cooling Control	P	펌　　프 1　차 양　　극 전　　력	Pump Primary Positive Power
			Q	기　　름 무효전력	관　습 관　습
D	직　　류 차　　동	Direct Current Differential	R R (RY)	복　　귀 원　　격 수　　전 저　　항 계　전　기	Reset Remote Receiving Resistor Relay
E	비　　상 여　　자	Emergency Excitation	S	동　　작 단　　락 2　차	Sequence Short Secondary
F	플　로　트 고　　장 퓨　　즈 주　파　수	Float Fault Fuse Frequency	T	변　압　기 시　　간 트　　립	Transformer Time Trip
G	지　　락 발　전　기	Ground Fault Generator	U	사　　용	Use
H	높　　음 집　　안 보　　존 전　　열 고　주　파	High House Hold Heater High Frequency	V	전　　압 벨　　브	Voltage Valve
			W	물 우　　물	Water Well
I	내　　부	Internal	X	보　　조	—
J	결　　합	Joint	Y	보　　조	—
K	3차　측	관　습	Z	버　　저 보　　조	Buzzer —
L	램　　프 낮　　음	Lamp Low	Ø	상	Phase

4. IEC 규격 기호

　IEC란 국제 전기 표준회의(International Electro technical Comission)라 불리우는 기관의 약칭으로서, 전기에 관한 세계 각국 간의 규격을 조정, 통일하는 것을 목적으로 1906년에 창립된 기관으로 한국도 가입하여 가맹국은 IEC 규격을 존중하고 조화시키는 데 노력하는 것을 원칙으로 하고 있다. 또한, 최근에는 무역 불균형 시정을 위한 시장 개방의 요청이 모든 부분에서 일어나고 있어 이들 문제를 개선하기 위하여 KS 등 국내 규격과 IEC 규격이 달라 수출에 장해가 되지 않도록 IEC 규격과 KS 규격의 정합은 불가피한 실정이다.

4-1 IEC의 제어 기호

　IEC의 제어 기호에는 접점 기능과 조작 방식으로 구분하며, 접점 기능 기호 및 조작 방식 기호 단독으로 사용하는 것이 아니라 조합하여 사용하는 제어 기호이다.

(1) 접점 기능 기호

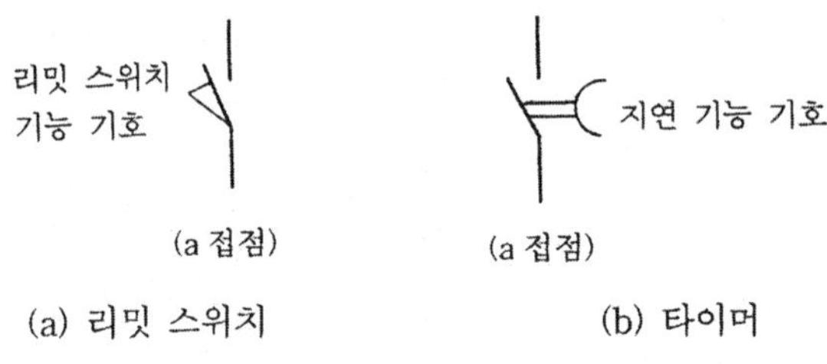

그림 3-2 접점 기능 기호

접 점 기 능	◁ IEC	부하개폐기능	○ IEC	지 연 기 능	〇 IEC
차 단 기 능	× IEC	자 동 분 리 기　　능	□ IEC	스 프 링 복 귀 기 능	◁ IEC
단 로 기 능	— IEC	리밋스위치 기　　능	▽ IEC	잔 류 기 능	○ IEC

(2) 조작 방식 기호

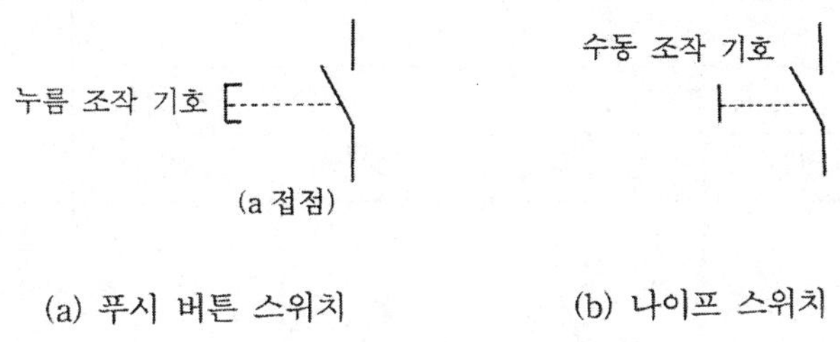

그림 3-3 조작 방식 기호

수 동 조 작 (일반)	IEC	둥 근 핸 들 조 작	IEC	캠 조 작	IEC
분 리 조 작	IEC	폐 달 조 작	IEC	전동기 조작	IEC
비틀림 조작	IEC	레 버 조 작	IEC	공 기 조 작 또는 유 압 조 작	IEC
누 름 조 작	IEC	손잡이 분리 조 작	IEC	전 자 조 작	IEC
계 약 부	IEC	키 조 작	IEC		IEC
비 상 용	IEC	크랭크 조작	IEC	기타의 방식에 의한 조작	IEC

4-2 주요 개폐 접점의 기호

개폐접점의 명 칭		그 림 기 호				설 명
		계 열 1 (IEC)		계 열 2 (KS)		
		a접점	b접점	a접점	b접점	
수동조작개폐기	수동복귀 접 점 (전력용)					접점 조작에 있어서 개회로, 폐회로 모두 수동으로 하는 접점 (㉑ 나이프 스위치, 코드 스위치, 텀블러 스위치는 ⨂으로 표시)
	자동복귀 접 점 (푸시용)					수동으로 조작하며 폐회로, 개회로 모두 스프링의 힘에 의해 자동 복귀하는 접점으로 계열 1에 있어서 푸시 버튼 스위치는 자동 복귀 표시를 하지 않는다.
전자릴레이	수동복귀 접 점 (계전기)					릴레이가 여자되면 접점이 동작하고 릴레이가 소자되어도 기계적 힘에 의해 복귀하지 않고 수동 또는 복귀 코일에 의해 복귀하는 접점으로 열동형 릴레이가 이에 해당한다.
	자동복귀 접 점					릴레이가 여자되면 접점이 동작하고 릴레이가 소자되면 자동적으로 복귀하는 접점으로, 일반적인 릴레이가 이에 해당된다.

한시릴레이	한시동작 접 점	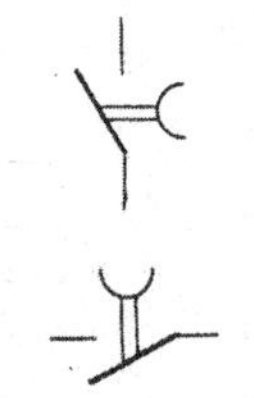	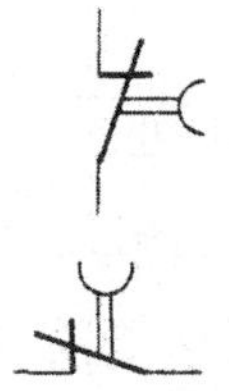	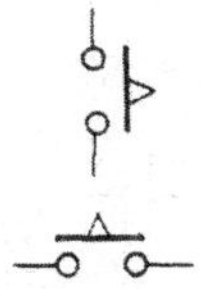	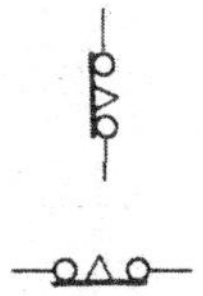	릴레이가 여자되면 일정 시간 후에 동작하는 한시 동작형인 ON 타이머와 릴레이가 소자되면 일정 시간 후에 복귀하는 한시복귀형인 OFF 타이머가 이에 해당된다.
	한시복귀 접 점	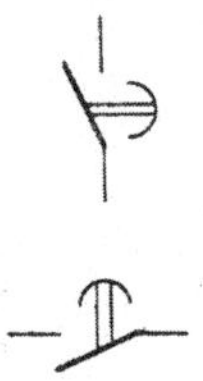	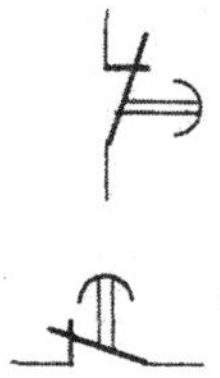	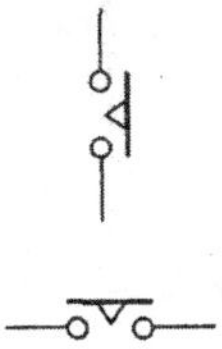		
	기계적 접 점	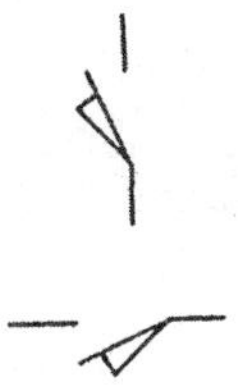	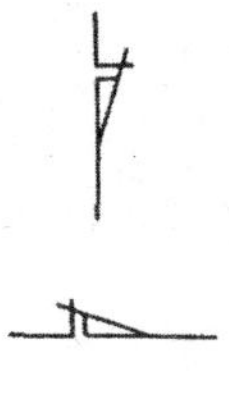	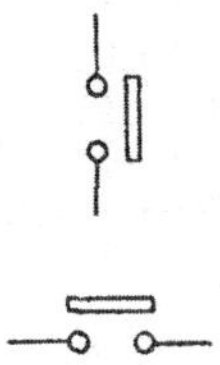	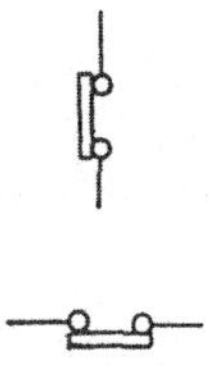	① a 접점은 작동에 따라 폐로되는 곳에 사용한다. ② b 접점은 작동에 따라 개로되는 곳에 사용한다.

4-3 IEC 전기 기기의 그림 기호

기 기 명	그림 기호 계열 1	그림 기호 계열 2	그림 기호의 표시법(예)
푸시 버튼 스위치 	(a) IEC (b) 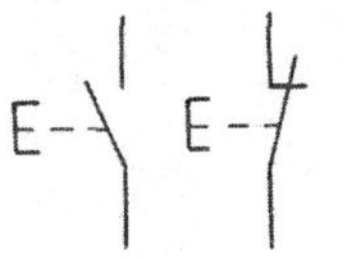 E-\ E-\ (a 접점) (b 접점)	(a) (b) 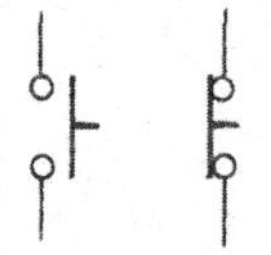 (a 접점) (b 접점)	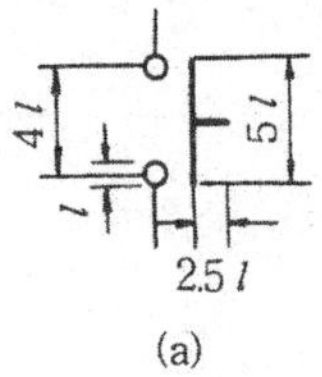 (a) 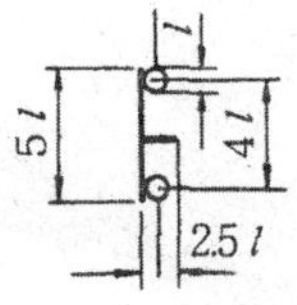 (b)

전지 또는 직류 전원 	(a) $\overline{\text{IEC}}$ (b) $\overline{\text{IEC}}$ (c) $\overline{\text{IEC}}$ 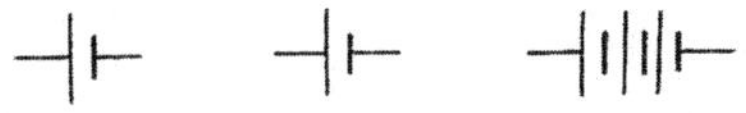 3개의 경우		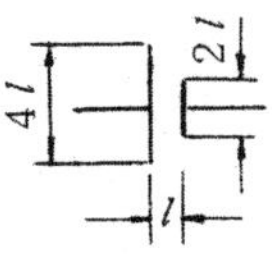
기중 차단기 (배선용 차단기) 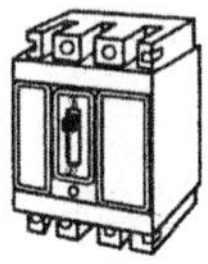	(a) $\overline{\text{IEC}}$ (b) 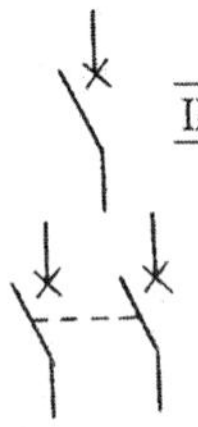	(a) (b) 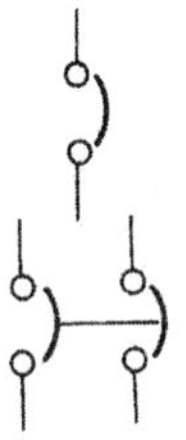	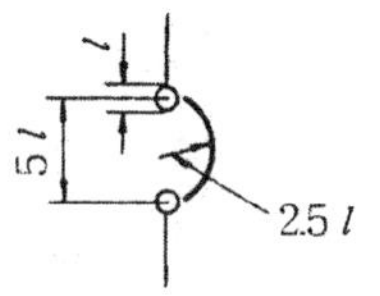
나이프 스위치 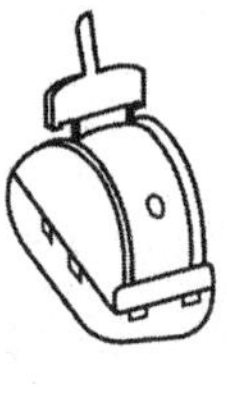	(a) $\overline{\text{IEC}}$ 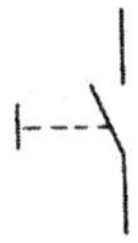 (b) 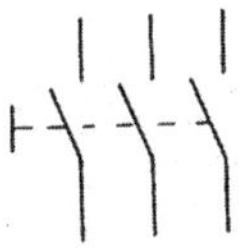	 (a) (b) 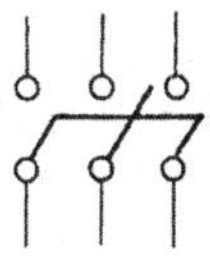	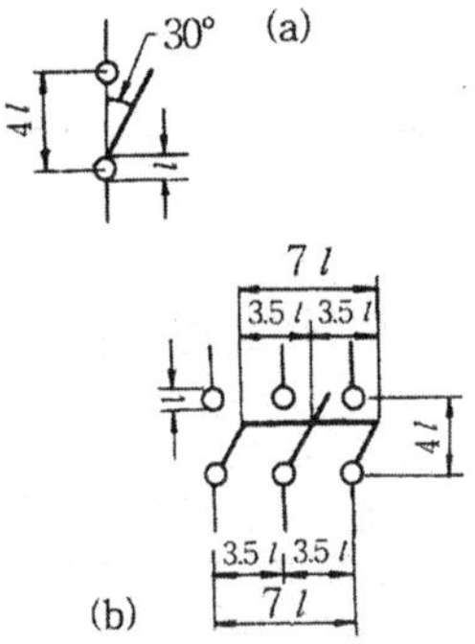 30° (a) (b)
리밋 스위치 	(a) $\overline{\text{IEC}}$ (b) $\overline{\text{IEC}}$ 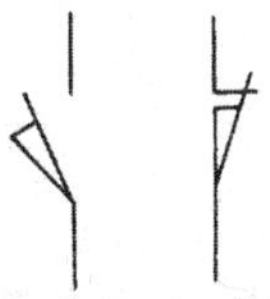 (a 접점) (b 접점)	(a) (b) 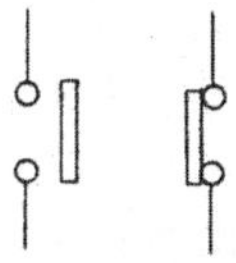 (a 접점) (b 접점)	① (a)는 작동에 따라 폐 로되는 곳에 사용 ② (b)는 작동에 따라 개 로되는 곳에 사용

교류 차단기(일반) 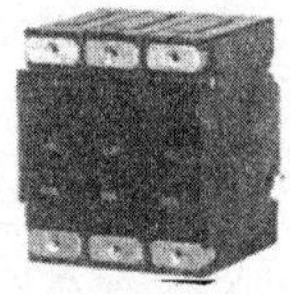	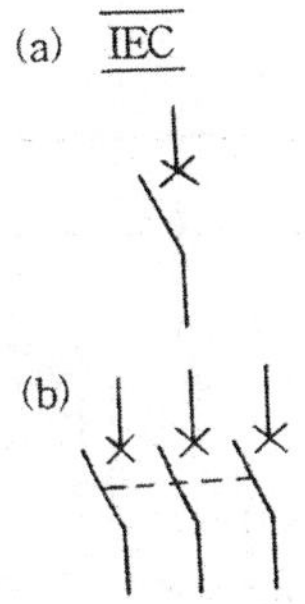 (a) IEC (b)	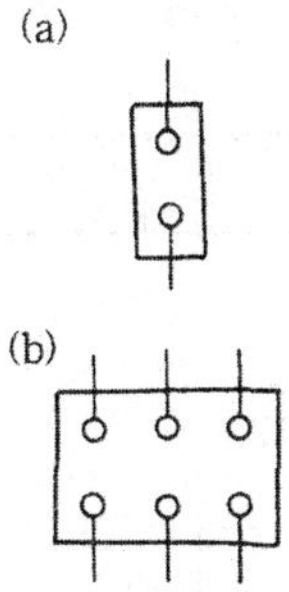 (a) (b)	유입 차단기의 경우에는 옆에 OBC의 문자를 쓴다. 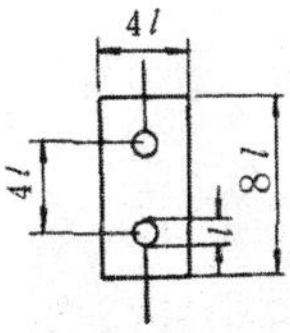 4*l* 4*l* 8*l* *l*
전자 릴레이 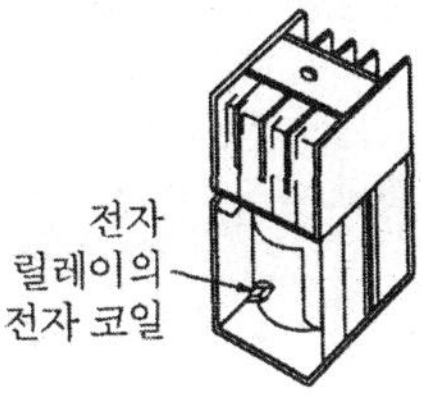 전자 릴레이의 전자 코일	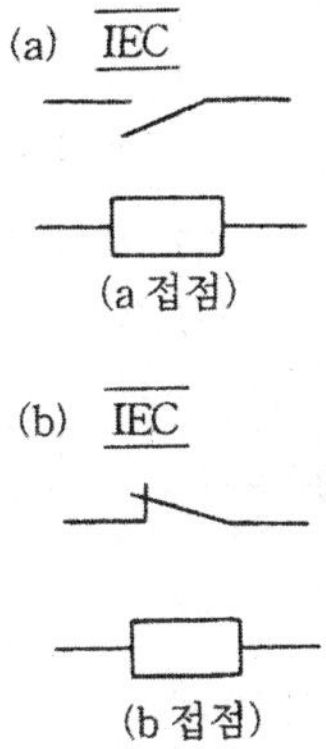 (a) IEC (a 접점) (b) IEC (b 접점)	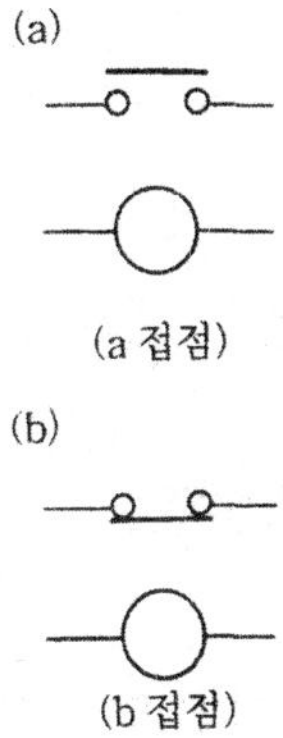 (a) (a 접점) (b) (b 접점)	① (a)는 전자 코일에 전류가 흐르면 「폐로」로 되는 것에 사용 ② (b)는 전자 코일에 전류가 흐르면 「개로」로 되는 것에 사용 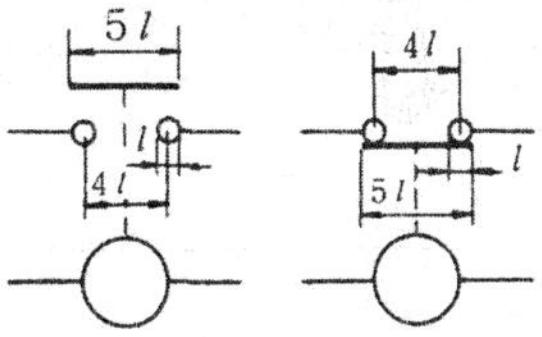 5*l* *l* 4*l* 4*l* 5*l* *l*
전동기 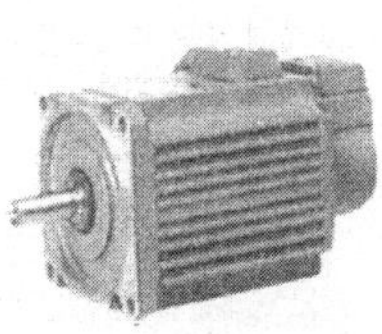 발전기	주 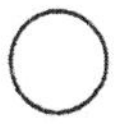	예 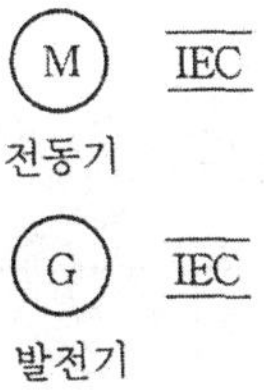 M IEC 전동기 G IEC 발전기	① ○ 속에 종류를 나타내는 기호를 기입한다. ② 특히, 교류, 직류의 구별이 필요한 경우에는 아래에 의한다. 교류의 경우 직류의 경우
계 기 (일반) 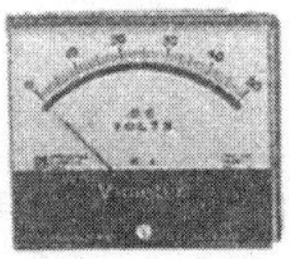	주 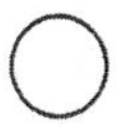	예 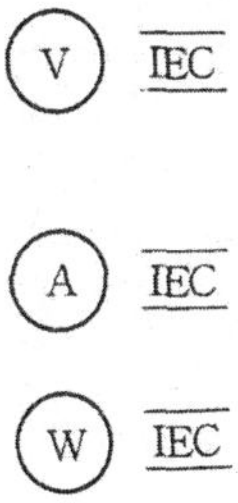 V IEC A IEC W IEC	① ○ 속에 종류를 나타내는 문자를 기입한다. ② 특히, 직류, 교류, 고주파의 구별이 필요할 때에는 다음에 의한다. 직류 교류 고주파 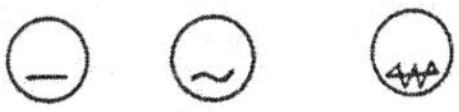

4-4 주요 전기 기기의 그림 기호

기 기 명	그 림 기 호	그림 기호의 표시법
변 압 기	(a) IEC (b)	(a) (b)
정 류 기	(a) IEC (b) IEC	화살표는 정삼각형으로 하되, 직류가 흐르는 방향을 표시한다.
저 항	(a) IEC (b) IEC (c) IEC	(b) (c)
퓨 즈 (개방형) (포장형)	(개방형) (a) (b) (포장형) (c) IEC (d) (e)	(a) (b) (d) (e)

기 기 명	그림 기호 계열 1	그림 기호 계열 2	그림 기호의 표시법(예)
제어용 전자 코일 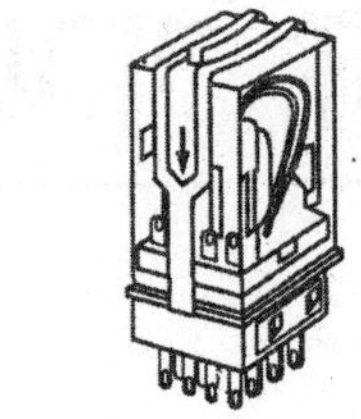	(a) $\overline{\text{IEC}}$  (b) $\overline{\text{IEC}}$ 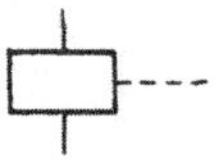	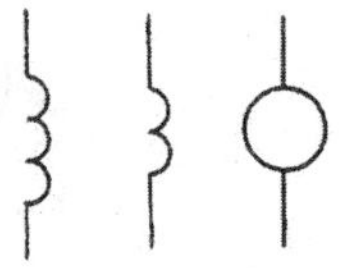 (a) (b) (c)	(a) 전압 코일 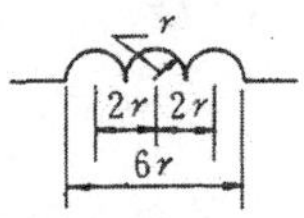 (b) 전류 코일 (c) 전압, 전류를 구별할 필요가 없는 경우 예  ─(MC)─
콘 덴 서 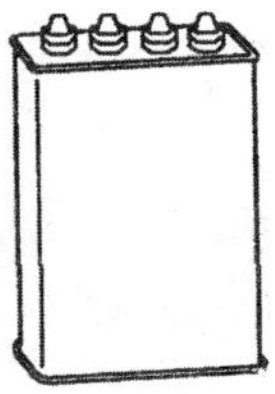	(유극성) (a) $\overline{\text{IEC}}$ 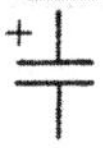 (b) $\overline{\text{IEC}}$  (전해 콘덴서) (a−1) $\overline{\text{IEC}}$ 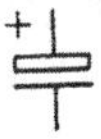 (a−2) $\overline{\text{IEC}}$  (b) 		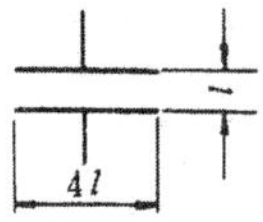 (a) 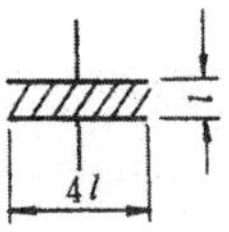 (b)
벨 	(a) $\overline{\text{IEC}}$  (b)  (a) $\overline{\text{IEC}}$ 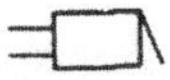 (b) 	(b) BEL (b) BZ	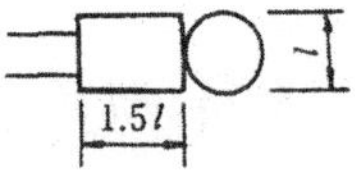 (a) 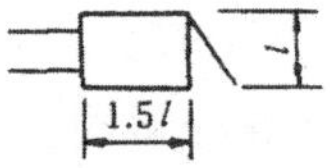 (b)
램 프 	(a) $\overline{\text{IEC}}$  ⊗ (b)  ◯	[컬러 코드 기호] C2 : 적 C5 : 녹 C3 : 황적 C6 : 청 C4 : 황 C9 : 백 RL : 적 GL : 녹 OL : 황적 BL : 청 YL : 황 WL : 백	(a) 색깔을 명시하고 싶을 때에는 컬러 코드에 의한 기호를 옆에 쓴다. (b) 예 RL  ◯ 적색 램프

제4장

시퀀스 제어용 기기

1. 수동 조작 스위치

수동 조작 스위치는 인위적인 조작에 의해 신호의 변환을 제어 장치에 주는 기구로서 스위치 제작시에는 접촉 저항, 절연 내력, 절연 저항, 과부하 시험, 전기적 수명 시험, 기계적 수명 시험, 내진성 시험, 내부식성 시험, 내습 시험 등의 시험을 거쳐서 기기를 제작한다.

1-1 푸시 버튼 스위치 (push button switch)

버튼을 누르는 것에 의하여 접점 기구부가 개폐되는 동작에 의하여 전기 회로를 개로 또는 폐로하는데, 손을 떼면 스프링의 힘에 의하여 자동으로 원래의 상태로 되돌아오는 제어용 조작 스위치를 말한다.

푸시 버튼 스위치는 직접 손가락으로 조작되는 버튼 기구부와 버튼 기구부에서 받은 힘에 의해서 전기 회로를 개폐하는 접점 기구부로 구성되어 있다.

(1) 푸시 버튼 스위치의 a 접점

푸시 버튼 스위치의 a 접점은 그림 4-1 (a)와 같이 버튼을 누르지 않은 복귀 상태에서는 가동 접점과 고정 접점이 떨어져 개로되어 있지만, 버튼을 누른 동작 상태에서는 그림 4-1 (b)와 같이 가동 접점과 고정 접점이 접촉하여 폐로되는 접점으로 외력이 가해지면 열려 있는 접점(arbeit contact)이라 하고 머리글자 a로 표시하며, 회로를 만드는 접점(make contact), 상개 접점(normally open contact)이라고도 한다.

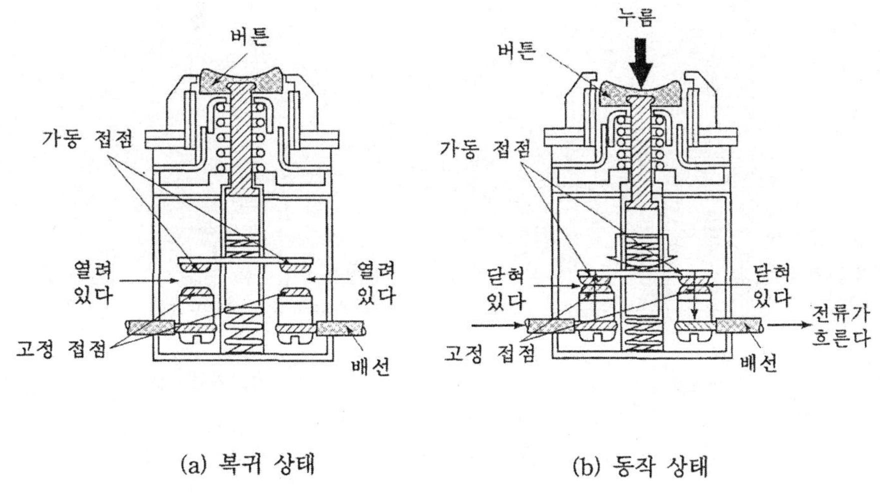

그림 4-1　푸시 버튼 스위치 a 접점의 복귀 상태와 동작 상태

그림 4-2　푸시 버튼 스위치 a 접점의 그림 기호

(2) 푸시 버튼 스위치의 b 접점

　푸시 버튼 스위치의 b 접점은 그림 4-3(a)와 같이 버튼을 누르지 않은 복귀 상태에서는 가동 접점과 고정 접점이 접촉하여 폐로되어 있지만, 버튼을 누른 동작 상태에서는 그림 4-3(b)와 같이 가동 접점과 고정 접점이 떨어져 개로되는 접점으로 외력이 가해지면 닫혀지는 접점(break contact)이라 하고 머리글자 b로 표시하며 상폐 접점(normally close contact)이라고도 한다.

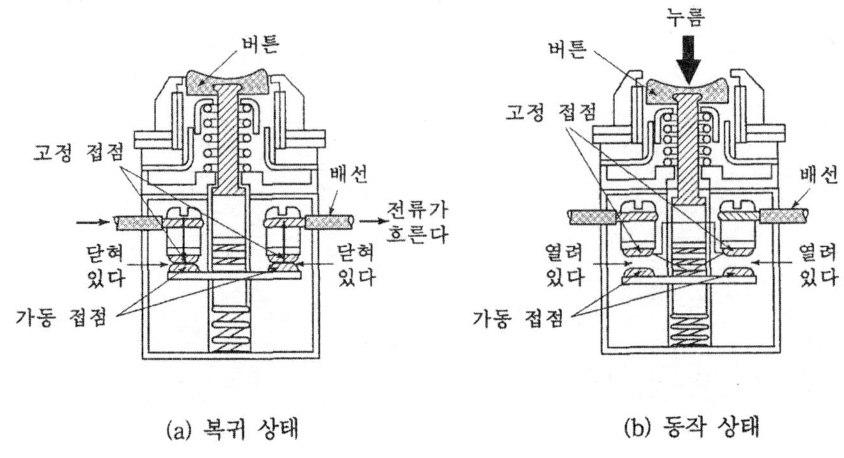

그림 4 - 3 푸시 버튼 스위치 b 접점의 복귀 상태와 동작 상태

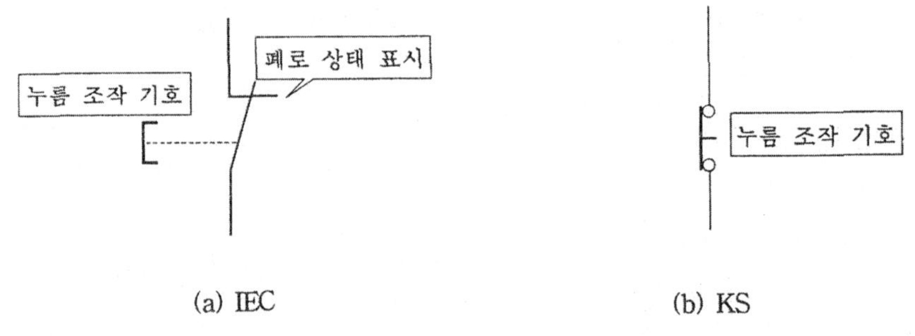

그림 4 - 4 푸시 버튼 스위치 b 접점의 그림 기호

참 고

그림 4-4 (a)의 'L 갈고리 모양'의 기호는 접점의 폐로 상태를 나타내는 데 사용하며 b 접점을 나타내는 것이 아니다.

(3) 푸시 버튼 스위치의 c 접점

푸시 버튼 스위치의 c 접점은 그림 4-5 (a)와 같이 버튼을 누르지 않은 복귀 상태에서는 가동 접점과 고정 접점이 접촉한 b 접점부와 가동 접점과 고정 접점이 접촉하지 않은 a 접점으로 2개의 접점부로 이루어져 있으며, 버튼을 누른 동작 상태에서는 그림 4-5 (b)와 같이 b 접점부는 개로 상태로, a 접점은 폐로 상태로 변하는 스위치이다.

이와 같이 a 접점과 b 접점을 조합한 전환 접점(change - over contact)이라고 하고 머리글자 c 로 표시하며 이동하는 접점(transfer contact)이라고도 한다.

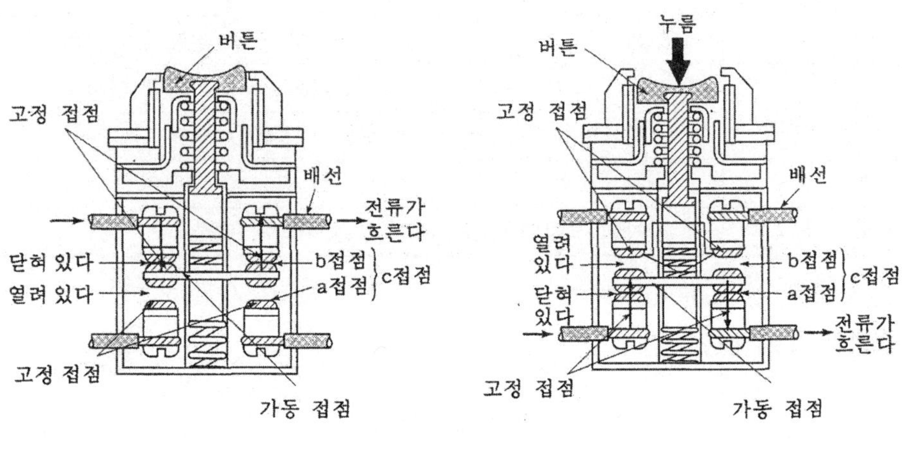

(a) 복귀 상태　　　　　　　(b) 동작 상태

그림 4-5 푸시 버튼 스위치 c 접점의 복귀 상태와 동작 상태

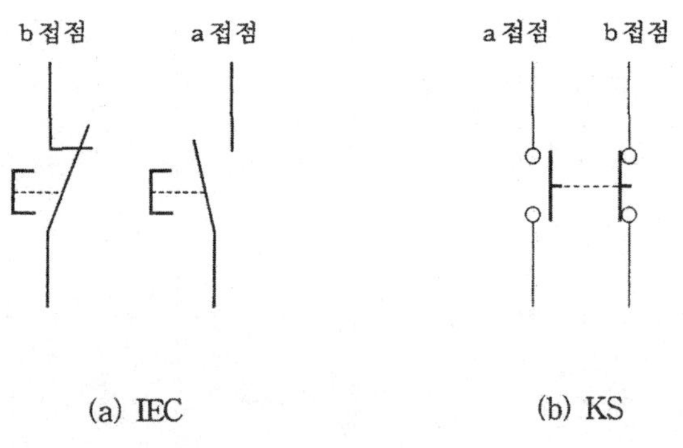

(a) IEC　　　　　　　(b) KS

그림 4-6 푸시 버튼 스위치 c 접점의 그림 기호

(4) 푸시 버튼 스위치의 색상

　푸시 버튼 스위치에는 접점의 형식에 따라 1a1b 접점에서부터 4a4b 접점까지 표준으로 제작·판매되고 있으며, 기능별로 램프 내장형, 한시 동작형 등이 있고 모양에 따라서도 원형, 각형, 직사각형, 버섯형 등이 있다. 또한, 색상에 따라 그 스위치의 기능을 분류하며 녹색, 적색, 황색, 백색 등이 있다.

표 4-1 버튼의 색상에 의한 기능의 분류

색 상	기 능	적 용
녹 색	기 동	시퀀스의 기동, 전동기의 기동
적 색	정 지	전동기의 정지, 사이클 정지
적 색	비상정지	모든 시스템의 정지
황 색	리 셋	사이클 완료 후 부분적인 동작
백 색	상기 색상에서 규정되지 않은 이외의 동작	

(5) 접점의 기호 형태

표 4-2 접점 기호

항 목		a접점		b접점		c접점	
		횡 서	종 서	횡 서	종 서	횡 서	종 서
수동 조작 접점	수동 복귀						
	자동 복귀						
릴레이 접점	수동 복귀						
	자동 복귀						
타이머 접점	한시 동작						
	한시 복귀						
기계적 접점							

(6) 접점의 종류

표 4-3 접점의 종류

접점의 종류	접점의 상태	별　　　　칭
a 접점	열려 있는 접점 (arbeit contact)	· 메이크 접점(make contact) · 상개 ·접점(normally open contact) 　(no 접점 : 항상 열려 있는 접점)
b 접점	닫혀 있는 접점 (break contact)	· 브레이크 접점(break contact) · 상폐 접점(normally close contact) 　(nc 접점 : 항상 닫혀 있는 접점)
c 접점	전환 접점 (change - over contact)	· 브레이크 메이크 접점(break make contact) · 트랜스퍼 접점(transfer contact)

(7) 접점 그리는 방법

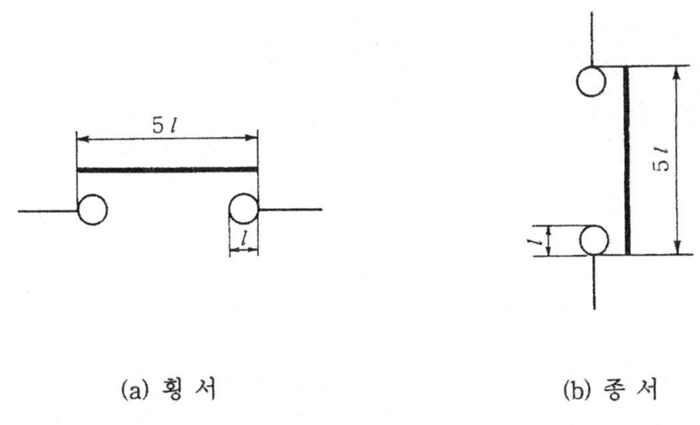

그림 4-7 접점 그리는 방법

1-2 수동 스위치의 종류

(1) 토글 스위치 (toggle switch)

　토글 스위치는 텀블러 스위치의 일종으로 핸들 조작에 의해 회로를 개폐하는 유지형 스위치로서 소용량의 전원 스위치로 사용한다.

그림 4 - 8　토글 스위치

(2) 슬라이드 스위치 (slide switch)

슬라이드 스위치는 접점부가 미끄러져서 이동하는 것으로 스위치를 고정시키기 위하여 위치를 고정시키는 볼이 내장되어 있는 유지형 스위치이다.

그림 4 - 9　슬라이드 스위치

(3) 전압 절환용 스위치 (voltage selector switch)

전압 절환용 스위치 슬라이드 스위치의 일종으로 사용 전압에 적당한 전압을 절환하는 유지형 스위치로서 특별한 경우에는 트랜스를 내장하는 경우도 있다.

그림 4 - 10　절환 스위치

(4) 파형 스위치(rocker switch)

파형 스위치는 슬라이드 스위치의 일종으로 파형 손잡이를 누르면 스프링의 힘을 갖
는 접점 기구에 의하여 회로를 개폐하는 스위치이다.

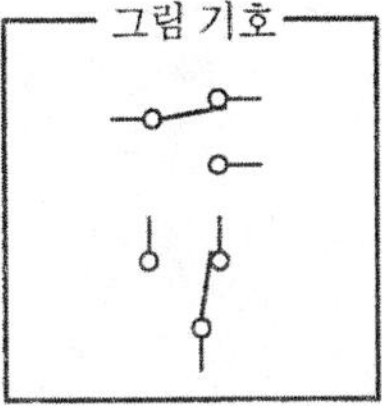

그림 4-11 파형 스위치

(5) 트리거 스위치(trigger switch)

트리거 스위치는 슬라이드 스위치의 일종으로 형상이 방아쇠와 유사하게 생긴 것으로
전기 해머 등 전동 공구의 전원을 절환하는 스위치로 많이 사용한다.

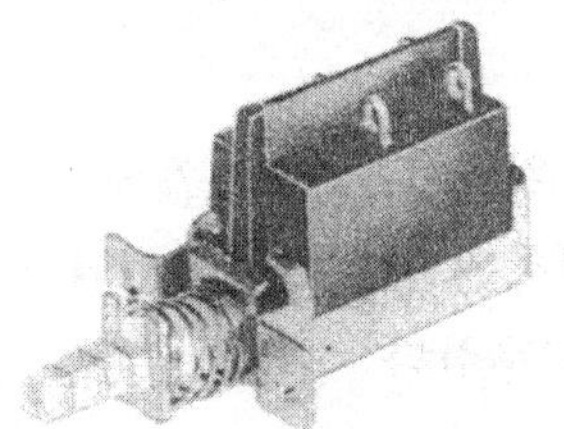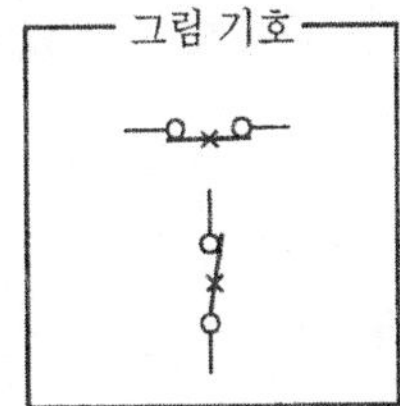

그림 4-12 트리거 스위치

(6) 실렉터 스위치(selector switch)

실렉터 스위치는 조작을 가하면 반대 조작이 있을 때까지 조작 접점 상태를 유지하는
유지형 스위치로서 운전/정지, 자동/수동, 연동/단동 등과 같이 조작 방법의 절환 스
위치로 사용한다.

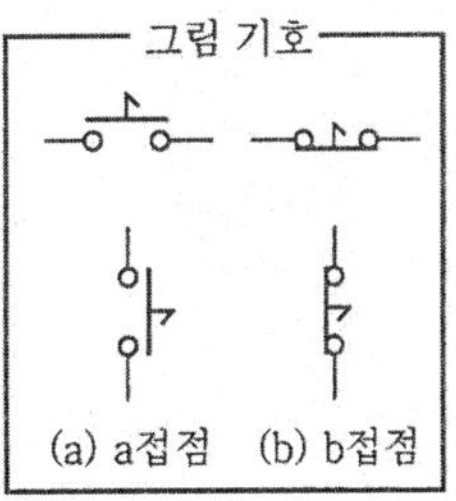

그림 4-13 실렉터 스위치

(7) 로터리 스위치(rotary switch)

　로터리 스위치는 접점부의 회전 작동에 의해서 접점을 변환하는 스위치이며, 원주상으로 접촉 단자를 배열하고 회전축과 연결된 중심 단자와의 접속으로 회로가 연결된다.

그림 4-14　로터리 스위치

(8) 캠 스위치(cam switch)

　캠 스위치는 캠의 작동에 의하여 접점이 개폐되는 스위치이며 여러 개의 단자를 이용할 수 있다. 그림 4-15(a)는 정역 스위치로서 삼상 전동기 극전환 및 정역 운전에, 그림 4-15(b)는 단상, 삼상 전동기의 기동용 스위치로 사용한다.

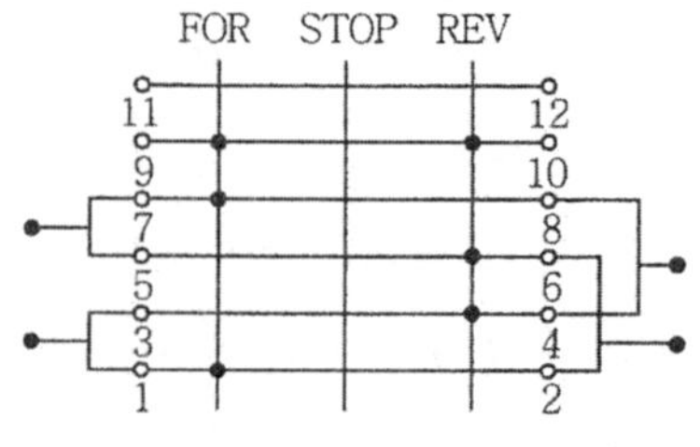

(a) 정역 스위치

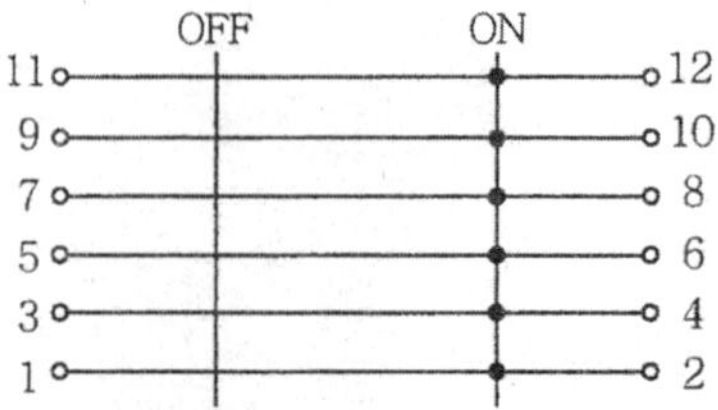

(b) 기동 스위치

그림 4-15　캠 스위치

(9) 풋 스위치 (foot switch)

풋 스위치는 대부분의 스위치가 손 조작에 의해 조작되는데 발로 밟아서 조작되는 스위치이다. 작업자의 손이 직접 작업에 사용하는 경우 스위치의 조작이 불가능하므로 이때 풋 스위치는 유용하게 이용된다. 주로 반자동기, 프레스, 재봉틀, 용접 기계, 의료 기계, 사진 기기 등에서 많이 사용한다.

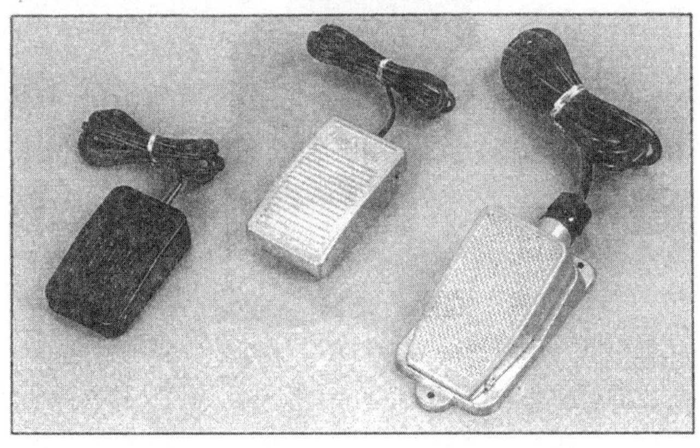

그림 4-16 풋 스위치

(10) 모노레버 스위치 (monolever switch)

모노레버 스위치는 1개의 레버로 4방향의 동작을 임의로 조작할 수 있는 스위치로서 각종 공작 기계와 산업 기계 등의 방향을 자주 전환하는 곳에 사용한다. 레버의 조작 방식에 따라 자동 복귀형, 고정형, 혼합형이 있다.

그림 4-17 모노레버 스위치

(11) 키 스위치(key switch)

키 스위치는 스위치의 조작이 키에 의해서만 가능한 스위치로 다른 사람이 조작해서
는 안 되는 동력 스위치나 기타 안전 스위치용으로 사용한다.

그림 4 - 18 키 스위치

2. 검출 스위치

검출 스위치는 제어 장치에서 사람의 눈과 귀의 역할을 하는 부분으로 제어 대상인
위치, 레벨, 온도, 힘, 속도 등의 상태를 검출하고 제어 시스템에 정보를 전달하는 중요
한 기기로서 일명 센서(sensor)라고도 한다.

검출 스위치를 크게 나누면 동작 물체와 접촉하여 검출하는 접촉식 스위치와 물체와
접촉하지 않고 동작하는 비접촉식으로 분류한다. 접촉식 스위치에는 마이크로 스위치와
리밋 스위치가 있고 비접촉식 스위치에는 근접 스위치, 광전 스위치 등이 있다.

2-1 접촉식 스위치

(1) 마이크로 스위치(micro switch)

마이크로 스위치는 비교적 소형으로 성형 케이스에 접점 기구를 내장하고 밀봉되어
있지 않은 스위치로서 압력 검출, 액면 검출, 바이메탈을 이용한 온도 조절, 중량 검출,
밀링 머신의 테이블 왕복 운동 등의 검출 스위치로 여러 분야에서 응용되고 있다.

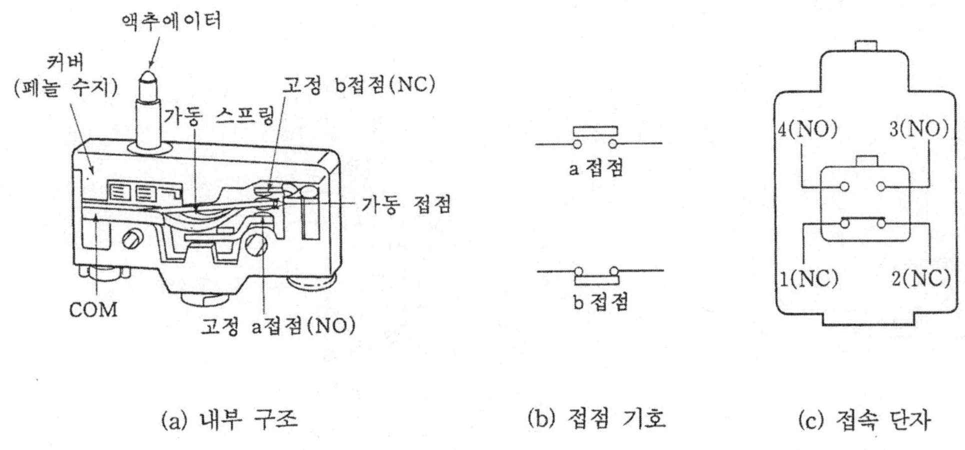

(a) 내부 구조   (b) 접점 기호   (c) 접속 단자

그림 4-19 마이크로 스위치의 구조

(2) 리밋 스위치 (limit switch)

리밋 스위치는 기기의 작동 행정 중 정해진 위치에서 작동하는 스위치로서 작동부와 스위치부로 구성된다.

스위치부는 마이크로 스위치가 견고한 케이스 속에 들어 있고 작동부의 형태에 따라 롤러 레버형, 롤러 조절 레버형, 로드 레버형, 코일 스프링형, 롤러 플런저형, 푸시 플런지형 등이 있으며, 외형의 형태에 따라 횡형과 입형으로 구분한다.

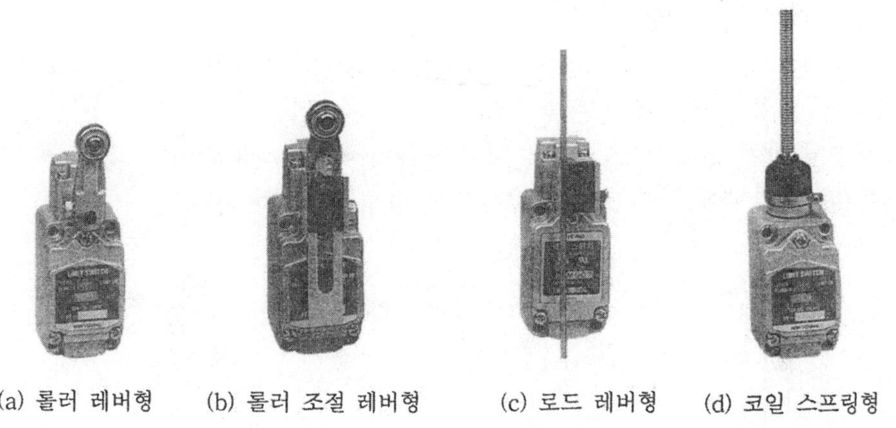

(a) 롤러 레버형   (b) 롤러 조절 레버형   (c) 로드 레버형   (d) 코일 스프링형

그림 4-20 리밋 스위치의 종류

① 구조 및 외형

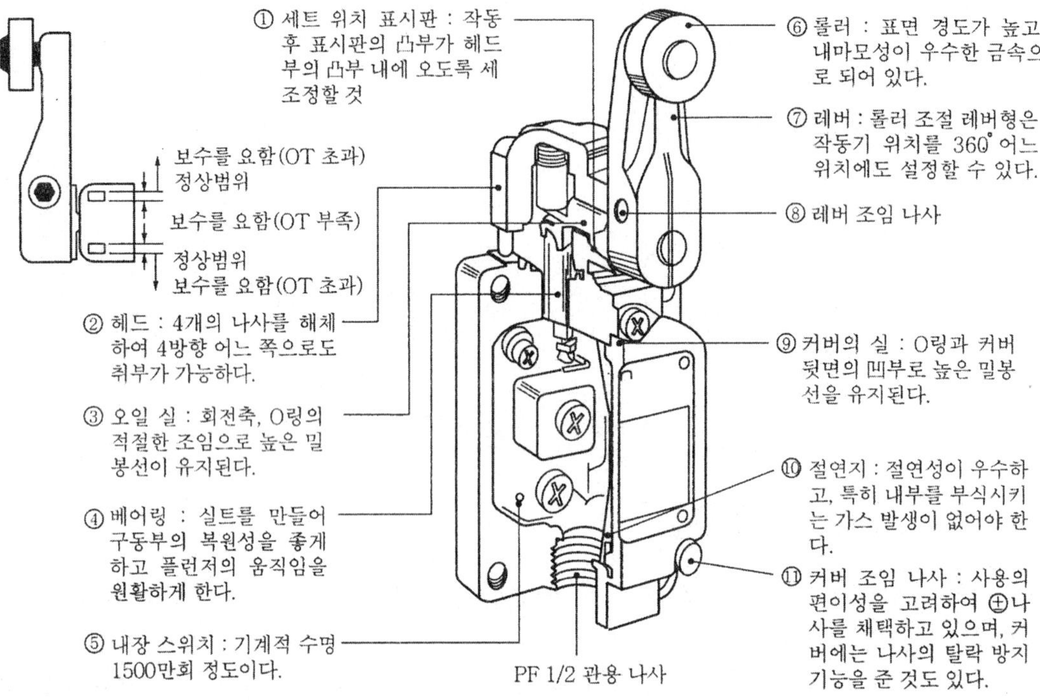

그림 4 - 21　리밋 스위치의 구조

② 리밋 스위치의 사용 방법

(개) 작동기의 취부 위치 변경 방법 : 작동기(액추에이터) 레버의 육각 볼트를 풀고 작동기의 위치를 360° 조정할 수 있다.

(내) 헤드의 방향 변경 방법 : 헤드의 나사를 풀어 헤드를 4방향 어느 곳으로도 조정할 수 있다. 이 때에 내부 조작용 플런저도 같이 변경해야 한다.

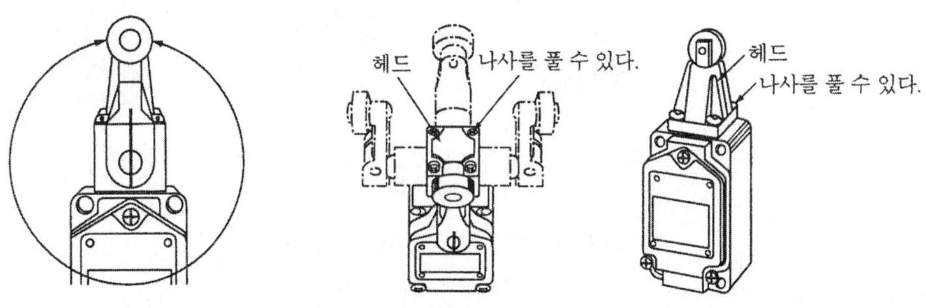

그림 4 - 22　작동기의 취부 위치 변경　　　**그림 4 - 23　헤드의 방향 변경**

㈐ 작동 방향의 변경 방법 : 헤드를 풀고 조작용 플런저 방향을 변경하면 그림 4-24 와 같이 작동 방향을 3가지 종류로 선택할 수 있다.

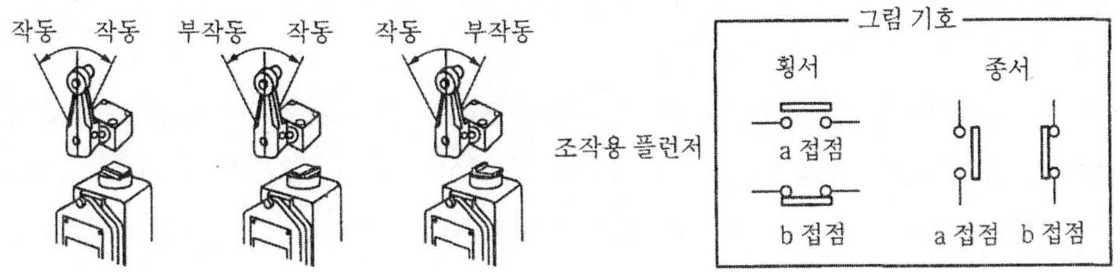

그림 4-24 작동 방향의 변경

㈑ 롤러를 내측으로 취부하는 방법 : 육각 볼트를 풀고 롤러 레버를 돌려서 취부하 여 롤러를 내측으로 할 수 있다. 이 때 수평으로 180°의 범위에서 작동이 완료되 도록 설치해야 한다.

㈒ 롤러 위치 선택의 방법 : 포크 롤러 레버형의 경우 롤러 레버를 축방향으로 돌려 사용할 수 있다.

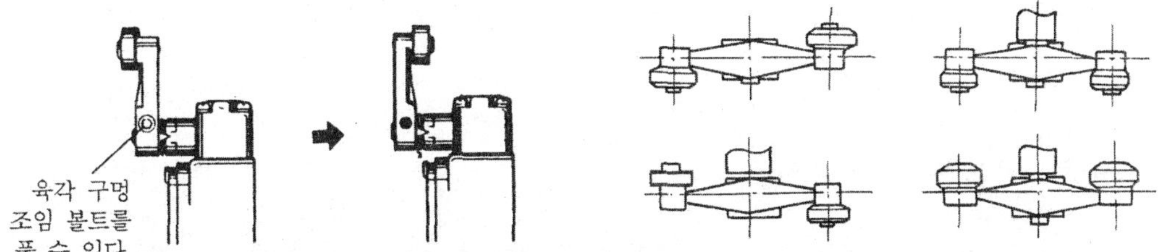

그림 4-25 롤러를 내측으로 취부하는 방법   그림 4-26 롤러 위치 선택의 방법

㈓ 레버 로드의 길이 조정 : 육각 볼트나 나사를 풀어서 레버 및 로드의 길이를 조정 할 수 있다.

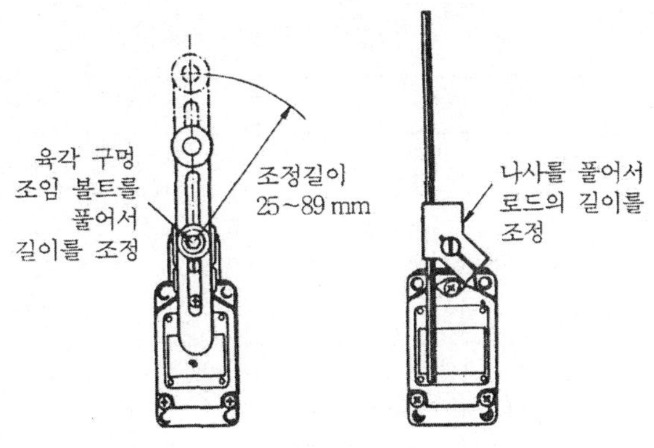

그림 4-27 레버 로드의 길이 조정

(3) 액면 스위치 (FLTS : float switch)

액면을 검출하기 위한 액면 스위치는 검출 방법에 따라 플로트를 사용하는 플로트 (float)식과 액체가 전극에 접촉했을 때 전극 간의 저항의 변화를 검출하는 전극식으로 나눈다.

그림 4-28 (a)는 플로트 스위치의 구조를 나타내고 있으며, 장치 전체가 액체 속으로 가라앉으면 플로트가 리밋 스위치의 가동부를 밀어 올려서 점점을 개폐하는 장치이며 그림 4-28 (b)는 플로트 스위치의 기호를 나타낸다.

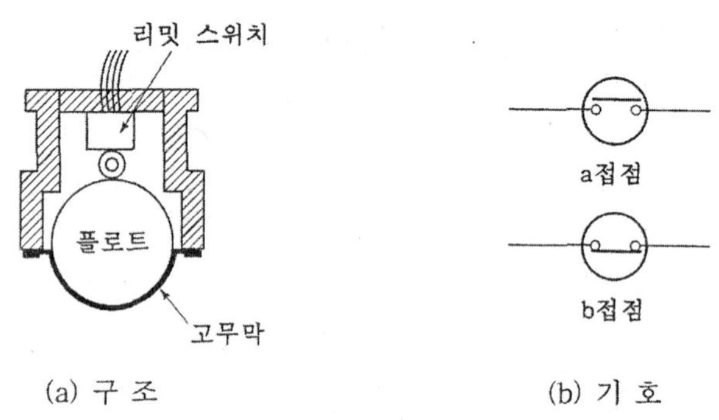

그림 4-28 플로트 스위치

2-2 비접촉식 스위치

비접촉식 스위치는 물리 현상의 변화를 통해 검출 대상의 상태를 검출하는 것으로 물리 현상에 따라 여러 가지의 검출 스위치가 있다. 표 4-4는 검출 원리로 이용되는 물리 현상과 검출 스위치의 종류를 나타낸 것이다. 이들 중 비교적 많이 사용되는 근접 스위치와 광전 스위치는 자동화 설비나 산업 현장에서 그 수요가 급증하고 있다.

표 4-4 비접촉식 검출 스위치의 종류

전달 매체	물리 현상	검출 스위치
전자장	인덕턴스 변화	고주파 발진형 근접 스위치 유도 브리지형 근접 스위치
정전장	커패시턴스 변화	정전 용량형 근접 스위치
자 기	자기력	자기형 근접 스위치
광	발광 효과 광기전력 효과	광전 스위치
음 파	도플러 효과	초음파 스위치

(1) 근접 스위치 (PROS : proximity switch)

근접 스위치는 자계의 에너지를 이용하여 검출 헤드에 접근하는 금속체를 검출하여 전기 회로를 개폐하는 스위치이며, 종래의 마이크로 스위치, 리밋 스위치는 기계적 접점인 반면에 근접 스위치는 무접점 스위치이다.

① 동작 원리 : 근접 스위치의 동작 원리에 따라 고주파 발진형과 정전 용량형으로 구분한다.

　㉮ 고주파 발진형 근접 스위치 : 검출 코일에서 발생하는 고주파 자계 중에 검출체 (금속)가 접근하면 전자 유도 현상에 의해 검출체에 와전류가 발생하여 검출 코일에서 발생하는 자속의 변화를 이용하여 검출체의 유·무를 검출한다.

　㉯ 정전 용량형 근접 스위치 : 검출 전극에 검출체(금속 또는 유전체)가 접근하면 검출 전극과 검출체 표면에 분극이 발생하여 대지 간 정전용량이 변화하는 것을 이용하여 검출체의 유·무를 검출한다.

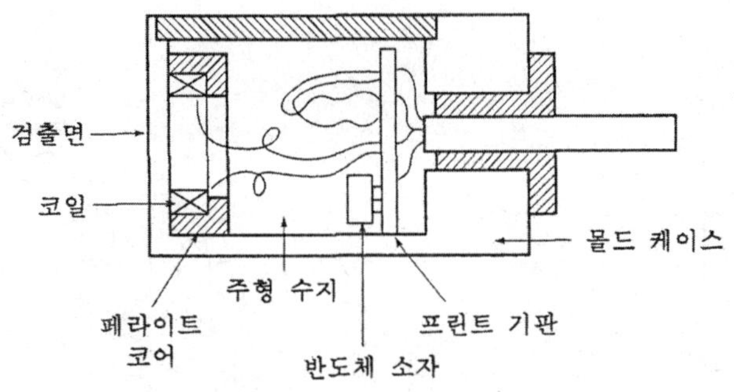

그림 4-29 고주파 발진형 근접 스위치의 구조

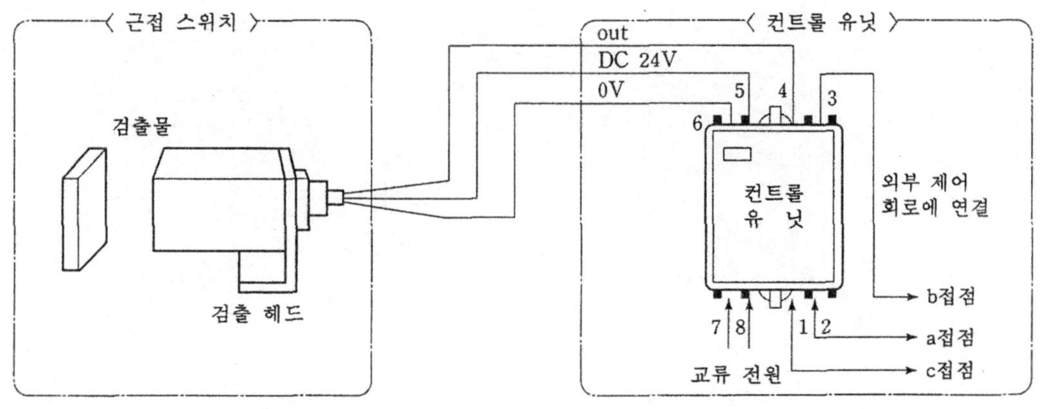

그림 4-30 근접 스위치의 회로도

② 검출 거리

  ㈎ 검출 거리 : 검출체가 검출면에 접근하여 출력 신호가 ON 되는 점의 거리

  ㈏ 응차 거리 : 검출 거리에서 멀어지면서 출력 신호가 OFF 되는 점의 거리

  ㈐ 복귀 거리 : 검출 거리와 응차 거리의 합한 거리

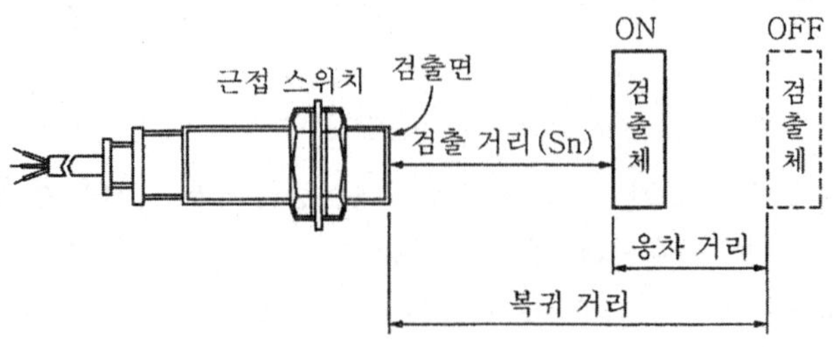

그림 4 - 31 **검출 거리**

③ 근접 스위치의 응용

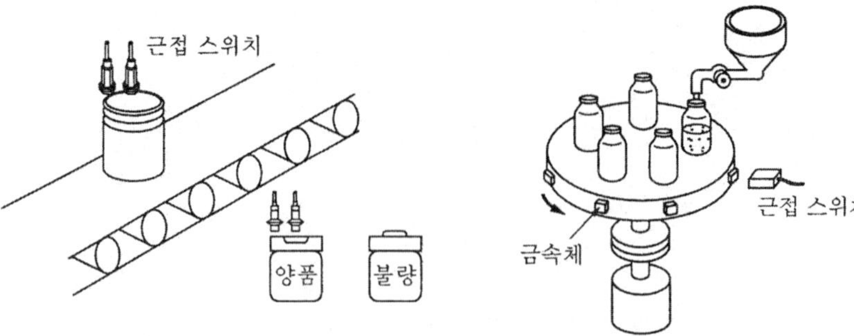

(a) 통조림의 양품, 불량 판별   (b) 정위치 정지 제어

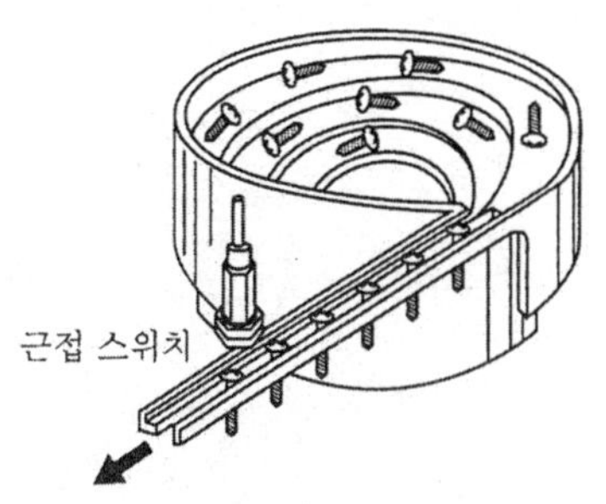

(c) 볼트의 수량 검출   (d) 액체의 레벨 검출 (정전 용량형)

그림 4 - 32 **근접 스위치의 응용**

(2) 광전 스위치 (PHS : photo electric switch)

광전 스위치는 빛을 대상 물체에 투과하여 빛의 반사, 투과, 흡수, 차광 등의 변화를 이용하여 검출하는 스위치로서 물체의 유·무 검출뿐만 아니라 검출체의 대·소, 색상, 명암 등을 검출하는 스위치로 빔 스위치(beam switch)라고도 한다.

① 광전 스위치의 종류 : 광전 스위치는 투광기와 수광기로 구성되어 있으며, 광의 검출 방식에 따라 투과형, 직접 반사형, 거울 반사형으로 구분한다.

㈎ 투과형 광전 스위치 : 투광형 광전 스위치는 투광기와 수광기를 수평으로 배치하여 빛을 차광하든가 또는 감쇠시킴으로써 검출하는 가장 일반적인 구조이다.

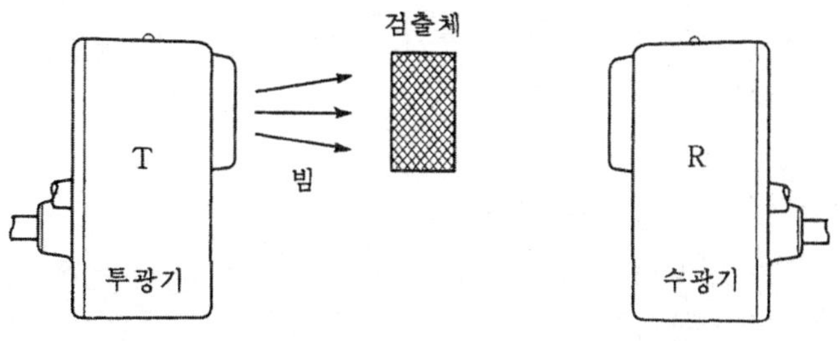

그림 4 - 33 투과형 광전 스위치

㈏ 직접 반사형 광전 스위치 : 직접 반사형은 투광기와 수광기가 하나로 구성된 복합형이며, 투광부에서 방사된 빛이 직접 대상 물체에 닿으면 그 반사광을 수광부가 받아서 검출하는 방식으로 물질의 표면 상태를 판별 등에 이용한다.

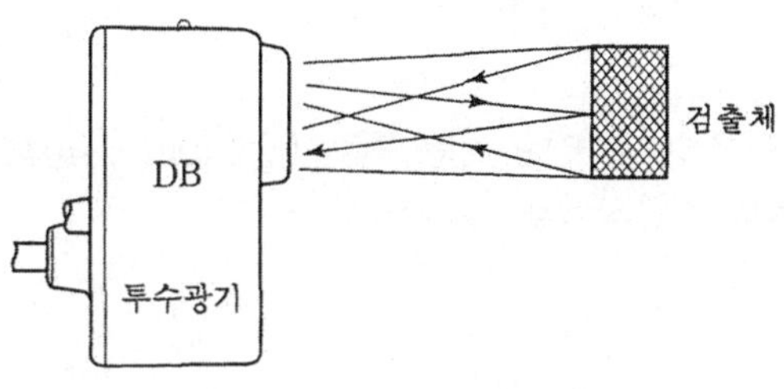

그림 4 - 34 직접 반사형 광전 스위치

㈐ 거울 반사형 광전 스위치 : 거울 반사형은 투광기와 수광기가 하나로 구성된 투수광기와 반사 거울로 구성되어 있으며, 투수광기와 반사 거울 사이의 대상 물체를 검출하는 것으로 대상 물체의 진동, 광축 조정서에 다소의 차이가 있어도 안정하게 작동하는 특성이 있다.

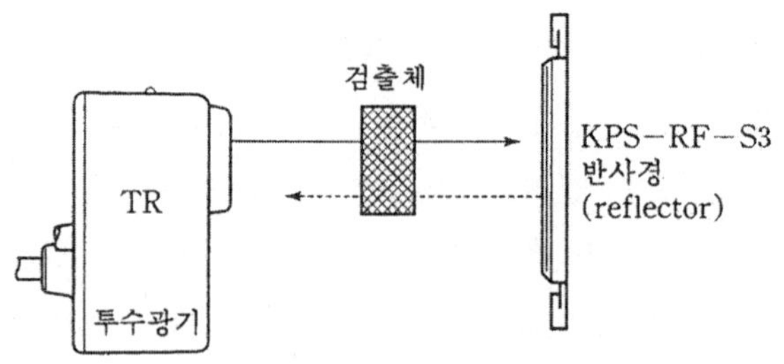

그림 4-35 거울 반사형 광전 스위치

② 광전 스위치의 특징

  ㈎ 비접촉 방식으로 물체를 검출한다.

  ㈏ 검출 물체의 대상이 넓다 (금속, 유리, 액체 등).

  ㈐ 응답 속도가 빠르다.

  ㈑ 물체의 판별력이 우수하다.

  ㈒ 검출 범위를 제어하기 용이하다.

  ㈓ 자기와 진동의 영향이 적다.

  ㈔ 색상의 판별이 가능하다.

③ 감도 조정

  ㈎ 투과형

   • 투광기와 수광기를 마주보게 설치해 놓고 전원을 접속한다.

   • 투광기 또는 수광기의 위치를 미세하게 좌우로 이동 또는 회전시켜 동작 표시
     등이 동작하는 범위를 확인하여 그 중앙에 설치한다.

   • 상·하 방향에 대해서도 같은 방법으로 조정한다.

   • 조정이 끝났으면 검출 물체를 광축에 놓아 안전하게 동작하는지를 확인한 후에
     고정한다.

   • 검출 대상이 반투명 물체나 작은 물체 ($\phi 8\,$mm 이하)인 경우에는 빔(beam)이
     투과되어 검출을 못하는 경우가 있다.

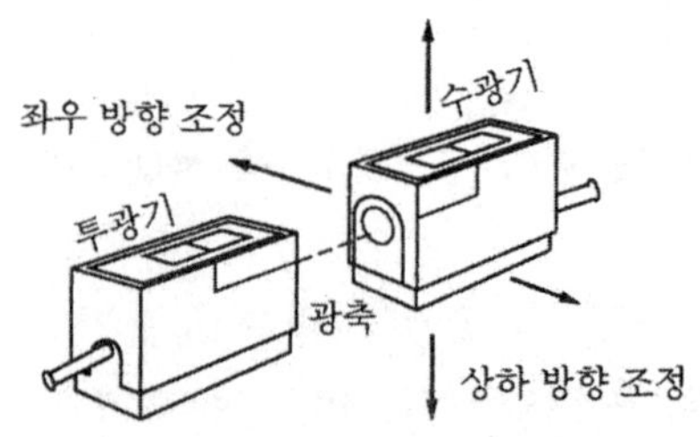

그림 4-36 투과형 감도 조정

(나) 직접 반사형

- 보통은 최대 감도 위치에서 사용 가능하지만 뒤쪽의 물체나 설치면의 영향을 고려하여 감도를 조정한다.
- 검출 물체를 검출 위치에 놓고, 감도 볼륨을 최소 감도 위치(MIN)에서 서서히 높여서 동작하는 위치 ①을 확인한다.
- 검출 물체를 제거한 상태에서 감도 볼륨을 높여서 동작하는 위치 ②를 확인한다 (동작하지 않는 경우, 최대 감도 위치(MAX)를 ②로 한다).
- ①과 ②의 중심 위치가 최적인 볼륨 위치로 된다.
- 검출 대상 물체의 크기, 표면 상태, 광택의 유·무 등에 따라 검출 거리가 달라질 수 있다.

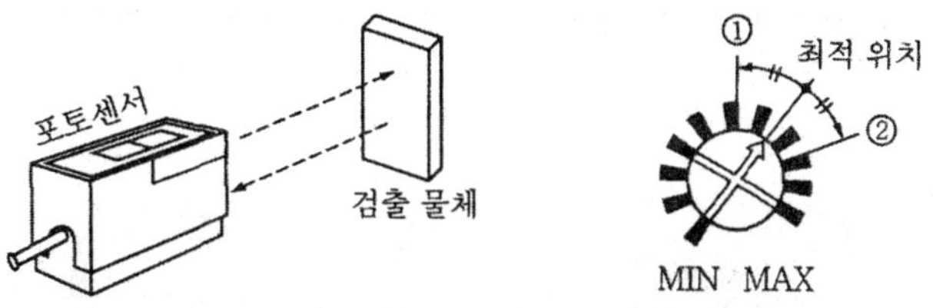

그림 4-37 직접 반사체 감도 조정

(다) 거울 반사형

- 거울 반사형 포토센서와 반사경(MS-2)을 마주보게 놓고 전원을 접속한다.
- 반사경 또는 포토센서의 위치를 미세하게 좌우로 이동 또는 회전시켜 동작 표시등이 동작하는 범위를 확인하여 중앙에 설치한다.
- 상·하 방향에 대해서도 같은 방법으로 조정한다.
- 조정이 끝났으면 검출 물체를 광축에 놓아 안정하게 동작하는지를 확인한 후에 고정한다.
- 2개 이상의 포토센서를 병렬로 사용하는 경우에는 포토센서 간 거리를 약 30 cm 이상 띄워 사용한다.

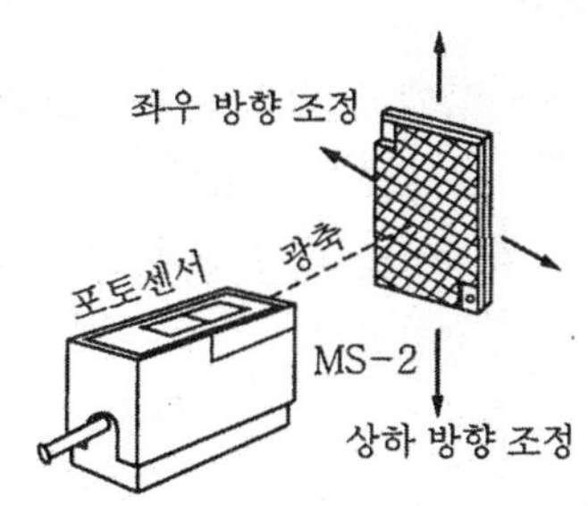

그림 4-38 거울 반사형 감도 조정

④ 광전 스위치의 예

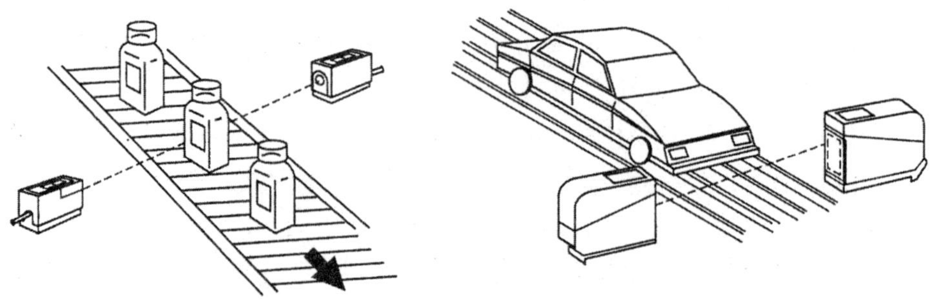

(a) 투명병의 라벨 부착 유·무의 검출 　　　(b) 차량의 통과 유·무의 검출

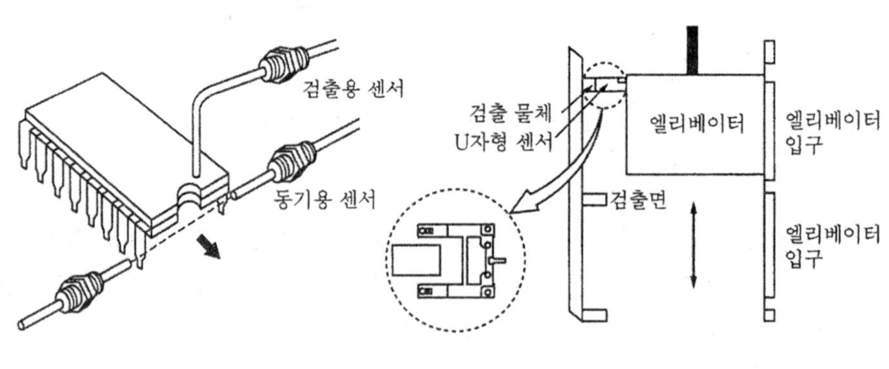

(c) IC 의 방향 판별 　　　(d) 엘리베이터의 위치 검출

그림 4-39 광전 스위치의 예

(3) 온도 스위치 (thermo switch)

온도 스위치는 온도가 설정 온도값에 도달했을 때 동작하는 검출 스위치이며, 온도의 변화에 대하여 전기적 특성이 변하는 소자인 서미스터와 백금 등의 저항이 변하는 것과 열기전력이 생기는 열전대 등을 측온체로 이용하여 그 변화에서 미리 설정한 온도에 도달되는 것을 검출하여 동작하는 스위치이다.

① 온도 제어 방식

㈎ 피드백 제어 : 제어 결과를 검출하여 목표치와 비교하여 수정 동작을 자동적으로 행하는 제어 방식이다.

(내) 시퀀스 제어 : 미리 정해진 순서에 따라 제어의 각 단계를 순차적으로 제어하는 방식이다.

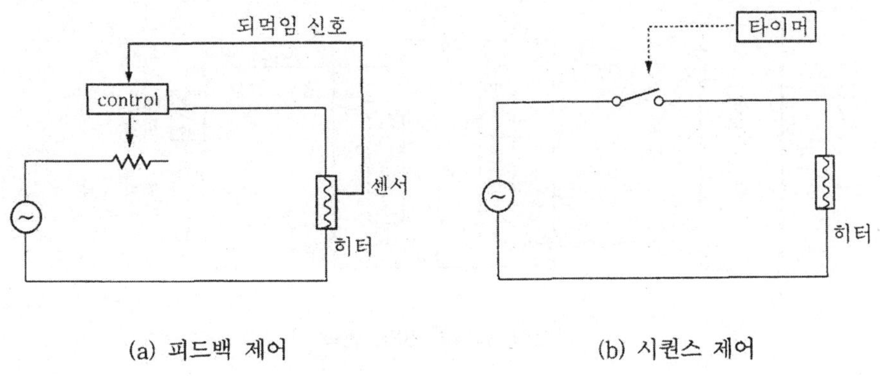

(a) 피드백 제어　　　　　　　　　(b) 시퀀스 제어

그림 4 - 40 온도 제어 방식

② 온도 제어의 구성

(개) 온도 센서 : 온도를 전기 신호로 변환시키는 소자를 파이프관으로 보호한 구조로 되어 있으며, 이 소자를 일정한 온도로 유지시키고자 하는 대상물에 설치하여 사용한다.

(내) 조작기 : 전기로 등을 가열하거나 냉각하는 조작 기기로, 히터에 공급하는 전류를 개폐하는 전자 개폐기, 연료를 공급하는 솔레로이드 밸브 등이 있다.

(대) 전자 온도 조절기 : 온도 센서의 전기적인 신호를 받아 목표(설정) 온도와 비교해서 조작기에 조절 신호를 보내는 기기이다.

(래) 제어 대상 : 온도 제어에서 최적 제어를 하기 위해서는 온도 조절기나 측온체를 선택하기 전에 제어 대상이 열적으로 어떠한 특성을 갖고 있는가를 조사한다.

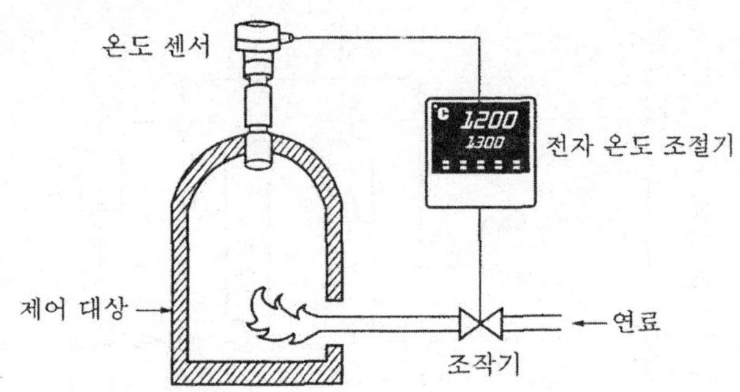

그림 4 - 41 온도 제어의 구성

③ 온도 조절기와 부하 접속 방법

㈎ SSR의 경우

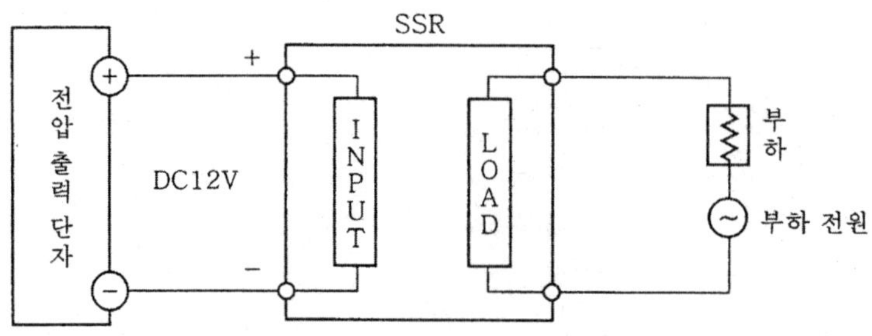

그림 4 - 42   SSR 접속

㈏ 릴레이의 경우

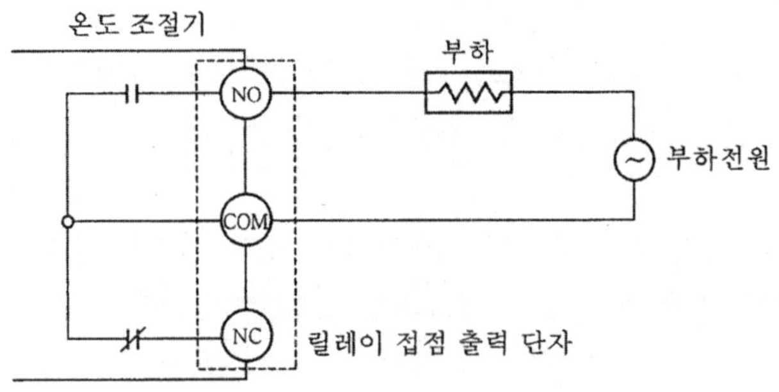

그림 4 - 43   릴레이 접속

㈐ 전류 출력의 경우

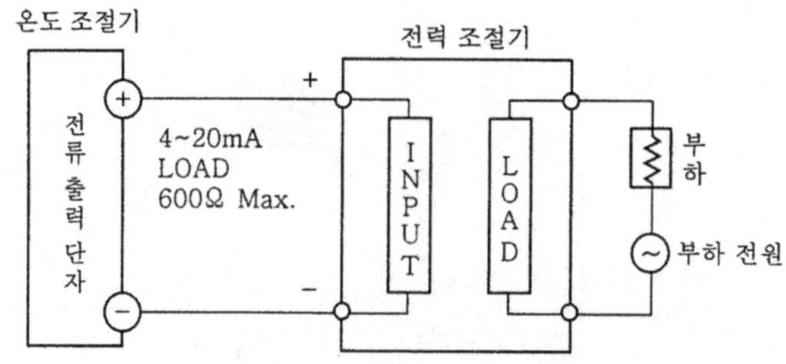

그림 4 - 44   전류 출력 접속

④ 주의사항

㈎ 열전대의 리드선에는 반드시 규정의 보상 도선 또는 열전대 소선을 사용한다.

㈏ 백금 측온 저항체 3개의 리드선에는 굵기가 동일한 선을 사용한다.

㈐ 센서 신호선을 전원, 동력 및 부하 선로 등에서 멀리한다.

㈑ 대용량의 전자 개폐기, SCR, UNIT 등 강한 고주파를 발생하는 기기로부터 멀리
한다.

㈒ 진동이 많은 곳이나 충격이 가해지는 곳은 피한다.

㈓ 분진, 기름 입자 등이 있는 곳에서는 사용을 피한다.

☯ 표시등

3. 차 단 기

3-1 커버 나이프 스위치 (cover knife switch)

나이프 스위치의 전면에 베이크라이트 또는 도자기로 외피를 입힌 스위치로 전원의
상수에 따라 단상형, 삼상형으로 구분되며, 또한 형태에 따라 단투 커버 나이프 스위치
와 쌍투 나이프 스위치로 구분되고 밑부분에는 퓨즈가 부착되어 있다.

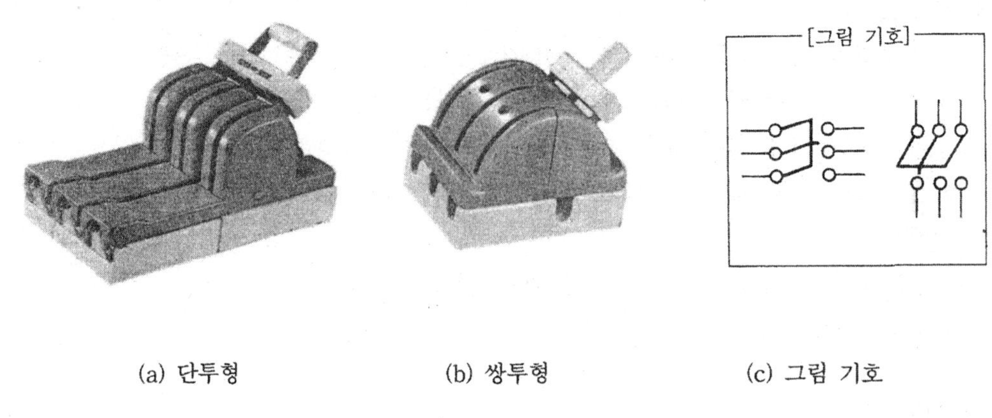

(a) 단투형　　　　　　(b) 쌍투형　　　　　　(c) 그림 기호

그림 4 - 45 커버 나이프 스위치

3 - 2 배선용 차단기 (molded case circuit breaker)

배선용 차단기는 과부하 장치가 있는 장치로 일명 NFB (No Fuse Breaker)라고 하며, 전동기 0.2 kW 이상의 운전 회로, 주택 배전반용 및 각종 제어반에 사용되고 있으며 전원의 상수와 정격 전류에 따라 구분하여 사용하고 주변의 온도는 40℃를 기준으로 한다.

(1) 배선용 차단기의 기호와 외형

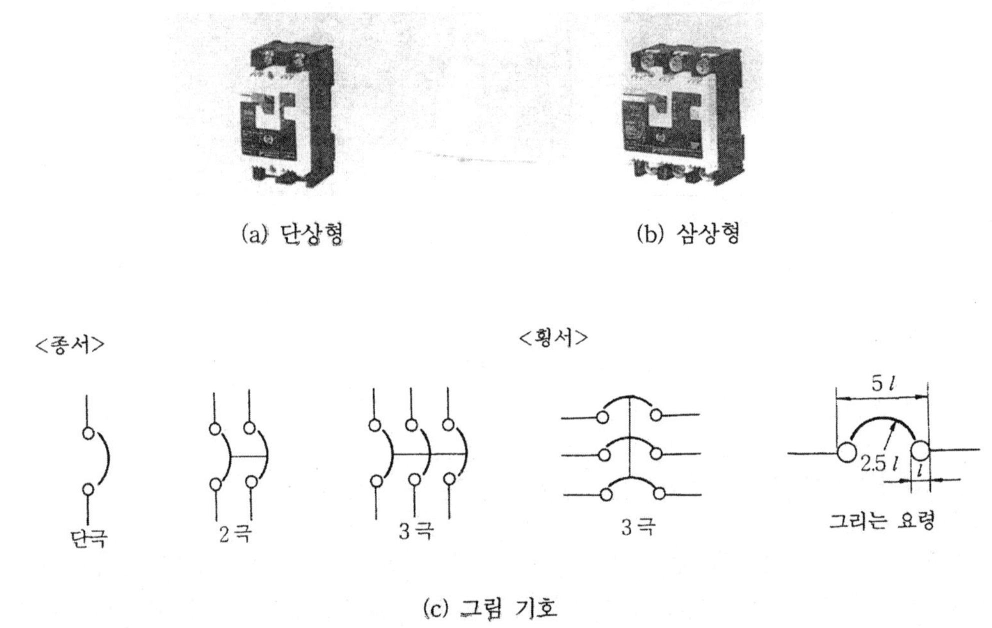

(a) 단상형　　　　　　(b) 삼상형

(c) 그림 기호

그림 4 - 46 배선용 차단기

(2) 자동 트립 방식

자동 트립(trip) 방식에는 완전 전자식과 열동 전자식이 있으며, 단락전류에 대해서는 즉시 동작하고 과전류에 대해서는 전기 회로 혹은 전동기의 열특성에 맞추어서 반한시 특성을 갖고 작동하도록 하여 회로를 안전하게 보호한다.

① 완전 전자식 : 코일에 단락 전류가 흐르는 경우 대단히 큰 자력이 발생하므로 플런저가 이동하지 않고도 가동판을 끌어당겨 트립을 하게 한다.

② 열동 전자식

㈎ 회로에 흐르는 전류가 일정치를 초과하면 히터에서 발생되는 줄열 $H = I^2 R$ 에 의해 바이메탈이 가열되어 바이메탈이 서서히 휘어지므로 일정 시간 후에 트립 바를 작동시켜 트립을 하게 된다.

㈏ 코일에 단락 전류가 흐르는 경우 대단히 큰 자력이 발생하므로 바이메탈이 휘어지기 전에 가동판을 끌어당겨 트립을 하게 한다.

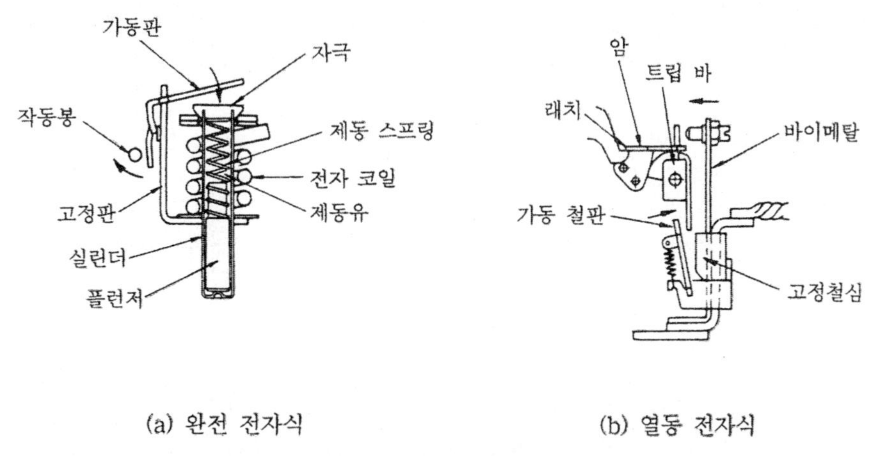

(a) 완전 전자식   (b) 열동 전자식

그림 4 - 47 자동 트립 방식

(3) 취부 자세에 따른 차단 효율

배선용 차단기의 취부에 따라 동작 전류가 다르며, 수직 배치를 원칙으로 하며 수평 배치일 때 차단 효율이 가장 좋다.

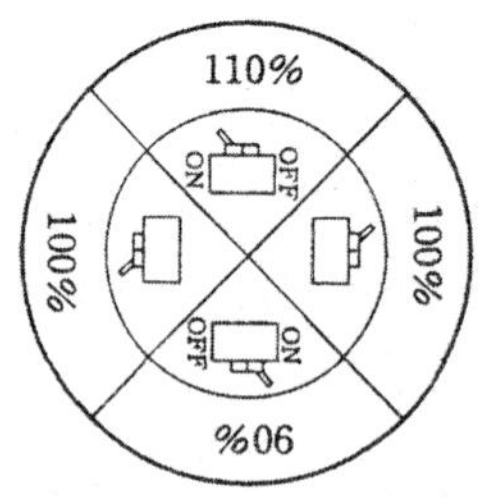

그림 4-48 취부 자세에 따른 차단 효율

(4) 배선용 차단기의 정격 전류

표 4-5 전동기 배선용 차단기의 정격 전류

전동기 용량의 총계(kW) 이 하	최 대 사용전류 (A) 이하	직입 시동 및 $Y-\varDelta$ 시동의 전동기 중 최대의 용량 (kW)											
		0.75 이하	1.5	2.2	3.7	5.5	7.5	11	15	18.5	22	30	37~55
		차단기의 정격 전류 (A)											
3	15	20	20	20	—	—	—	—	—	—	—	—	—
4.5	20	30	30	30	30 (40)	—	—	—	—	—	—	—	—
6.3	30	40	40	40	40	50	—	—	—	—	—	—	—
8.2	40	50	50	50	50	50	75	—	—	—	—	—	—
12	50	60	60	60	60	60	75	100	—	—	—	—	—
15.7	75	100	100	100	100	100	100	100	125	—	—	—	—
19.5	90	100	100	100	100	100	100	100	125	150	—	—	—
23.2	100	125	125	125	125	125	125	125	125	150	175	—	—
30	125	150	150	150	150	150	150	150	150	150	175	225	—
37.5	150	175	175	175	175	175	175	175	175	175	175	225	—
45	175	200	200	200	200	200	200	200	200	200	200	225	350
52.5	200	225	225	225	225	225	225	225	225	225	225	225	350
63.7	250	300	300	300	300	300	300	300	300	300	300	300	400
75	300	350	350	350	350	350	350	350	350	350	350	350	400 (500)
86.2	350	400	400	400	400	400	400	400	400	400	400	400	500

3-3 누전 차단기

누전 차단기는 누전, 감전 등의 재해를 방지하기 위하여 누전이 발생하기 쉬운 곳에 설치하고 이상 발생을 감지하여 회로를 차단시키는 작용을 한다.

(1) 누전 차단기의 작동 원리

누전 차단기의 작동 원리는 누전이 없는 경우에는 그림 4-49 (a)와 같이 영상 변류기에 ZCT 흐르는 전류의 크기가 동일하고 전류에 의해 영상 변류기에 발생하는 자속 (ϕ_L)은 서로 상쇄하여 누전 차단기의 신호 출력이 없다. 누전이 되는 상태에서는 그림 4-49 (b)와 같이 영상 변류기에 흐르는 전류는 누전 전류 (I_g) 만큼의 차이가 발생하고, 누전 전류에 의해 영상 변류기에 발생하는 자속 (ϕ_g)이 누전 검출부에 신호를 보내어 누전 트립 기구를 작동시켜 차단기의 회로를 차단한다.

누전 전류 (I_g)의 크기에 따라 누전 차단의 작동을 구분하고, 누전 차단기가 작동하는 누설 전류를 누전 차단기의 정격 감도 전류라 한다.

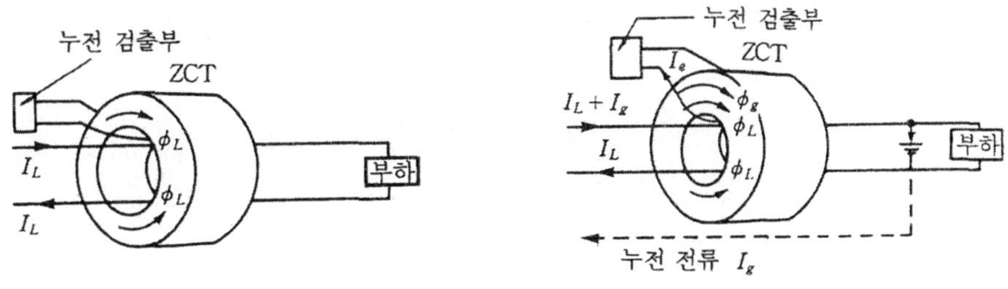

(a) 누전이 없는 상태   (b) 누전이 발생한 상태

그림 4-49 누전 차단기의 작동 원리

(2) 누전 차단기의 구조

누전 차단기의 내부 구조는 누전 검출부, 영상 변류기, 차단부로 구성되어 있으며, 누설 전류를 감지하는 것은 영상 변류기와 누전 검출부이다.

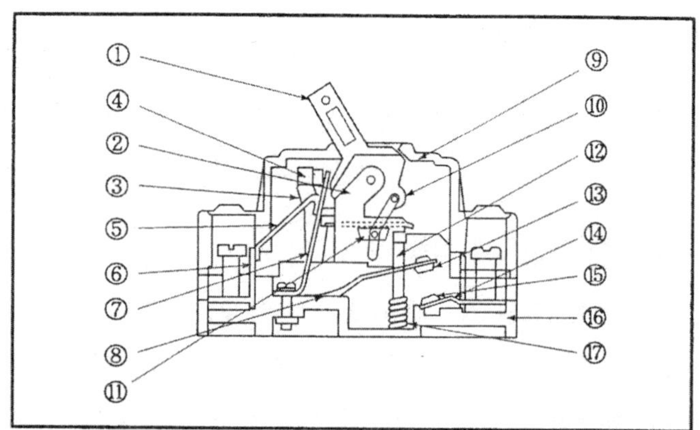

번 호	품 명	재 질	번 호	품 명	재 질
1	핸 들	PC	10	크랭크	STS304 − W 1 / 2 H
2	프레임	SCPI	11	레 버	SCPI
3	작동자	POM	12	가동 레버	PM − EG
4	작동자 볼트	MSWR	13	가동 접점	AGCDO
5	리드선	연동선	14	전원 단자	C2801 SC 1 / 4 H
6	부하 단자	C2801 SC 1 / 4 H	15	고정 접점	AGCDO
7	바이메탈	TM 2	16	바 디	PM − EG
8	가동 접촉자	BABE − F	17	가동 스프링	STS304 − W 1 / 2 H
9	커 버	PM − EG			

그림 4 - 50　누전 차단기의 구조

(3) 누전 차단기의 회로 결선도

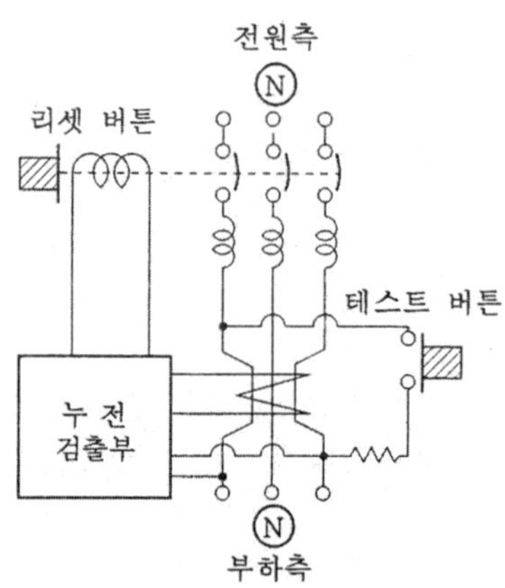

그림 4 - 51　회로 결선도

(4) 누전 차단기의 성능

① 부하에 적합한 정격 전류를 갖출 것

② 전로에 적합한 차단 용량을 갖출 것

③ 누전 차단기와 접속되어 있는 전동 기계, 기구에 대한 정격 감도 전류가 30 mA 이하이며 동작 시간은 0.03초 이내일 것. 다만, 부하 전류 50 A 이상인 경우에는 정격 감도 전류가 200 mA 이하이며 동작 시간은 0.1초 이내로 할 수 있다.

④ 정격 부동작 전류가 정격 감도 전류의 50 % 이상이어야 하고 전류치가 가능한 한 작을 것

⑤ 절연 저항이 5 MΩ 이상일 것

(5) 누전 차단기의 사용상 주의사항

① 진동과 충격이 많은 장소와 부식성 가스, 인화성 가스, 먼지, 습기가 많은 장소를 피하고 수직으로 바르게 부착한다.

② 누전 검출부에 반도체를 사용하기 때문에 정격 전압을 사용한다.

③ 월 1회 이상 테스트 버튼을 눌러 작동 상태를 확인한다.

④ 전원측과 부하측의 단자를 올바르게 접속한다.

⑤ 누전 차단기를 재작동할 경우에는 리셋 버튼을 누른 후 투입해야 한다.

3-4 퓨즈 및 퓨즈 홀더(fuse links and fuse holder)

퓨즈는 정격 전류 이상의 전류가 흐를 때 자동으로 끊어져서 회로를 차단시켜 주는 역할을 하며 퓨즈를 고정시키는 것이 퓨즈 홀더이다.

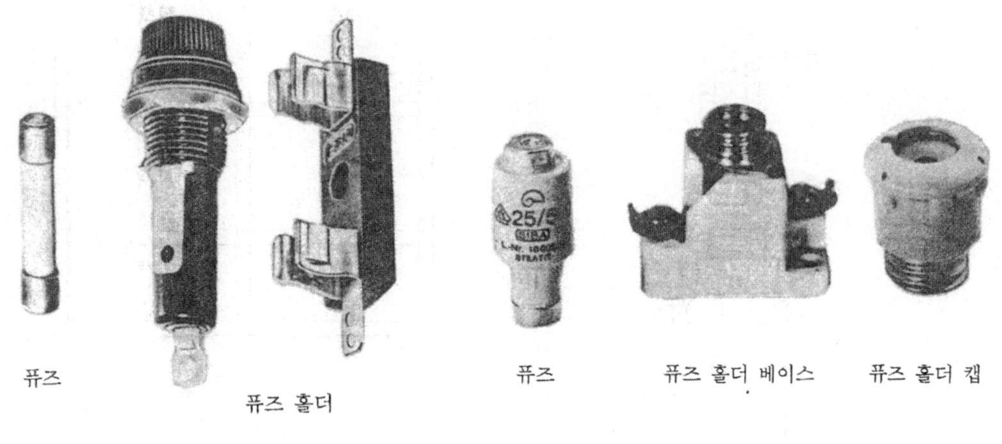

그림 4-52 퓨즈 및 퓨즈 홀더의 종류

(1) 퓨즈 기호

퓨즈는 포장형과 개방형이 있으며 자동 제어용으로는 포장형을 많이 사용한다.

그림 4 - 53 퓨즈의 기호

(2) 통형 퓨즈

자동 제어의 배전반용에 가장 많이 사용되는 통형 퓨즈의 내부 구조는 그림 4-54와 같으며, 퓨즈의 색상에 의하여 정격 전류를 구분한다.

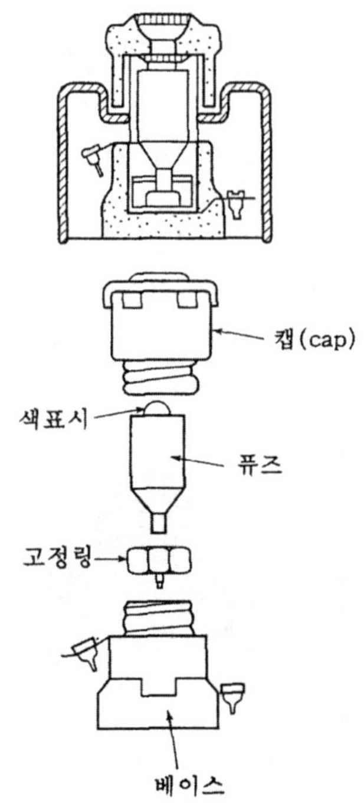

그림 4 - 54 통형 퓨즈의 구조

표 4 - 6 퓨즈의 색상

정격 전류 (A)	색표시
6	녹색
10	적색
16	회색
20	청색
25	황색
35	흑색
50	백색
63	갈색
80	은색
100	적색

(3) 퓨즈의 사용상 주의사항

① 퓨즈는 정격 용량에 적합한 것을 사용하여야 한다 (동선
   이나 철선을 사용해서는 절대로 안 된다).
② 개방형 퓨즈를 설치할 경우 확실히 고정하여야 하며 길이
   의 여유가 있도록 한다 (인장력을 받지 않도록 할 것).
③ 축형 퓨즈를 설치하는 경우 ⓐ 의 홈 방향은 시계 방향으
   로 윗부분에 설치하고, ⓑ 의 홈 방향은 아래 방향으로 아
   랫부분에 설치한다.

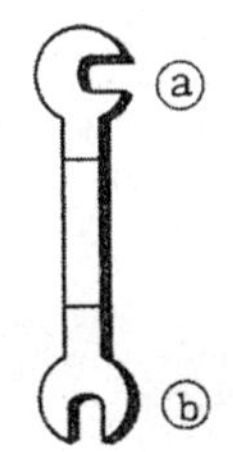

그림 4-55 퓨 즈

3-5 단자대 (therminal block)

전류가 출입하는 출입구를 터미널 또는 단자라 한다. 단자대를 접속하는 방법에는 압
착 단자에 의한 방법, 링고리에 의한 방법, 누름판 압착 방법 등이 있으며, 단자대는 배
선수와 정격 전류를 감안하여 정격치에 적당한 것을 사용한다.

(1) 전선의 배치 방법

① 전선을 상하로 배치할 경우에는 위로부터 제1상, 제2상, 제3상, 접지 순으로 배
   치한다.
② 전선을 원근으로 배치할 경우에는 가까운 곳부터 제1상, 제2상, 제3상, 접지 순
   으로 배치한다.
③ 전선을 좌우로 배치할 경우에는 왼쪽으로부터 제1상, 제2상, 제3상, 접지 순으로
   배치한다.

(2) 전선의 배치 색상

전선의 색상은 피복의 색상으로 구분하나, 압착 단자 작업일 때는 비닐 캡의 색깔이
나 비닐 테이프로 색상을 구분하는 경우도 있다. 3상 교류 전선의 색상은 다음과 같이
한다.

제1상	제2상	제3상	접지측
적 색	백 색	청 색	녹색 (흑색)

(3) 단자대의 종류

터미널에 전선을 연결하는 경우 고유 번호를 부여하여 같은 부호끼리 연결하며 선의
색상도 같은 색을 사용하여 설치 및 보수가 용이하도록 한다.

(a) 고정식   (b) 조립식

그림 4 - 56 단자대의 종류

3-6 표시등

표시등은 기기의 동작 상태를 나타내는 것으로 트랜스를 내장한 것과 내장하지 않은
것이 있으며, 푸시 버튼 스위치가 붙여 있는 조광형 스위치도 있다.

(1) 표시등의 종류

표시등은 형태에 따라 4각형, 원형, 6각형, 숫자형, 탐형, 경광등 등 여러 종류가 있으
며 용도에 따라 사용한다.

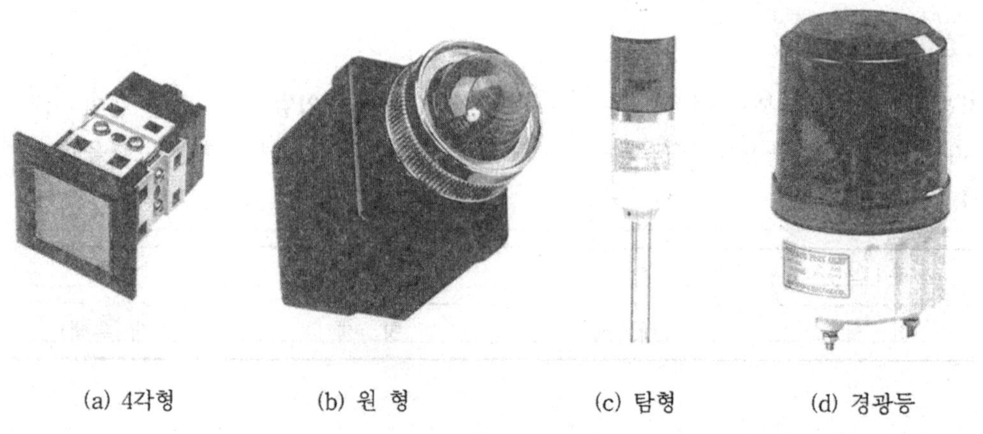

(a) 4각형   (b) 원 형   (c) 탐형   (d) 경광등

그림 4 - 57 표시등의 종류

(2) 표시등 회로의 종류

표시등 회로에는 작동 상태를 표시등 1개로 나타내는 1등 회로, 작동 상태와 비작동 상태를 표시등 2개로 나타내는 2등 회로, 개폐 상태와 작동 상태를 표시등 3개로 나타내는 3등 회로, 상태의 변화를 나타내는 상태 표시 회로, 코일이나 선의 단선을 감시하는 감시 회로 등이 있다.

(3) 표시등의 색상

표 4-7 표시등의 색상과 표시 방법

동작 상태	색 상	기 호	영 문	표시등의 표시 방법
전원 표시	백 색	WL	white lamp	
운전 표시	적 색	RL	red lamp	
정지 표시	녹 색	GL	green lamp	─○─
경보 표시	등 색	OL	orange lamp	
고장 표시	황 색	YL	yellow lamp	

참고

· 스프링 와이어 커넥터의 접촉 원리

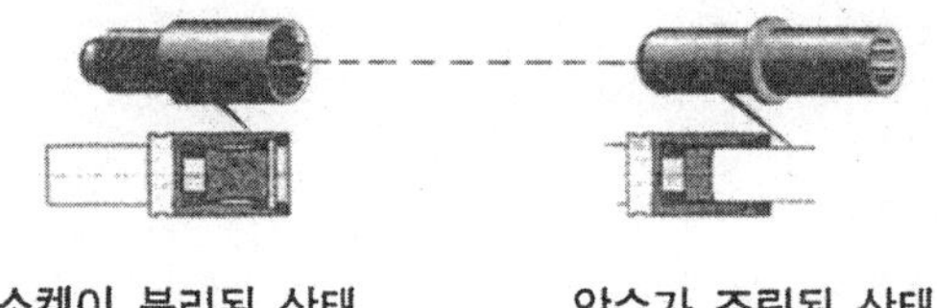

소켓이 분리된 상태   암수가 조립된 상태

4. 제어 기기

4-1 전자 계전기 (electromagnetic relay)

전자 계전기는 전기적 입력의 유·무 상태와 입력 신호 크기의 대·소 등의 형태를 식별하여 다른 전기 회로를 차단하는 전기 기기이다. 일반적으로 전자 계전기는 힌지 (hinge)형 계전기와 플런저(plunger)형 계전기, 프린트 기판용 계전기와 리드(reed) 계전기로 구분한다.

(1) 전자 계전기의 종류

① 힌지형 전자 계전기 : 코일 단자에 전류를 가하면 철심이 여자되어 전자석의 힘에 의하여 가동 철편 단자를 끌어당겨 접점의 개폐를 변환하는 계전기로 릴레이(relay)라 한다.

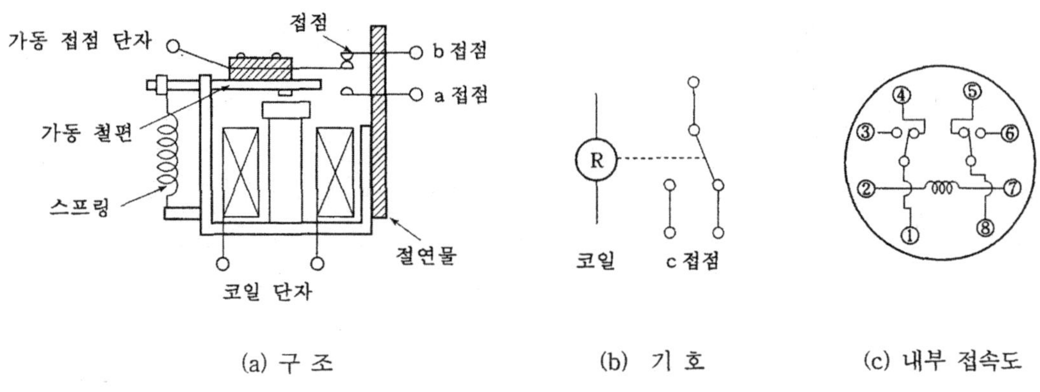

(a) 구 조　　　　　(b) 기 호　　　　　(c) 내부 접속도

그림 4 - 58 힌지형 전자 계전기

② 플런저형 전자 계전기 : 플런저형 전자 계전기는 가동 철심과 고정 철심으로 구성된 플런저와 접점 기구로 구성되어 있으며, 고정 철심의 코일에 전류를 가하면 고정 철심이 여자되어 전자석의 힘에 의하여 가동 철심을 직선적으로 끌어당기는 원리이다. 플런저형은 차단 특성이 뛰어남과 동시에 접점 용량이 크므로 전력용 보조 계전기, 전자 접촉기 등으로 사용한다.

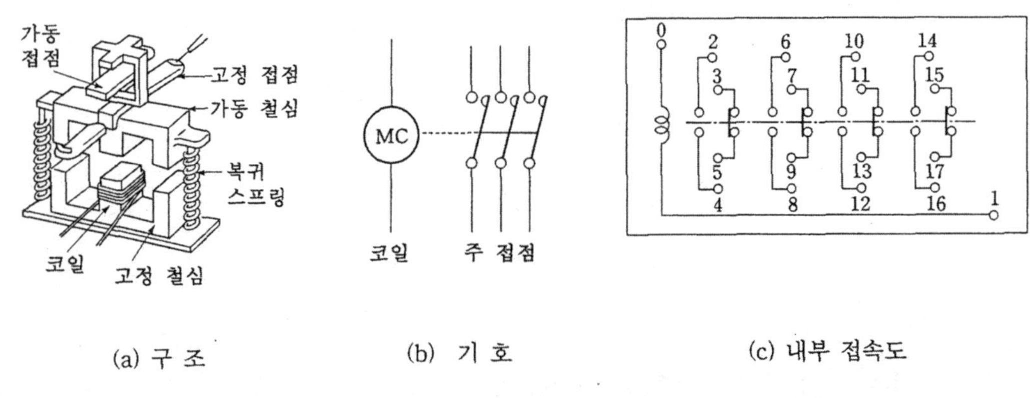

(a) 구 조　　　　　(b) 기 호　　　　　(c) 내부 접속도

그림 4 - 59 플런저형 전자 계전기

③ 프린터 기판용 계전기 : 프린터 기판용 계전기는 힌지형 계전기의 구조가 동일하나 소형으로 프린트 기판에 직접 탑재되도록 설계된 박형의 전자 계전기로 여자 코일의 소비전력은 1 VA 이하로 전자 회로에 사용한다.

④ 리드 계전기 : 리드 계전기는 유리관에 봉입한 리드 스위치의 접점을 이용하는 전자
계전기로서 외부에서 직접 접촉되지 않으므로 신뢰성이 높고 소비 전력이 적으며
고속 동작하므로 각종 제어 장치의 입력 신호로 사용한다.

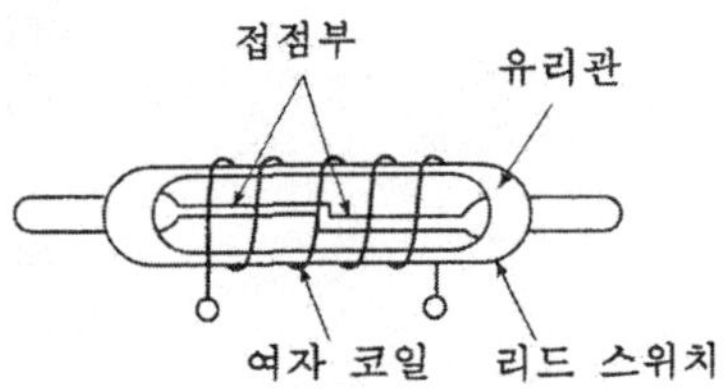

그림 4-60 리드 계전기의 구조

(2) 전자 계전기의 기능

① 전달 기능 : 릴레이의 입력 신호에 의해 출력 접점수를 많게 하면 출력 접점수만큼
회로를 분기할 수 있으며, 또한 회로의 차단, 접속 및 전환 등의 기능을 할 수 있다.

② 증폭 기능 : 릴레이의 입력 신호는 낮은 전류로 동작하지만 출력 접점 회로에서는 큰
전류를 개폐할 수 있는 증폭 기능을 갖고 있다. 릴레이 코일의 소비 전력을 입력으
로 할 때 출력 접점에는 입력의 수백~수천 배에 해당하는 전류를 인가할 수 있다.

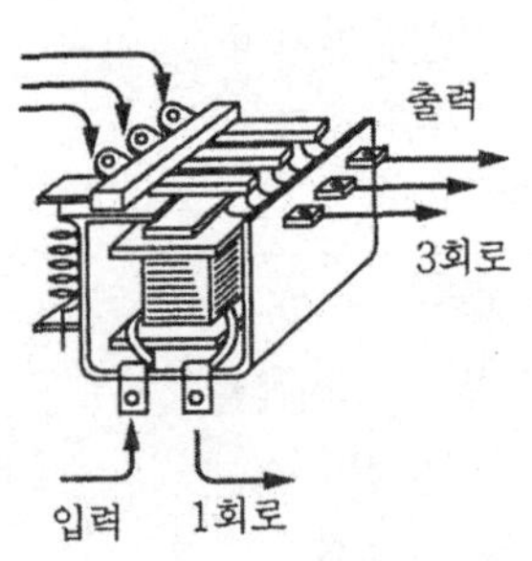

그림 4-61 전달 기능

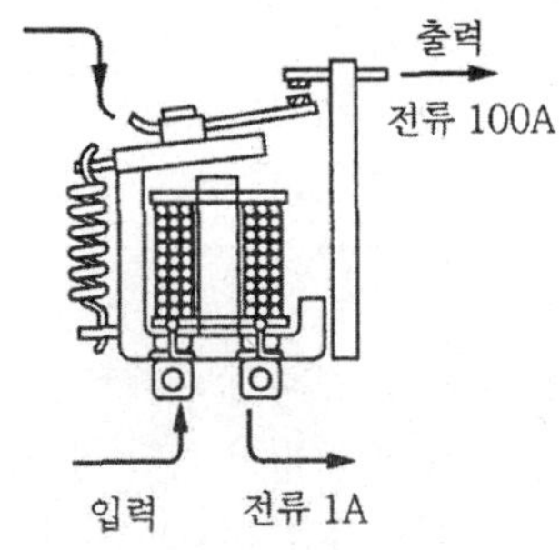

그림 4-62 증폭 기능

③ 변환 기능 : 릴레이의 코일부와 접점부는 전기적으로 분리되어 있기 때문에 각각 다
른 종류의 신호를 취급할 수 있다. 그림 4-63은 입력 신호는 DC 이고 출력 신호는
AC를 사용하고 있기 때문에 직류 신호를 교류 신호로 변환한 회로이다.

④ 반전 기능 : 릴레이의 b 접점을 이용하여 입력이 OFF일 때 출력은 ON 되고, 입력이
ON 되면 출력이 OFF 되므로 신호를 반전할 수 있는 기능이 있다.

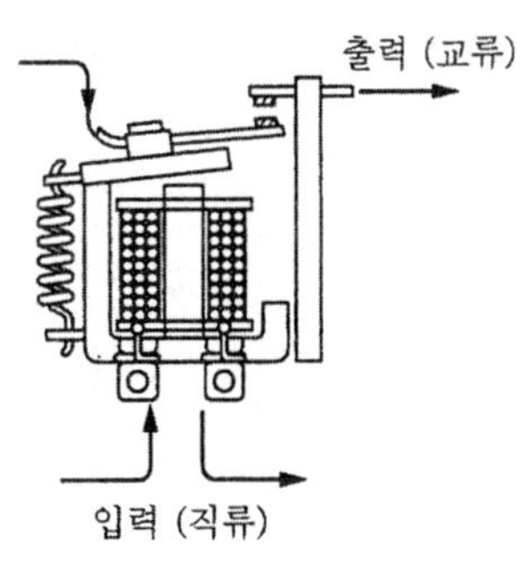

그림 4 - 63　변환 기능

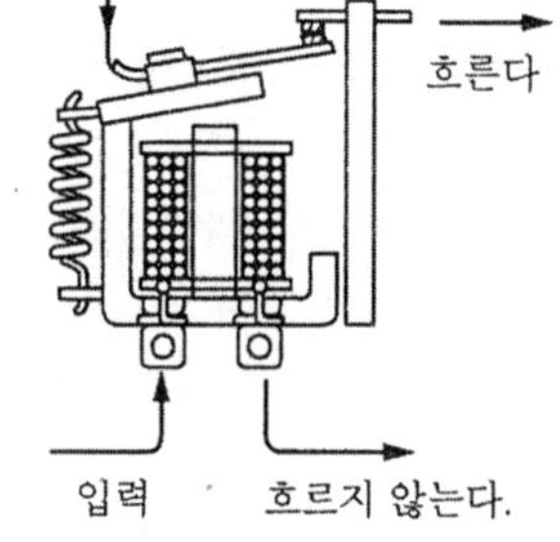

그림 4 - 64　반전 기능

⑤ 연산 기능 : 릴레이의 접점은 직·병렬로 접속하여 논리 연산 기능을 할 수 있다.

⑥ 메모리 기능 : 릴레이의 a 접점을 사용하여 자기 유지 회로를 구성함으로써 입력 상
태의 유지가 가능하여 동작 신호를 기억할 수 있는 메모리 기능이 있다.

(3) 전자 계전기의 특징

표 4 - 8　전자 계전기의 특징

구 분	힌지형 계전기(릴레이)	플런저형 계전기(전자 접촉기)
구 조	• 힌지형 전자석 • 1점 차단 접점 • 접촉 압력, 접점 캡이 작다.	• 플런저형 전자석 • 2점 차단 접점 • 접촉 압력, 접점 캡이 크다.
성 능	• 기계적으로 장수명 • 작은 부하의 개폐용 • 소비 전력이 작다. • 사용 전압 250 V 이하 • 소형	• 전기적으로 장수명 • 큰 부하의 개폐용 • 소비 전력이 크다. • 사용 전압 600 V • 구조가 견고하고 대형이다.
접 속	• 플러그 인 구조로 교환 용이 • 각종 소켓, 배선 방식, 종류 풍부 • 나사 접속 • 배선 용이	• 표면형, 나사 접속 • 배선 용이

(4) 전자 계전기의 동작·복귀 시간

① 동작 시간 : 코일에 전압을 가한 후 a 접점이 닫힐 때까지의 시간
② 복귀 시간 : 코일의 전압을 제거한 후 b 접점이 닫힐 때까지의 시간(복귀 소요 시간 10~20 ms)
③ 채 터 : 접점끼리의 충돌에 의하여 발생되는 접촉 불완전 상태

4-2 릴레이 (relay)

전자 계전기 중 힌지형 계전기를 릴레이라 하며 시퀀스 제어 회로에 가장 많이 사용되는 제어 기기이다. 릴레이의 접점은 코일에 전류가 흐르고 있을 때에만 동작하고 전류가 흐르지 않게 되면 스프링 등의 힘에 의해서 원래의 상태로 복귀한다.

(1) 릴레이 접점의 종류

① 릴레이의 a 접점 : 릴레이의 a 접점이라는 것은 그림 4-65 (a)와 같이 릴레이의 코일에 전류가 흐르고 있지 않은 상태(복귀 상태)에서는 가동 접점과 고정 접점이 떨어져서 개로되어 있지만, 그림 4-65 (b)와 같이 릴레이의 코일에 전류가 흐르는 상태(동작 상태)에서는 가동 접점이 고정 접점에 접촉하고 있어서 폐로되는 접점을 말한다.

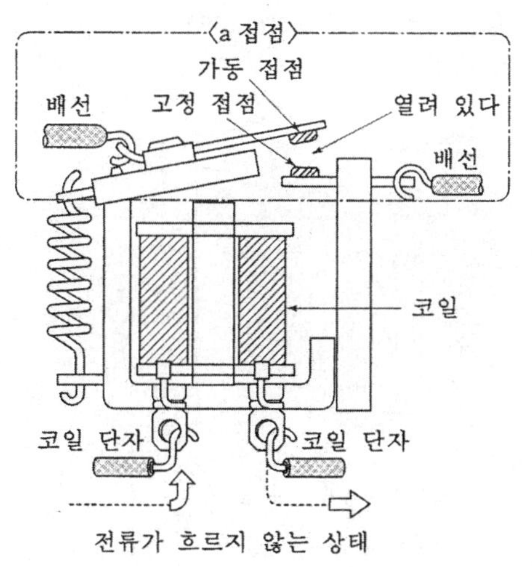

(a) 복귀 상태

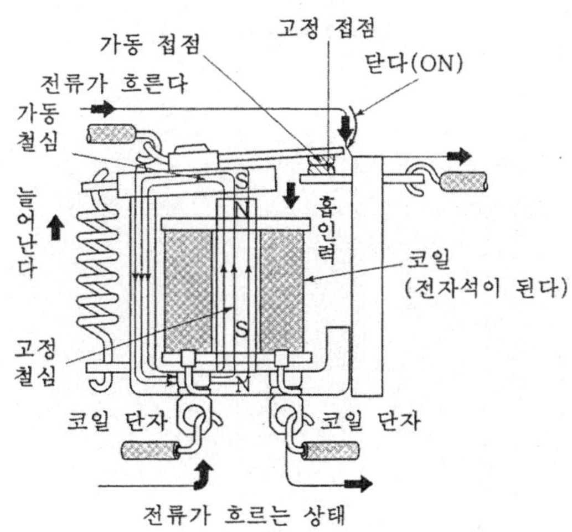

(b) 동작 상태

그림 4-65 릴레이 a 접점의 복귀 상태와 동작 상태

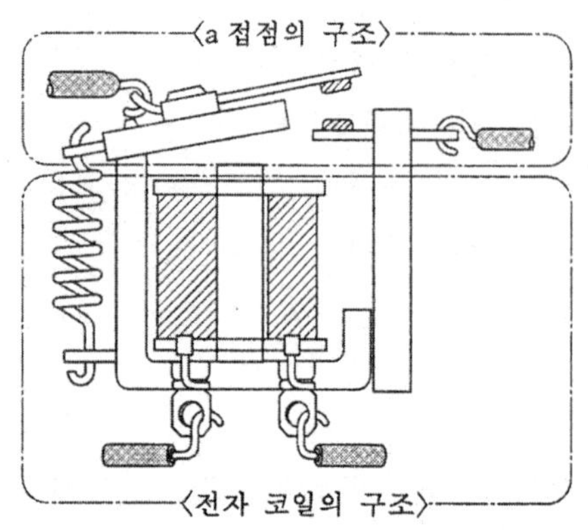

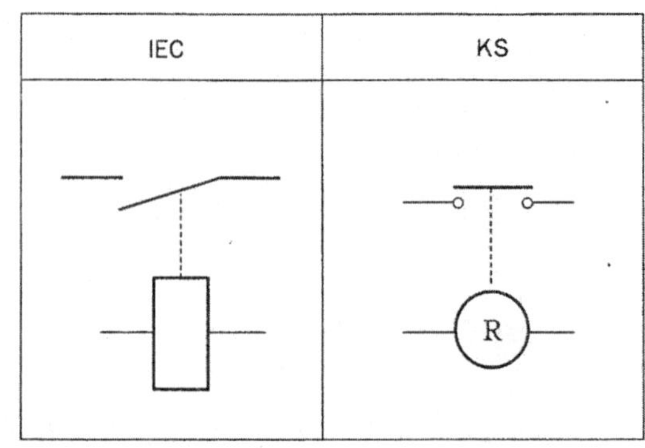

(a) 내부 구조   (b) 그림 기호

그림 4-66 릴레이 a 접점의 내부 구조와 그림 기호

② 릴레이의 b 접점 : 릴레이의 b 접점이라는 것은 그림 4-67 (a)와 같이 릴레이의 코일에
전류가 흐르고 있지 않은 상태(복귀 상태)에서는 가동 접점이 고정 접점에 접촉하고
있어서 폐로되어 있지만, 그림 4-67 (b)와 같이 릴레이의 코일에 전류가 흐르는 상
태(동작 상태)에서는 가동 접점과 고정 접점과 떨어져서 개로되는 접점을 말한다.

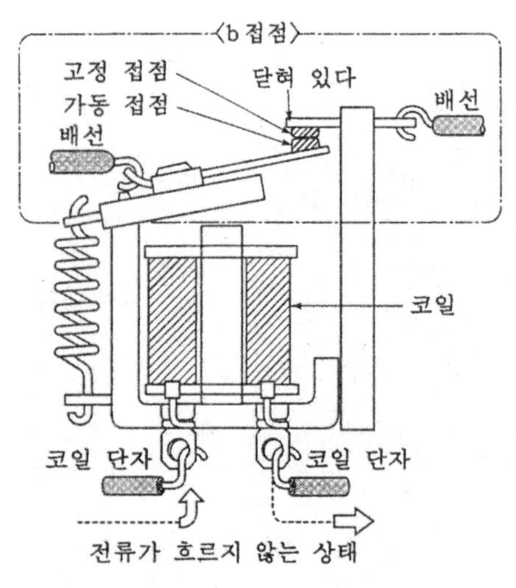

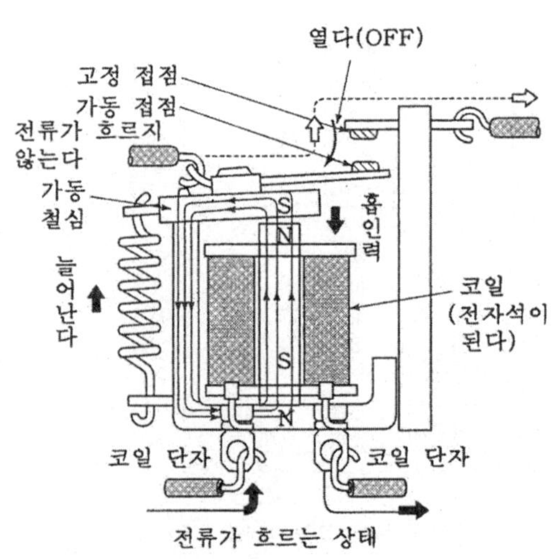

(a) 복귀 상태   (b) 동작 상태

그림 4-67 릴레이 b 접점의 복귀 상태와 동작 상태

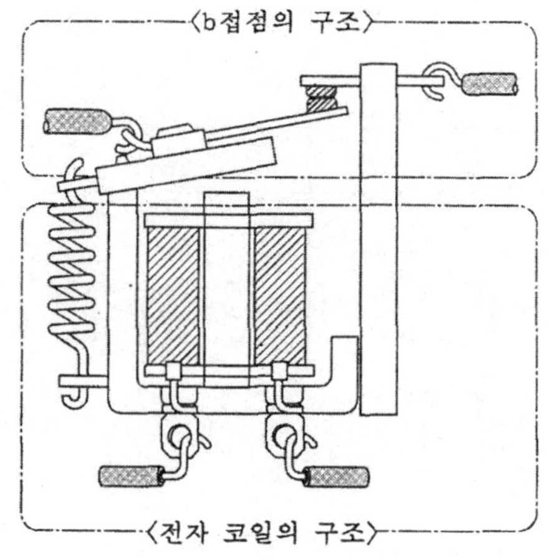

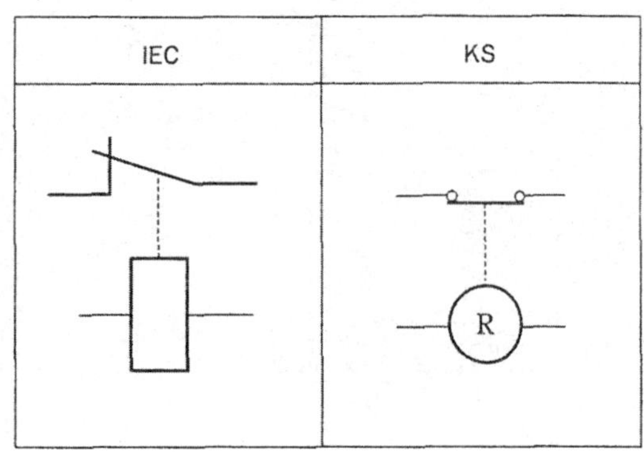

(a) 내부 구조   (b) 그림 기호

그림 4-68 릴레이 b접점의 내부 구조와 그림 기호

③ 릴레이의 c접점 : 릴레이의 c접점이라는 것은 하나의 가동 접점을 공유하여 a접점과
b접점을 공유한 구조의 접점을 말한다. 따라서, c접점을 갖는 릴레이의 상태는 그
림 4-69 (a)와 같이 릴레이의 코일에 전류가 흐르고 있지 않은 상태(복귀 상태)에
서는 가동 접점이 상부의 고정 접점에 접촉하여 폐로 상태, 하부 접점과는 떨어져서
개로 상태로 된다. 릴레이의 코일에 전류가 흐르는 상태(동작 상태)에서는 그림 4-
69 (b)와 같이 가동 접점이 상부의 고정 접점이 떨어져서 개로 상태, 하부 접점과는
접촉하여 폐로되는 접점을 말하며, 일반적으로 릴레이는 c접점을 사용한다.

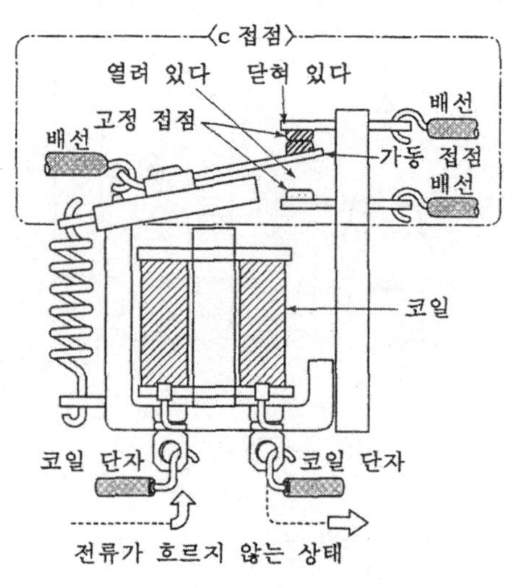

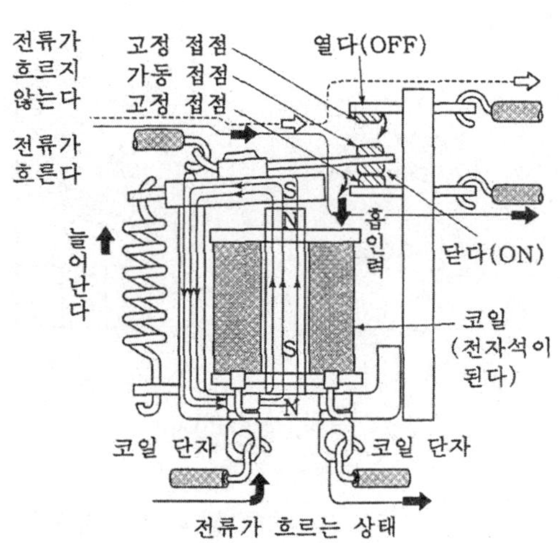

(a) 복귀 상태   (b) 동작 상태

그림 4-69 릴레이 c접점의 복귀 상태와 동작 상태

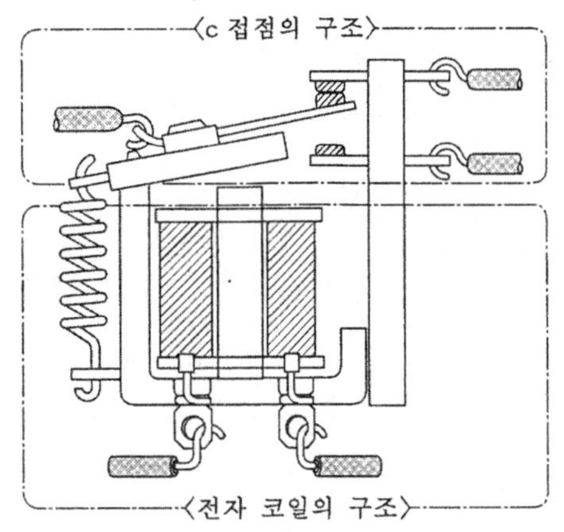

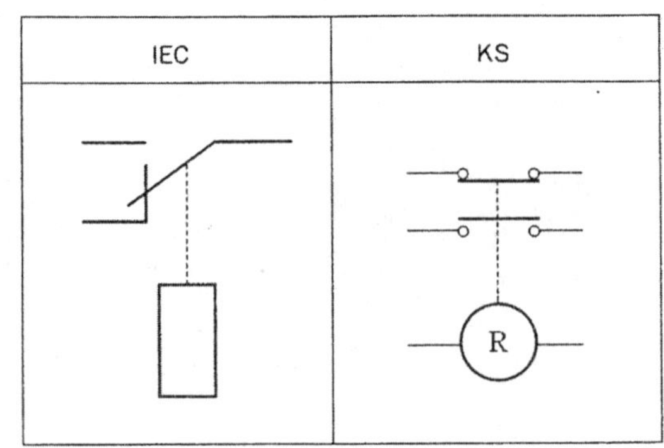

(a) 내부 구조   (b) 그림 기호

그림 4 - 70 릴레이 c 접점의 내부 구조와 그림 기호

(2) 릴레이의 내부 구조 및 베이스의 구조

릴레이의 종류에는 a접점의 수와 b접점의 수에 따라 구분하며, a접점 2개, b접점 2
개인 8핀 릴레이와 a접점 3개, b접점 3개인 11핀 릴레이, a접점 4개, b접점 4개인 14핀
릴레이 등을 사용한다.

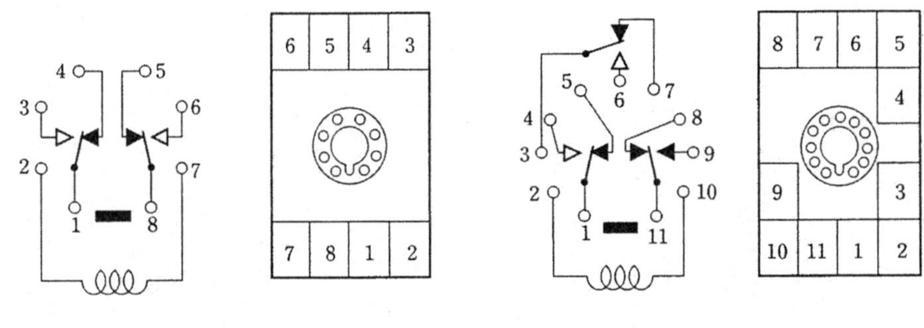

(a) 8핀 릴레이   (b) 11핀 릴레이

그림 4 - 71 릴레이의 내부 구조 및 베이스의 구조

(3) 릴레이의 외형

그림 4 - 72 릴레이의 외형

4-3 유지형 계전기

유지형 계전기는 래치 계전기(latch relay) 또는 킾 계전기(keep relay)라고도 하며, 동작용 코일과 복귀용 코일 등 두 개의 코일을 가지고 있는 계전기이다.

(1) 유지형 계전기의 구조

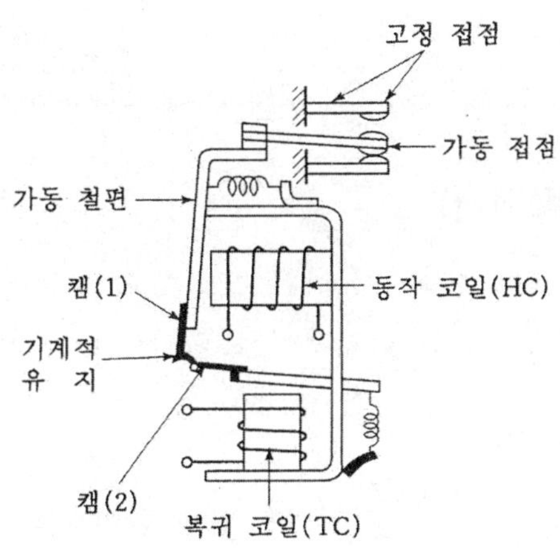

그림 4 - 73 유지형 계전기

동작 코일(HC)에 전류가 흐르면 코일이 여자되어 접점이 폐로로 되고, 이와 동시에 동작 코일의 전류가 차단되어도 스프링 힘에 의하여 기계적으로 폐로 상태를 유지한다.

접점을 개로하기 위해서는 복귀 코일(TC)에 전류가 흐르면 코일이 여자되어 접점이 개로로 되고, 이와 동시에 복귀 코일의 전류가 차단되어도 스프링 힘에 의하여 기계적으로 개로 상태를 유지하는 계전기이다.

(2) 유지형 계전기의 특징

유지형 계전기의 특징은 코일에 흐르는 시간이 짧고 소비되는 전력이 적으므로 발열량이 적어서 소형 코일을 사용할 수 있으므로 대형의 전자 접촉기나 차단기에 응용된다. 또한, 이 계전기는 출력 접점의 개폐가 정전되었을 때에도 그대로 유지되므로 정전이나 전압 강하 등의 원인으로 전자 계전기가 개방되어서는 안 되는 중요한 회로에 사용한다.

표 4-9 유지형 계전기의 기호와 동작 내용

구 분	기 호	시간적인 동작 내용
코 일	(HC) (TC) 동작용 복귀용	HC 소자 ──여자── 소자 TC ──── 소자 ─여자─ 소자
a 접점		개 ──폐── 개
b 접점		폐 ──개── 폐

4-4 한시 계전기 (타이머)

한시 계전기는 시퀀스 제어 회로에서 미리 정해진 시간이 경과한 후에 회로를 전기적으로 개폐하는 접점을 가진 계전기를 말하며, 일반적으로 타이머(timer)라 한다.

(1) 타이머의 구조에 따른 분류

① 모터식 타이머 : 모터식 타이머는 전기적인 입력 신호에 의해 워렌 모터(동기 전동기의 일종)를 회전시켜 전원에 비례하는 회전 속도를 시한의 기준으로 설정 시간이 경과한 후 출력 접점을 개폐하는 계전기이다.

그림 4-74는 모터식 타이머의 구조를 나타내고 있으며, 타이머에 입력 신호가 인가되면 전자석의 흡인 작용에 의해 클러치가 결합되어 클러치 다음 단의 캠이 회전하면서 접점을 동작시키는 구조로 동작이 안정되고 비교적 긴 시간을 설정할 수 있는 특징이 있다.

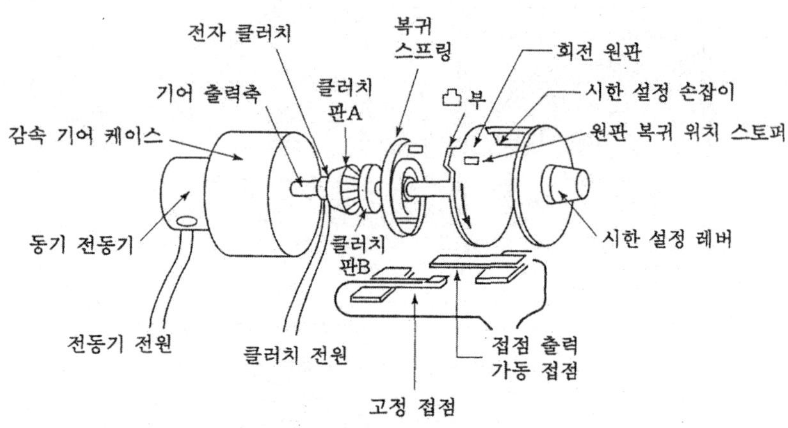

그림 4-74 모터식 타이머의 구조

② 전자식 타이머 : 전자식 타이머는 콘덴서와 저항의 결합에 의한 충·방전 특성을 이용하여 설정 시간을 지연하는 방식으로 콘덴서의 단자 전압이 규정값에 도달했을 때 전자 릴레이 또는 반도체로 출력의 접점을 개폐시키는 계전기이다. 전자 타이머에서는 기계적인 작동 부분이 적어서 진동, 충격에 강하고 고빈도의 동작이 가능하며 기계적 수명이 길다.

그림 4-75는 저항 R 값의 크기에 따라 콘덴서 C 에 충전되는 시간의 변화를 이용한 전자 타이머의 원리를 나타내고 있으며, 전자식 타이머에는 아날로그 타이머와 디지털 타이머가 있다.

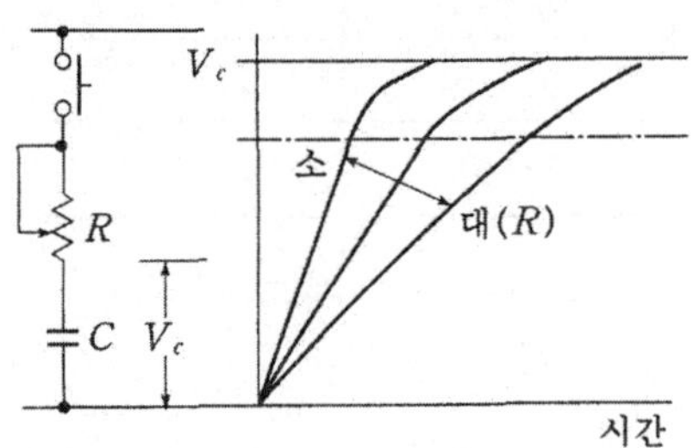

그림 4-75 전자식 타이머의 원리

(개) 아날로그 타이머 : 전자식 타이머에서 가장 많이 사용되는 타이머로서 동작 형식에 따라 한시 동작 순시 복귀하는 on delay timer와 순시 동작 한시 복귀하는 off delay timer로 나눈다. 또한, 타이머 동작 상태가 설정시간 이후에 반복 동작하는 flicker relay가 있다.

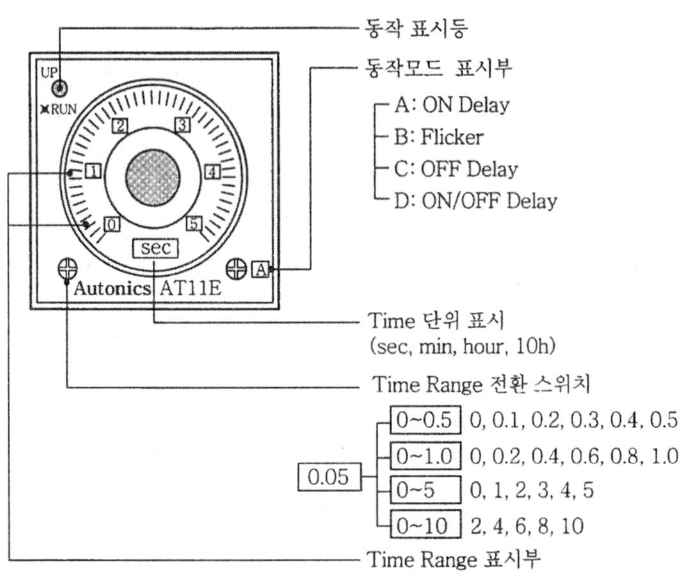

■ 시간 사양

시간 레인지	시간 단위	설정 시간 범위	시간 레인지	시간 단위	설정 시간 범위
0.5		0.05~0.5	0.5		0.05~0.5
1.0	sec	0.1~1.0	1.0	hour	0.1~1.0
5		0.5~5	5		0.5~5
10		1~10	10		1~10
0.5		0.05~0.5	0.5		0.05~0.5
1.0	min	0.1~1.0	1.0	10 h	0.1~1.0
5		0.5~5	5		0.5~5
10		1~10	10		1~10

그림 4 - 76 아날로그 타이머

(내) 디지털 타이머 : 입력 전원의 주파수를 반도체의 계수 회로에 의해 계수하여 0.1초, 10초, 100초의 각 단에서 주파수로 분주하여 시간을 얻어내고, 외부 스위치에

서 설정된 값과 계수값이 일치하면 출력하는 타이머로 계수식 타이머라고도 한다.

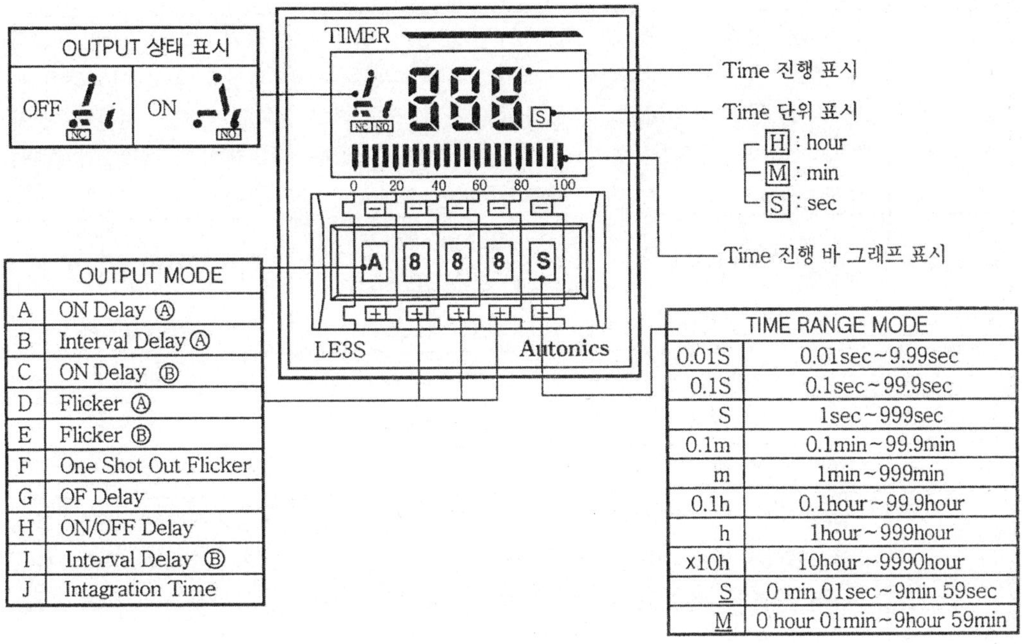

그림 4-77 디지털 타이머

③ 공기식 타이머 : 공기식 타이머는 기름이나 공기 등의 유체에 의한 제동을 이용하여 시간 지연을 조성하고, 이것과 릴레이를 조합시켜 출력 접점을 개폐하는 계전기이다. 공기식 타이머는 다소 동작 시한의 정밀도가 떨어져도 상관없는 경우에 사용되며, 그림 4-79는 공기식 타이머의 구조를 나타내고 있다.

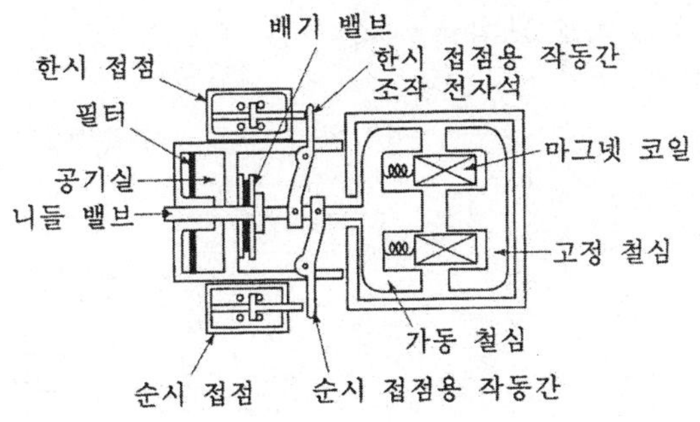

그림 4-78 공기식 타이머의 구조

표 4 - 10 각종 타이머의 동작 원리와 특징

분 류	모터식 타이머	전자식 타이머	공기식 타이머
동작 원리	전기적인 입력 신호에 의해 전동기를 회전시켜 그 기계적인 동작에 의해 소정의 시간이 경과한 후 개폐시킨다.	콘덴서와 저항의 결합에 의해 충·방전 특성을 이용하여 시간 지연을 취하고 전자 릴레이의 접점을 개폐시킨다.	공기, 기름 등의 유체에 의한 제동을 이용하여 시간 지연을 취하고 전자 릴레이의 접점을 개폐시킨다.
조작 전압	AC 110 / 220 V	AC 110 / 220 V DC 12V, 24V, 48V	AC 110 / 220 V
설정 시간	1초~24시간	0.05~60초	5~999.9초
시한 특성	ON	ON / OFF	ON
설정시간오차	±1~±2 %	±1~±3 %	±0.002 초
수 명	보 통	길 다	길 다
특 징	• 짧은 시간부터 장시간에 이르기까지 가능하다. • 동작 시간의 경과 표시가 가동 지침에 의해 가능하다. • 온도 변화, 전압 변동의 영향이 적다.	• 미소 시간의 세트가 가능하다. • 고빈도의 동작이 가능하고, 기계적 수명이 길다. • 무접점 출력 방식	• 공기식에는 조작 회로가 개방된 다음, 한시 동작하는 방식이 가능하다. • 동작 시간의 정밀도가 떨어진다.

(2) 타이머의 동작 상태에 따른 분류

① ON 타이머(한시 동작, 순시 복귀형 타이머) : 타이머 코일이 여자되면 일정 시간 후에 동작되고, 소자되면 순시 복귀하는 타이머

② OFF 타이머(순시 동작, 한시 복귀형 타이머) : 타이머 코일이 여자되면 순시 동작하고, 소자되면 일정 시간 후에 복귀하는 타이머

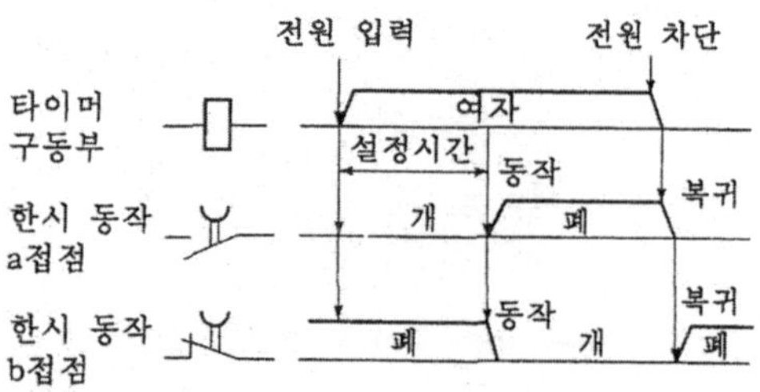

그림 4 - 79 ON 타이머의 타임 차트

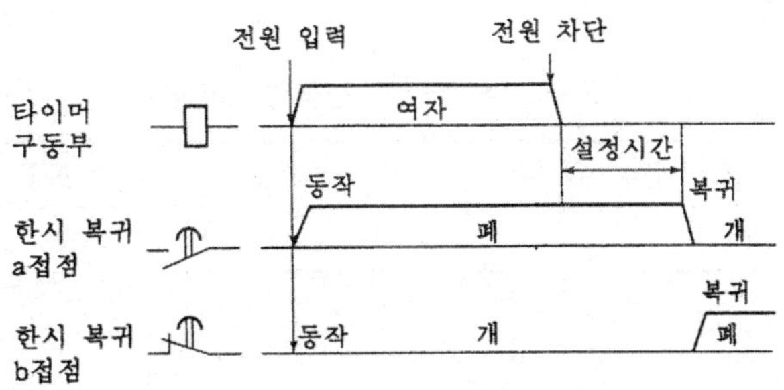

그림 4-80　OFF 타이머의 타임 차트

③ 타이머의 개폐 동작

　(개) 한시 동작 : 시간의 차이를 두고 개폐되는 동작

　(내) 순시 동작 : 시간의 차이 없이 순간적으로 개폐되는 동작

　(대) 한시 복귀 : 시간의 차이를 두고 복귀하는 동작

　(래) 순시 복귀 : 시간의 차이 없이 순간적으로 복귀하는 동작

(3) 타이머의 작동 설명

　(개) 전원 단자 : ② 번과 ⑦ 번 단자로서 전원 220 V를 연결한다.

　(내) 순시 a 접점 : ① 번과 ③ 번 단자로서 전원 단자 입력시 시간 지연없이 폐회로 된다.

　(대) 순시 b 접점 : ① 번과 ④ 번 단자로서 전원 단자 입력시 시간 지연없이 개회로 된다.

　(래) 한시 a 접점 : ⑧ 번과 ⑥ 번 단자로 설정 시간 이후 폐로 상태에서 폐회로 된다.

　(매) 한시 b 접점 : ⑧ 번과 ⑤ 번 단자로 설정 시간 이후 폐로 상태에서 개회로 된다.

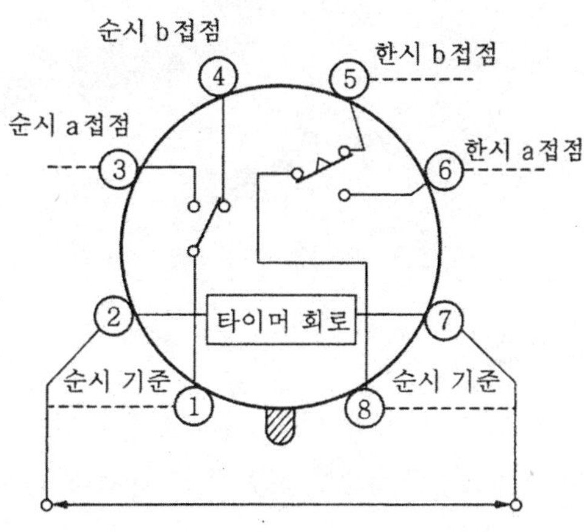

그림 4-81　타이머 내부 접속도

(4) 타이머 접점의 표시법

표 4-.11 타이머 접점의 표시법

접 점	ON 타이머		OFF 타이머	
	IEC	KS	IEC	KS
a 접점				
b 접점				

4-5 카운터 (counter)

　카운터는 입력 신호의 여부에 따라 수를 계수하는 기기로 공작 기계나 자동화 기기 등에서 기계의 동작 횟수 및 생산 수량을 계수하는 목적으로 사용한다.

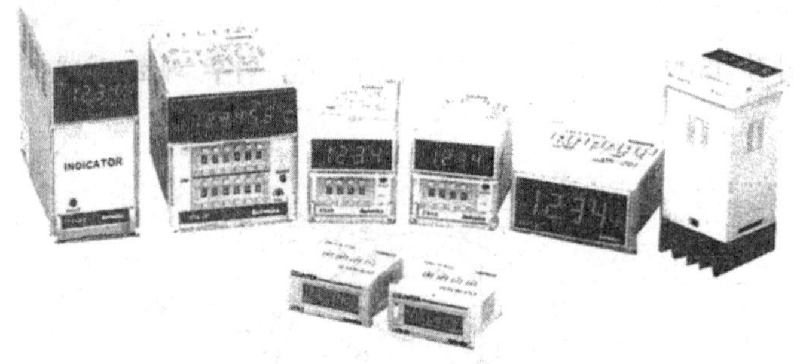

그림 4-82 카운터

(1) 카운터의 구조에 따른 분류

　카운터는 구조, 기능, 계수 방법에 따라 여러 가지로 분류된다.

　① 전자 (電子) 카운터 : 전자 카운터는 IC, 트랜지스터, 마이컴 등을 주 요소로 한 카운터로서 접점의 개폐 신호는 물론 무접점의 펄스를 계수할 수 있는 방식이다. 기능이 많고 수명이 길며, 고속 동작이 가능하기 때문에 가장 많이 사용한다.

② 전자(電磁) 카운터 : 내장된 전자석의 흡인력에 의해 계수기의 구조를 구동하는 카운터로서 리밋 스위치나 광전 센서의 릴레이 접점에 의한 신호로 계수하는 카운터이다.

③ 회전식 카운터 : 외부에서 물리적인 힘을 가해서 계수기의 구조를 직접 구동하는 카운터이다.

(2) 카운터의 기능에 따른 분류

① 토털(total) 카운터 : 토털 카운터는 계수치를 표시하는 카운터로서 적산 카운터라고도 하며 생산량 및 사용량 등의 적산량을 계수하는 카운터이다.

② 프리셋(preset) 카운터 : 프리셋 카운터는 미리 설정한 값(프리셋 값)까지 계수하였을 때 제어 출력을 내보내는 카운터로서 정량, 정수 등의 각종 계수 제어 회로에 사용한다.

③ 계량(measure) 카운터 : 계량 카운터는 1개의 입력 신호에 대해 n개의 숫자를 계수하거나 n개의 입력 신호에 대해서 1씩 숫자를 계수하는 카운터이다.

(3) 카운터의 계수 방식에 따른 분류

① 가산식 카운터 : 가산식 카운터는 0에서부터 시작하여 입력 신호가 입력될 때마다 1씩 증가하는 카운터이다.

② 감산식 카운터 : 감산식 카운터는 소정의 수치에서부터 시작하여 입력 신호가 입력될 때마가 1씩 감소하는 카운터이다.

③ 적산식 카운터 : 적산식 카운터는 가산과 감산을 1대에 조합시킨 카운터로서 0에서 시작하는 형식과 소정의 수치에서 시작하는 형식이 있다.

(4) 카운터에 관한 용어 설명

① 펄스(pulse) : 정상 상태로부터 진폭이 변화하여 유한의 시간만큼 지속된 후 원래의 상태로 복귀하는 파형을 펄스라 한다.

② 카운트(count) : 펄스를 가하여 계수하는 것을 카운트라 한다.

③ CSP(Count Per Second) : 계수 속도를 표시하는 단위로 초당 펄스수를 CSP라 한다.

④ 듀티비(duty ratio) : 계수 입력 신호의 ON 시간과 OFF 시간의 비율을 듀티비라 한다.

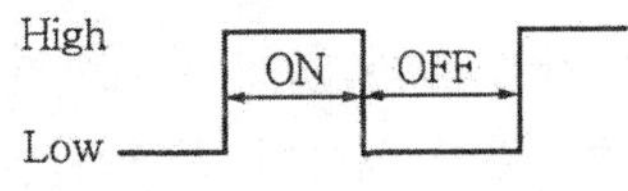

그림 4-83 펄스와 듀티비

⑤ 최고 계수속도 (maximum counting speed) : 듀티비가 1 : 1인 입력 펄스로 카운터를 동작시켰을 때 출력부가 확실히 동작하는 범위를 정한 계수 속도의 최고값을 최고 계수 속도라 한다.

⑥ 카운트 업 (count up) : 카운트된 수치가 설정값에 이르러 출력부가 동작하는 상태를 카운트 업이라 한다.

⑦ 접점 신호 입력 : 리밋 스위치, 푸시 버튼 스위치, 릴레이 등의 접점에 의한 신호 입력을 접점 신호 입력이라 한다.

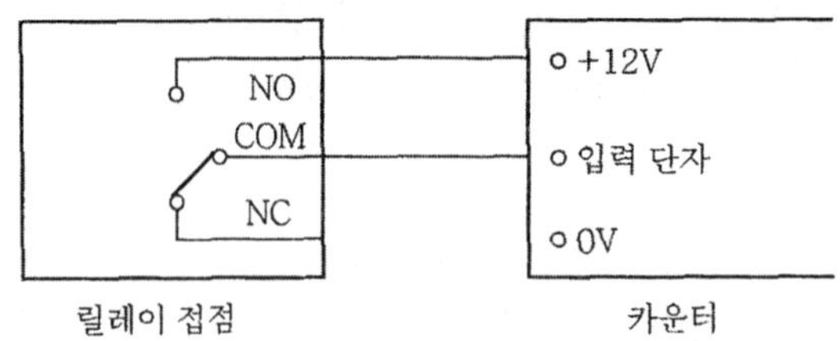

그림 4 - 84 접점 신호 접속도

⑧ 무접점 신호 입력 : 근접 스위치, 광전 센서, 로터리 엔코더 등의 트랜지스터 출력에 의한 반도체 회로의 신호 입력을 무접점 신호 입력이라 한다.

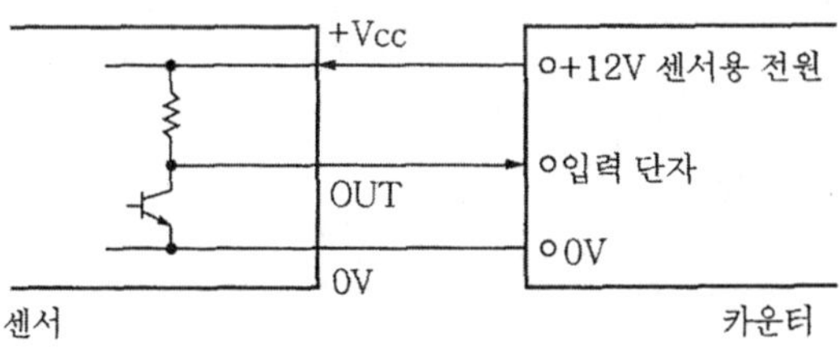

그림 4 - 85 무접점 신호 접속도

(5) 카운터 사용시 주의사항

① 카운터로의 입력 신호선은 가능한 한 짧게 배선하여야 하고, 다른 동력선과 분리하여 단독 배관 처리한다. 특히, 입력 배선이 길어지는 경우에는 실드 (shield) 선을 사용한다.

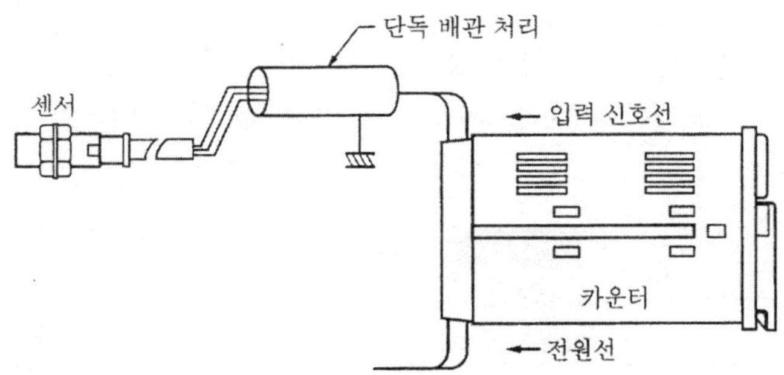

그림 4-86 단독 배관 처리

② 동일 전원 라인 또는 가까이에 유도 부하가 큰 모터나 솔레노이드 등이 설치되어
   있을 경우에는 오동작이 발생할 수 있으므로 유도 부하를 멀리 떨어지게 하거나 카
   운터 전원에 노이즈 필터 등을 접속하여야 한다.

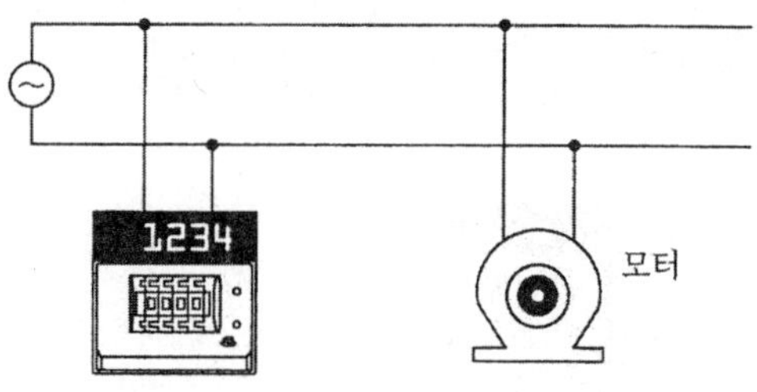

그림 4-87 부하가 큰 모터에 접속한 경우

③ 카운터의 입력 신호 라인이 필요 이상으로 길게 연결되면 전원 라인의 영향을 받
   아 오동작이 발생하므로 입력 신호선을 짧게 하거나, 입력 단자의 임피던스를 낮추
   어 흐르는 전류를 크게 한다.

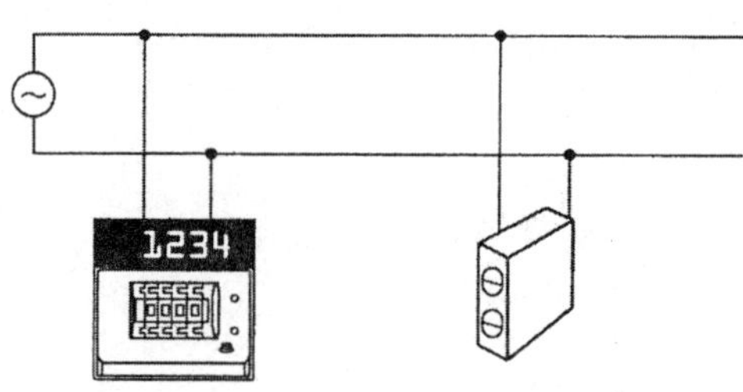

그림 4-88 입력 신호선이 긴 경우

(6) 카운터의 응용

카운터를 사용하는 방향은 포토센서(photo senser)에 의해 수량을 계수하는 수량 제어와 로터리 엔코더(rotary encoder)에 의해 길이 제어 및 위치 제어가 있다.

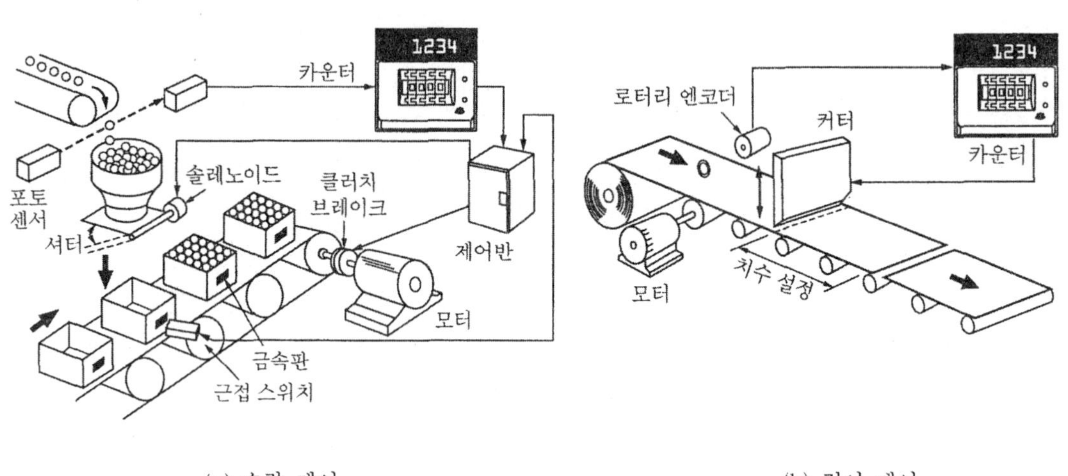

(a) 수량 제어   (b) 길이 제어

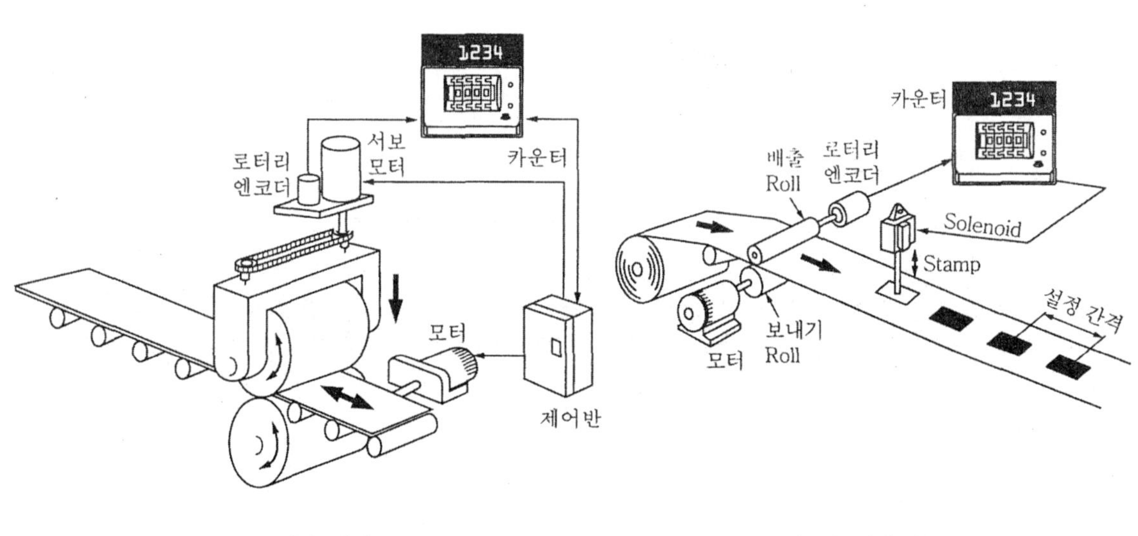

(c) 위치 제어   (d) 위치 제어

그림 4 - 89 카운터의 응용 예

5. 구동용 기기

구동용 기기란 제어계의 명령 처리부에서 명령에 따라 기계 본체를 제어 목적에 맞게 동작시키기 위한 것으로 명령을 운전으로 중개 역할을 하는 제어 기기를 말한다. 구동용 기기는 동작시키는 동력원의 종류에 따라 전기식, 공압식, 유압식 등으로 세 종류가 있으며, 여기서는 전기식 구동용 기기에 대해 설명하기로 한다.

5-1 전자 접촉기(electromaganetic contactor)

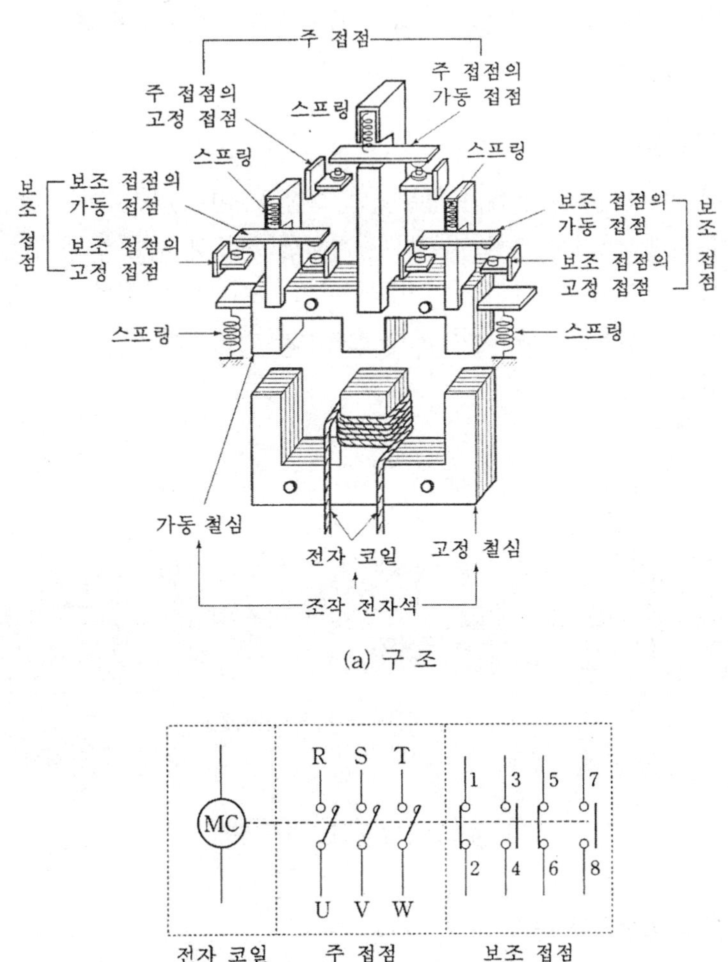

그림 4-90 전자 접촉기의 구조

전자 접촉기란 전자석의 동작에 의하여 부하 회로를 빈번하게 개폐하는 접촉기를 말하며, 일명 플런저형 전자 계전기라고 한다.

접점에는 주 접점과 보조 접점이 있으며, 주 접점은 전동기를 기동하는 접점으로 접점 용량이 크고 a 접점만으로 구성되어 있다. 보조 접점은 보조 계전기와 마찬가지로 작은 전류 및 제어 회로에 사용하며, a 접점과 b 접점으로 구성되어 있고 주 접점과 보조 접점은 동시에 동작한다.

5-2 열동형 과전류 계전기 (thermal relay)

열동형 과전류 계전기는 전동기의 과부하 또는 구속 상태 등으로 정격 전류 이상의 과전류가 흐르면 열에 의해 바이메탈이 휘어지는 원리를 이용하여 회로의 개폐기를 차단하여 전동기의 소손을 방지하는 계전기이다.

(1) 열동 계전기의 원리

열동 계전기에 흐르는 부하 전류가 정상이면 그림 4-91 (a)와 같이 정상 상태로 접점이 폐로 상태가 된다. 여기서 부하 전류가 증가하면 전류의 제곱에 비례하는 저항열에 의해 바이메탈이 가열되면서 그림 4-91 (b)와 같이 바이메탈이 휘어져 접점 B-C가 열리며, 코일에 흐르는 전류를 차단하여 전자 접촉기가 개방되므로 전동기의 소손을 방지할 수 있게 된다.

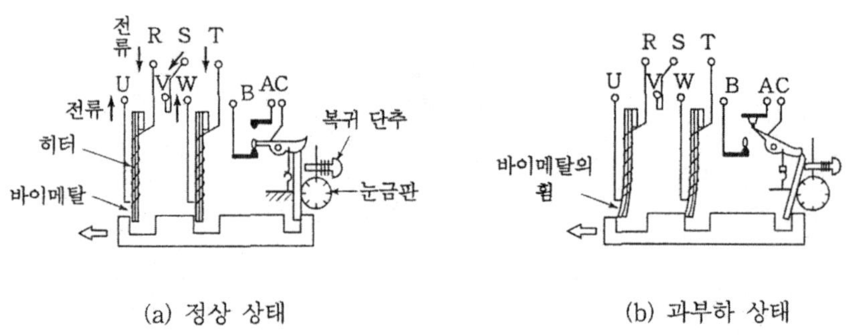

그림 4-91 열동 계전기의 원리

(2) 열동형 과전류 계전기의 구조

열동형 과전류 계전기는 저항 발열체와 바이메탈 (bimetal)을 조합한 열동 소자 (heat element)와 접점부로 구성되어 있으며, 주 회로에서 발생되는 저항열에 의하여 바이메탈에 의해 전원의 회로를 개폐한다.

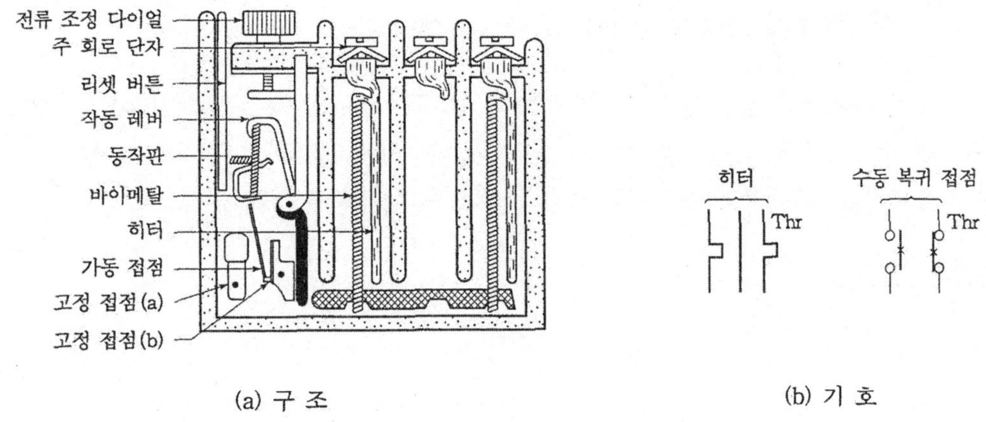

(a) 구 조   (b) 기 호

그림 4 - 92 열동형 과전류 계전기의 구조

(3) 열동 계전기의 동작 상태

① 전류 조정 다이얼 : 다이얼로 작동 레버의 간격을 조종하여 전류 용량을 80~120 %까지 전류 범위를 조종한다.

② 주 회로 단자 : 부하 전류가 흐르는 단자로 바이메탈과 히터가 연결되어 있다.

③ 복귀 버튼 : 열동 계전기의 가동 접점을 수동으로 조작할 때 사용된다.

④ 바이메탈 : 부하에 과전류가 흐르면 저항열에 의해 바이메탈이 휘어져 압판을 밀어서 작동 레버가 가동되어 접점을 차단시킨다.

⑤ 가동 접점 : 작동 레버와 압판에 의해 동작하며 b 접점에 접촉되어 회로를 구성한다.

(4) 열동 소자 (heat element)

열동 소자는 열을 발생하는 열 소자와 발생한 열에 의하여 접점을 개폐하는 바이메탈 및 열 소자와 바이메탈을 절연하는 절연체로 이루고 있으며, 형태에 따라 직렬식, 반간접식, 병렬식이 있다.

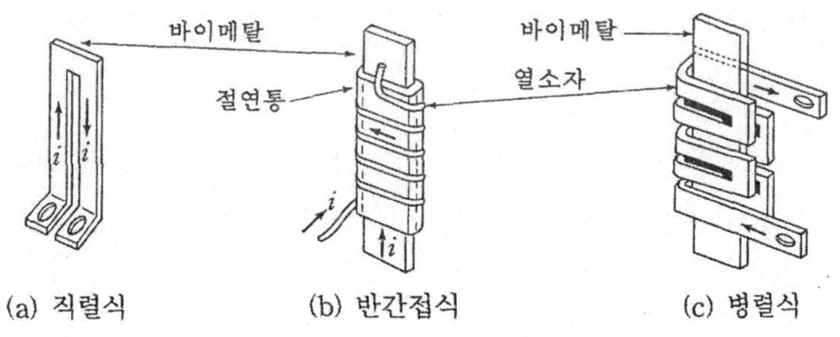

그림 4 - 93 열동 소자의 종류

5-3 전자 개폐기 (electromaganetic switch)

전자 개폐기는 전자 접촉기에 전동기의 보호 장치인 열동형 과전류 계전기를 조합한 주 회로용 개폐기이다. 전자 개폐기는 전동기 회로를 개폐하는 것을 목적으로 사용되며, 정격 전류 이상의 과전류를 차단하는 것을 목적으로 한다.

(1) 전자 개폐기의 구조

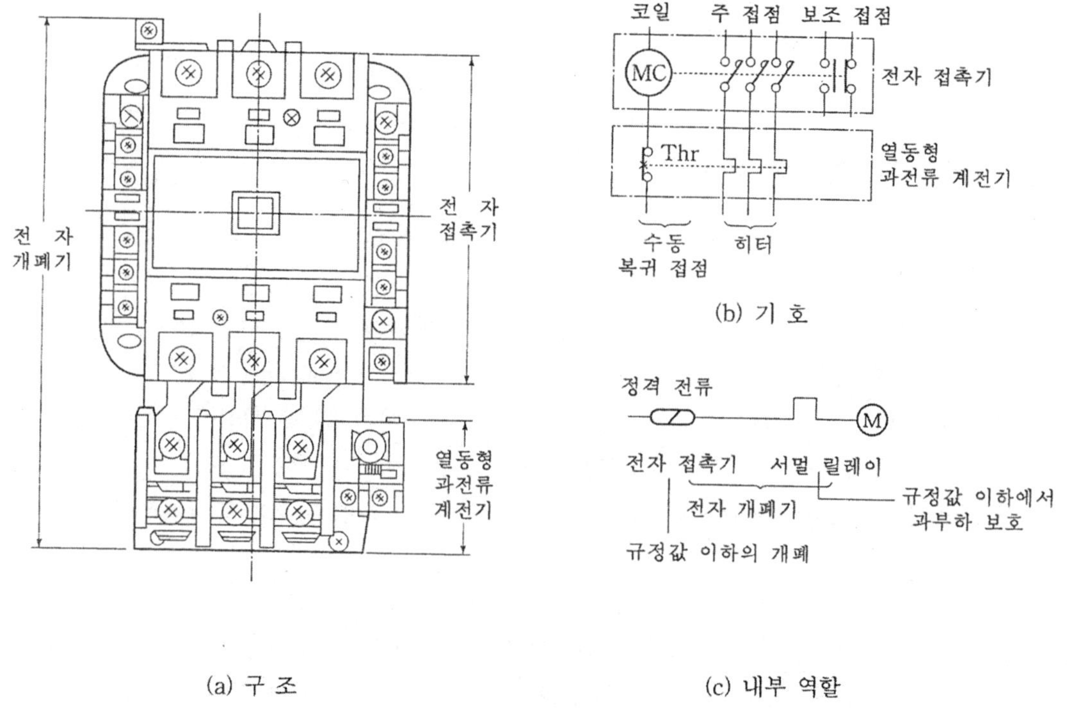

그림 4-94 전자 개폐기의 구조

(2) 전자 개폐기의 종류

전자 개폐기는 사용 전압과 허용 전류 등에 따라 구분하며, 사용 목적에 따라 방폭형, 방진형 및 조합으로 구성된 전자 개폐기의 용도에 따라 선택하여 사용한다.

(a) 교류용

(b) 직류용

그림 4-95 전자 개폐기의 종류

(3) 적용 전선

전자 개폐기나 전자 접촉기의 배선은 적정한 전선을 사용하고 압착 단자를 사용하여 전선에 연결하여야 하며, 전선의 굵기가 정격 전류보다 가는 전선을 사용하거나 단자의 조임 상태가 불량하면 열이 발생하여 전자 개폐기가 소손되는 일이 있으므로 허용 전류에 적합한 전선을 사용하여야 한다.

표 4-12 적용 전선의 예

호칭 전류 (A)	단자 나사 치수		최대 적용 전선(mm^2)		최대 적합 환형 압착 단자 (폭 mm)		조임 토크 (kg·cm)	
	주 회로	조작 회로	주 회로	접촉기 조작 회로	주 회로	접촉기 조작 회로	주 회로	조작 회로
5	M 3.5	M 3.5	3.5 ϕ 1.6	3.5 ϕ 1.6	2-3.5 (7)	2-3.5 (7)	10~13	10~13
7	M 3.5	M 3.5	3.5 ϕ 1.6	3.5 ϕ 1.6	2-3.5 (7)	2-3.5 (7)	10~13	10~13
10	M 3.5	M 3.5	3.5 ϕ 1.6	3.5 ϕ 1.6	2-3.5 (7)	2-3.5 (7)	10~13	10~13
10	M 3.5	M 3.5	3.5 ϕ 1.6	3.5 ϕ 1.6	2-3.5 (7)	2-3.5 (7)	10~13	10~13
18	M 4	M 4	5.5 ϕ 2	5.5 ϕ 2	5.5-4S (9)	2-4 (9)	14~18	14~18
25	M 5	M 4	22	5.5 ϕ 2	14-5 (13)	2-4 (9)	22~28	14~18
35	M 5	M 4	22	5.5 ϕ 2	14-5 (13)	2-4 (9)	22~28	14~18
50	M 6	M 4	30	5.5 ϕ 2	22-6 (18.5)	2-4 (9)	40~50	14~18
65	M 6	M 4	30	5.5 ϕ 2	38-6 (20)	2-4 (9)	40~50	14~18

80	M 6	M 4	30	5.5 ϕ2	38−6 (20)	2−4 (9)	40~50	14~18
100	M 8	M 4	—	5.5 ϕ2	60−8	2−4 (9)	80~100	14~18
125	M 8	M 4	—	5.5 ϕ2	60−8	2−4 (9)	80~100	14~18
150	M 10	M 4	—	5.5 ϕ2	100−8	2−4 (9)	150~200	14~18
180	M 10	M 4	—	5.5 ϕ2	100−10	2−4 (9)	150~200	14~18
300	M 10	M 4	—	5.5 ϕ2	150−10	2−4 (9)	150~200	14~18

㊟ 가역 전자 개폐기, 스타 델타 (star delta) 자동 시동기 등도 이것에 준한다.

참 고

1. **정격 통전 전류** : 닫혀 있는 접점에 개폐기 각부의 온도 상승값이 규정된 값이 넘지 않게 연속하여 흐르는 전류
2. **개로 전류** : 정해진 조건에서 개로할 수 있는 전류
3. **차단 전류** : 정해진 조건에서 차단할 수 있는 전류
4. **정격 사용 전류** : 정격 사용 전압에 대하여 폐로 용량, 차단 용량, 개폐 빈도 및 수명을 만족시키는 최대 적용 전류로서 정격 용량과 같은 전류

✿ 각종 스위치

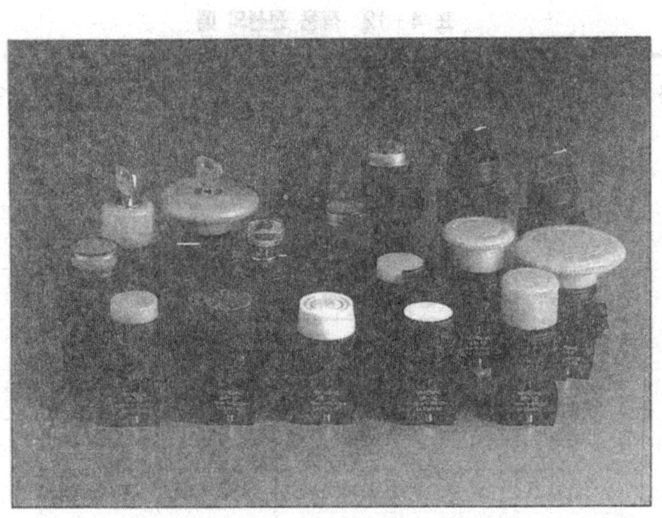

6. 전동기

전동기(motor)란 전기식 액추에이터의 대표적인 기기로 전기적 에너지를 이용하여 기계적 에너지로 바꾸는 장치이며, 전동기의 원리는 전기의 전자 유도 작용에 의하여 토크를 발생시켜 축을 회전시키는 기계적 출력을 얻는 기계이다.

6-1 전동기의 종류

전동기는 사용하는 전원의 종류에 따라 직류 전동기와 교류 전동기로 구분하고 전동기의 구조 및 사용 목적에 따라 여러 종류가 있다. 그림 4-96은 전동기의 종류를 나타내고 있다.

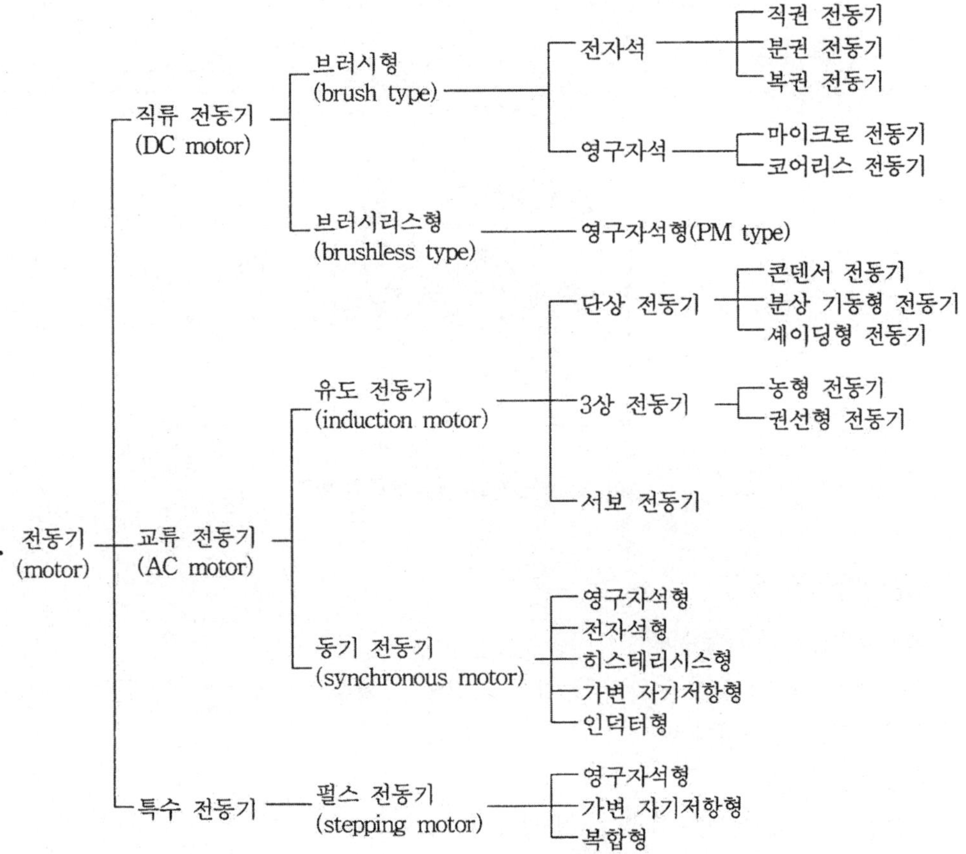

그림 4-96 전동기의 종류

6-2 직류 전동기

직류 전동기는 직류 전원을 사용하며 교류 전동기에 비하여 구조가 복잡하여 가격이 비싸며, 또한 운전을 위하여 교류를 직류로 변환하는 전원 공급 장치가 필요하나 속도 제어성이 매우 양호한 특성을 갖고 있다.

(1) 직류 전동기의 구조

① 계 자 : 자속을 발생시키는 부분으로 소형은 영구자석을 사용하나 대부분 규소강판에 코일을 권선한 전자석을 사용한다.

② 전기자 : 토크 (torque)를 발생시키는 부분으로 회전력을 회전 후에 전달하는 장치이다.

③ 정류자 : 직류 전원을 전기자의 각 권선에 공급하는 장치로서 전동기가 회전하게 되면 정류자편 사이의 마찰로 인하여 불꽃이 발생하는 단점을 보완하기 위해 최근에는 소형의 전동기는 브러시리스형으로 대체되고 있다.

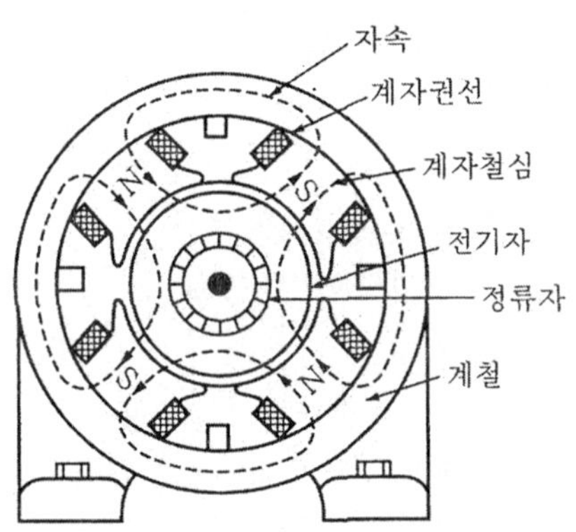

그림 4-97 직류 전동기의 구조

(2) 직류 전동기의 특징

① 속도 제어성이 매우 우수하다.

직류 전동기의 속도는 전압과 전기자 저항에 선형적으로 변화하기 때문에 속도 제어가 용이하고 우수하다.

② 기동 토크가 크다.

속도가 낮으면, 즉 기동시 토크 발생량이 크다.

③ 효율이 높다.

직류 전동기의 효율은 약 85~90 % 정도로 효율이 좋다.

(3) 직류 전동기의 회전 원리

　직류 전동기의 회전 원리는 계자가 자속을 발생하면 계자의 자극면과 철심 표면과의 갭(공극)에 자계가 형성된다. 자계 내에 있는 도체에 전류가 흐르면 도체는 플레밍의 왼손 법칙에 따라 회전력이 작용하여 토크가 발생한다.

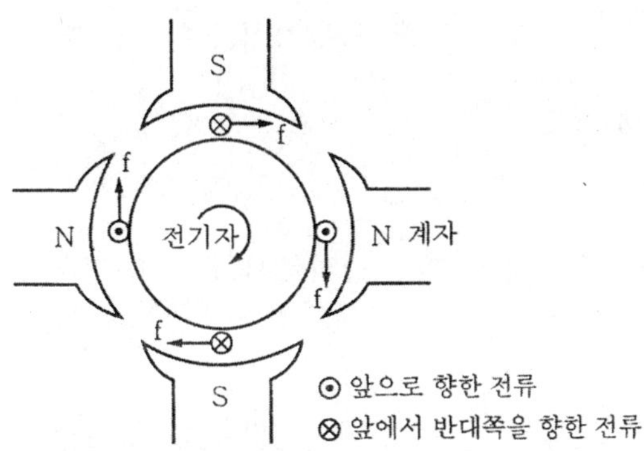

그림 4 - 98 직류 전동기의 회전 원리

(4) 직류 전동기의 회전 방향 변경

　직류 전동기의 회전 방향을 변경하기 위해서는 계자 권선 또는 전기자 권선의 전류 방향을 바꾸면 되나 계자 권선은 잔류 자속 때문에 일반적으로 전기자 권선의 전류 방향을 바꾼다.

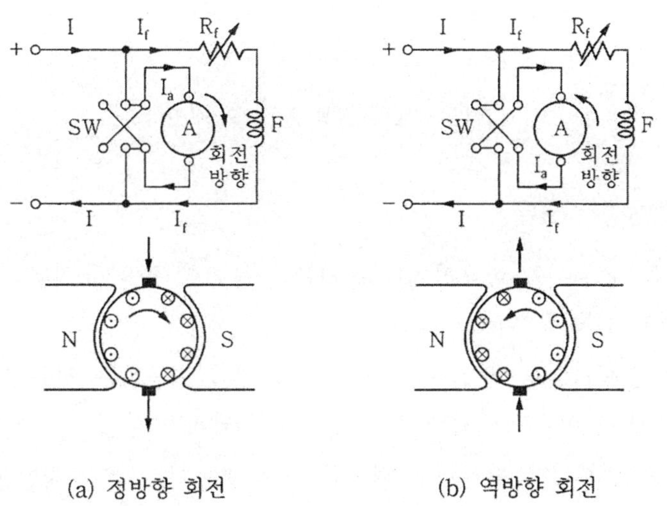

그림 4 - 99 회전 방향 변경

6-3　교류 전동기

교류 전동기는 유도 전동기와 동기 전동기로 구분하며 유도 전동기는 전원의 상수에 따라 단상 유도 전동기와 삼상 유도 전동기로 구분한다.

　유도 전동기는 구조가 간단하고 튼튼하며 값이 싸고 전원을 쉽게 얻을 수 있는 데다가 정속도 운전 특성을 갖고 있으므로 가정용을 비롯한 공장 등에 널리 사용되고 있다.

(1) 유도 전동기의 구조

　① 고정자 (stator) : 회전자계를 만드는 장치이다.
　② 회전자 (rotor) : 회전력을 얻는 장치로서 축과 연결되어 있다.

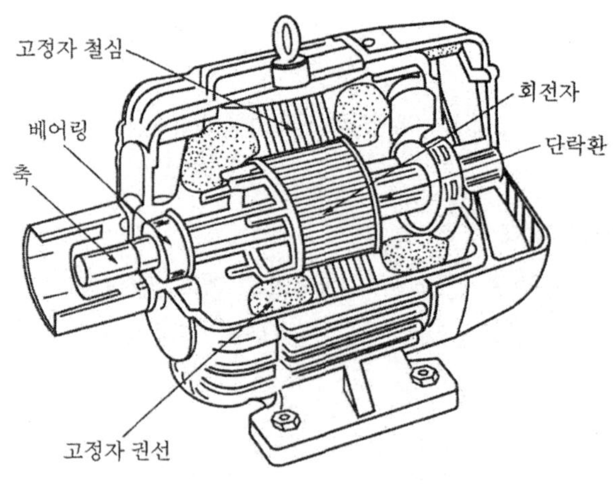

그림 4 - 100　교류 전동기의 구조

(2) 단상 유도 전동기의 종류

　① 콘덴서 전동기 : 콘덴서를 이용하여 기동하는 전동기로 효율과 역률이 양호하여 가장 많이 사용하는 전동기이다.

　② 분상 기동형 전동기 : 기동 권선에 가는 코일을 감아 기동하는 전동기로 회전 속도의 70 % 이상에서 원심력 개폐기로 기동 전선을 차단시켜 주는 구조이다.

　③ 셰이딩형 전동기 : 셰이딩 코일에 의해 기동하는 전동기로 회전 방향을 변경할 수 없는, 즉 회전 방향이 일정한 특성을 갖고 있다. 구조가 간단하나 역률, 효율이 좋지 않아 전축 등의 소형 전동기에 사용한다.

(3) 유도 전동기의 원리

유도 전동기의 회전 원리는 그림 4-101과 같이 알루미늄 원판을 축으로 회전할 수 있도록 하고 원판 주변에 자석 M을 회전하면 원판이 회전하는 아라고의 원리가 기본 원리이며, 자석을 돌리는 대신에 회전 자장을 만들어 회전판이 회전하도록 하는 것이 3상 유도 전동기의 원리이다.

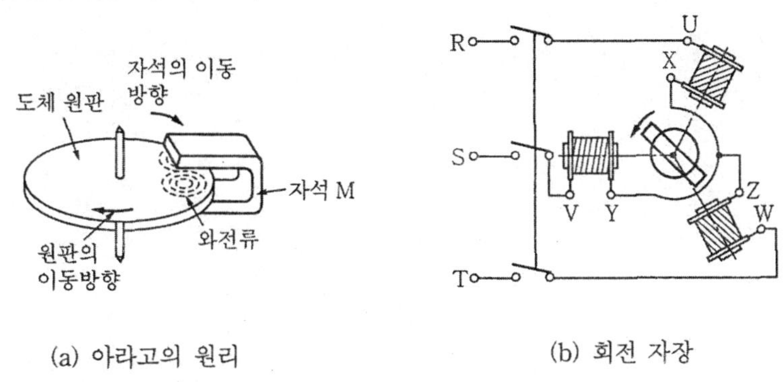

(a) 아라고의 원리   (b) 회전 자장

그림 4-101 유도 전동기의 원리

(4) 유도 전동기의 회전 방향 변경

① 단상 유도 전동기 : 단상 유도 전동기의 회전 방향을 변경하기 위해서는 기동 권선의 전류 방향을 바꾸어 결선한 후 운전한다.

② 삼상 유도 전동기 : 삼상 유도 전동기의 회전 방향을 변경하기 위해서는 3상 전원 R, S, T 중 2개의 전원을 서로 바꾸어 결선한 후 운전하는 방법으로 회전 방향의 변경이 매우 용이하다.

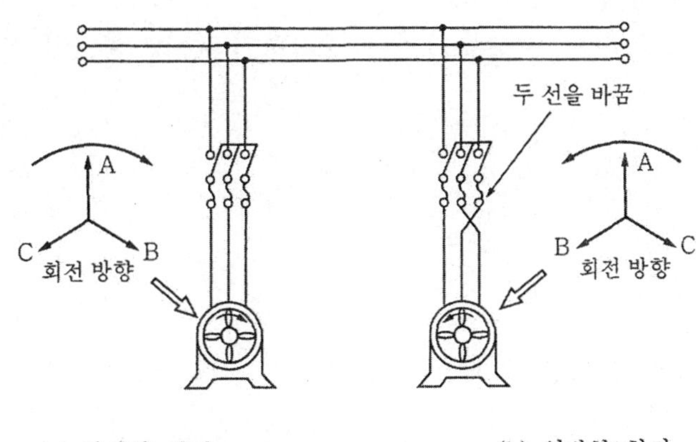

(a) 정방향 회전   (b) 역방향 회전

그림 4-102 회전 방향 변경(3상)

제5장

공사 방법 및 계기 사용법

1. 전 선

1-1 나 선

(1) 단선 (solid wire)

단선은 도체 하나로 이루어진 전선으로 주로 고정되는 옥내 공사용에 이용되며, 전선의 굵기를 지름으로 표시하는데 최소 0.1 mm에서 최대 12 mm로 42종이 있다.

(2) 연선 (stranded wire)

연선은 도체 여러 개를 포개어 사용하는 전선으로 전선의 단면적으로 표시하며, 최소 0.9 mm²에서 최대 1000 mm²으로 26종이 있다.

연선의 총 소선수 (N)는 층수 (n)마다 증가하며 7, 19, 37, 61, 91 … 의 소선수로 된다.

$$N = 3n(n+1) + 1$$

1-2 동선의 종류

(1) 연동선 (annealed copper wire)

경동선을 450~600℃로 풀림하여 도체가 부드러운 동선으로 옥내 배선에 사용되며, 인장강도 25~30 kg / mm², 고유저항 $R = 1 / 58 \ \Omega \cdot mm^2 / m$이다.

(2) 경동선 (hard drawn copper wire)

도체가 단단한 동선으로 옥외 배선에 사용되며, 인장강도 $34\sim48\,\text{kg}/\text{mm}^2$, 고유저항 $R=1/55\,\Omega\cdot\text{mm}^2/\text{m}$이다.

(3) 알루미늄선

도체로 알루미늄을 사용하여 가볍게 하여 장거리 배선에 사용되며, 인장강도 $8\,\text{kg}/\text{mm}^2$, 고유저항 $R=1/35\,\Omega\cdot\text{mm}^2/\text{m}$으로 도전율은 연동선의 61 % 정도이다.

(4) 평각 구리선

용량이 큰 전기 기계·기구의 권선에 사용되며, 전선의 표시 방법은 두께×너비로 나타내는데 보통 두께 0.5~10 mm, 너비 1.6~75 mm이며 다음과 같은 종류가 있다.

표 5-1 평각 구리선의 종류와 재질

종 류	재 질	비 고
1 호	경 질	
2 호	반 경 질	
3 호	연 질	
4 호	연 질	와이어 게이로 구부려 사용한다.

1-3 절연 전선

절연 전선은 나선에 절연물(고무, 비닐) 등으로 피복하여 전기적으로 절연한 전선이며, 특히 고무 절연 전선은 구리선과 고무 사이의 화학적 작용에 의한 열화 및 노화 방지와 납땜을 쉽게 하기 위하여 주석 도금을 한다

(1) 고무 절연 전선 (RB 전선)

① 주석 도금 연동선에 고무 혼합물로 1.1~3.5 mm의 두께로 피복한 후 무명실로 편조한 것
② 600 V 이하의 전기 회로에 사용하는 경우 절연 효력이 좋다.
③ 옥내 공사용으로 쓰인다.

(2) 비닐 절연 전선 (IV 전선)

① 연동선에 염화 비닐 수지로 피복한 것
② 600 V 이하의 옥내 공사용
③ 비닐에 착색이 쉬워 여러 색깔의 전선을 만들 수 있으나 내열성이 약하다.

(3) 알루미늄 비닐 절연 전선

① 알루미늄에 염화 비닐 수지로 피복한 것
② 600 V 이하의 일반 전기 설비에 사용한다.
③ 도전율이 표준 연동선의 61 % 이상이다.

(4) 폴리에틸렌 절연 전선 (IC 전선)

① 연동선(옥내용) 또는 경동선(옥외용)에 폴리에틸렌을 피복한 것
② 유전 손실이 적으며 내열성이 우수하다.
③ 600 V 이하의 내약품성을 요구하는 곳에 사용한다.

(5) 플루오르 수지 절연 전선 (테플론)

① 연동선에 합성 수지 절연체(테플론)로 피복한 것
② 내열성이 우수하고 화학적으로 안정하며, 기계적 강도가 크다.
③ 600 V 이하의 설비에 사용한다.

(6) 인입용 비닐 절연 전선 (DV 선)

① 경동선에 염화 비닐 수지로 피복한 것
② 저압 가공 인입선, 옥외 조명등 가공선에 사용한다.
③ 2개 연 : 검정, 녹색(또는 청색)
　 3개 연 : 검정, 녹색, 청색
③ 종 류

표 5-2 인입용 비닐 절연 전선의 종류

종　류	기　호	도체의 굵기
2개 연	2 R	· 단선 : 2.0, 2.6, 3.2 mm
3개 연	3 R	· 연선 : 8, 14, 22, 30, 38, 50, 60 mm^2
2심 평형	2 F	· 단선 : 2.0, 2.6, 3.2 mm
3심 평형	3 F	

(7) 옥외용 비닐 절연 전선 (OW 선)

① 경동선에 염화 비닐 수지로 피복한 것
② 절연체의 빛깔은 검정을 원칙으로 하며, 저압 가공 선로에 사용한다.

(8) 형광등 전선 (FL)

① 연동선 0.75 mm^2 (30 / 0.18)에 염화 비닐 수지로 피복한 것
② 1000 V 이하의 형광등용 변압기의 고압측에 사용한다.
③ 1000 VFL : 1000 V 형광 방전등 전선

(9) 네온 전선 (NV)

① 주석 도금 연동선 2.0 mm^2 (19가닥 / 0.35 mm)에 절연물로 절연한 것
② 7500 V용, 15000 V용으로 구분된다.
③ 종 류

표 5-3 네온 전선의 종류

종 류	절 연 물	피 복 물
NRV	고　무 (R)	염 화 비 닐(V)
NRC	고　무 (R)	클로로프렌(C)
NEV	폴리에틸렌(E)	염 화 비 닐(V)
NV	염 화 비 닐(V)	

(10) 고압 절연 전선

① 주석 도금 연동선에 고무 혼합물로 피복하고 클로로프렌으로 피복한 것
② 변압기의 고압측 인하 배선용으로 사용한다.

(11) 바인드선

절연선을 애자에 묶을 때 사용하며 전선의 굵기는 0.8~1.2 mm이다

1-4 코드 전선

코드 전선은 전등이나 전기 기계·기구 등을 이동하여 사용하는 경우에 사용되는 전선으로, 가연성이 있는 전선으로 금사 코드를 제외하고는 단면적 0.75 mm^2 이상으로 특수한 장소 (건조한 쇼 윈도, 쇼 케이스 내) 이외에서는 조영재에 직접 고정하여 사용할 수 없다.

(1) 고무 코드

① 연동 연선(0.5~5.5 mm^2)에 종이 테이프를 감고 고무 혼합물로 피복한 후 편조한 것
② 전구선, 소형 기기의 리드선용에 사용하며, 방습 코드는 습기가 있는 곳에 사용한다.

③ 색 깔 : 검정, 흰색, 빨강, 녹색(접지선)

(2) 비닐 코드

① 연동 연선(0.5~2.0 mm^2)에 염화 비닐 수지로 피복한 것
② 열을 받지 않은 소형 전기 기구용으로 사용한다.
③ 색 깔 : 검정, 흰색, 빨강

(3) 캡 타이어 코드

① 교류 300 V 이하의 옥내용 소형 전기 기구에 사용한다.
② 종 류

표 5-4 캡 타이어 코드의 종류

종　　　류	용　　　도
고무 캡 타이어 코드	전구선 소형 기구등 이동용
비닐 캡 타이어 코드	열을 받지 않는 소형 기기용

③ 전선의 굵기

표 5-5 캡 타이어 코드 전선의 굵기

굵　　　기	소　선　수
0.75 mm^2	30 / 0.18
1.25 mm^2	50 / 0.18
2.0 mm^2	37 / 0.26

(4) 전열용 석면 코드

① 연동 연선에 견사로 감은 후 고무 혼합물 또는 클로로프렌으로 피복하고 석면사로
　감은 후 다시 면사로 피복한 것
② 열을 받지 않은 전열용 전기 기구에 사용한다.

(5) 금사 코드 (금실 코드)

① 연동박의 두께 0.02 mm, 너비 0.35 mm의 연동박을 두 줄로 꼬아 무명실에 감은 것
　을 18가닥으로 모아 고무 혼합물을 피복한 후 면사로 피복한 것
② 길이 2.5 m 이하, 0.5 A 이하의 전기 이발기, 전기 면도기, 헤어 드라이어 등에 사
　용한다.

1-5 케이블

케이블은 외상을 받지 않고 물, 가스, 용액 등의 침투를 방지하기 위하여 사용되며, 절연 전선보다 안전도가 높고 공사 방법이 간단하다. 케이블의 종류는 연동선 또는 주석 도금한 연동선에 피복된 절연 물질의 종류, 형태, 연동선의 가닥수에 따라 분류되며, 절연 물질에 따라 용도가 달라진다.

(1) 고무 캡 타이어 케이블

① 주석 도금한 연동선에 순고무 30 % 이상 함유된 고무 혼합물로 피복한 것으로 1종에서 4종으로 구분한다

② 광산, 농사용, 공장, 의료, 수중, 무대 등에 사용한다.

(2) 비닐 캡 타이어 케이블

① 연동선에 염화 비닐 수지로 재피복한 것으로 전기적 성질은 고무 캡 타이어 제2종에 해당된다

② 제약 공장, 화학 공장 등에 사용한다.

(3) 비닐 외장 케이블

① 2심 또는 3심의 비닐 절연 전선에 비닐 수지 혼합물을 피복한 것으로 형태에 따라 원형(VVR), 평형(VVF)으로 구분하고, 저압용으로 1.0~3.2 mm의 단선과 2.0~325 mm²의 연선을 사용한다.

② 저압 가공 케이블, 옥외 조명, 가공 케이블, 인입구 배선 및 옥외 배선 등에 사용한다.

(4) 클로로프렌 외장 케이블

① 주석 또는 연동선에 고무 혼합물로 피복하고 클로로프렌으로 외장한 것

② 고저압 가공 케이블, 고압 옥내 배선 및 인입선, 고압 지중 케이블 등에 사용한다.

(5) 플렉시블 외장 케이블

① 고무 또는 비닐 절연 전선 위에 크라프트지를 감고 아연 도금 연강대를 나사 모양으로 감은 것

② 저압 옥내 배선용으로 사용한다.

③ 종 류

표 5-6 플렉시블 외장 케이블의 종류

종 류	구 조	용 도
AC	심선에 고무 절연한 것	건조한 곳, 노출 및 은폐 배선
ACT	심선에 비닐 절연한 것	건조한 곳, 노출 및 은폐 배선
AVV	주트를 감고 절연 콤파운드한 것	공장, 상점용
ACL	외장에 연피한 것	습기, 물기, 기름이 있는 곳

(6) 연피 케이블

① 습기의 영향을 받지 않도록 케이블 주위에 연피를 피복한 것

② 관로식 지중 케이블로 사용한다.

(7) 주트권 연피 케이블

① 연피 케이블에 방부성 콤파운드를 충분히 먹인 루트층을 감은 후 백암(탄화칼슘)을 도화하는 것

② 직접 매설식의 지중 선로에 사용한다.

(8) 강대 외장 연피 케이블

① 연피 케이블에 강판으로 감은 것

② 직접 매설식 지중 선로에 가장 많이 사용하고, 고전압의 인입선, 옥내 고압 배선, 구내 지중 선로에 사용한다.

(9) MI 케이블

① 연동선에 무기 절연체(산화마그네슘)를 구리로 입힌 것

② 제련, 주물 공장 등 화재가 발생하기 쉬운 곳에 사용한다.

(10) 용접용 케이블

표 5-7 용접용 케이블의 종류

종 류	기 호	구 조
리드용 제 1 종 케이블	WCT	천연 고무 캡 타이어 피복
리드용 제 2 종 케이블	WNCT	클로로프렌 캡 타이어 피복
홀더용 제 1 종 케이블	WRCT	천연 고무 캡 타이어 피복
홀더용 제 2 종 케이블	WRNCT	클로로프렌 캡 타이어 피복

1-6 전선의 허용 전류

전선에 전류가 흐르면 저항과 전류의 제곱에 비례하는 줄열 $H = I^2 R$ 이 발생한다. 이 때 발생하는 열과 전선이 발산하는 열이 같은 때 전선의 온도는 일정하다.

(1) 전선의 굵기 결정

① 기계적 강도
② 전압 강하
③ 허용 전류

(2) 허용 전류

전선의 허용 전류는 전선의 온도가 60℃를 넘지 않는 범위에서 흐르는 전류로 전선의 종류와 굵기에 따라 표 5-8과 같다.

표 5-8 전선의 허용 전류

종 류	굵 기	소 선 수		허용 전류 (A)	
		코 드	절연 전선	코 드	절연 전선
단 선	1.0				16
	1.2				19
	1.6				27
	2.0				35
	2.6				48
	3.2				62
	4.0				81
	5.0				107
연 선	0.75	30 / 0.18		7	
	0.9		7 / 0.4		17
	1.25	50 / 0.18	7 / 0.45	12	19
	2.0	37 / 0.26	7 / 0.6	17	27
	3.5	45 / 0.32	7 / 0.8	23	37
	5.5	70 / 0.32	7 / 1.0	35	49
	8.0		7 / 1.2		61
	14.0		7 / 1.6		88
	22.0		7 / 2.0		115

(3) 전류 감소 계수

전선을 금속관, 합성 수지관에 넣어 사용하는 경우 표 5-9의 전류 감소 계수를 곱한
전류를 그 전선의 허용 전류로 한다.

표 5-9　전선의 전류 감소 계수

동일 관내의 전선수	합성 수지관	금 속 관
3 본 이하	0.60	0.70
4 본 이하	0.53	0.63
5~6 본	0.46	0.56
7~10 본	0.39	0.49

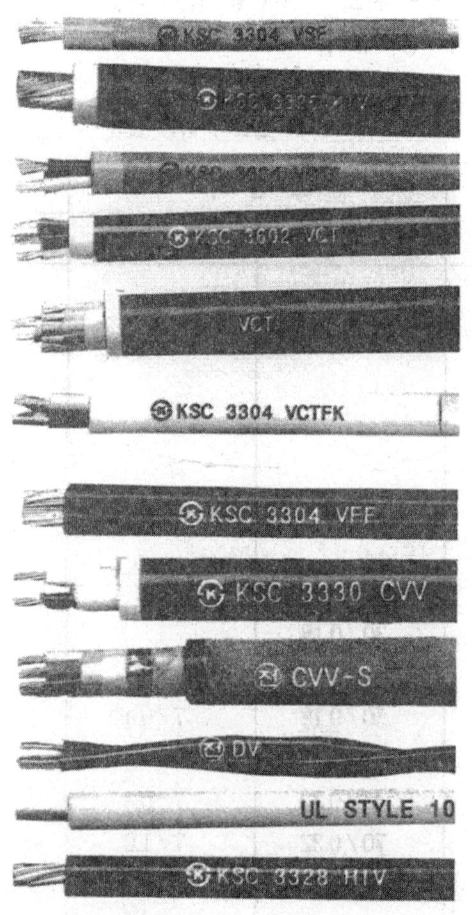

그림 5-1　각종 케이블의 종류

2. 전선의 접속

2-1 전선의 취급 방법

전선의 인출시 그냥 당기면 꼬임이 생겨 전선이 꺾이는 경우가 있으므로 그림 5-2
와 같이 전선 타래 가운데에서 전선을 끄집어내고 전선을 좌우로 펼쳐서 전선을 사용
한다.

 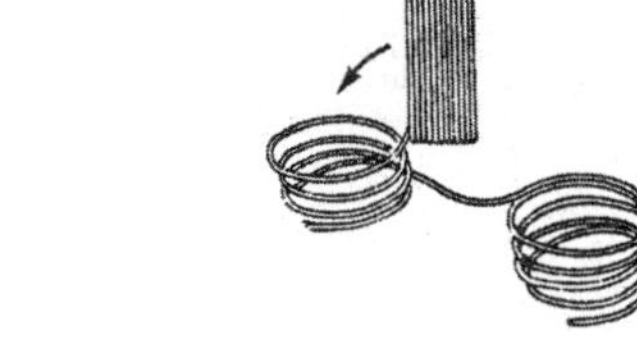 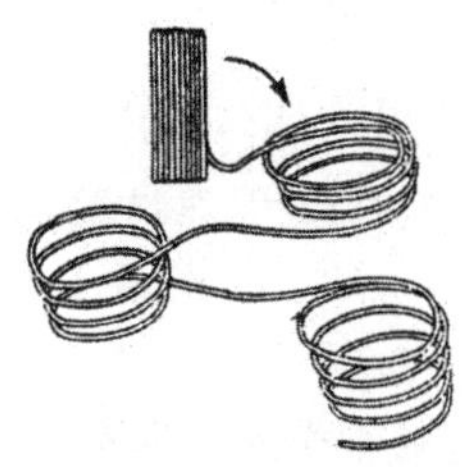

① 우측으로 10류 정도
끄집어낸다.

② 다발을 우측으로 1회전시
키고, 좌측으로 10류 정도
끄집어낸다.

③ 다발을 좌측으로 1회전시
키고, 우측으로 10류 정도
낸다 (②와 ③을 반복한다).

그림 5-2 전선의 취급 방법

2-2 구부러진 전선을 펴는 방법

전선을 사용할 때 구부러진 부분이 있으면 안전에 영향을 주므로 전선을 곱게 펴서
사용해야 하며, 전선을 펴는 방법에는 다음과 같이 3가지 방법이 있다.

① 전선의 한 끝을 고정시키고 다른 쪽을 펜치로 당기는 방법
② 전선을 넓은 바닥에 놓고 바닥에 타력을 주는 방법
③ 드라이버의 손잡이로 전선의 피복에 대고 펴는 방법

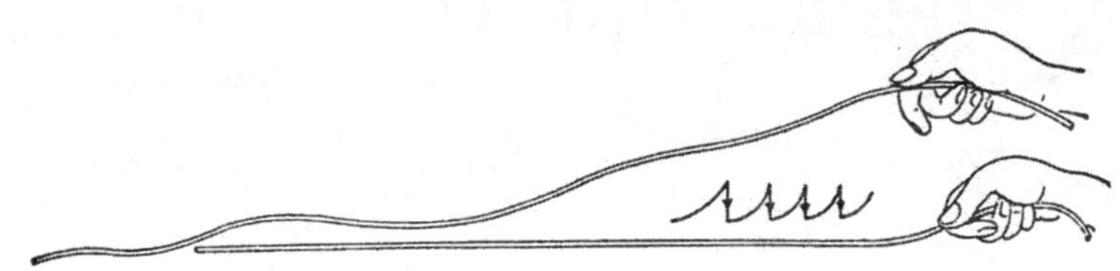

길게 늘려 전선의 끝을 잡고 바닥에 세게 4~5회 친다.

그림 5-3 구부러진 전선을 펴는 방법

2-3 피복 벗기기

전선의 피복을 벗기는 방법에는 우산형(연필 깎기)과 직각형(단 깎기)이 있으며, 전공 칼에 손을 다치거나 전선의 심선이 상하지 않도록 하여 심선이 끊어지는 일이 없도록 한다.

(1) 비닐 절연 전선의 피복 벗기기

① 우산형(연필 깎기) : 우산형(연필 깎기)의 피복 벗기는 방법은 전공칼에 의하여 피복 을 벗긴다.

　㉮ 칼의 각도 : 약 20°

　㉯ 연필 깎기 부분의 길이 : 5 mm

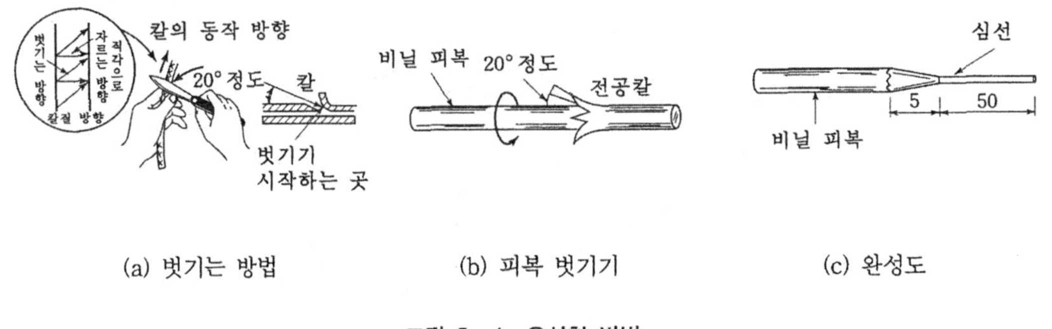

(a) 벗기는 방법　　　　(b) 피복 벗기기　　　　(c) 완성도

그림 5-4 우산형 방법

② 직각형(단 깎기) : 직각형(단 깎기)으로 피복 벗기는 방법에는 전공칼을 사용하는 방 법과 와이어 스트리퍼를 이용하는 방법으로 전선의 규격에 따라 와이어 스트리퍼의 홈을 선정하여 피복을 벗긴다.

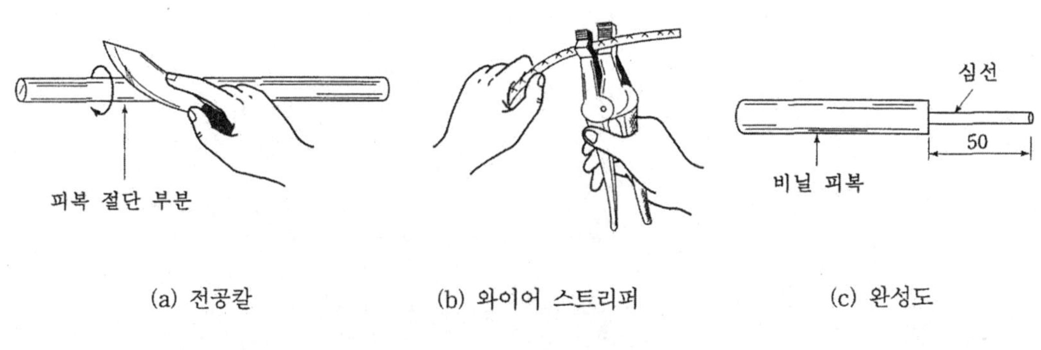

(a) 전공칼　　　　(b) 와이어 스트리퍼　　　　(c) 완성도

그림 5-5 직각형 방법

(2) 고무 절연 전선의 피복 벗기기

연필 깎기식으로 피복을 경사지게 하는 이유는 테이프로 절연할 때 뜸이 생기지 않도록 하고 편조의 피복을 벗기는 부분은 8 mm 정도로 한다.

① 칼을 직각으로 세우고 면사 편조에 가볍게 자국을 낸다.

② 피복에 칼을 20° 정도의 각도를 유지하면서 우산형으로 편조와 고무를 5 mm 정도 벗긴다.

③ 칼을 직각으로 대고 직각형으로 면사 편조를 8 mm 정도 벗긴다.

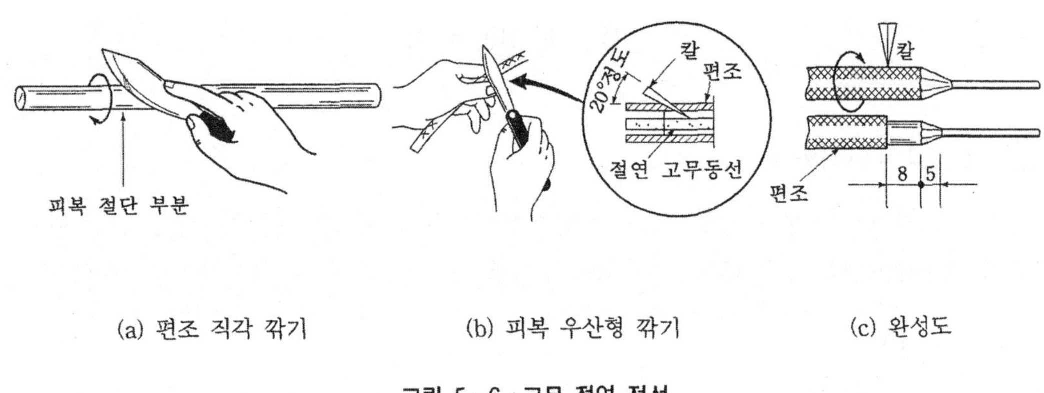

(a) 편조 직각 깎기   (b) 피복 우산형 깎기   (c) 완성도

그림 5-6 고무 절연 전선

(3) 케이블의 피복 벗기기

① 평형 케이블 벗기기

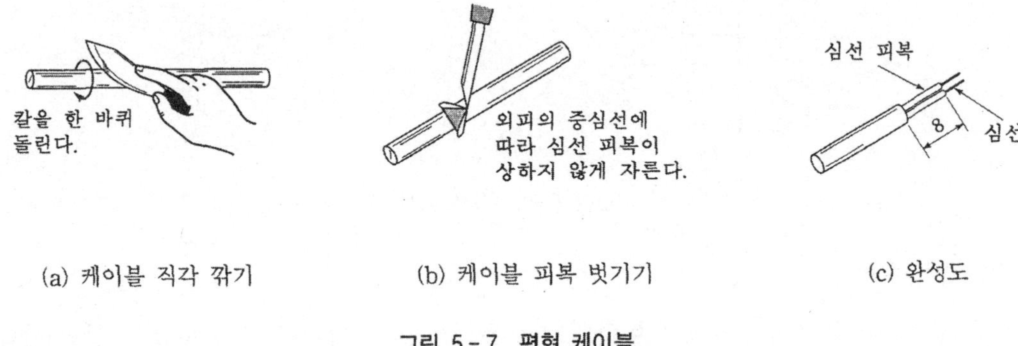

(a) 케이블 직각 깎기   (b) 케이블 피복 벗기기   (c) 완성도

그림 5-7 평형 케이블

② 원형 케이블 벗기기

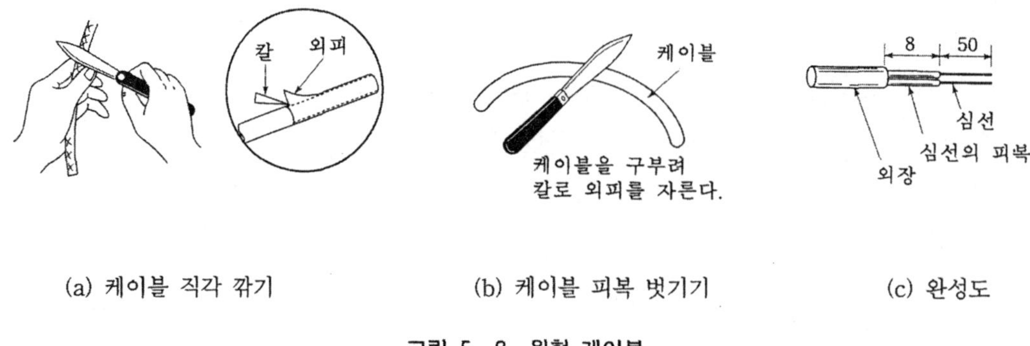

(a) 케이블 직각 깎기　　　(b) 케이블 피복 벗기기　　　(c) 완성도

그림 5-8 원형 케이블

2-4 단자 만들기

전선을 배선 기구에 접속할 때 단자를 만들어 접속하며, 단자의 종류에는 직선 단자, 고리 단자 (eyelet), 압축 단자 등이 있다.

(1) 직선 단자

단선 3.2 mm와 연선 5.5 mm^2 이하의 전선은 기구 단자에 직접 접속하고, 우산형과 직각형으로 피복을 벗겨 사용한다.

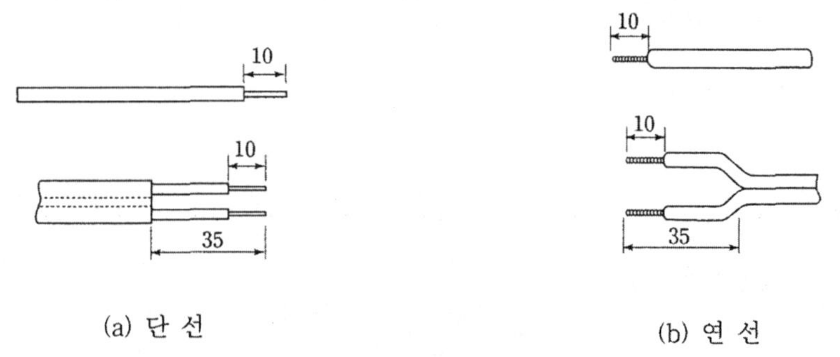

(a) 단 선　　　　　(b) 연 선

그림 5-9 직선 단자

(2) 고리 단자

단선 3.2 mm와 연선 5.5 mm^2 이하의 전선은 기구 단자에 직접 접속하고, 고리의 방향은 반드시 시계 방향으로 하여 나사 조임시 풀리지 않도록 한다. 고리의 안지름은 나사의 바깥지름보다 약간 크게 한다.

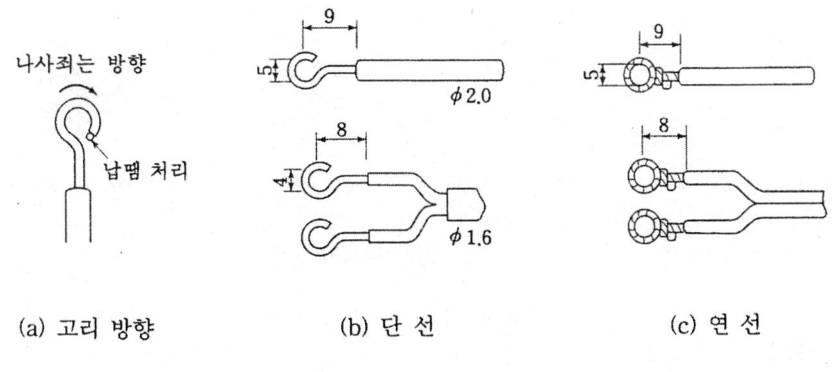

(a) 고리 방향   (b) 단 선   (c) 연 선

그림 5-10 고리 단자

(3) 압착 단자

전선 단말부를 압착 단자로 처리하는 경우에는 압착 펜치로 압착하고 압력 단자가 대형인 경우에는 납땜 작업을 추가하여 접속한다.

압착 단자의 작업 순서는 다음과 같이 한다.

① 압착 단자 통부분의 이음매 방향에서 압착한다.

② 압착 펜치의 凸 측과 압착 단자의 이음매를 일치시킨다.

③ 압착 위치가 통부분 및 이음매 중앙이 되도록 한다.

④ 전선의 피복은 압축되지 않도록 한다.

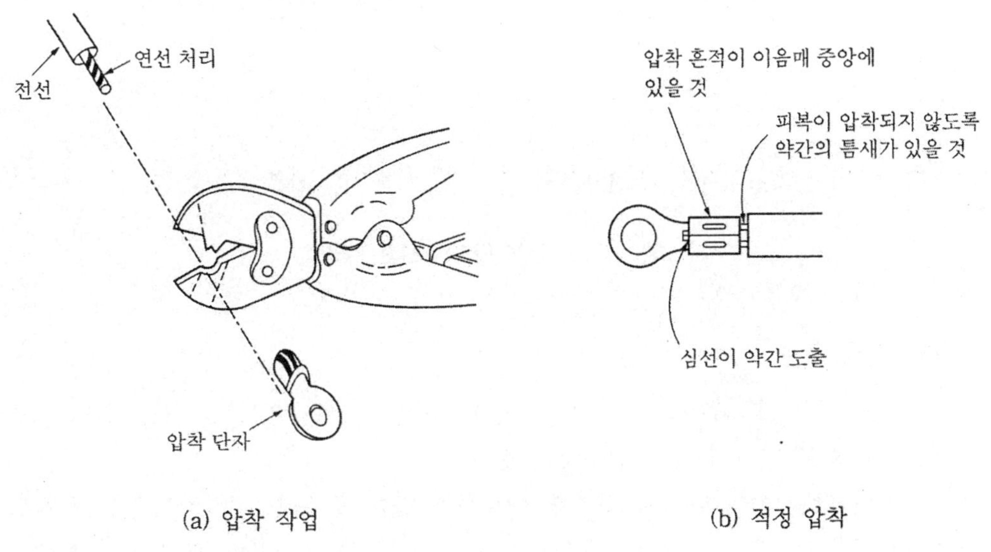

(a) 압착 작업   (b) 적정 압착

그림 5-11 압착 단자의 작업 방법

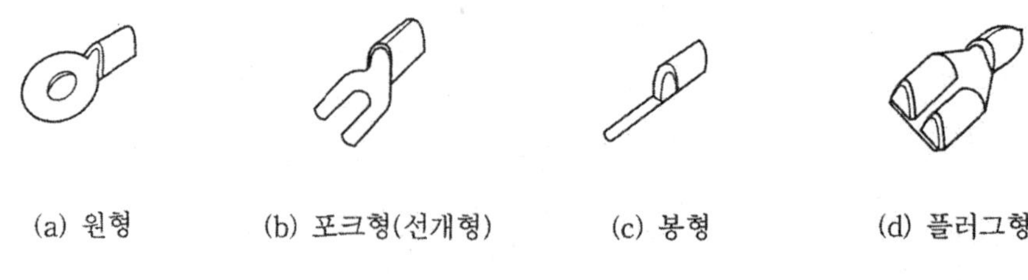

(a) 원형　　　　(b) 포크형(선개형)　　　　(c) 봉형　　　　(d) 플러그형

그림 5-12 압착 단자의 종류

(4) 납땜 배선

저항, 콘덴서, 플러그인 계전 등의 제어 기기에 접속하는 경우에는 납땜 개선을 한다. 납땜 배선의 작업 순서는 다음과 같이 한다.

① 적정한 납땜 인두와 납땜 팁의 형상을 사용한다.
② 납땜 인두의 온도를 적절히 조정하면서 사용한다.
③ 단자에는 예비 납땜을 하여 납땜이 용이하도록 한다.
④ 구멍 있는 단자는 그림 5-13 (a)와 같이 끼워서 구부린다.
⑤ 감는 단자에는 그림 5-13 (b)와 같이 1회 이상 감는다.
⑥ 납땜이 굳기 전에 전선을 움직이지 않도록 한다.
⑦ 전선의 피복 등 절연물이 손상되지 않도록 한다.

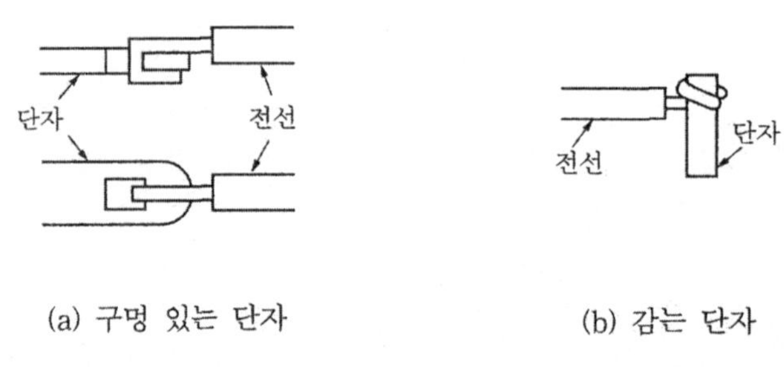

(a) 구멍 있는 단자　　　　　　(b) 감는 단자

그림 5-13 납땜 단자의 전선 처리법

(5) 기구 단자 구분

① 나사 단자(평 와셔 방식) : 단자판이 도전과 버스용 덕트의 역할을 하는 것으로 조작 회로, 주 회로 단자에 가장 널리 사용한다.

　전선의 단말 처리에 압착 단자를 사용하지 않는 경우에는 전선 단말을 원형으로 가공한 후 단자판 → 압착 단자 (고리 단자) → 평와셔 → 스프링 와셔 → 나사 순으로 삽입하여 고정시킨다.

② 나사 단자 (평판 방식) : 단자판이 평판으로 도체를 함께 볼트, 너트를 이용하여 고정시키는 방법으로 대용량 제어 기기의 주회로 단자에 사용한다. 통전 용량이 대형일 때는 원형 압착 단자나 평도체를 접속하는 방법으로 볼트 수를 2개, 4개와 같이 복수로 고정시킨다.

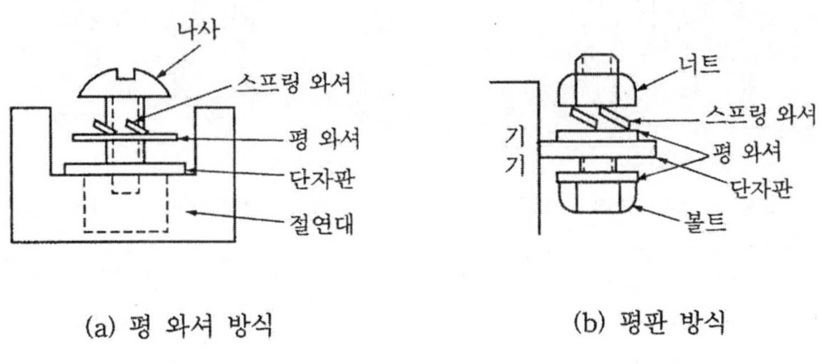

(a) 평 와셔 방식　　　　　(b) 평판 방식

그림 5-14　나사 단자

③ 스터드 단자 : 변압기 단자에 사용하는 방식으로 더블 너트 방식과 스프링 와셔 방식이 있다.

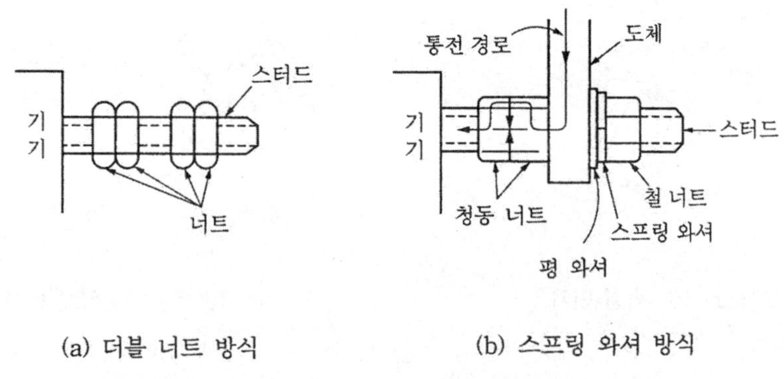

(a) 더블 너트 방식　　　　　(b) 스프링 와셔 방식

그림 5-15　스터드 단자

④ 클램프 단자 : 전선의 절연 피복을 직선 단자로 벗겨 접속하는 방법으로 소형 전자 접촉기, 전자 계전기 등에 사용한다.

(개) 단선을 접속하는 경우에는 좌우 대칭이 되도록 한다.

(내) 전선의 굵기가 다른 경우에는 압착 단자로 단말 처리를 한다.

(대) 소선의 굵기가 가는 전선을 접속하는 경우에는 압착 단자로 단말 처리를 한다.

⑤ 압착 단자 : 클램프 단자와 동일하게 절연 피복을 직선 단자로 벗겨 접속하는 방법으로 커버 나이프 스위치, 차단기 등에 사용한다.

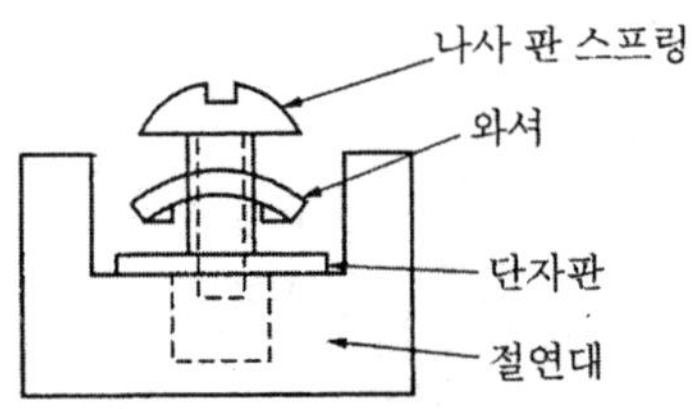

그림 5-16 클램프 단자

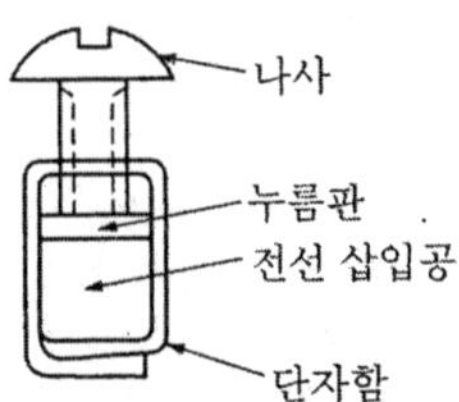

그림 5-17 압착 단자

⑥ 속결 단자 : 클램프 단자와 동일하게 절연 피복을 직선 단자로 벗겨 접속하는 방법으로 배선용 기구 등에 사용한다.

⑦ 터브 단자 : 플러그형 단자를 터브 단자에 꽂아 넣는 방식으로 간단하게 회로를 변경할 수 있으나 전선에 장력이 가해지면 단자에서 이탈할 우려가 있다. 터브 단자는 스위치, 에어컨, 자동차 등의 단말 처리에 사용한다.

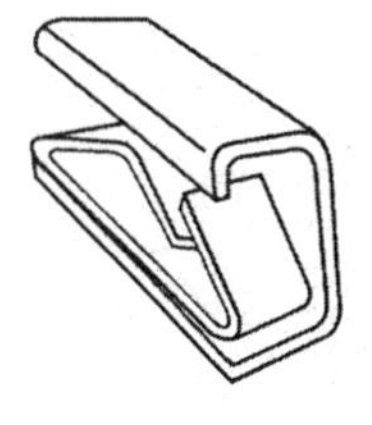

그림 5-18 속결 단자

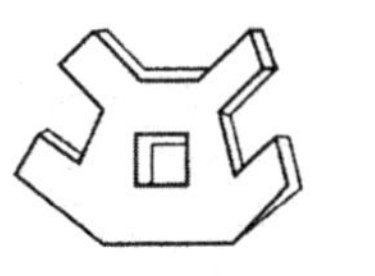

그림 5-19 터브 단자

2-5 전선 구부리기와 바인드하기

전선을 여러 가닥 묶어서 배선할 때 피복이 손상되지 않도록 유의한다.

(1) 직각 구부리기

전선을 직각으로 구부릴 때 구부러지는 곳의 반지름은 전선 지름의 2배 이상으로 손가락 또는 롱로즈 플라이어로 구부린다.

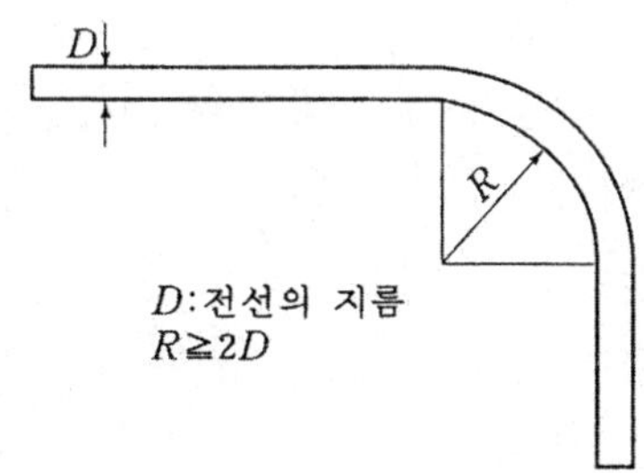

그림 5-20 직각 구부리기

(2) 전선의 배열 방법

  전선의 배열 방법에는 원형과 수평형이 있으며, 또한 구부리는 방법에는 한 선씩 구부려서 한 곳에 모으는 방법과 한꺼번에 묶어서 구부리는 방법이 있다.

표 5-10 전선의 배열 방법

전선수	배열 방법		전선수	배열 방법	
2선			5선		
3선			6선		
4선			7선		

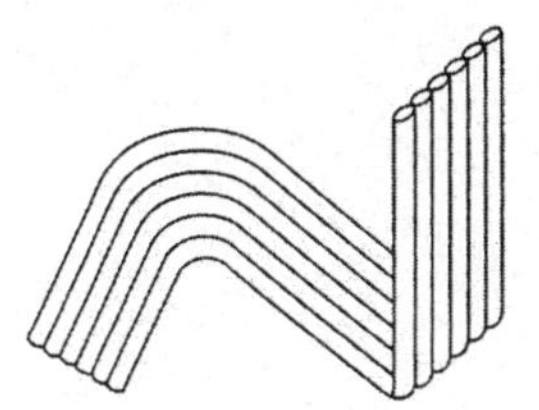
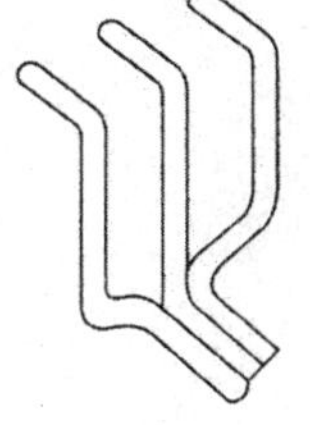
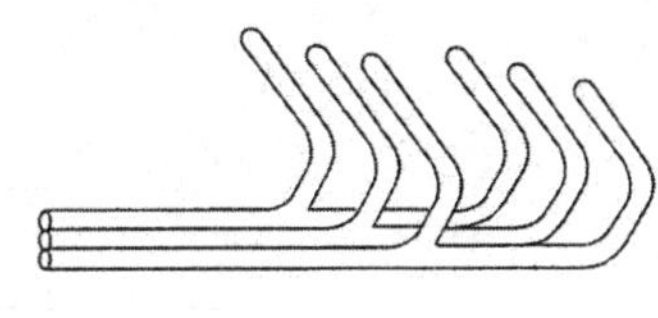

그림 5-21 전선의 배열 형태

(3) 바인드하기

전선을 바인드하는 방법에는 호밍사 및 알루미늄 띠를 사용하며, 근래에는 합성 수지 제품인 타이밴드를 많이 사용한다.

① 호밍사로 바인드하기

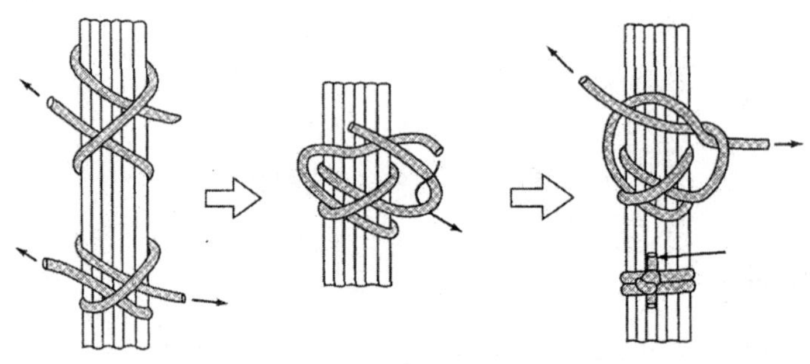

그림 5 - 22 호밍사로 바인드하기

② 알루미늄 띠로 바인드하기

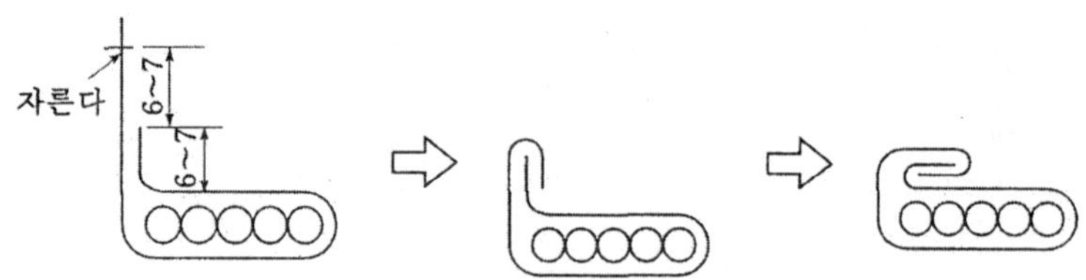

그림 5 - 23 알루미늄 띠로 바인드하기

③ 타이밴드로 바인드하기

　(개) 전선을 배열한다.

　(내) 타이밴드를 이용하여 전선을 묶는다.

　(대) 바인드된 타이밴드는 니퍼로 끝을 절단한다.

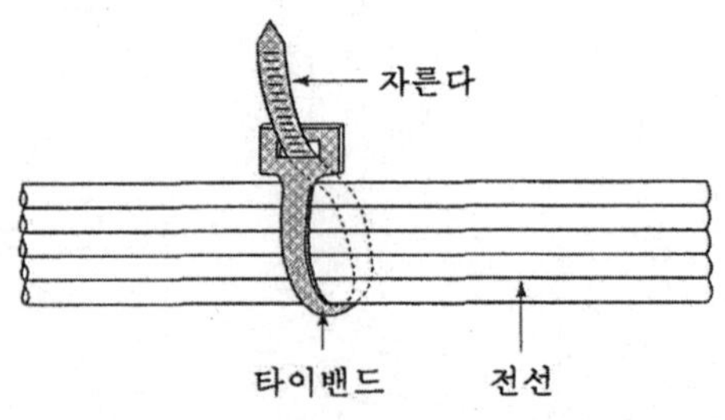

그림 5 - 24 타이밴드로 바인드하기

2-6 단선 접속

전선을 서로 접속할 때 전선과 전선 사이에 간격이 생기지 않도록 하고, 또한 전선의 심선에 손상이 생기지 않도록 한다.

① 접속으로 인한 전기 저항이 증가하면 안 된다.

② 전선의 강도는 80 % 이상 유지하여야 한다.

③ 접속 부분의 접속은 납땜, 슬리브, 커넥터 등으로 접속을 한다.

(1) 트위스트 접속

트위스트 접속은 지름 2.6 mm 이하의 가는 단선을 꼬아서 접속하는 방법이다.

① 직선 접속

(개) 직선 접속 부분을 120 mm 정도 벗기고 두 심선의 길이가 20 mm와 30 mm 되는 점에 두 심선을 30° 정도로 서로 교차하여 교차점의 왼쪽을 펜치로 잡는다.

(내) 오른손 엄지와 검지로 2~3회 회전하여 심선을 90° 정도로 5회 이상 밀착되게 감은 후 남은 선을 자른 다음 펜치로 접속부를 압착시킨다.

(대) 펜치의 위치를 반대로 한 후 위의 방법을 반복하여 완성한다.

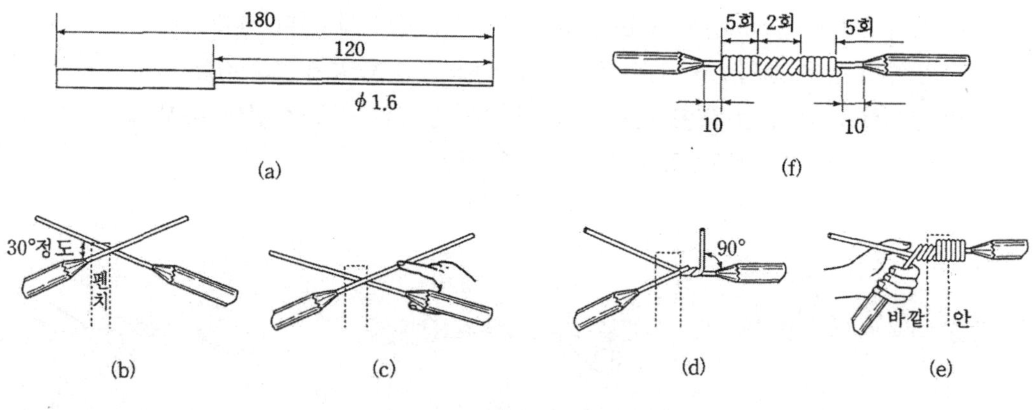

그림 5-25 트위스트 직선 접속

② 분기 접속

(개) 본선과 분기선을 나란히 하여 펜치로 고정하고 분기선을 30~45° 정도 휘어서 1회 감은 후 분기선이 90° 정도로 되게 한다.

(내) 오른손 엄지와 검지로 분기선을 5회 이상 힘주어 밀착하여 감고 남은 선을 자른 후 펜치로 접속부를 압착시킨다.

(대) 그림 5-27은 2본 분기 접속 방법이다.

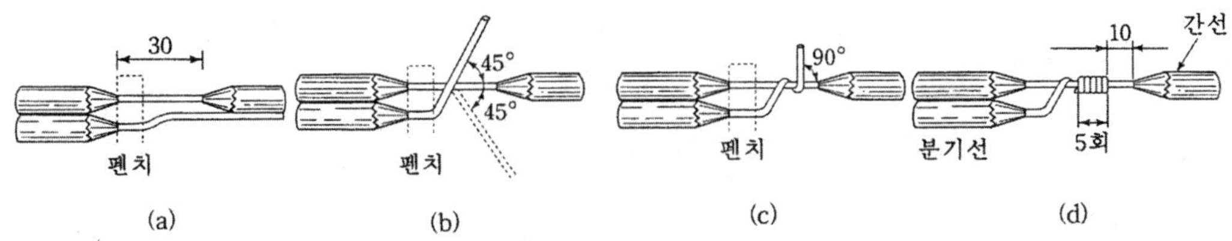

그림 5 - 26 트위스트 분기 접속

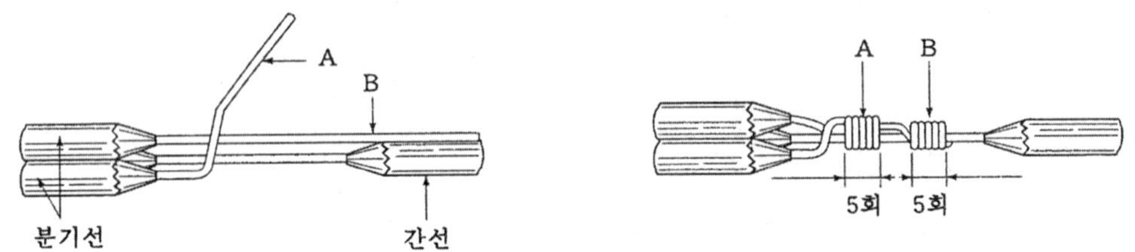

그림 5 - 27 트위스트 2본 분기 접속

(2) 브리타니어 접속

브리타니어 접속은 지름 3.2 mm 이상의 굵은 전선의 접속에 사용하는 방법이다.

① 직선 접속

㈎ 직선 접속 부분을 80 mm 정도 벗기고 두 심선 끝을 30° 정도로 구부린다.

㈏ 첨가선(1.0~1.2 mm)을 오른쪽에서 왼쪽으로 심선에 갖다 댄다.

㈐ 왼쪽에 남은 첨가선을 임의로 이등분하여 심선 중앙에 2회 감는다.

㈑ 첨가선을 두 심선 위에 심선 지름의 5배 정도로 감고 심선에 다시 5회 정도 감은 후 첨가선과 함께 2회 정도 비튼 후 잘라 버린다.

㈒ 반대편도 같은 방법으로 반복하여 완성한다.

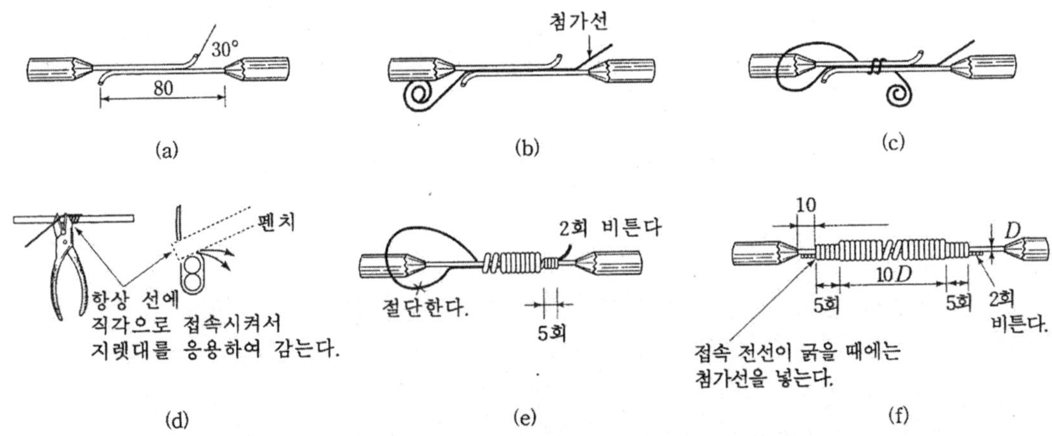

그림 5 - 28 브리타니어 직선 접속

② 분기 접속

㈎ 직선 접속 부분을 80 mm 정도 벗기고 본선의 15 mm 되는 곳에 분기선을 45° 정
도로 구부리며 첨가선에 일치시켜 1~2회 정도 감는다.

㈏ 첨가선(1.0~1.2 mm)을 직선 접속 방법과 같은 방법으로 분기 접속한다.

㈐ 그림 5-29 (d)는 T 분기 접속 방법이다.

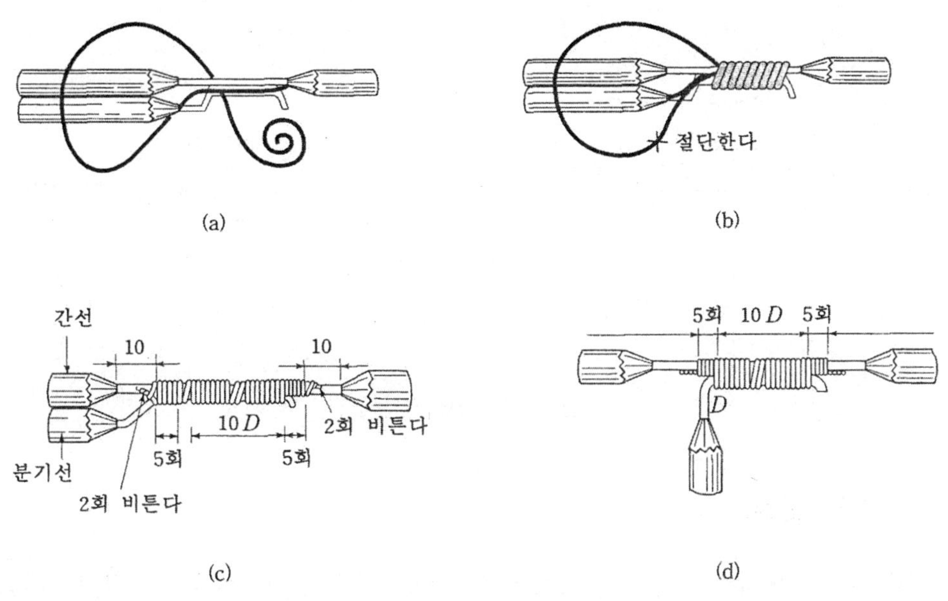

그림 5-29　브리타니어 분기 접속

(3) 슬리브 접속

① 접속할 전선의 피복을 슬리브 길이보다 10~20 mm 정도 더 길게 벗긴다.

② 슬리브의 관 또는 홈에 전선의 양끝을 약 5 mm 정도 나오게 하고, 슬리브의 끝부
분과 전선의 피복과의 간격이 10 mm 정도 나오도록 끼운 후 심선이 빠지지 않도록
홈의 모서리를 펜치로 단단히 죄어 놓는다.

③ 슬리브의 양끝을 펜치 두 개로 나란히 잡고 서로 반대방향으로 힘을 주어 90°로 2
회 이상 비틀어 슬리브 접속을 완성한다.

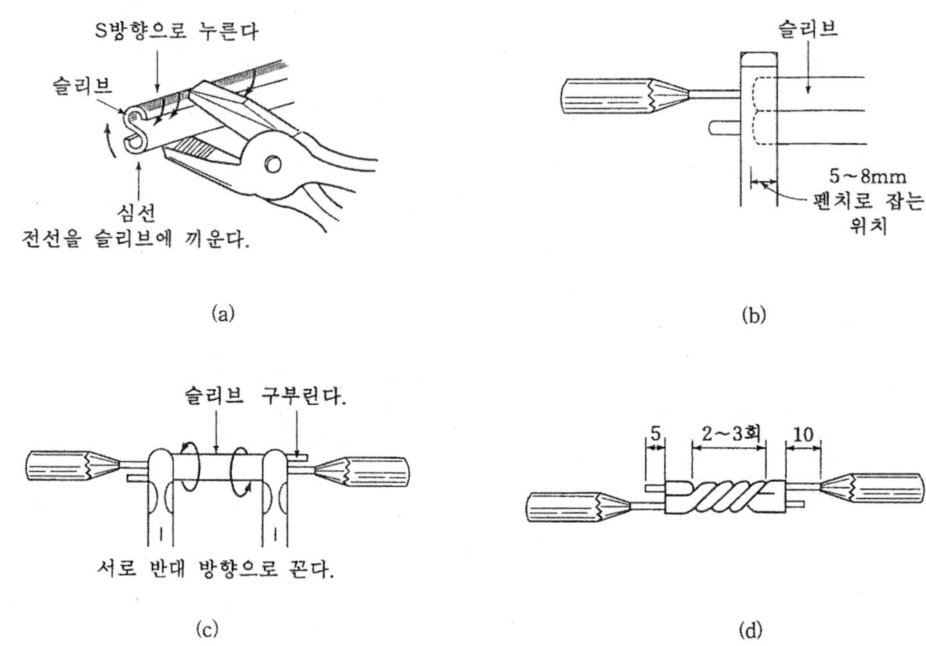

그림 5-30 슬리브 접속

2-7 연선 접속

연선을 접속하는 방법에는 자체 소선을 사용하는 방법과 첨가선을 사용하여 접속하는 방법이 있으며, 접속점이 볼록해지는 것을 방지하기 위해 연선의 바깥층만 남기고 나머지는 1/4만 남기고 다음과 같이 잘라 버린다.

① 소선 7본인 경우 : 중앙 1본을 잘라내고 6본으로 접속한다.

② 소선 19본인 경우 : 중앙 7본을 잘라내고 12본으로 접속한다.

③ 소선 37본인 경우 : 중앙 19본을 잘라내고 18본으로 접속한다.

(1) 첨가선 사용 접속

① 직선 접속

㈎ 각 소선을 풀어 중심의 소선 한 가닥을 1/4 정도 길이만 남기고 잘라 버린다.

㈏ 소선들을 한 가닥씩 서로 엇갈리게 하여 합치고, 소선 중앙 부분에 첨가선을 대고 접속선의 중앙을 1회 감은 다음 소선 지름의 5배 정도로 감고 소선을 구부려 잘라낸다.

㈐ 접속선을 다른 쪽의 소선 위에 5회 정도 감고 첨가선과 함께 5회 정도 감은 후 잘라낸다.

㈘ 반대편도 같은 방법으로 반복하여 완성한다.

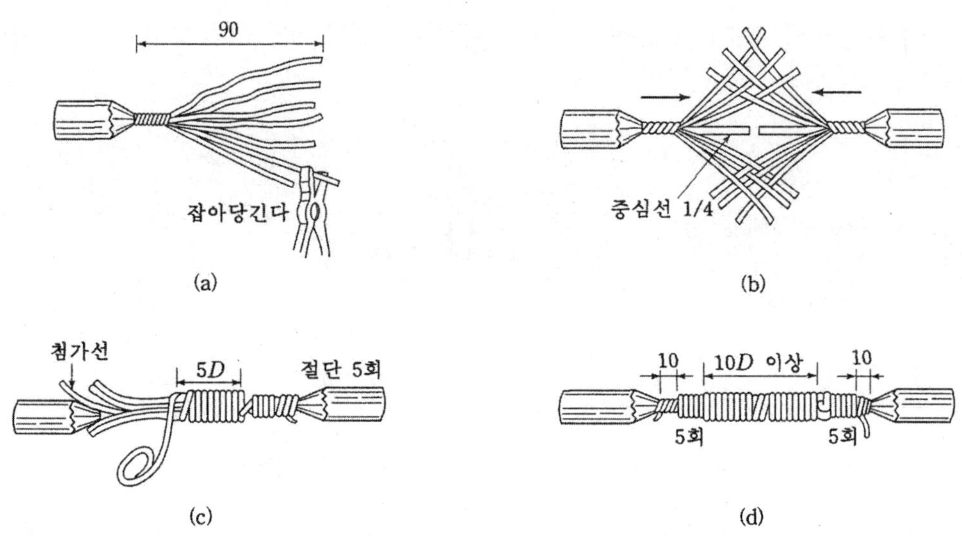

그림 5-31 연선의 직선 접속 (첨가선 사용)

② 분기 접속

㈎ 분기선의 소선을 풀어 곧게 편 다음 본선의 심선을 감싸는 것처럼 댄다.

㈏ 첨가선을 대고 접속선으로 10 D 이상으로 감아 나가고 분기선의 소선을 구부려 자른 다음 접속선을 계속하여 본선에만 5회 감고 첨가선과 함께 5회 감은 후 잘라낸다.

㈐ 반대편도 위와 같은 방법으로 반복하여 완성한다.

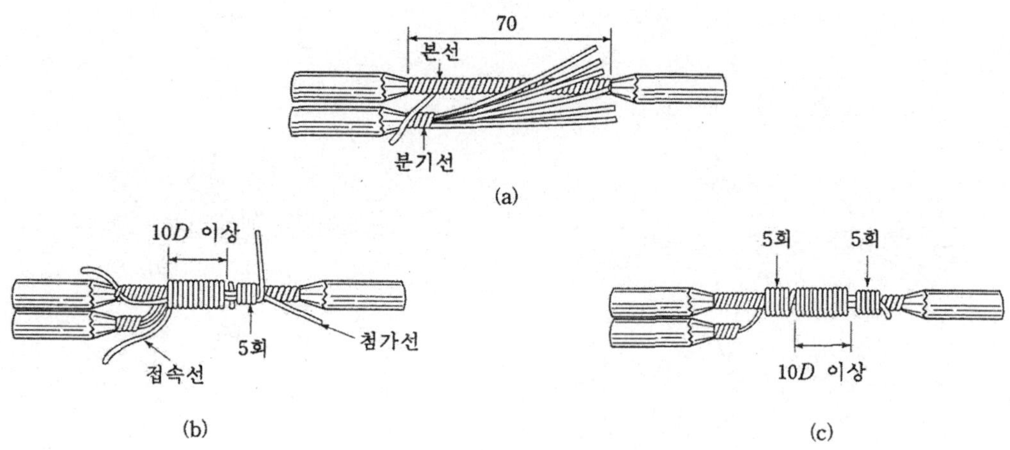

그림 5-32 연선의 분기 접속 (첨가선 사용)

③ 분할 분기 접속

(개) 분기선의 소선을 풀어 곧게 편 다음 둘로 갈라 첨가선과 함께 본선에 댄다.

(내) 접속선의 중앙 부분을 본선에 걸치고 펜치로 연선의 직선 접속 방법으로 완성한다.

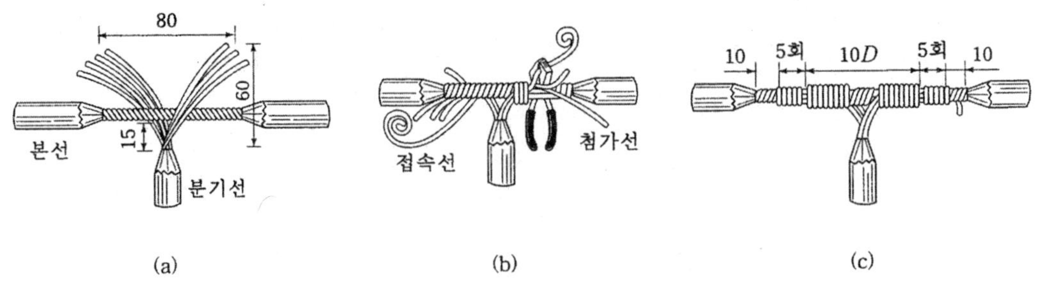

그림 5 - 33 연선의 분할 분기 접속 (첨가선 사용)

(2) 소선 사용 접속

① 직선 접속

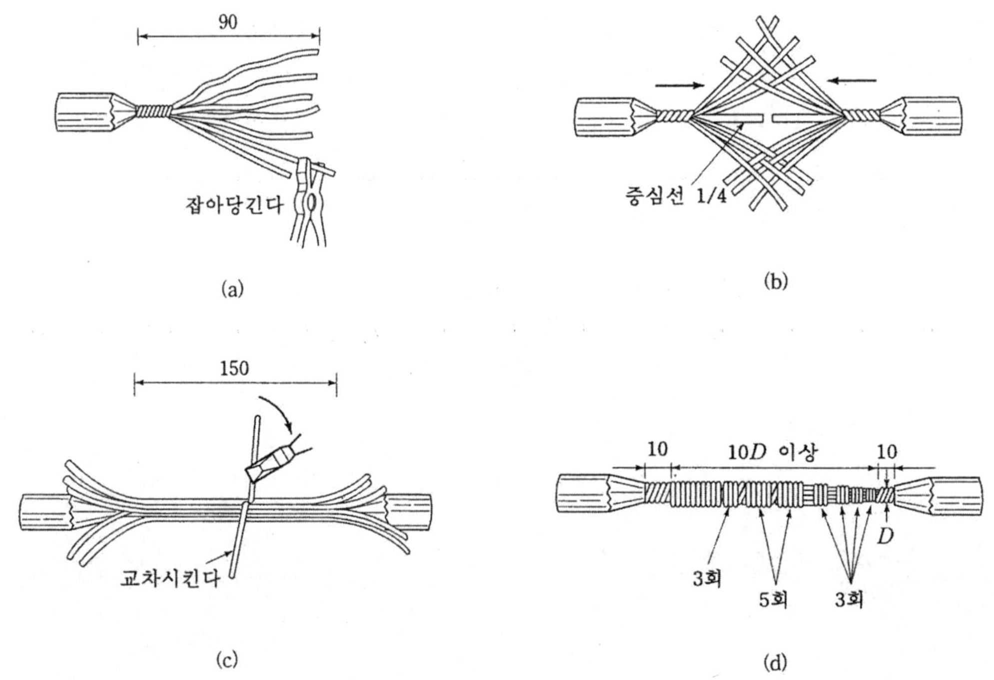

그림 5 - 34 연선의 직선 접속 (소선 사용)

(가) 각 소선을 풀어 중심의 소선 한 가닥을 1/4 정도 길이만 남기고 잘라 버린다.

(나) 중앙 부분에서 좌우의 심선 한 가닥씩 서로 비틀어 세워 위로 향한 심선을 펜치로 잡아 오른쪽으로 5회 정도 감은 후 잘라낸다.

(다) 또 다른 하나의 심선을 위로 세워서 3회 감는 방법으로 차례로 오른쪽으로 반복한다.

(라) 반대편도 같은 방법으로 반복하여 완성한다.

② 분기 접속

(가) 분기선의 소선을 풀어 곧게 편 다음 본선의 심선을 감싸는 것처럼 댄다.

(나) 본선 피복 끝부분으로부터 10 mm 되는 곳에 분기선의 소선 한 가닥을 펜치로 잡고 수직으로 세운 다음 5회 감고 잘라낸다.

(다) 분기선의 또 다른 하나의 소선을 위로 세워서 3회 감는 방법으로 차례로 오른쪽으로 반복한다.

(라) 반대편도 위와 같은 방법으로 반복하여 완성한다.

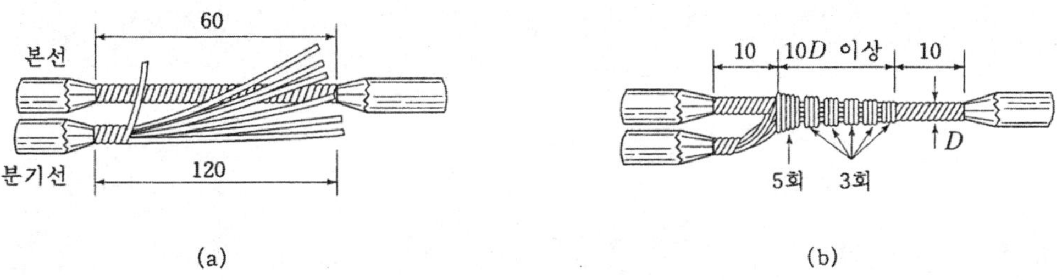

그림 5 - 35 연선의 분기 접속 (소선 사용)

③ 분할 분기 접속

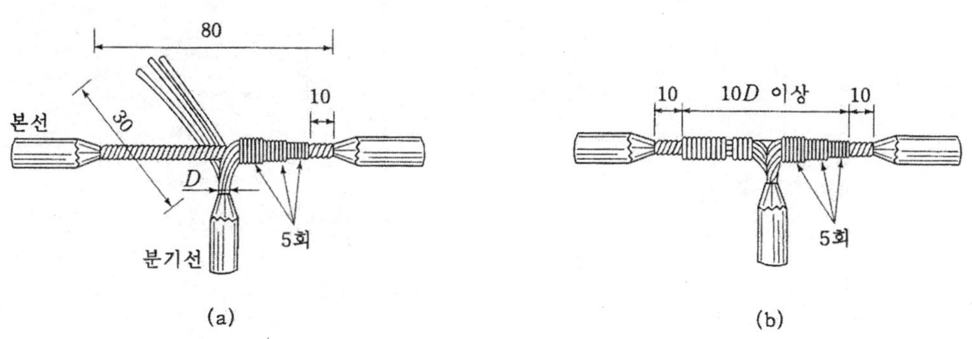

그림 5 - 36 연선의 분할 분기 접속 (소선 사용)

㈎ 분기선의 소선을 풀어 곧게 편 다음 둘로 갈라 본선의 중앙에 댄다.

㈏ 왼손으로 두 선을 잡고 오른손으로 소선 한 가닥을 세워 펜치로 잡아당겨서 6회 감은 다음 잘라내고 나머지 소선도 차례로 5회 정도 감고 잘라낸다.

㈐ 분기선의 소선이 19본 이상인 경우에는 3회씩만 감는다.

㈑ 반대편도 위와 같은 방법으로 반복하여 완성한다.

2-8 종단 접속

전선의 종단 접속에는 테이프를 감는 방법과 와이어 커넥터를 사용하는 방법, 링 슬리브를 사용하는 방법 등이 있다.

(1) 2선의 종단 접속

① 굵기가 같은 단선의 종단 접속

㈎ 전선의 피복을 제거한 후 두 전선을 펜치로 잡은 다음 오른손으로 1회 비튼다.

㈏ 왼손으로 전선을 잡고 오른손으로 펜치를 이용하여 심선을 당기면서 1~2회 꼬아준다.

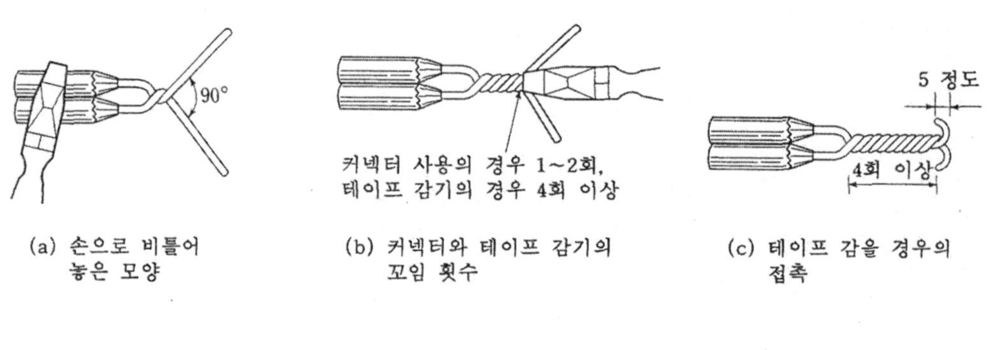

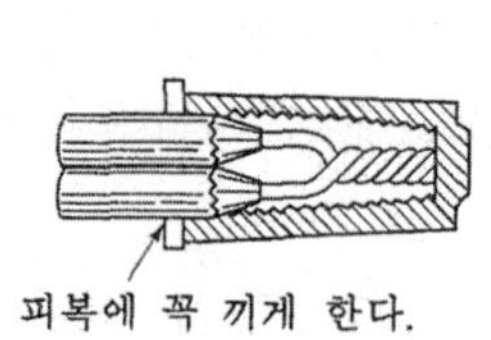

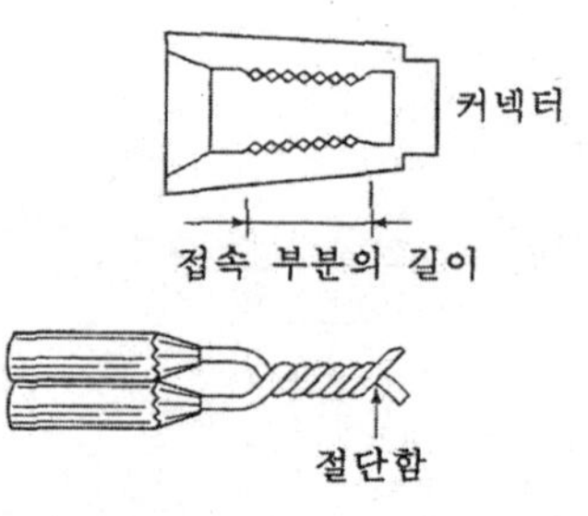

그림 5-37 동일 단선의 종단 접속

㈜ 테이프를 감을 경우 4회 이상 꼬아준 다음 심선의 끝을 5 mm 정도 구부려서 완전하게 테이핑한다.

㈘ 위에서 꼬아진 전선의 끝을 잘라내고 와이어 커넥터를 전선의 피복 부분까지 비틀어 끼운다. 이 때 심선의 끝이 커넥터 밑바닥에 닿아야 하며 피복을 벗긴 부분이 커넥터 밖으로 보여서는 안 된다.

② 굵기가 다른 단선의 종단 접속

㈎ 가는 전선을 굵은 전선의 피복 부분에서 5 mm 정도 되는 곳에 펜치로 잡고 1회 감은 다음 가는 전선을 수직으로 세워 밀접하게 5회 이상 감고 잘라낸 후 펜치로 압착시킨다.

㈏ 굵은 전선을 구부려서 10 mm 정도 남기고 잘라낸 후 펜치로 압착한다.

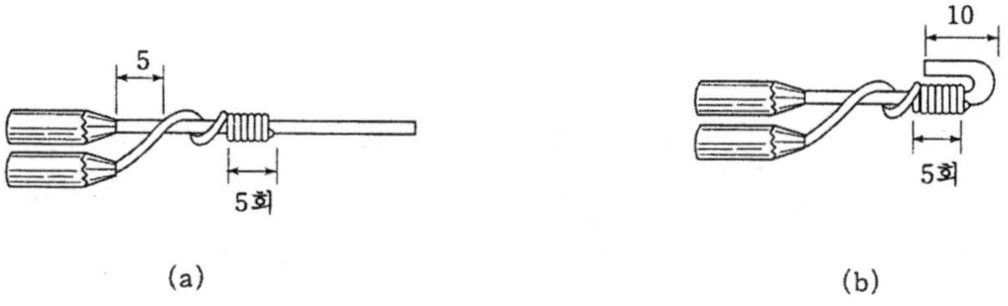

그림 5 - 38 이종 단선의 종단 접속

③ 단선과 코드선의 종단 접속

㈎ 단선(비닐 절연 전선)의 피복 부분에서 10 mm 정도 되는 곳에 코드선을 놓고 코드선을 20 mm 정도 감은 후 펜치로 압착한다.

㈏ 단선을 구부려서 10 mm 정도 남기고 잘라낸 다음에 펜치로 압착한다.

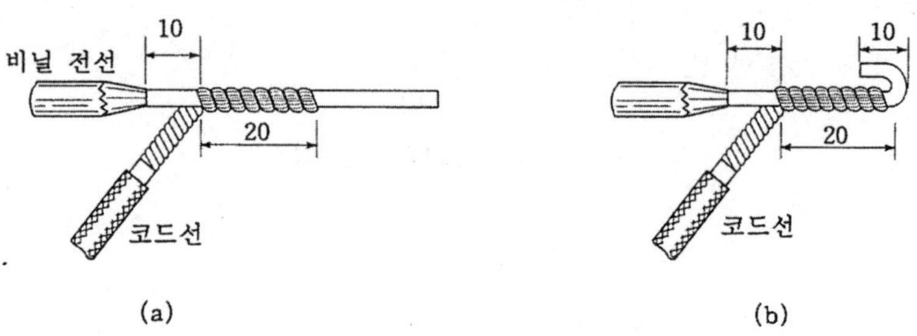

그림 5 - 39 단선과 코드선의 종단 접속

(2) 3선 종단 접속

① 단선일 경우

　(개) 와이어 커넥터의 경우에는 펜치로 세 가닥을 잡고 15 mm 정도 비틀어 꼰다.

　(내) 테이프를 감을 경우에는 한 가닥을 두 심선 위에 5회 이상 감은 후 잘라내고 두 심선을 8 mm 정도 구부려서 압착시킨다.

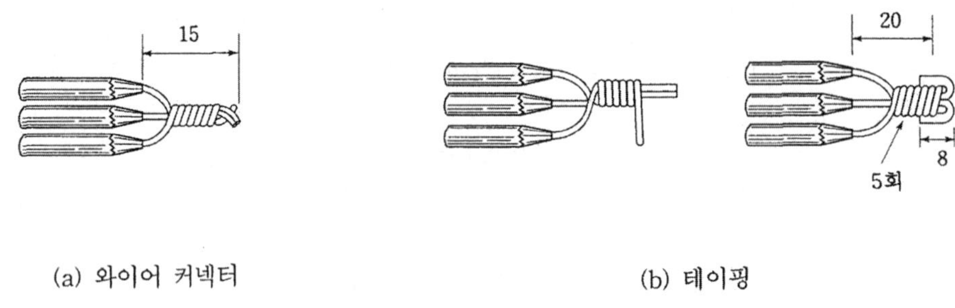

(a) 와이어 커넥터　　　　　　(b) 테이핑

그림 5 - 40　단선의 종단 접속

② 연선일 경우 : 첨가선을 2~3회(15 mm) 정도 감고 양끝을 잘라서 첨가선을 압착시킨 후 여분의 심선을 잘라내고 와이어 커넥터를 피복 부분까지 끼운다.

③ 단선과 연선일 경우 : 단선을 2~3회(15 mm) 정도 감고 단선 끝을 잘라서 압착시키고, 여분의 심선을 잘라내고 와이어 커넥터를 피복 부분까지 끼운다.

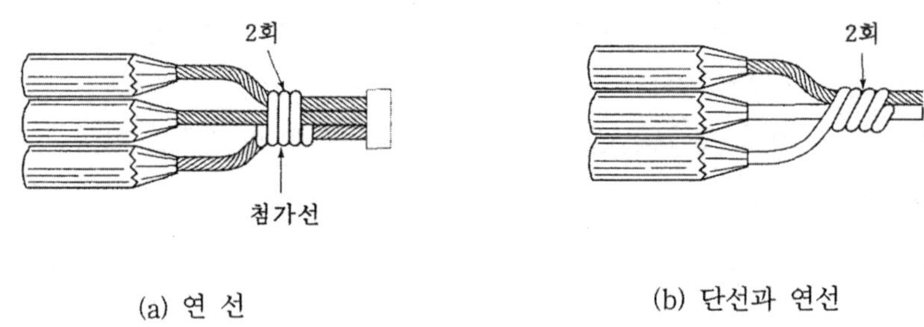

(a) 연 선　　　　　　(b) 단선과 연선

그림 5 - 41　연선의 종단 접속

3. 공사 방법

3-1　금속관 공사

(1) 금속관 공사 요령

① 금속관 공사란 금속관을 조영재에 부설하든가 콘크리트에 묻고 그 관 내에 절연 전선을 시설하는 공사 방법을 말한다.

② 금속관 공사는 노출 장소 또는 은폐 장소의 건조, 습기, 물기가 있는 장소 등 모든 장소에 시설할 수 있다.

③ 금속관 공사에 있어서 전선을 보호하기 위하여 사용하는 전선관에는 두께에 따라 박강 전선관과 후강 전선관의 두 종류가 있다.

(2) 금속관 공사의 시공 예

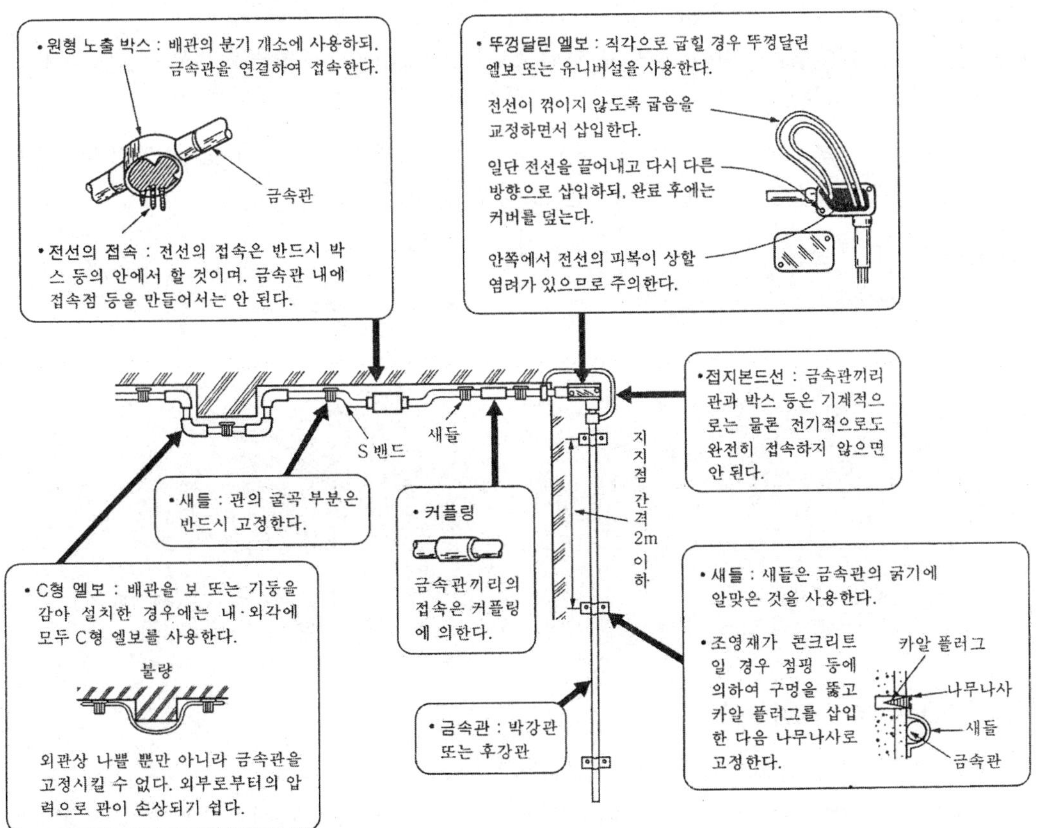

그림 5-42　금속관 공사

(3) 금속관의 나사 작업순서

① 바이스로부터 관 끝을 10~15 cm 정도 내밀고, 관에 상처가 나지 않도록 고정한다.

② 관 끝에 나사 절삭기를 끼우고 가이드를 조정하여 나사 절삭기를 안정시킨다.

③ 래칫의 방향을 맞춘다. 왼손으로는 다이스 부분을 관 쪽으로 밀면서 오른손으로 핸들을 조금씩 돌려 날이 2~3산 정도 나도록 한다.

④ 나사를 내는 곳에 기름을 치면서 그림 5-43과 같이 핸들을 왕복시켜 필요한 길이만큼 나사를 낸다.

⑤ 나사가 절삭된 후 래칫의 방향을 반대로 하고 핸들을 돌려 나사 절삭기를 빼낸다.

⑥ 절단구의 내측을 리머로 1/3 이상 깎아낸다.

(4) 금속관을 굽히는 작업 순서

① 금속관의 굽힘 시작점과 끝점을 결정한다 (이 때 관의 중립선을 기준으로 굽힘 반경, 굽힘 길이를 산출한다).

② 관 지름에 알맞은 벤더를 세우고 여기에 굽힘 시작점을 맞춘다.

③ 왼손으로 벤더 끝을 쥐되 엄지 손가락으로는 관을 누르고, 오른손으로는 관을 쥐고 앞쪽으로 밀면서 굽힌다.

④ 관을 앞쪽으로 조금씩 당기면서 굽힘 끝점까지 반복한다 (이 때 관에 상처가 나지 않도록 헝겊 등으로 벤더를 감아주는 방법도 있다).

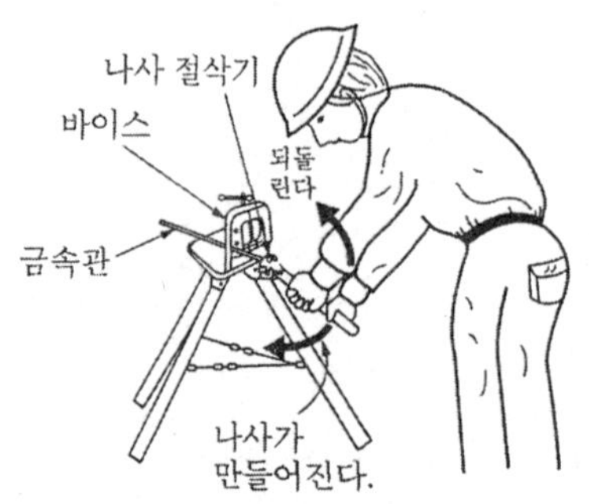

그림 5-43 금속관 나사내기

그림 5-44 금속관 굽히기

(5) 금속관의 접속 작업 순서

① 접속시킬 양쪽 금속관에 나사를 낸다.

② 커플링을 한쪽 관에 끼운다. 이 때 커플링의 중앙 부분까지 들어가도록 끼워야 한다.

③ 또 한쪽 관을 커플링의 다른 쪽에서 끼우고 파이프 렌치나 바이스 플라이어 등으로 꼭 쥔다.

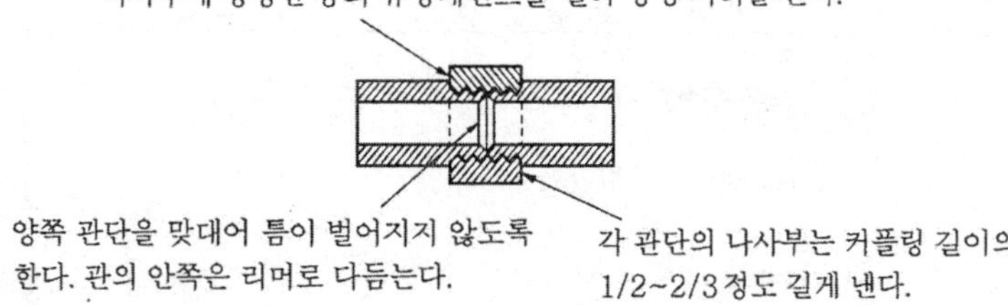

그림 5-45 커플링 접속

3-2 전동기 주 회로 배선의 접속

설비 구동용의 전동기 주 회로 배선 공사 방법에는 여러 가지가 있으나, 여기에서는 주로 전동기의 단자와 배선의 접속 요령을 설명한다.

(1) 배선재로서 전선 (IV 선)을 사용

① 전동기의 단자 박스 위치는 앞쪽에서 보아 전동기 좌측에 있다.

② 건조한 장소에 한하여 1종 금속제 가요 전선관을 사용할 수 있다.

③ 습기가 많은 장소 또는 물기가 있는 장소에 사용할 경우에는 2종 가요 전선관을 사용한다.

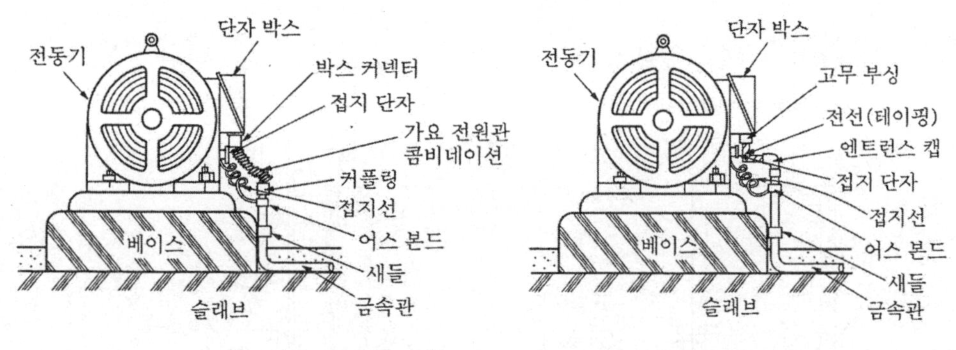

(a) 가요 전선관에 의한 접속   (b) 엔트런스 캡에 의한 접속

그림 5-46 배선재로서 전선(IV 선)을 사용

(2) 배선재로서 케이블을 사용

옥내 설비로서 먼지 등의 영향이 없는 장소에서는 배관 출구에서 단말 처리를 하되, 심선을 테이프로 감고 전동기 단자에 접속한다.

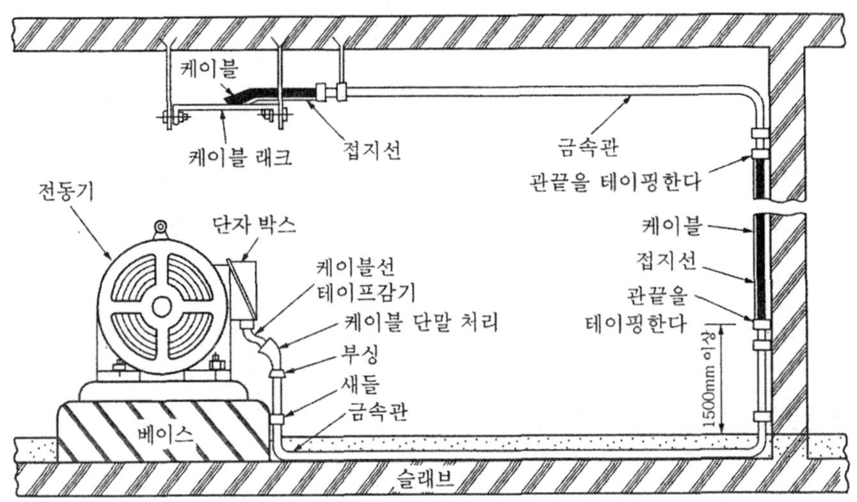

그림 5-47 배선재로서 케이블을 사용

3-3 제어반의 부착

제어반을 벽면에 부착하는 방법에는 노출 방법, 반노출 방법, 매입 방법 등이 있다.

(1) 블록벽 (노출 부착)

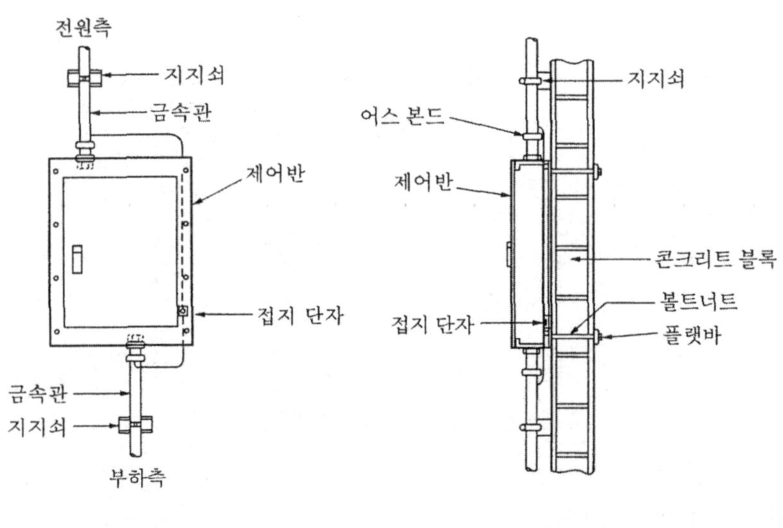

그림 5-48 블록벽(노출 부착)

(2) 목조 칸막이벽 (노출 부착)

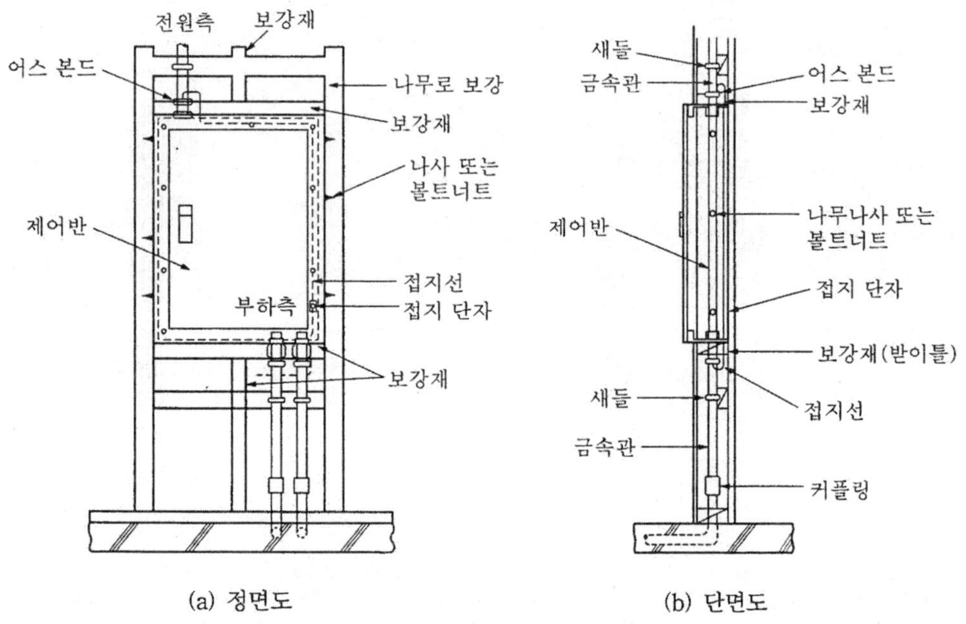

(a) 정면도　　　　　(b) 단면도

그림 5-49　목조 칸막이벽(노출 부착)

(3) 경량 칸막이벽 (반노출 부착)

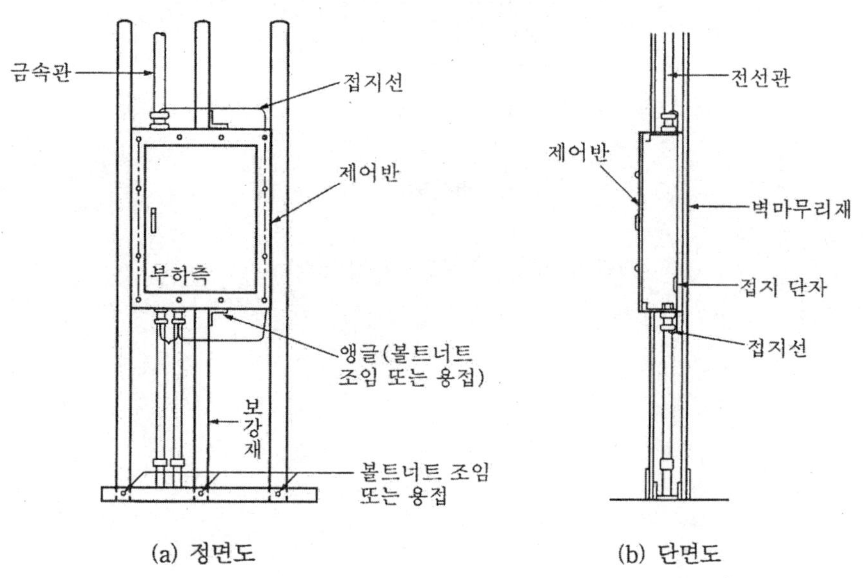

(a) 정면도　　　　　(b) 단면도

그림 5-50　경량 칸막이벽

(4) 콘크리트벽 (매입 부착)

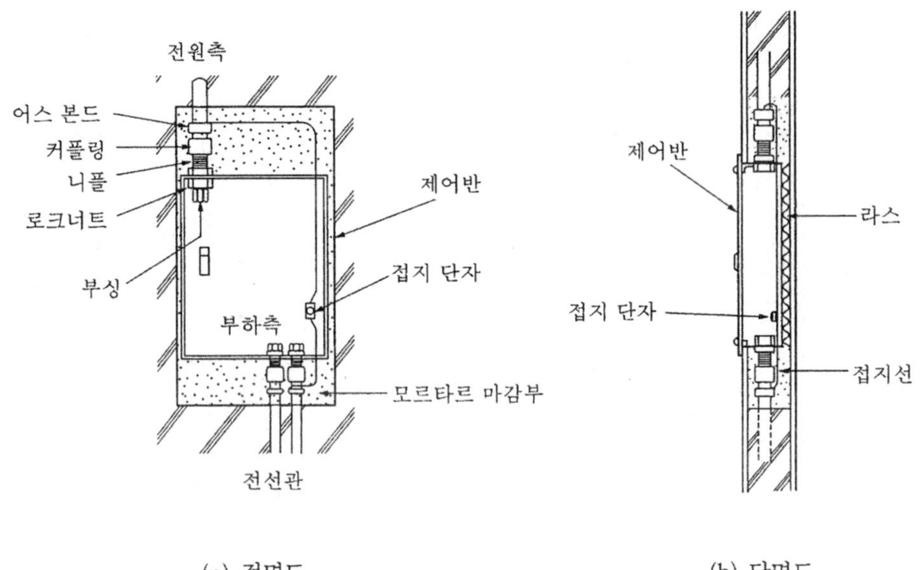

(a) 정면도　　　　　　　　(b) 단면도

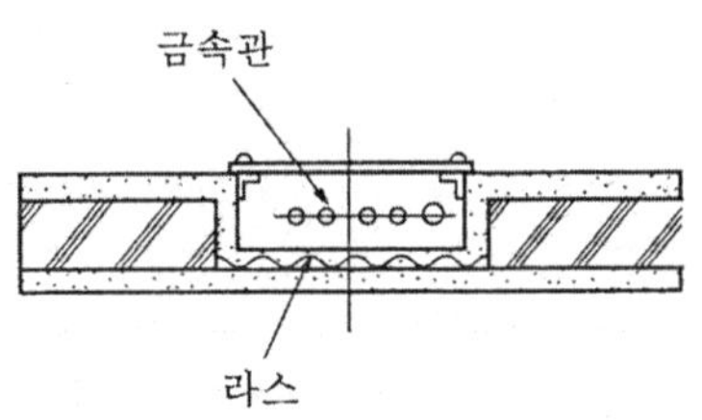

(c) 평면도

그림 5 - 51 콘크리트벽(매입 부착)

4. 측정 계기

4-1 오실로스코프 (oscilloscope)

교류 파형 또는 급격하게 변화하는 전류, 전압 등의 상태를 관찰 기록하기 위하여 음극선 관을 사용하여 그 형상면상에 도형을 나타내어 여러 형상을 관찰하는 장치로서 정전형과 전자형이 있다. 시간에 따라 변화하는 것을 그래프로 나타내며, 그래프의 수평축은 시간축이고 수직축은 전압축이다.

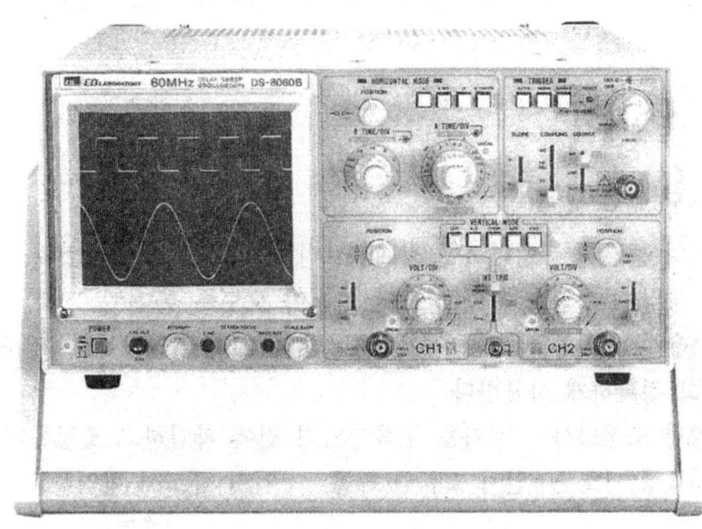

그림 5-52 오실로스코프

☜ 조정기의 기능과 작동

① 휘도 조정기 (intensity adjuster) : 일반적으로 전원 스위치와 같이 붙어 있으며, 화면에 나타나는 빛의 밝기를 조정한다.

② 수평 위치 조정기 (horizontal position) 및 수직 (vertical) 위치 조정기 : 화면의 위치를 수평 또는 수직으로 움직이게 하는 조정기이다.

③ 스위프 주파수 전환기 (sweep frequency selector) 및 스위프 주파수 미조정기 : 서로 연결되어 여러 주파수 파형을 관찰할 수 있게 한다. 이들은 화면 위의 파형이 정지하는 위치에 맞추어야 한다.

④ 동기 조정기 : 스위프 주파수 전환기와 스위프 주파수 미조정기만으로 완전히 정지시키지 못할 때 동기 조정기로 완전히 정지시킬 수 있다.

⑤ 동기 신호원 전환기 (synchronous selector) : 동기 신호원을 선택하는 것이다. IMT에서는 수직축 입력에 가해진 신호 전압의 일부를 이용하여 동기시키고 (가장 많이 쓰임), LINE에서는 전원 전압의 일부를 이용하여 동기시키며, 또한 EXT에서는 수직축 입력 신호 전압의 주기와 면밀한 관계가 있는 외부 신호에 동기시키고 싶을 때 사용하며, SINC−IN 단자에 그 신호를 가해서 사용한다.

⑥ 수직축 감도 전환기 (vertical gain selector) 및 수직축 감도 미조정기 : 수직축 감도의 전환 및 미세조정 그리고 파형의 높이를 임의로 조정한다.

⑦ 수평축 감도 조정기 (horizontal gain vernier) : 수평축의 감도를 조정하여 수평폭을 변화시킨다.

4−2 일반 측정계기

☙ 측정 계기의 사용법

① 계기의 최대 눈금이 측정하려는 최대값보다 높은 계기이어야 한다.
② 계기에서 통상 지시되는 중간 정도에 지침이 오도록 한다.
③ 계기의 사용시 수직형(기호 ⊥)인지, 수평형(기호 ⌐)인지 또는 경사형(기호 ∠)인지 확인하고 정확하게 사용한다.
④ 계기의 영점 조정나사는 계기를 동작시키기 전에 확인하고 조정한다.
⑤ 계기는 직류형(기호 −)인지 교류형(기호 ~)인지 반드시 확인하고 사용한다 (대체로 직류계기의 눈금은 동일한 간격으로 되어 있으나 교류에서는 간격이 다른 것이 많다).
⑥ 계기의 눈금을 읽을 때에는 정면에서 읽어야 한다 (경사로 읽으면 오차를 가져오게 된다).
⑦ 계기의 지침이 눈금 중앙에 있을 때에는 그 간격을 나누어 추정한다.

☙ 측정 순서

① 영점 조정을 한다.
② 극성을 확인하여 계기가 소손되지 않도록 한다.
③ 계기를 수평 혹은 수직으로 설치한다.
④ 눈의 위치를 정확히 하여 측정 오차를 줄인다.
⑤ 3번 이상 측정하여 정확도를 높인다.
⑥ 측정하고자 하는 값을 알 수 없을 때는 펜치의 값을 최대로 한다.

(1) 진동계 (vibrometer)

피측정물의 진동을 관성체의 변위로 변환하고, 이 변위를 확대하여 기록하는 장치이다. 변위를 지레로 확대하여 펜으로 기록하는 기계적 진동계, 변위를 광학적으로 확대하여 사진 기록하는 광학적 진동계, 변위를 전기량으로 확대하여 기록하는 전기적 진동계 등이 있다.

측정시에는 축방향(X 방향)과 축의 직각 방향 2개소(Y 와 Z 방향)를 측정하는 것을 원칙으로 한다. 측정 개소는 몸체와 축의 양끝을 측정한다.

전동기 등에서 중심내기 작업(centering)이 정확하지 않아도 흔들리는 경우가 생긴다. 이 때에는 축의 휨, 비틀림, 인장, 압축 등의 응력이 작용하여 베어링의 마모와 전동기의 고장을 초래한다.

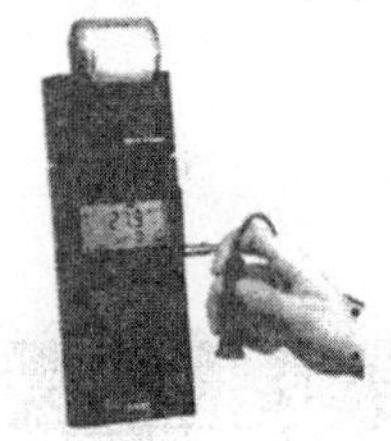

그림 5-53 진동계

(2) 회전계 (tachometer)

회전계는 회전체의 회전 속도를 측정하는 장치이며 발전기나 전동기의 회전수를 측정하는 일명 R.P.M 게이지라고도 한다. 측정 방법에 따라 접촉식과 비접촉식이 있으며 회전계의 구조는 원주 속도 장치, 중심 접촉자, 연결대 및 반사판으로 구성되어 있다.

① 원주 속도 장치 : 회전체의 외부와 섭동하여 속도를 측정하는 장치이다.
② 중심 접촉자 : 회전체의 중심에 접촉하여 회전을 측정하는 장치이다.
③ 연결대 : 회전체의 중심에서 길이가 짧을 때 연결대를 연결한다.
④ 반사판 : 비접촉식에서는 반사판을 사용하여 회전수를 측정한다.

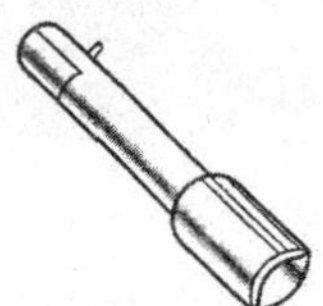

(a) 원주 속도 장치   (b) 중심 접촉자   (c) 연결대   (d) 반사판

그림 5-54 회전계의 구조

(a) 접촉식   (b) 비접촉식

그림 5 - 55 회전계의 종류

(3) 검압기 (voltage detector)

임의의 장소에서 전압의 유·무를 확인하는 것으로 정전식과 네온 램프식이 있으며 검전기라고도 한다.

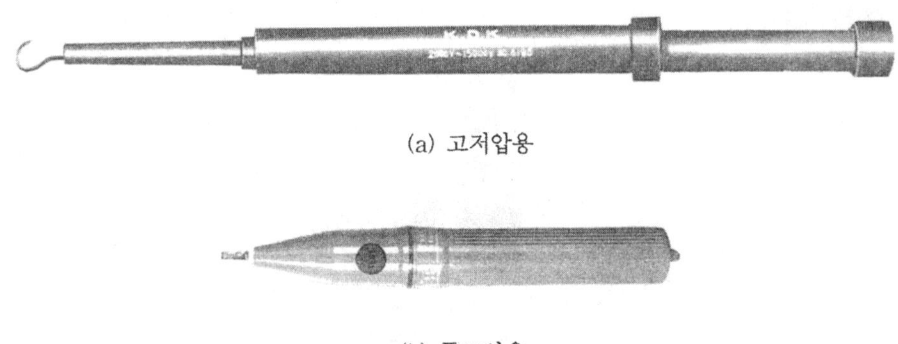

(a) 고저압용

(b) 특고압용

그림 5 - 56 검 압 기

(4) 훅 온 미터 (hook on meter)

전압 및 전류를 측정하는 계기로, 전류 측정시 클램프 사이에 측정하고자 하는 전선을 끼우고 전류를 측정한다.

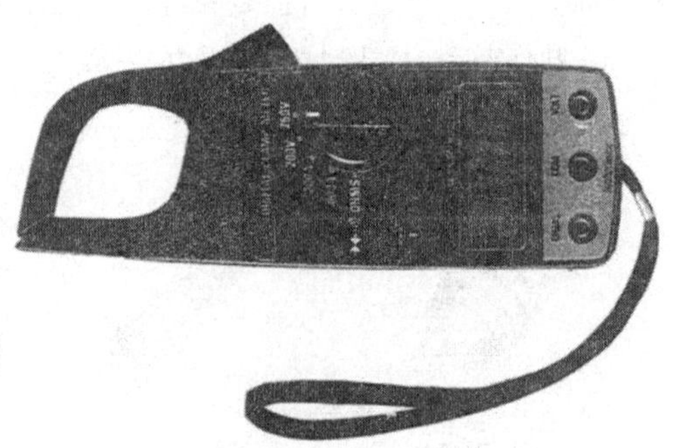

그림 5 - 57 훅 온 미터

(5) 회로 시험기 (circuit tester)

전압, 전류, 저항 등을 측정하는 계기이며 일반적으로 테스터라고 부른다. 전류는 분류기로, 전압은 배율기를 이용하여 측정 범위를 크게 한다. 회로 시험기에는 디지털식과 아날로그식이 있으며, 특히 전압을 측정하는 경우 측정 범위와 전압 스위치를 확인하여 계기가 소손되지 않도록 주의한다.

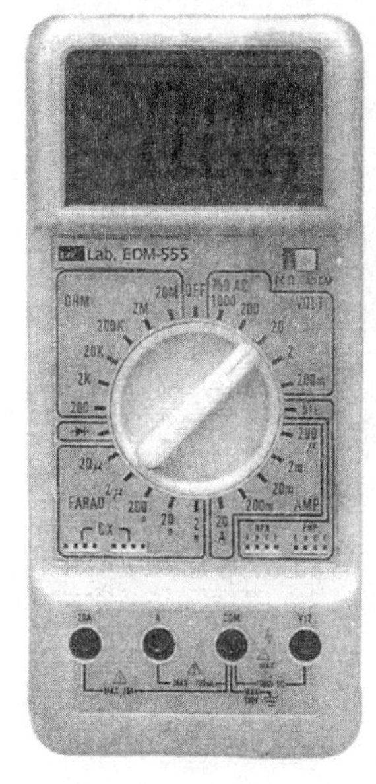

(a) 디지털식

(b) 아날로그식

그림 5-58 회로 시험기

(6) 각종 패널용 계기

각종 배전판에 부착하여 사용하는 계기로 측정값의 정밀도를 요구하는 1.5급 정도의 계기를 사용한다.

그림 5-61 패널용 계기

(7) 접지 저항계 (earth tester)

접지 저항의 값을 직접 읽을 수 있는 측정기로 변성기 브리지를 사용한 것이 많이 쓰인다. 접지 저항계의 피측정 접지 1개와 보조 접지 저항 2개로 구성되어 있으며 탭을 바꾸어가면서 내부 저항값을 조정하여 측정한다.

그림 5 - 59 접지 저항계

(8) 절연 저항계 (insulation tester)

보통 메거라고 부르며 절연 저항을 측정하는 계기이다. 수동식 직류 발전기를 사용하는 것과 자체에 내장된 전지를 이용하는 자동식이 있으며, 발생 전압의 크기에 따라 100, 250, 500, 1000, 2000 V의 5종류가 있다.

그림 5 - 60 절연 저항계

제 **6** 장

논 리 대 수

1. 논리 대수

논리 대수 (Boolean algebra)는 1854년 영국의 수학자 불 (George Boolean)에 의해 창안된 것으로 수치를 연산하는 일반 대수학과는 달리 논리를 연산하는 대수학으로서 불 대수 또는 논리 수학이라 한다. 논리 대수를 스위칭 회로에 적용하여 시퀀스 제어 회로의 해석이나 회로 소자의 최소화를 수학적으로 연산할 수 있다.

① 논리 대수 : 논리적인 연산을 하기 위한 대수학
② 논리 연산 : 2진 신호에서 2진 신호값을 얻는 것
③ 논리 소자 : 논리 연산의 기본 소자
④ 논리 회로 : 논리 소자를 이용한 회로도

1. 논리 대수

1-1 논리 대수의 변수

논리 대수의 변수는 "참"과 "거짓"을 나타내는 2진수의 "0"과 "1", 스위치 회로의 "ON"과 "OFF", 전압의 "H"와 "L" 등의 논리 변수인 2진 변수 (binary variable)를 사용하며, 불 대수의 논리 소자는 "0"과 "1"의 값만을 가지며 스위칭 회로에 불 대수를 사용함에 따라 스위칭 대수 (switching algebra) 또는 논리 대수 (logic algebra)라고 하지만 숫자로 나타내는 2진수 (binary number)라고는 하지 않는다.

표 6-1 논리 대수의 변수

조　건	참	거　짓
신　호　값	긍 정	부 정
2 진 변 수	1	0
스위치 회로	ON	OFF
개폐접점상태	폐로 (close)	개로 (open)
전 자 코 일	여 자	소 자
전　　압	H (High)	L (Low)

1-2 논리 대수의 공리

논리 대수의 기본 연산에는 다음 5가지의 공리가 있다.

① 공리 1

　㈎ $A = 0$　　　부정　　　$A = 1$

　㈏ $A = 1$　　　부정　　　$A = 0$

② 공리 2

　㈎ $1 \times 1 = 1$: 두 개의 입력 신호를 동시에 주면 출력된다.

　㈏ $1 + 1 = 1$: 두 개의 입력 신호를 동시에 주면 출력된다.

③ 공리 3

　㈎ $0 \times 0 = 0$: 입력 신호 두 개 모두 주지 않으면 출력되지 않는다.

　㈏ $0 + 0 = 0$: 입력 신호 두 개 모두 주지 않으면 출력되지 않는다.

④ 공리 4

　㈎ $1 \times 0 = 0$: 입력 신호 두 개 동시에 주지 않으면 출력되지 않는다.

　㈏ $1 + 0 = 1$: 입력 신호 하나만 주어도 출력된다.

⑤ 공리 5

　㈎ $A \times \overline{A} = 0$: 항상 출력되지 않는다.

　㈏ $A + \overline{A} = 1$: 항상 출력된다.

1-3 논리 대수의 기본 법칙

논리 대수의 기본 법칙은 일반 대수와 같이 교환 법칙, 결합 법칙, 분배 법칙 등이 있으며 산술 4칙 연산과 같이 논리 연산에서도 우선 순위가 있다. 논리 연산의 우선 순위는 ( ), NOT (−), AND (·), OR (+) 순이다. 그리고 모든 논리식에는 쌍대성 원리

(duality principle) 가 성립된다.

① 교환의 법칙

$$A \cdot B = B \cdot A \qquad\qquad A + B = B + A$$

② 결합의 법칙

$$A \cdot (B \cdot C) = (A \cdot B) \cdot C \qquad\qquad A + (B + C) = (A + B) + C$$

③ 분배의 법칙

$$A \cdot (B + C) = A \cdot B + A \cdot C \qquad\qquad A + (B \cdot C) = (A + B) \cdot (A + C)$$

④ 동일의 법칙

$$A \cdot A = A \qquad\qquad A + A = A$$

⑤ 흡수의 법칙

$$A \cdot \overline{B} + B = A + B \qquad\qquad (A + \overline{B}) \cdot B = A \cdot B$$

⑥ 보원의 법칙

$$A \cdot \overline{A} = 0 \qquad\qquad A + \overline{A} = 1 \qquad\qquad \overline{\overline{A}} = A$$

표 6-2 논리 대수 기본 법칙의 회로 구성

법칙	논 리 식	무접점 시퀀스	유접점 시퀀스
교환 법칙	$A \cdot B = B \cdot A$		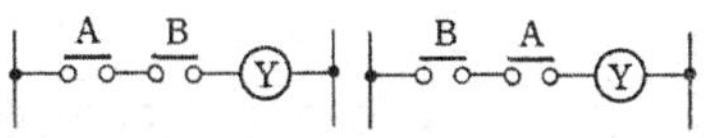
	$A + B = B + A$		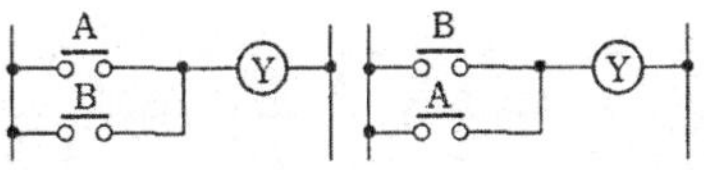
결합 법칙	$A \cdot (B \cdot C)$ $= (A \cdot B) \cdot C$	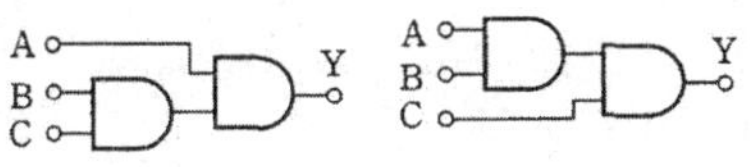	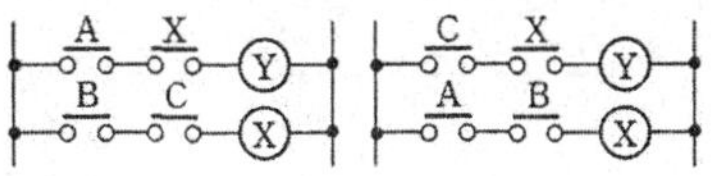
	$A + (B + C)$ $= (A + B) + C$	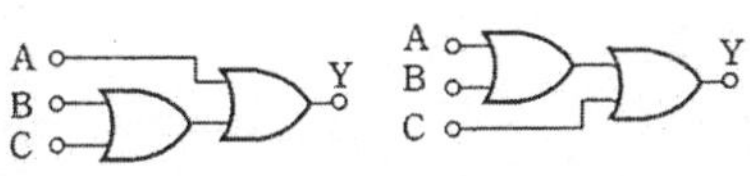	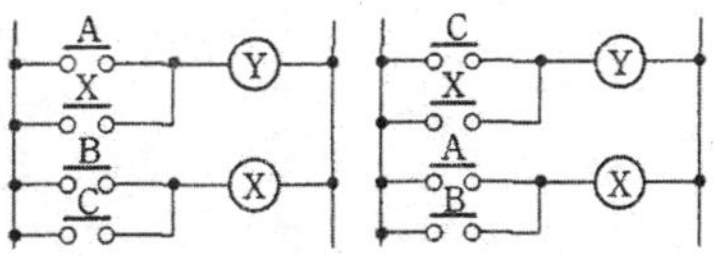

표 6-2 논리 대수 기본 법칙의 회로 구성 (계속)

법칙	논 리 식	무접점 시퀀스	유접점 시퀀스
분배법칙	$A\cdot(B+C)=A\cdot B+A\cdot C$	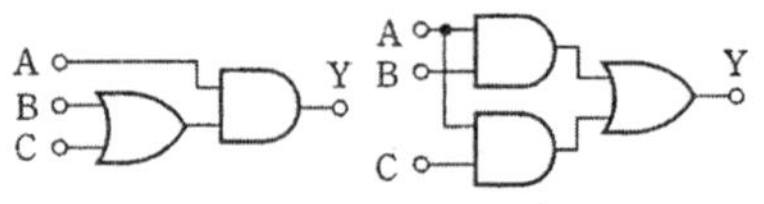	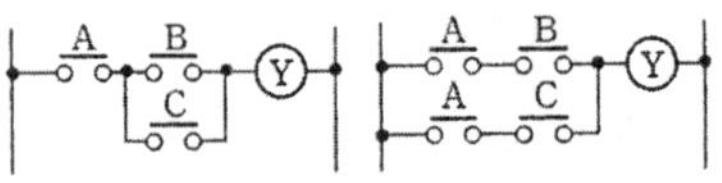
	$A+(B\cdot C)=(A+B)\cdot(A+C)$	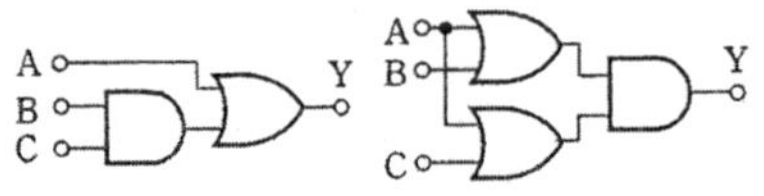	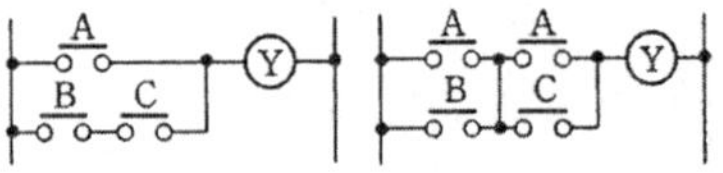
동일법칙	$A\cdot A=A$		
	$A+A=A$		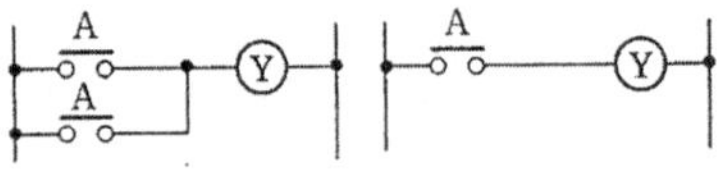
흡수법칙	$(A\cdot\overline{B})+B=A+B$	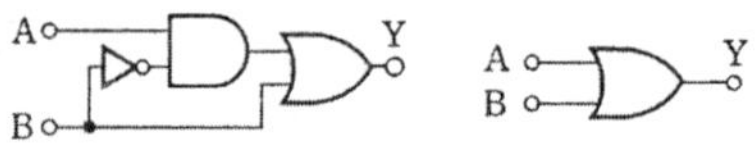	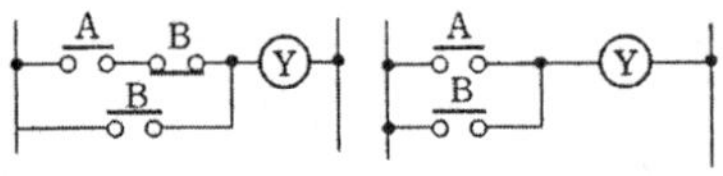
	$(A+\overline{B})\cdot B=A\cdot B$	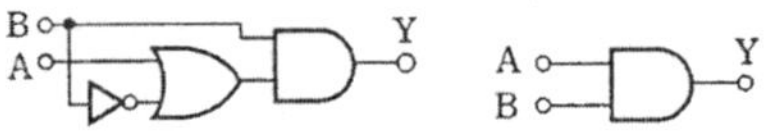	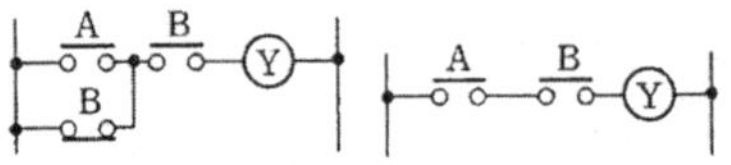
보원법칙	$A\cdot\overline{A}=0$	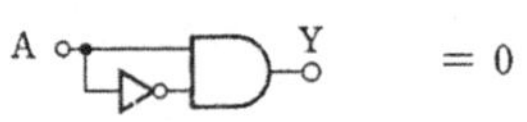	
	$A+\overline{A}=1$	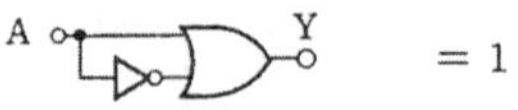	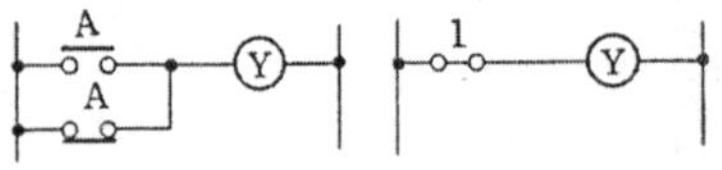
	$\overline{\overline{A}}=A$	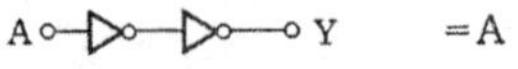	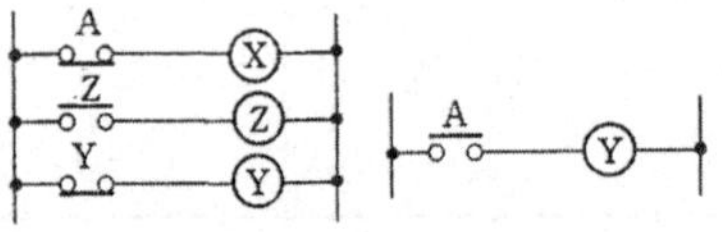

1-4 논리 대수의 정리

연산 기호와 공리에서 논리 대수의 공리가 유도되며, 이들 정리를 이용하여 실용 회로의 논리적 연산이 가능하게 된다.

표 6-3 논리 대수의 정리

정　리	A N D	O R
정리 1	$A \cdot 0 = 0$	$A + 0 = A$
정리 2	$A \cdot 1 = A$	$A + 1 = 1$
정리 3	$A \cdot A = A$	$A + A = A$
정리 4	$A \cdot \overline{A} = 0$	$A + \overline{A} = 1$
정리 5	$\overline{\overline{A}} = A$	
정리 6	$A \cdot (A+B) = A$	$A + (A \cdot B) = A$
정리 7	$(A + \overline{B}) \cdot B = A \cdot B$	$(A \cdot \overline{B}) + B = A + B$
정리 8	$(A+B) \cdot (A + \overline{B}) = A$	$A \cdot B + A \cdot \overline{B} = A$
정리 9	$(A+B) \cdot (\overline{A}+B+C) = (A+B) \cdot (B+C)$	$A \cdot B + \overline{A} \cdot B \cdot C = A \cdot B + B \cdot C$
정리 10	$(A+B) \cdot (\overline{A}+C) = A \cdot C + \overline{A} \cdot B$	$A \cdot B + \overline{A} \cdot C = (A+C) \cdot (\overline{A}+B)$
정리 11	$(A+B) \cdot (A+C) = A + B \cdot C$	$A \cdot B + A \cdot C = A \cdot (B+C)$

❧ 논리 대수 정리의 증명

[정리 1-①]　$A = 1$일 때 $1 \cdot 0 = 0$
　　　　　　　$A = 0$일 때 $0 \cdot 0 = 0$이므로 $A \cdot 0$은 항상 0이다.

[정리 1-②]　$A = 1$일 때 $1 + 0 = 1$
　　　　　　　$A = 0$일 때 $0 + 0 = 0$이므로 $A + 0$은 항상 A이다.

[정리 2-①]　$A = 1$일 때 $1 \cdot 1 = 1$
　　　　　　　$A = 0$일 때 $0 \cdot 1 = 0$이므로 $A \cdot 1$은 항상 A이다.

[정리 2-②]　$A = 1$일 때 $1 + 1 = 1$
　　　　　　　$A = 0$일 때 $0 + 1 = 1$이므로 $A + 1$은 항상 1이다.

[정리 3-①]　$A = 1$일 때 $1 \cdot 1 = 1$
　　　　　　　$A = 0$일 때 $0 \cdot 0 = 0$이므로 $A \cdot A$는 항상 A이다.

[정리 3-②]   A=1 일 때 1 + 1 = 1

A = 0 일 때 0 + 0 = 0 이므로 A+A 는 항상 A이다.

[정리 4-①]   A=1 일 때 $1 \cdot \bar{1} = 1 \cdot 0 = 0$

A = 0 일 때 $0 \cdot \bar{0} = 0 \cdot 1 = 0$ 이므로 $A \cdot \bar{A}$ 는 항상 0 이다.

[정리 4-②]   A=1 일 때 $1 + \bar{1} = 1 + 0 = 1$

A=0 일 때 $0 + \bar{0} = 0 + 1 = 1$ 이므로 $A + \bar{A}$ 는 항상 1 이다.

[정리 5]   A=1 일 때 $\bar{\bar{1}} = \bar{0} = 1$

A=0 일 때 $\bar{\bar{0}} = \bar{1} = 0$ 이므로 $\bar{\bar{A}}$ 는 항상 A 이다.

[정리 6-①] $A \cdot (A+B) = (A+0) \cdot (A+B)$

$$= A \cdot A + A \cdot B + 0 \cdot A + 0 \cdot B$$
$$= A + A \cdot B + 0 \cdot A + 0 \cdot B$$
$$= A + A \cdot B$$
$$= A$$

[정리 6-②] $A + (A \cdot B) = A \cdot 1 + A \cdot B$

$$= A \cdot (1 + B)$$
$$= A \cdot 1$$
$$= A$$

[정리 7-①] $(A + \bar{B}) \cdot B = A \cdot B + \bar{B} \cdot B$

$$= A \cdot B + 0$$
$$= A \cdot B$$

[정리 7-②] $(A \cdot \bar{B}) + B = A \cdot \bar{B} + B \cdot (1+A)$

$$= A \cdot \bar{B} + B + A \cdot B$$
$$= A \cdot \bar{B} + A \cdot B + B$$
$$= A \cdot (\bar{B} + B) + B$$
$$= A + B$$

[정리 8-①] $(A+B) \cdot (A+\bar{B}) = A \cdot A + A \cdot \bar{B} + A \cdot B + B \cdot \bar{B}$

$$= A + A \cdot \bar{B} + A \cdot B + 0$$
$$= A + A \cdot (\bar{B} + B)$$
$$= A + A \cdot 1$$
$$= A + A$$
$$= A$$

[정리 8-②] $A \cdot B + A \cdot \overline{B} = A \cdot (B + \overline{B})$
$$= A \cdot 1$$
$$= A$$

[정리 9-①] $(A+B) \cdot (\overline{A}+B+C) = A \cdot \overline{A} + A \cdot B + A \cdot C + \overline{A} \cdot B + B \cdot B + B \cdot C$
$$= A \cdot B + A \cdot C + B \cdot C + \overline{A} \cdot B + B$$
$$= A \cdot B + A \cdot C + B \cdot C + B$$
$$= A \cdot (B+C) + B \cdot (B+C)$$
$$= (A+B) \cdot (B+C)$$

[정리 9-②] $A \cdot B + \overline{A} \cdot B \cdot C = B \cdot (A + \overline{A} \cdot C)$
$$= B \cdot (A+C)$$
$$= A \cdot B + B \cdot C$$

[정리 10-①] $(A+B) \cdot (\overline{A}+C) = A \cdot \overline{A} + A \cdot C + \overline{A} \cdot B + B \cdot C$
$$= A \cdot C + \overline{A} \cdot B + B \cdot C$$
$$= A \cdot C + \overline{A} \cdot B + B \cdot C \cdot (A+\overline{A})$$
$$= A \cdot C + \overline{A} \cdot B + A \cdot B \cdot C + \overline{A} \cdot B \cdot C$$
$$= A \cdot C \cdot (1+B) + \overline{A} \cdot B \cdot (1+C)$$
$$= A \cdot C + \overline{A} \cdot B$$

[정리 10-②] $A \cdot B + \overline{A} \cdot C = A \cdot B \cdot (1+C) + \overline{A} \cdot C \cdot (1+B)$
$$= A \cdot B + A \cdot B \cdot C + \overline{A} \cdot C + \overline{A} \cdot B \cdot C$$
$$= A \cdot B + \overline{A} \cdot C + B \cdot C \cdot (A+\overline{A})$$
$$= A \cdot B + \overline{A} \cdot C + B \cdot C$$
$$= A \cdot \overline{A} + A \cdot B + \overline{A} \cdot C + B \cdot C$$
$$= (A+C) \cdot (\overline{A}+B)$$

[정리 11-①] $(A+B) \cdot (A+C) = A \cdot A + A \cdot C + A \cdot B + B \cdot C$
$$= A + A \cdot C + A \cdot B + B \cdot C$$
$$= A + A \cdot B + B \cdot C$$
$$= A + B \cdot C$$

[정리 11-②] $A \cdot B + A \cdot C = A \cdot (B+C)$

표 6-4 논리 대수 정리의 회로 구성

정 리	논 리 식	등가 접점 회로
정리 1	$A \cdot 0 = 0$	
	$A + 0 = A$	
정리 2	$A \cdot 1 = A$	
	$A + 1 = 1$	
정리 3	$A \cdot A = A$	
	$A + A = A$	
정리 4	$A \cdot \overline{A} = 0$	

표 6-4 논리 대수 정리의 회로 구성 (계속)

정 리	논 리 식	등가 접점 회로
정리 4	$A+\overline{A}=1$	
정리 5	$\overline{\overline{A}}=A$	
정리 6	$A \cdot (A+B)=A$	
	$A+(A \cdot B)=A$	
정리 7	$(A+\overline{B}) \cdot B=A \cdot B$	
	$A \cdot \overline{B}+B=A+B$	
정리 8	$(A+B) \cdot (A+\overline{B})=A$	

표 6-4 논리 대수 정리의 회로 구성 (계속)

정 리	논 리 식	등가 접점 회로
정리 8	$A \cdot B + A \cdot \overline{B} = A$	
정리 9	$(A+B) \cdot (\overline{A}+B+C)$ $= (A+B) \cdot (B+C)$	
	$A \cdot B + \overline{A} \cdot B \cdot C$ $= A \cdot B + B \cdot C$	
정리 10	$(A+B) \cdot (\overline{A}+C)$ $= A \cdot C + \overline{A} \cdot B$	
	$A \cdot B + \overline{A} \cdot C$ $= (A+C) \cdot (\overline{A}+B)$	
정리 11	$(A+B) \cdot (A+C)$ $= A + B \cdot C$	
	$A \cdot B + A \cdot C$ $= A \cdot (B+C)$	

1-5 드모르 간의 정리(De Morgan's law)

(1) 보수 관계(두 식의 출력이 같다)

$$\overline{A \cdot B} = \overline{A} + \overline{B} \qquad\qquad \overline{A+B} = \overline{A} \cdot \overline{B}$$

① 모든 AND 연산은 OR 연산으로 바꾼다.

② 모든 OR 연산은 AND 연산으로 바꾼다.

③ 모든 상수 1은 0으로 바꾼다.

④ 모든 상수 0은 1로 바꾼다.

⑤ 모든 변수는 그의 보수로 나타낸다.

(2) 쌍대 관계(두 식의 등식이 성립되지 않는다)

$$A \cdot B \neq A+B \qquad\qquad A+B \neq A \cdot B$$

① 모든 AND 연산은 OR 연산으로 바꾼다.

② 모든 OR 연산은 AND 연산으로 바꾼다.

③ 모든 상수 1은 0으로 바꾼다.

④ 모든 상수 0은 1로 바꾼다.

⑤ 모든 변수는 보수를 만들지 않고 그대로 둔다.

표 6-5 보수 관계의 회로 구성

정 리	논 리 식	등가 접점 회로
AND	$\overline{A \cdot B} = \overline{A} + \overline{B}$	
OR	$\overline{A+B} = \overline{A} \cdot \overline{B}$	

2. 카르노프 도표

 카르노프 도표 (Karnaugh map)는 대수적인 방법으로 논리식을 간단히 만드는 방법이 아니고, 그래프를 사용하여 논리 대수를 간결하게 해결하는 일종의 도표이다.

 이것은 논리식에 대응하는 도표를 만들어서 이 도표에 의하여 기계적으로 식을 간단하게 만드는 방법으로 4변수까지는 매우 널리 이용되고 있다. 임의의 논리 함수는 모든 변수를 포함한 논리곱의 합 또는 논리합의 곱 형식으로 전개할 수 있다. 이것을 논리 함수의 표준 전개라 한다. 여기서 모든 변수를 포함한 논리곱의 항을 최소항이라 하고, 모든 변수를 포함한 논리합의 항을 최대항이라 한다.

2-1 카르노프 도표의 작성법

(1) 2 변수

 임의의 2변수 A, B 에 대한 출력 변수는 $2^2=4$가지 상태가 되며 다음과 같이 구한다.

예 $A \cdot \overline{B} + A \cdot B = A$

① 각 변수를 그림 6-1 (a)와 같이 진리표를 작성한다 (A와 B의 위치는 바꾸어도 상관없다).

② 2변수에 대한 카르노프 도표를 그림 6-1 (b)와 같이 배열하여 작성한다.

③ 출력 변수 Y 가 출력되는 곳은 "1"로 표시하고 Y 가 출력되지 않는 곳은 "0"으로 그림 6-1 (c)와 같이 작성한다.

④ 그림 6-1 (c)에서 출력 변수가 "1"인 곳은 수평으로 2개를 이루고 있으므로 페어 (pair) 상태이다. 변수 B는 "0"과 "1"인 두 상태를 모두 출력되므로 생략하고, 출력 변수 Y 는 A 값에 의해 정해진다. 그러므로 $A \cdot \overline{B} + A \cdot B = A$ 가 된다.

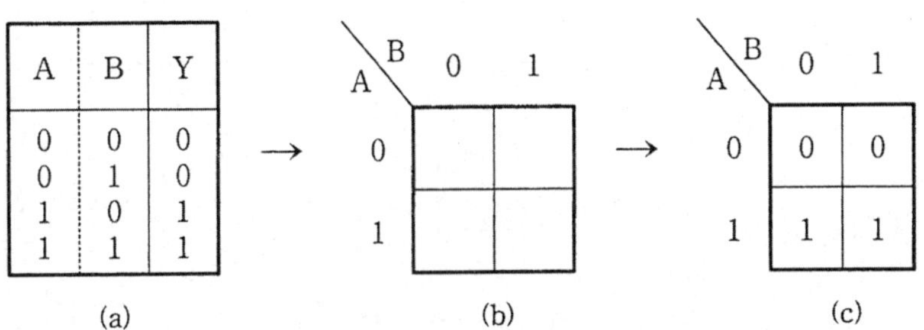

(a)   (b)   (c)

그림 6-1 2변수 카르노프 도표

(2) 3 변수

임의의 3변수 A, B, C에 대한 출력 변수는 $2^3 = 8$가지의 상태가 되며 다음과 같이 구한다.

> 예　$\overline{A} \cdot B \cdot \overline{C} + \overline{A} \cdot B \cdot C + A \cdot B \cdot \overline{C} + A \cdot B \cdot C = B$

① 각 변수를 그림 6−2 (a)와 같이 진리표를 작성한다.

② 3변수에 대한 카르노프 도표를 그림 6−2 (b)와 같이 배열하여 작성한다.

③ 출력 변수 Y가 출력되는 곳은 "1"로 표시하고 Y가 출력되지 않는 곳은 "0"으로 그림 6−2 (c)와 같이 작성한다.

④ 그림 6−2 (c)에서 출력 변수가 "1"인 곳은 수직, 수평으로 4개를 이루고 있으므로 쿼드 (quad) 상태이다. 변수 A, C는 "0"과 "1"인 두 상태를 모두 출력되므로 생략하고, 출력 변수 Y는 B 값에 의해 정해진다. 그러므로 $\overline{A} \cdot B \cdot \overline{C} + \overline{A} \cdot B \cdot C + A \cdot B \cdot \overline{C} + A \cdot B \cdot C = B$가 된다.

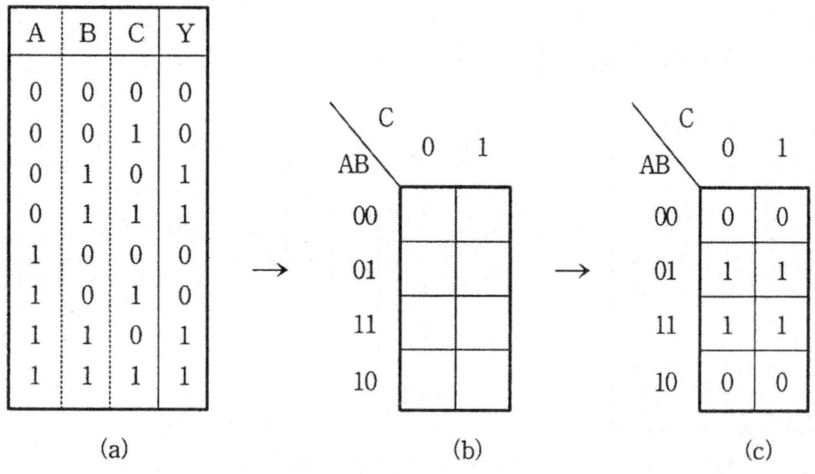

(a)　　　　　(b)　　　　　(c)

그림 6-2　3변수 카르노프 도표

(3) 4 변수

임의의 4변수 A, B, C, D에 대한 출력 변수는 $2^4 = 16$가지의 상태가 되며 다음과 같이 구한다.

> 예　$\overline{A} \cdot \overline{B} \cdot \overline{C} \cdot \overline{D} + \overline{A} \cdot \overline{B} \cdot \overline{C} \cdot D + A \cdot \overline{B} \cdot \overline{C} \cdot \overline{D} + A \cdot B \cdot C \cdot D$
> $= \overline{A} \cdot \overline{B} \cdot \overline{C} + A \cdot \overline{B} \cdot \overline{C} \cdot \overline{D} + A \cdot B \cdot C \cdot D$

① 각 변수를 그림 6−3 (a)와 같이 진리표를 작성한다.

② 4변수에 대한 카르노프 도표를 그림 6-3 (b)와 같이 배열하여 작성한다.

③ 출력 변수 Y 가 출력되는 곳은 "1"로 표시하고 Y 가 출력되지 않는 곳은 "0"으로 그림 6-3 (c)와 같이 작성한다.

④ 그림 6-3 (c)에서 출력 변수가 "1"인 곳은 수평으로 2개를 이루고 있으므로 페어 (pair) 상태이다. $\overline{A}\,\overline{B}\,\overline{C}$ 에서 변수 D 는 "0"과 "1"인 두 상태를 모두 출력되므로 생략하고, 출력 변수 Y 는 $\overline{A}\,\overline{B}\,\overline{C}$ 와 $A\,\overline{B}\,\overline{C}\,D$, ABCD 값에 의해 정해진다. 그러므로 $\overline{A}\cdot\overline{B}\cdot\overline{C}+A\cdot\overline{B}\cdot\overline{C}\cdot\overline{D}+A\cdot B\cdot C\cdot D$가 된다.

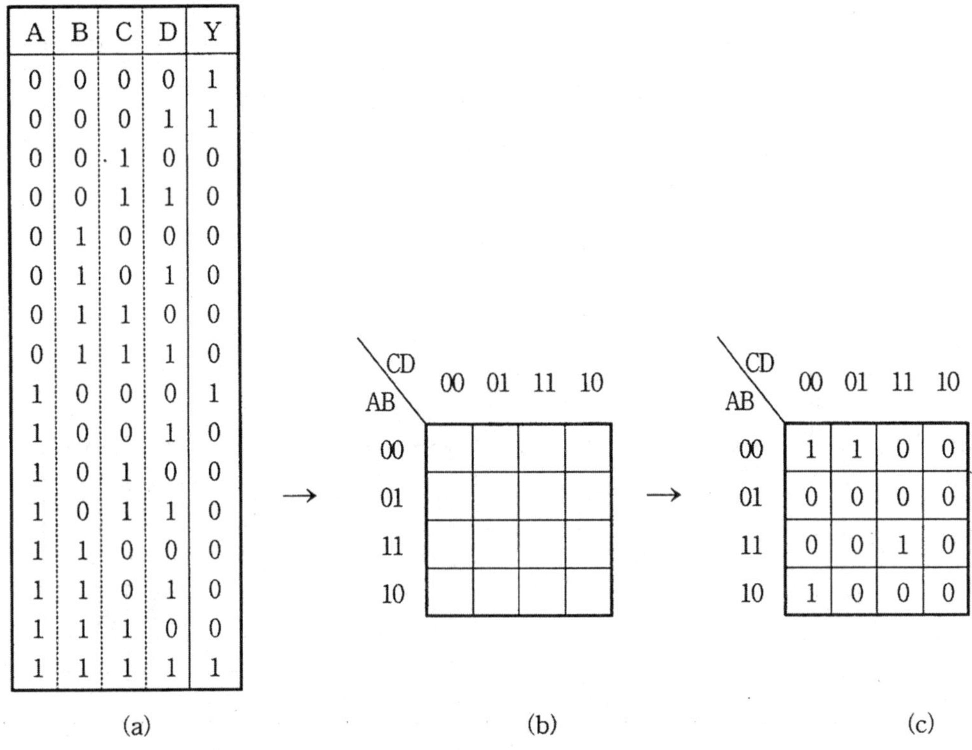

그림 6-3 4변수 카르노프 도표

2-2 카르노프 도표에 의한 논리식 간소화

(1) 페어 (pair)

페어는 출력이 "1"이 되는 것이 수직 또는 수평으로 한 쌍 (2 개)이 근접해 있는 경우로 보수로 바뀌어지는 변수를 생략할 수 있다.

예 1. $Y = \overline{A} \cdot B + A \cdot B = B \cdot (A + \overline{A}) = B \cdot 1 = B$

<table>
<tr><td></td><td colspan="2">A</td></tr>
<tr><td>B</td><td>0</td><td>1</td></tr>
<tr><td>0</td><td>0</td><td>0</td></tr>
<tr><td>1</td><td>1</td><td>1</td></tr>
</table>

$\longrightarrow$ A 는 "0", "1" 모두 포함되므로 생략

예 2. $Y = \overline{A} \cdot \overline{B} + \overline{A} \cdot B = \overline{A} \cdot (\overline{B} + B) = \overline{A} \cdot 1 = \overline{A}$

<table>
<tr><td></td><td colspan="2">A</td></tr>
<tr><td>B</td><td>0</td><td>1</td></tr>
<tr><td>0</td><td>1</td><td>0</td></tr>
<tr><td>1</td><td>1</td><td>0</td></tr>
</table>

$\longrightarrow$ B 는 "0", "1" 모두 포함되므로 생략

(2) 쿼드 (quad)

쿼드는 출력이 "1"이 되는 것이 수직 또는 수평으로 두 쌍(4개)이 근접해 있는 2개 페어의 집합인 경우로 보수로 바뀌어지는 변수를 생략할 수 있다.

예 1. $Y = \overline{A} \cdot \overline{B} \cdot \overline{C} + \overline{A} \cdot \overline{B} \cdot C + A \cdot \overline{B} \cdot \overline{C} + A \cdot \overline{B} \cdot C$

$\qquad = \overline{A} \cdot \overline{B}(\overline{C} + C) + A \cdot \overline{B}(\overline{C} + C) = \overline{A} \cdot \overline{B} + A \cdot \overline{B}$

$\qquad = \overline{B} \cdot (\overline{A} + A) = \overline{B}$

<table>
<tr><td>C</td><td colspan="4">AB</td></tr>
<tr><td></td><td>00</td><td>01</td><td>11</td><td>10</td></tr>
<tr><td>0</td><td>1</td><td>0</td><td>0</td><td>1</td></tr>
<tr><td>1</td><td>1</td><td>0</td><td>0</td><td>1</td></tr>
</table>

$\longrightarrow$ A, C 는 "0", "1" 모두 포함되므로 생략

예 2. $Y = \overline{A} \cdot B \cdot \overline{C} + A \cdot B \cdot \overline{C} + \overline{A} \cdot B \cdot C + A \cdot B \cdot C$

$\qquad = B \cdot \overline{C}(\overline{A} + A) + B \cdot C(\overline{A} + A) = B \cdot \overline{C} + B \cdot C$

$\qquad = B \cdot (\overline{C} + C) = B$

<table>
<tr><td>C</td><td colspan="4">AB</td></tr>
<tr><td></td><td>00</td><td>01</td><td>11</td><td>10</td></tr>
<tr><td>0</td><td>0</td><td>1</td><td>1</td><td>0</td></tr>
<tr><td>1</td><td>0</td><td>1</td><td>1</td><td>0</td></tr>
</table>

$\longrightarrow$ A, C 는 "0", "1" 모두 포함되므로 생략

(3) 옥텟 (octet)

옥텟은 출력이 "1"이 되는 것이 수직 또는 수평으로 네 쌍(8개)이 근접해 있는 4개의 페어 집합인 경우로 보수로 바뀌어지는 변수를 생략할 수 있다.

예 1: $Y=\overline{A}\cdot\overline{B}\cdot\overline{C}\cdot\overline{D}+\overline{A}\cdot\overline{B}\cdot\overline{C}\cdot D+\overline{A}\cdot\overline{B}\cdot C\cdot D+\overline{A}\cdot\overline{B}\cdot C\cdot\overline{D}$

$\qquad +\overline{A}\cdot B\cdot\overline{C}\cdot\overline{D}+\overline{A}\cdot B\cdot\overline{C}\cdot D+\overline{A}\cdot B\cdot C\cdot D+\overline{A}\cdot B\cdot C\cdot\overline{D}=\overline{A}$

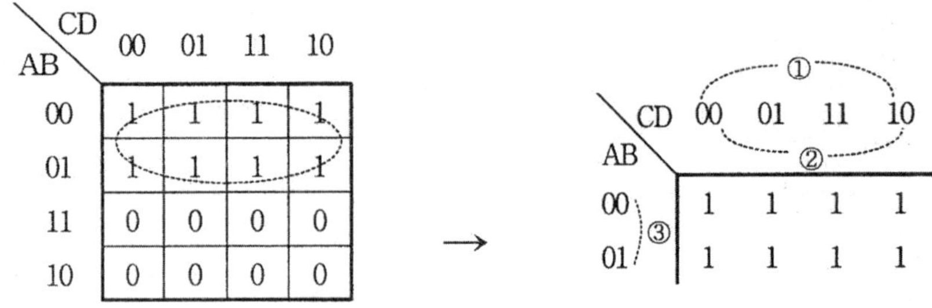

① 에서 C의 변수가 "0", "1" 모두 포함되므로 생략

② 에서 D의 변수가 "0", "1" 모두 포함되므로 생략

③ 에서 $\overline{A}$일 때 B의 변수가 "0", "1" 모두 포함되므로 생략하면 출력 $Y=\overline{A}$ 가 된다.

예 2. $Y=\overline{A}\cdot\overline{B}\cdot\overline{C}\cdot D+\overline{A}\cdot\overline{B}\cdot C\cdot D+\overline{A}\cdot B\cdot\overline{C}\cdot D+\overline{A}\cdot B\cdot C\cdot D$

$\qquad +A\cdot B\cdot\overline{C}\cdot D+A\cdot B\cdot C\cdot D+A\cdot\overline{B}\cdot\overline{C}\cdot D+A\cdot\overline{B}\cdot C\cdot D=D$

① 에서 C의 변수가 "0", "1" 모두 포함되므로 생략

② 에서 D의 변수가 "0", "1" 모두 포함되므로 생략

③ 에서 B일 때 A의 변수가 "0", "1" 모두 포함되므로 생략하면 출력 $Y=D$ 가 된다.

(4) 겹쳐 묶기

겹쳐 묶기는 출력이 "1"이 되는 것을 페어, 쿼드, 옥텟로 묶을 때 동일한 1을 한번 이상 사용하여 출력 1이 2개 또는 그 이상의 군에 공통으로 속할 수 있다.

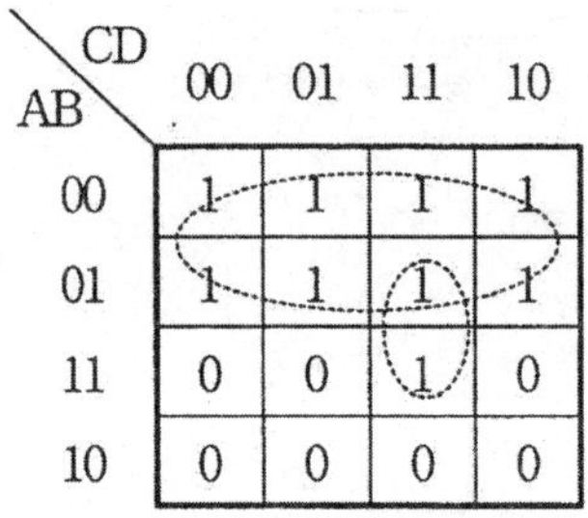

$$Y = \overline{A} + ABCD$$
$$= \overline{A} + BCD$$

(5) 카르노프 도표의 간단화

카르노프 도표를 묶는 방법에는 페어, 쿼드, 옥텟 등 3가지 방법이 있으며, 진리표가 주어졌을 때 카르노프 도표를 사용하면 간단화하는 방법은 다음 순으로 한다.

① 주어진 논리식에 대한 진리표를 작성한다.
② 진리표 변수의 개수에 따라 2변수, 3변수, 4변수의 카르노프 도표를 작성한다.
③ 카르노프 도표 내부를 가능하면 옥텟 → 쿼드 → 페어 순으로 루프를 그려 묶는다.
④ 도표의 칸에 있는 1은 필요에 따라 여러 번 사용할 수 있다.
⑤ 어떤 그룹의 1이 다른 그룹에도 해당될 때에는 그 그룹은 생략한다.
⑥ 각 그룹을 AND 로 전체를 OR 로 결합하여 논리곱의 합 형식의 함수로 만든다.
　단, 옥텟에도 해당되지 않는 1이 있을 때는 그 자신을 하나의 그룹으로 만든다.

3. 논리 회로

3-1　기본 논리 회로

(1) AND 회로

AND 회로는 두 입력 신호의 논리가 모두 "1"일 때 출력되는 논리곱 회로이며, 두 입력 신호가 직렬로 접속된 형태로 연산자는 " · ", 논리 기호는 　⊐D　로 나타내며 IC 는 SN 7408을 사용한다.

① AND 회로도

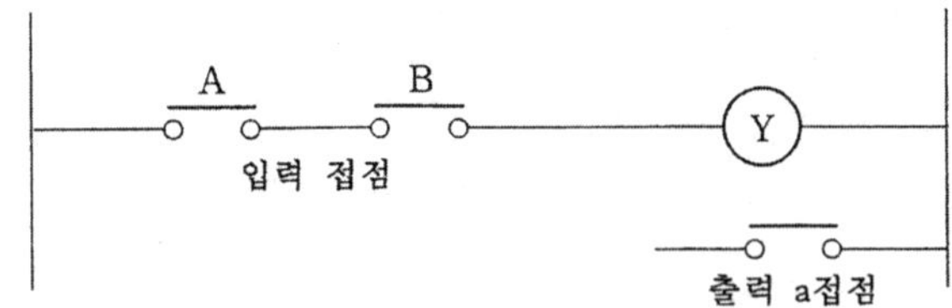

그림 6-4　AND 회로도

② AND 논리도

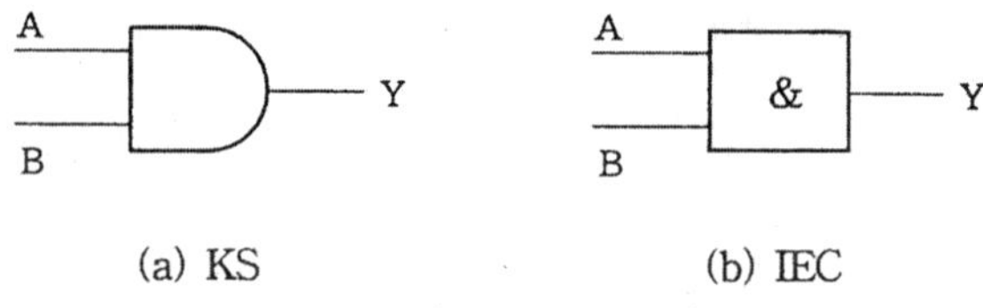

(a) KS　　　　　　　　　(b) IEC

그림 6-5　AND 논리도

③ AND 논리식

$$Y = A \cdot B$$

④ AND 진리표

A	B	Y
0	0	0
0	1	0
1	0	0
1	1	1

그림 6-6　AND 진리표

⑤ AND 타임 차트

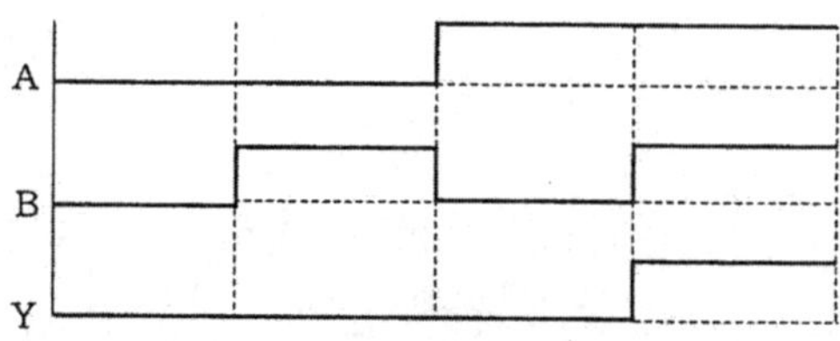

그림 6-7　AND 타임 차트

⑥ AND IC : SN 7408

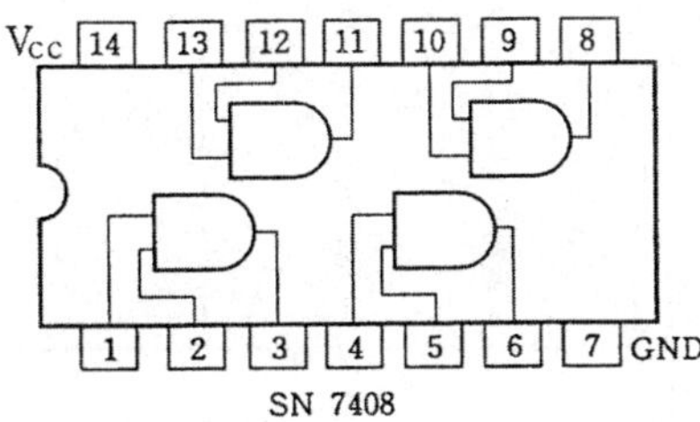

그림 6 - 8 SN 7408

(2) OR 회로

OR 회로는 두 입력 신호의 논리가 모두 "1" 또는 하나가 "1"일 때 출력되는 논리합 회로이며, 두 입력 신호가 병렬로 접속된 형태로 연산자는 "+", 논리 기호는 ⟹로 나타내며 IC 는 SN 7432 를 사용한다.

① OR 회로도

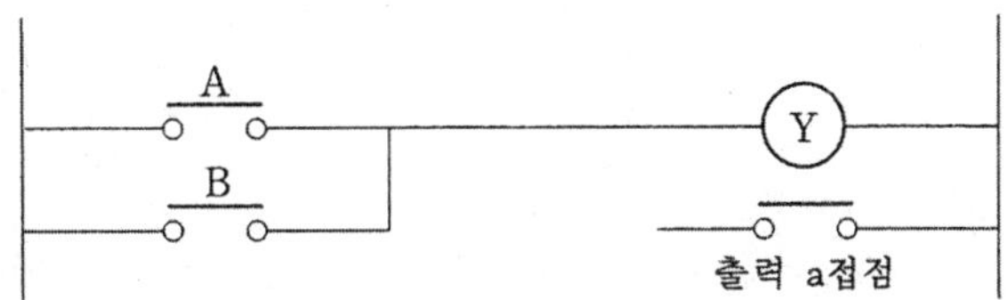

그림 6 - 9 OR 회로도

② OR 논리도

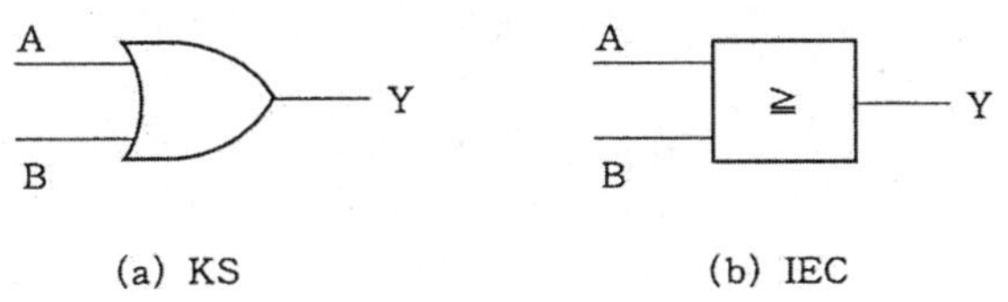

(a) KS   (b) IEC

그림 6 - 10 OR 논리도

③ OR 논리식

$$Y = A + B$$

④ OR 진리표

A	B	Y
0	0	0
0	1	1
1	0	1
1	1	1

그림 6-11 OR 진리표

⑤ OR 타임 차트

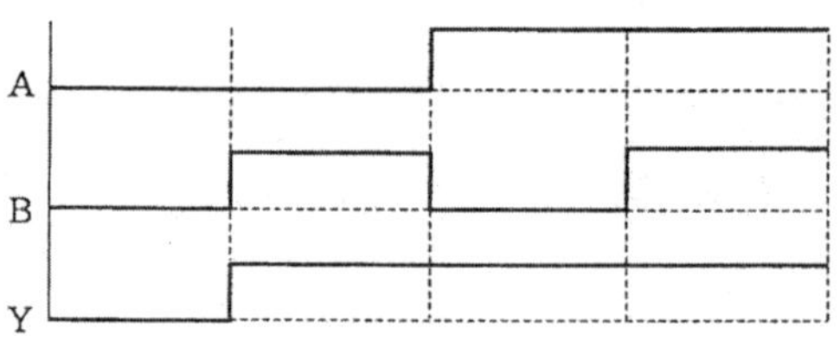

그림 6-12 OR 타임 차트

⑥ OR IC : SN 7432

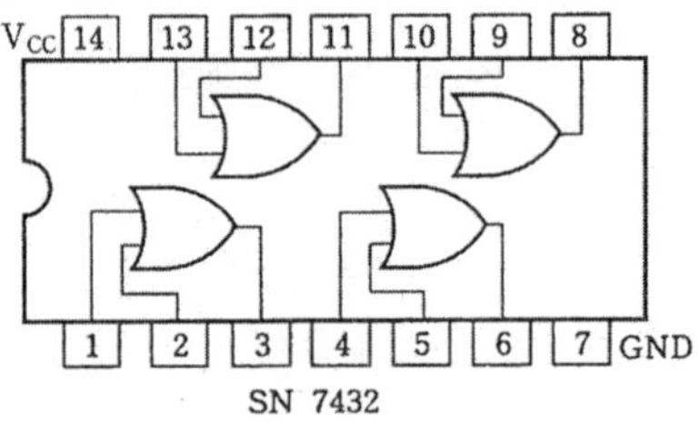

그림 6-13 SN 7432

(3) NOT 회로

NOT 회로는 입력 신호의 논리를 부정하는 부정 회로이며, 연산자는 " - ", 논리 기호는 ─▷○─ 로 나타내며 IC 는 SN 7404 를 사용한다.

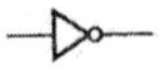

① NOT 회로도

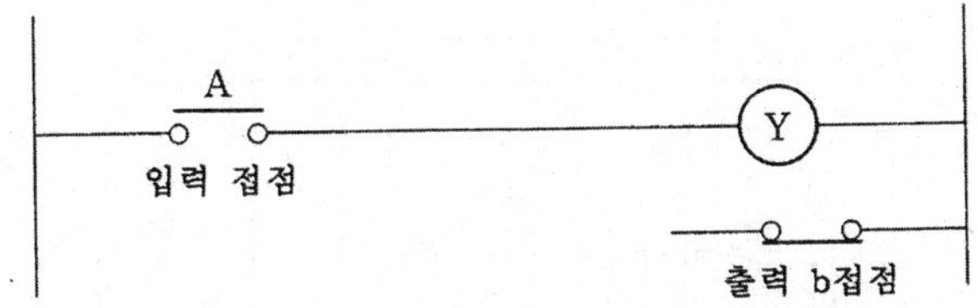

그림 6-14 NOT 회로도

② NOT 논리도

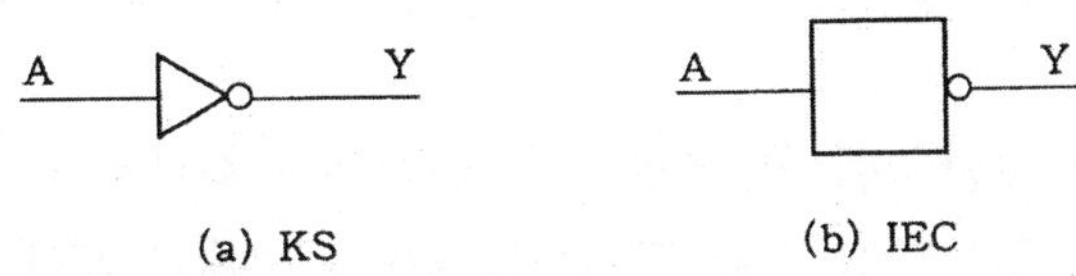

그림 6-15 NOT 논리도

③ NOT 논리식

$$Y = \overline{A}, \quad \overline{Y} = A$$

④ NOT 진리표

A	Y
0	1
1	0

그림 6-16 NOT 진리표

⑤ NOT 타임 차트

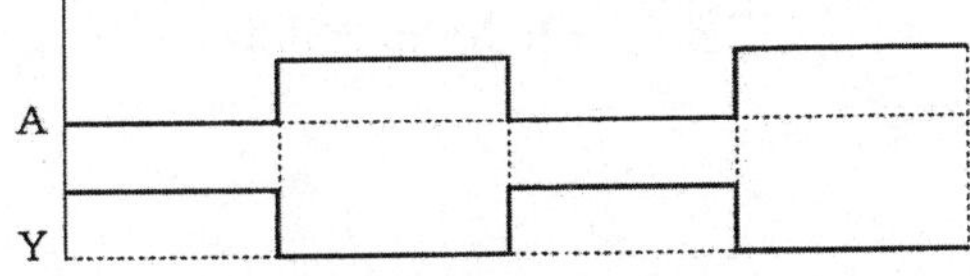

그림 6-17 NOT 타임 차트

⑥ NOT IC : SN 7404

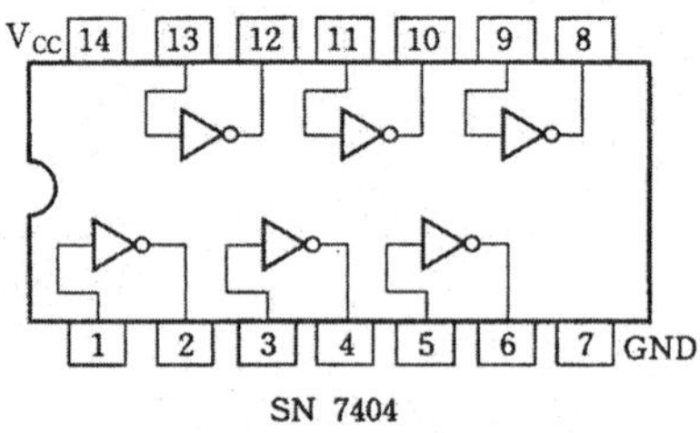

SN 7404

그림 6-18 SN 7404

(4) NAND 회로

AND 회로의 출력에 NOT 회로를 조합시킨 직렬 부정 회로로서 두 입력 신호의 논리가 모두 "1"일 때 출력되지 않고 다른 경우에는 출력되는 논리곱의 부정 회로이며 IC는 SN 7400을 사용한다.

① NAND 회로도

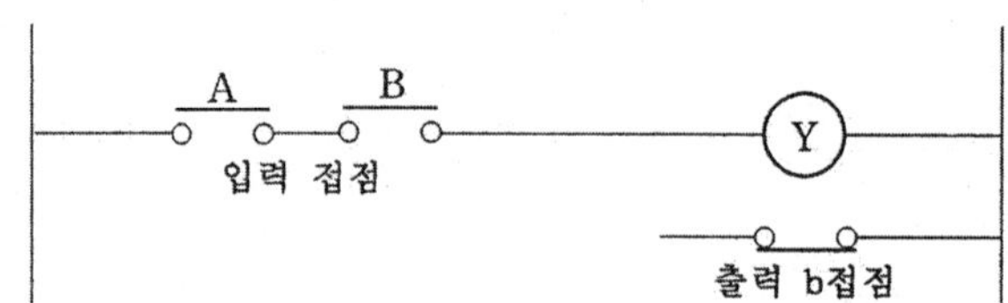

그림 6-19 NAND 회로도

② NAND 논리도

그림 6-20 NAND 논리도

③ NAND 논리식

$$\overline{Y} = \overline{A \cdot B} , \qquad \overline{Y} = \overline{A} + \overline{B}$$

④ NAND 진리표

A	B	Y	$\overline{Y}$
0	0	0	1
0	1	0	1
1	0	0	1
1	1	1	0

그림 6-21 NAND 진리표

⑤ NAND 타임 차트

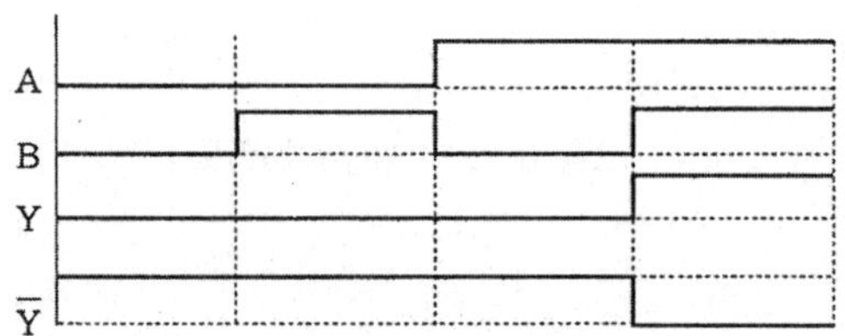

그림 6-22 NAND 타임 차트

⑥ NAND IC : SN 7400

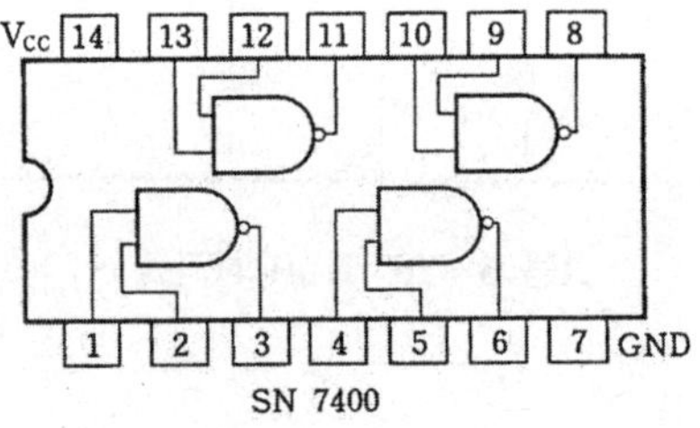

그림 6-23 SN 7400

(5) NOR 회로

OR 회로의 출력에 NOT 회로를 조합시킨 병렬 부정 회로로서 두 입력 신호의 논리가 모두 "0"일 때 출력되는 논리합의 부정 회로이며, IC는 SN 7402를 사용한다.

① NOR 회로도

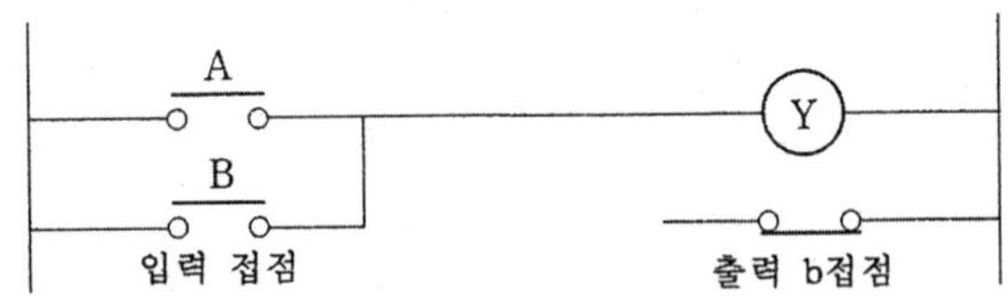

그림 6-24 NOR 회로도

② NOR 논리도

그림 6-25 NOR 논리도

③ NOR 논리식

$$\overline{Y} = \overline{A+B}, \quad \overline{Y} = \overline{A} \cdot \overline{B}$$

④ NOR 진리표

A	B	Y	$\overline{Y}$
0	0	0	1
0	1	1	0
1	0	1	0
1	1	1	0

그림 6-26 NOR 진리표

⑤ NOR 타임 차트

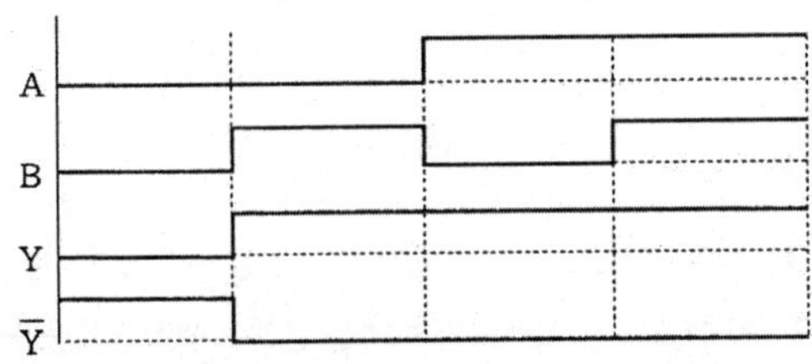

그림 6-27 NOR 타임 차트

⑥ NOR IC : SN 7402

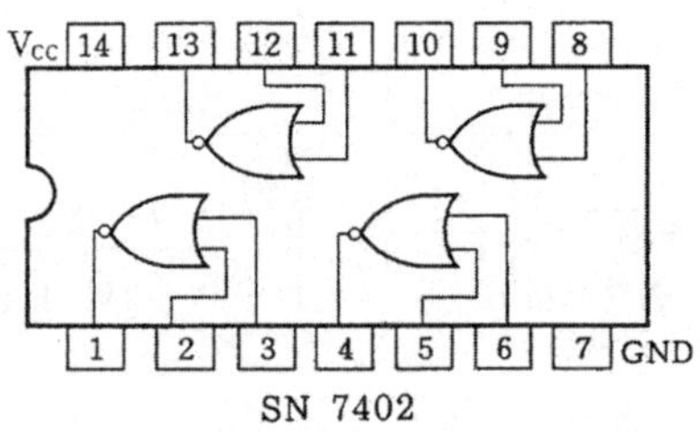

SN 7402

그림 6-28 SN 7402

예제 1. 다음 회로의 출력을 구하여라.

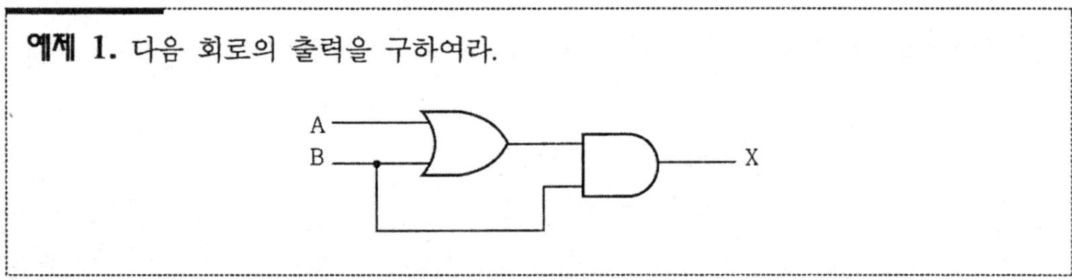

[해설] OR 게이트의 출력은 A+B 이다.

　AND 게이트의 출력 $X=(A+B) \cdot B=AB+B=B$이다.

예제 2. 다음 회로의 출력을 구하여라.

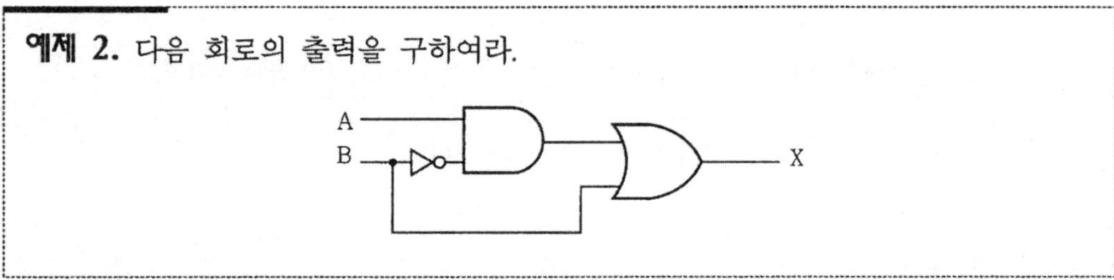

[해설] AND 게이트의 출력은 $A \cdot \overline{B}$ 이다.

　OR 게이트의 출력 $X=A \cdot \overline{B}+B=A+B$이다.

3-2 논리 회로의 응용

(1) 검출 회로 (Exclusive-OR gate)

　AND, OR, NOT 의 조합 논리 소자로 EX-OR 또는 Exclusive-OR 게이트라 하며, 두 입력 신호가 같으면 출력하지 않고 두 입력 신호가 서로 다를 때 출력되는 검출 회로 이며 연산자는 $\oplus$ 로 나타낸다. 이 회로는 배타적 논리합 회로라 하며 전자계산기의 반 가산기, 전가산기, 패리티 검출기(parity checker) 등에 응용된다.

① EX-OR 회로도

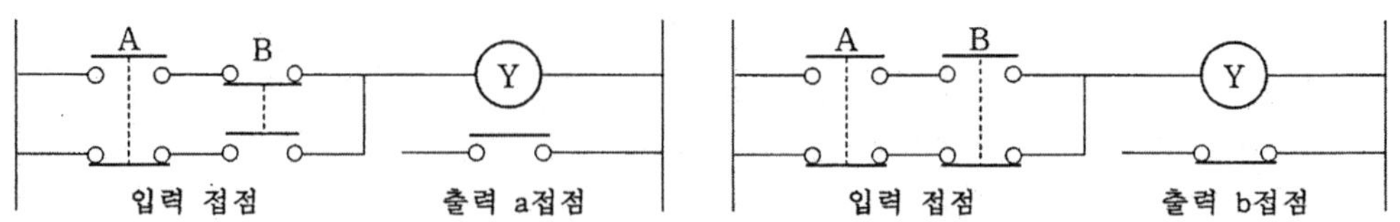

(a) 출력 a 접점　　　　　　　　　　(b) 출력 b 접점

그림 6-29 EX-OR 회로도

② EX-OR 논리도

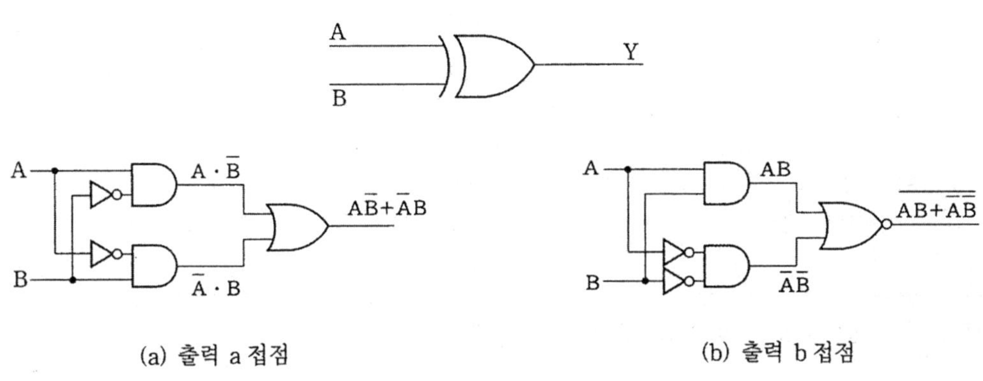

(a) 출력 a 접점　　　　　　　　　　(b) 출력 b 접점

그림 6-30 EX-OR 논리도

③ EX-OR 논리식

$$Y = A \cdot \overline{B} + \overline{A} \cdot B = A \oplus B = \overline{A \cdot B + \overline{A} \cdot \overline{B}}$$

④ EX-OR 진리표

A	B	Y
0	0	0
0	1	1
1	0	1
1	1	0

그림 6-31 EX-OR 진리표

⑤ EX-OR 타임 차트

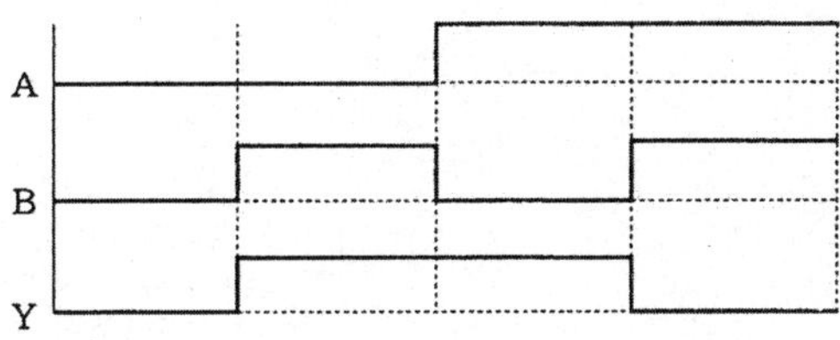

그림 6-32 EX-OR 타임 차트

⑥ EX-OR IC : SN 7486

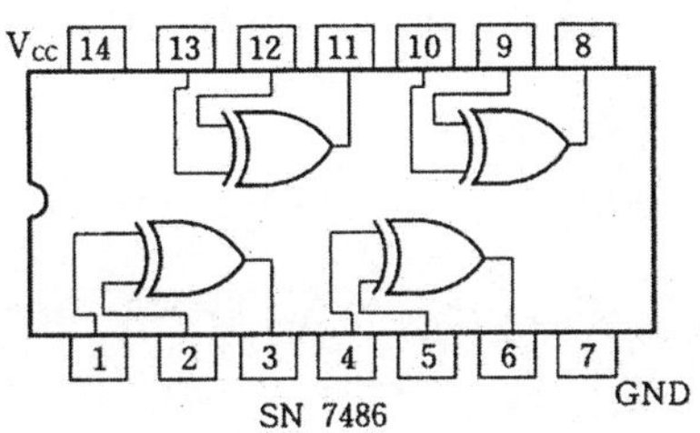

그림 6-33 SN 7486

(2) 일치 회로 (Equivalence gate)

배타적 논리합 회로의 출력에 NOT 회로를 조합시킨 EX-NOR 또는 Equivalance-NOR 게이트라 하며, 두 입력 신호가 다르면 출력되지 않고, 두 입력 신호가 같으면 출력되는 일치 회로 또는 동치 회로라 하며 연산자는 ⊙ 로 나타낸다.

① EX-NOR 회로도

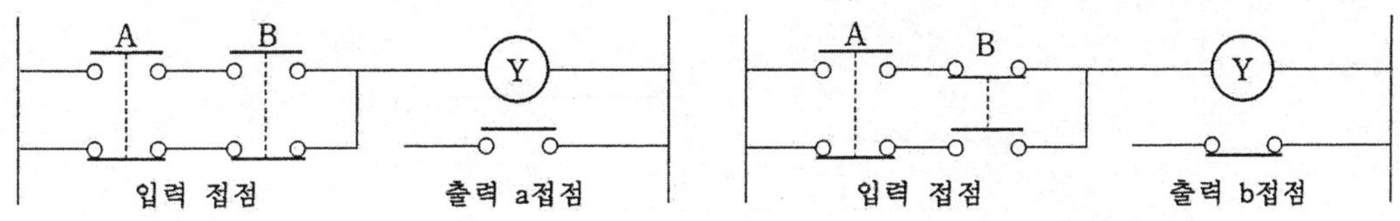

(a) 출력 a 접점   (b) 출력 b 접점

그림 6-34 EX-NOR 회로도

② EX－NOR 논리도

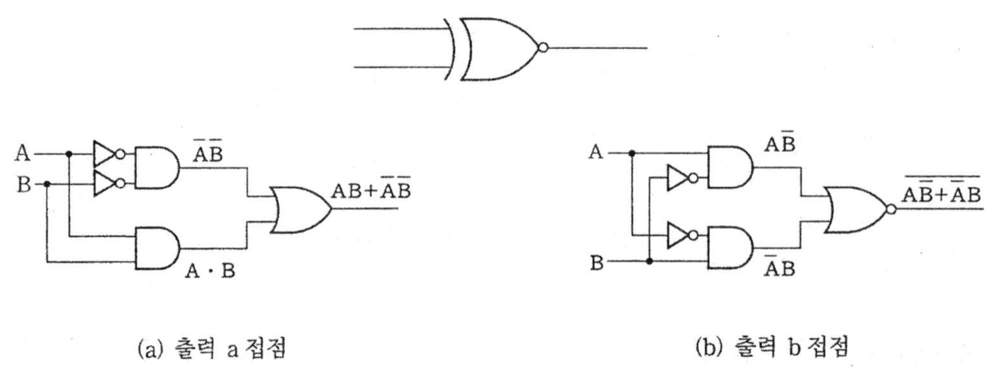

(a) 출력 a 접점   (b) 출력 b 접점

그림 6-35 EX-NOR 논리도

③ EX－NOR 논리식

$$Y = A \cdot B + \overline{A} \cdot \overline{B} = A \odot B = \overline{A \cdot \overline{B} + \overline{A} \cdot B}$$

④ EX－NOR 진리표

A	B	Y
0	0	1
0	1	0
1	0	0
1	1	1

그림 6-36 EX-NOR 진리표

⑤ EX－NOR 타임 차트

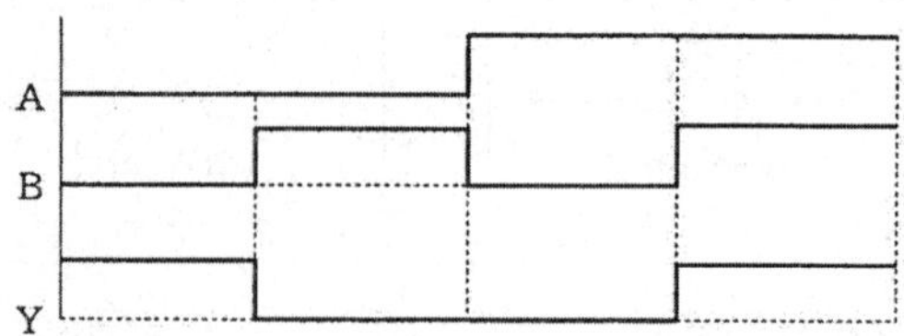

그림 6-37 EX-NOR 타임 차트

⑥ EX－NOR IC : SN 7426

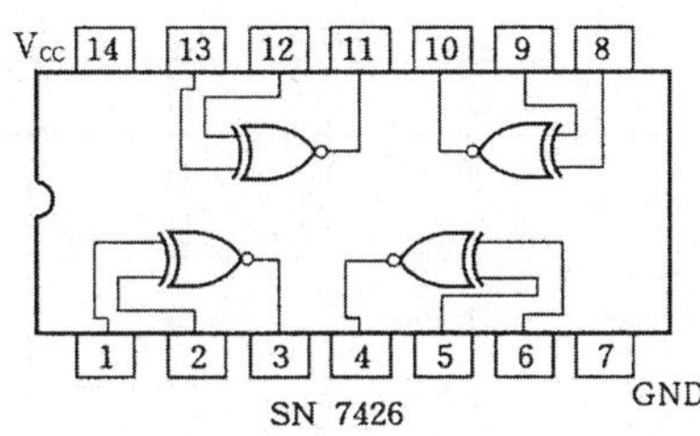

그림 6-38 SN 7426

(3) 금지 회로 (Inhibit)

AND 회로에서 입력 A, B 의 논리가 "1"이고, 펄스 입력 H 의 신호가 "0" (OFF)일 때 동작하는 금지 회로이며, 펄스 입력 H 에 가해지는 신호에 의하여 다른 입력의 논리 동작을 억제하는 역할을 하므로 억제 회로라고도 한다.

① 금지 회로 회로도

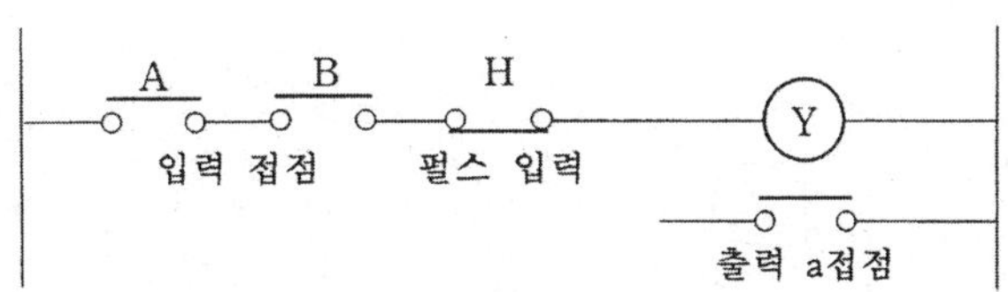

그림 6-39 금지 회로 회로도

② 금지 회로 논리도

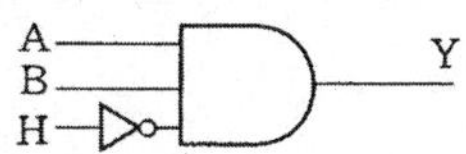

그림 6-40 금지 회로 논리도

③ 금지 회로 논리식

$$Y = A \cdot B \cdot \overline{H}$$

④ 금지 회로 진리표

입		력	출 력
A	B	H	Y
0	0	0	0
0	1	0	0
1	0	0	0
1	1	0	1
0	0	1	0
0	1	1	0
1	0	1	0
1	1	1	0

그림 6-41 금지 회로 진리표

(4) 다수결 회로

입력 신호 3개 중 2개 이상 1일 때만 출력되는 다수결 회로이다.

① 다수결 회로 논리도

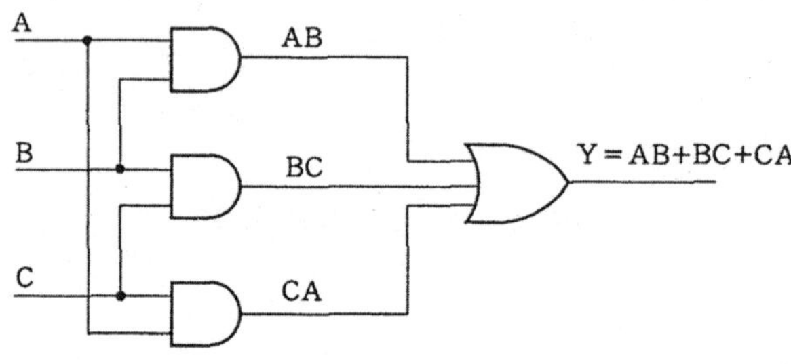

그림 6-42 다수결 회로 논리도

② 다수결 회로 논리식

$$Y = \overline{A} \cdot B \cdot C + A \cdot \overline{B} \cdot C + A \cdot B \cdot \overline{C} + A \cdot B \cdot C$$

$$= \overline{A} \cdot B \cdot C + A \cdot \overline{B} \cdot C + A \cdot B \cdot \overline{C} + A \cdot B \cdot C + A \cdot B \cdot C + A \cdot B \cdot C$$

$$= B \cdot C \cdot (\overline{A} + A) + A \cdot C \cdot (\overline{B} + B) + A \cdot B \cdot (\overline{C} + C)$$

$$= A \cdot B + A \cdot C + B \cdot C$$

③ 다수결 회로 진리표

입	력		출 력
A	B	C	Y
0	0	0	0
0	0	1	0
1	1	0	1
1	1	1	1
0	0	0	0
0	0	1	0
1	1	0	1
1	1	1	1

그림 6-43 다수결 회로 진리표

(5) 플립플롭 회로

플립플롭 (flip - flop)은 정상 출력 Q와 부정 출력 $\overline{Q}$ 인 2개의 안정된 상태를 갖는 쌍안정 멀티바이브레이터(bistable multivibrator)이며, 트리거 신호의 세트 (set) 입력으로 출력이 생기고 (H), 리셋(reset) 입력으로 출력이 없어지는 (L), 즉 하나의 입력 상태에서 그 출력 상태가 유지되는 기억 능력을 가지고 있기 때문에 기억 장치인 계수기 또는 데이터 처리 장치 등에 이용된다.

① R−S 플립플롭 : 2개의 NOR 게이트 소자로 만든 플립플롭으로 R, S 입력 신호의 선택에 따라 "1" 또는 "0"을 기억하는 소자이다.

㈎ RS−FF 논리도

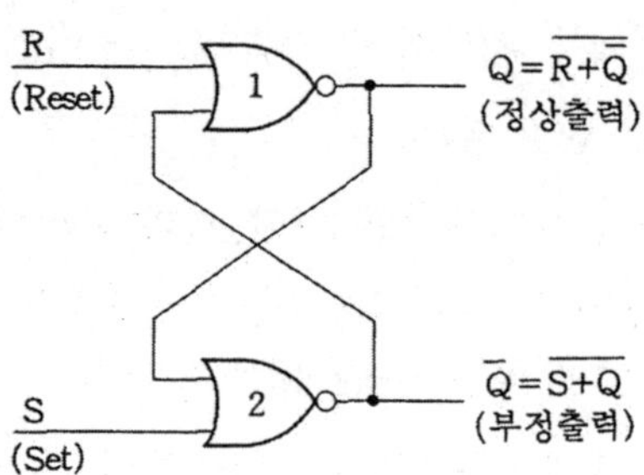

그림 6-44 RS-FF 논리도

㈏ RS-FF 논리 기호

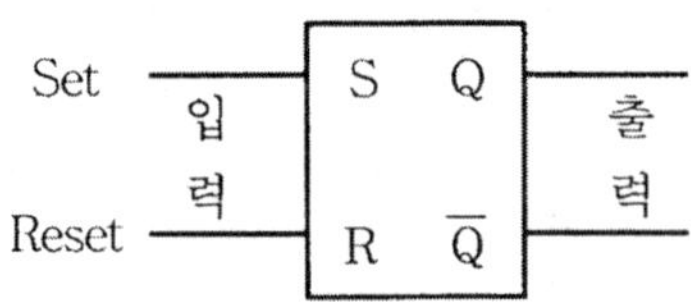

그림 6-45 RS-FF 논리 기호

㈐ RS-FF 진리표

입 력		출 력		동작 상태	비 고
S	R	Q_{n+1}	$\overline{Q}_{n+1}$		
0	0	Q_n	$\overline{Q}_n$	불변	· Q_n : R 입력과 S 입력이 가해지기 전
1	0	1	0	set	의 플립플롭의 상태
0	1	0	1	reset	· Q_{n+1} : R 입력과 S 입력이 가해진 후
1	1	*	*	부정	의 플립플롭의 상태

그림 6-46 RS-FF 진리표

㈑ RS-FF 동작 상태
- S=0, R=0일 때에는 플립플롭의 상태는 변화하지 않는다. 즉, 지금까지의 상태 가 어떤 것이든지 그 상태를 그대로 유지한다.
- S=1, R=0일 때에는 지금까지 출력 Q_n=0이면 Q_{n+1}=1로 set 되고, Q_n=1 이었으면 변화하지 않는다.
- S=0, R=1일 때에는 지금까지 출력 Q_n=0이면 변화하지 않고, Q_n=1이었으 면 Q_{n+1}=0으로 reset 된다.
- S=1, R=1의 입력이 가해지면 어떤 결과가 나타날지 불확실하기 때문에 동작 상태는 부정 상태이다. 그러므로 RS 플립플롭에서는 Q 출력이 "1"일 때를 set 상태, Q 출력이 "0"일 때를 reset 상태라 한다.

② J-K 플립플롭 : J-K 플립플롭은 RS 플립플롭의 부정 출력 상태를 개선한 것으로 J 와 K가 1일 때 클록 펄스가 입력될 때마다 출력 상태가 변화하는 토글 (toggle) 작 용으로 디지털 시스템에 가장 널리 사용되고 있으며 다른 종류의 플립플롭을 만들 수 있기 때문에 만능 플립플롭이라 한다.

㉮ J-K FF 논리 기호

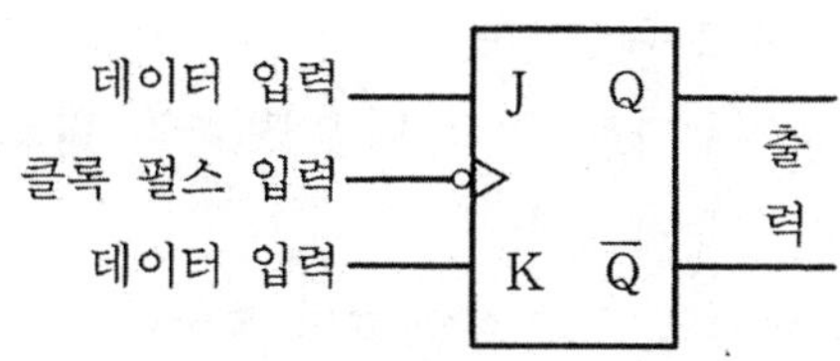

그림 6-47 J-K FF 논리 기호

㉯ J-K FF 진리표

입력 신호값		출력 신호값			동작 상태
J	K	Q_n (입력 전)	Q_{n+1} (입력 후)	$\overline{Q}_{n+1}$ (입력 후)	
0	0	0 1	0 1	1 0	불변
0	1	0 1	0 0	1 1	reset
1	0	0 1	1 1	0 0	set
1	1	0 1	1 0	0 1	변화

그림 6-48 J-K FF 진리표

㉰ J-K FF 타임 차트

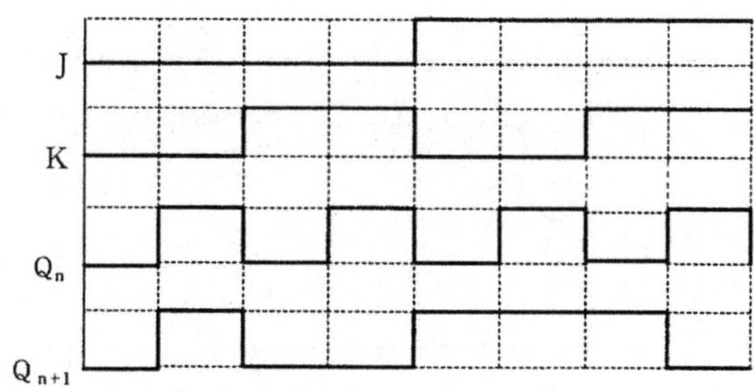

그림 6-49 J-K FF 타임 차트

㉱ J-K FF 동작 상태
· J=0, K=0일 때에는 출력은 변함없이 계속하여 이전의 출력 상태를 유지한다.

- J=0, K=1일 때에는 지금까지 $Q_n=0$ 이면 변하지 않고, $Q_n=1$이면 $Q_{n+1}=0$ 으로 변한다. 즉, 출력은 모두 0이다.
- J=1, K=0일 때에는 지금까지 $Q_n=1$이면 변하지 않고, $Q_n=0$ 이면 $Q_{n+1}=1$ 로 변한다. 즉, 출력은 모두 1이다.
- J=1, K=1일 때에는 출력은 이전 출력상의 보수값을 가지게 된다.

③ T 플립플롭 : T 플립플롭은 JK 플립플롭의 J.K 단자를 하나로 묶어 1개의 입력과 2 개의 출력을 갖는 회로로 입력되는 클록 펄스 (clock pulse) 신호가 1일 때 출력 Q 의 출력 상태가 변화되는 회로이므로 2진 계수 회로 등에 사용되며 토글 (toggle) 시 킨다는 의미에서 T 플롭이라 한다.

㈎ T-FF 논리 기호

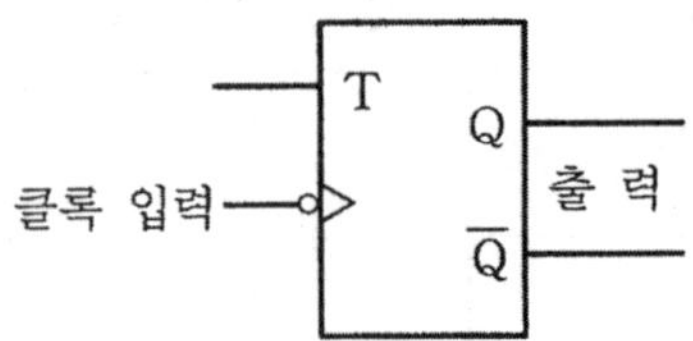

그림 6-50 T-FF 논리 기호

㈏ T-FF 진리표

입력 신호값	출력 신호값		
T	Q_n (입력 전)	Q_{n+1} (입력 후)	$\overline{Q}_{n+1}$ (입력 후)
0	0	0	1
0	1	1	0
1	0	1	0
1	1	0	1

그림 6-51 T-FF 진리표

㈐ T-FF 타임 차트

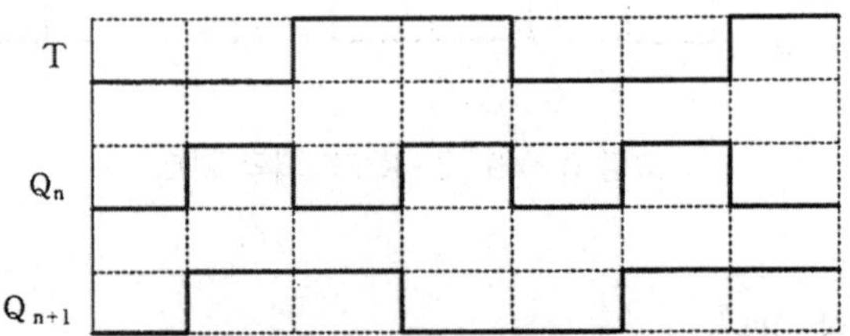

그림 6-52 T-FF 타임 차트

㈜ T-FF 동작 상태

· 입력 클록 신호가 0일 때 입력 전 출력 $Q_n=0$이면 입력 후 출력 $Q_{n+1}=0$, 입력 전 출력 $Q_n=1$이면 입력 후 출력 $Q_{n+1}=1$으로 변화되지 않는다.

· 입력 클록 신호가 1일 때 입력 전 출력 $Q_n=0$이면 입력 후 출력 $Q_{n+1}=1$, 입력 전 출력 $Q_n=0$이면 입력 후 출력 $Q_{n+1}=0$으로 변화하는 계수 회로 소자이다.

④ D 플립플롭 : D 플립플롭은 데이터 플립플롭(data flip-flop) 또는 지연 플립플롭 (delay flip-flop)이라 하며 클록 입력과 데이터 입력을 가지고 있다. 클록 펄스 (clock pulse)가 인가되면 토글(toggle) 작용 없이 데이터 입력 D의 논리 신호가 출력되는 시간적 지연 특성을 가지며 데이터 전송용 레지스터에 응용된다.

㈎ D-FF 논리 기호

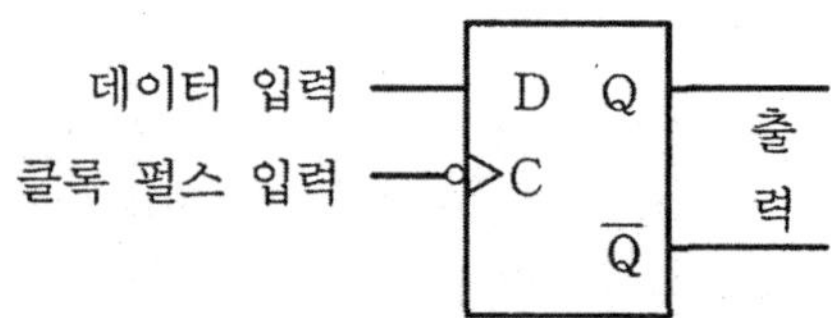

그림 6-53 D-FF 논리 기호

㈏ D-FF 진리표

입력 신호값	출력 신호값		동작 상태	비 고
$D(Q_n)$	$Q(Q_{n+1})$			
0	0	0	reset	· Q_n : n번째의 클록 펄스가 인가되기 전의 입력 D의 논리 상태
0	1	0		
1	0	1	set	· Q_{n+1} : 클록 펄스가 인가되기 후의 출력 Q의 논리 상태
1	1	1		

그림 6-54 D-FF 진리표

㈐ D-FF 타임차트

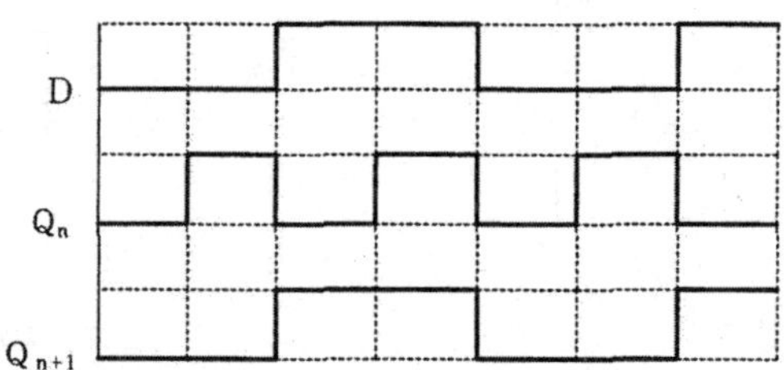

그림 6-55 D-FF 타임 차트

㈃ D-FF 동작 상태 : 클록 펄스가 인가되면 데이터 입력 신호 D 의 값이 출력되며, 다음 클록 펄스가 인가될 때까지 데이터 입력 신호 D 가 인가되어도 출력이 변함 없이 그대로 유지되는 시간적 지연이 발생하는 기억 논리 소자이다.

(6) 타이머 회로

① 타이머 회로 : 그림 6-56 (a)에서 스위치 SW 을 L 측에서 H 측으로 ON 시켜 전압 V 를 인가하면 콘덴서 C 가 서서히 충전되어 공급 전압과 같은 전압으로 충전되는 회로를 적분 회로라 하며, 이 적분 회로를 이용하여 일정 시간 후에 출력되는 타이머 회로를 만들 수 있다. 그림 6-56 (b)는 콘덴서 C 에 충전되는 특성을 나타내며, 공급 전압 V 의 63.2 %의 전압으로 충전되는 시간은 $t = R \cdot C$ 이다. 예를 들어 저항 $R = 10\,\mathrm{k\Omega}$, 콘덴서 $C = 100\,\mu\mathrm{F}$ 일 때 충전시간 $t = 10 \times 10^3 \times 100 \times 10^{-6} = 1\,\mathrm{s}$ 이다.

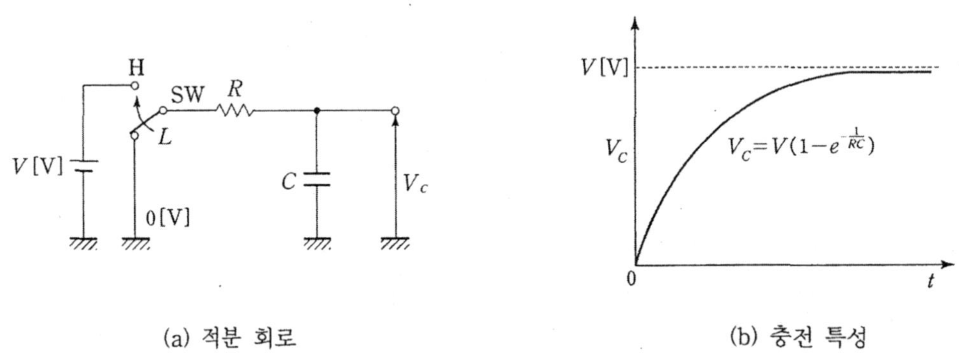

(a) 적분 회로　　　　　(b) 충전 특성

그림 6-56　적분 회로와 충전 특성

② 타이머의 종류

㈎ ON 타이머(한시 동작 순시 복귀) : 입력 신호가 ON 되면 일정 시간 이후에 동작하고 입력 신호가 OFF 되면 순시 복귀하는 ON delay timer.

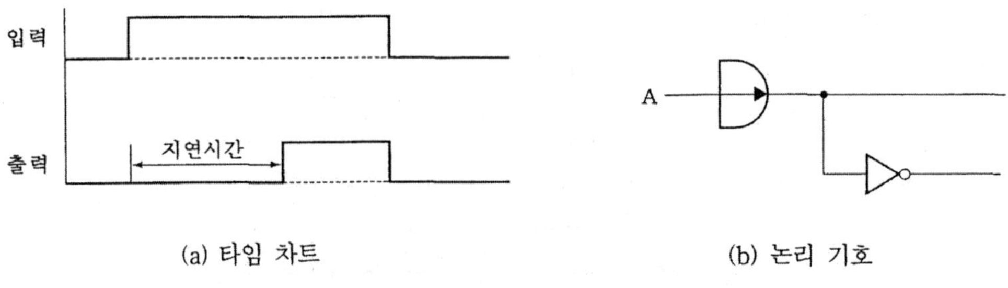

(a) 타임 차트　　　　　(b) 논리 기호

그림 6-57　ON 타이머

㈏ OFF 타이머(순시 동작 한시 복귀) : 입력 신호가 ON 되면 순시 동작하고 입력 신호가 OFF 되면 일정 시간 이후에 복귀하는 OFF delay timer.

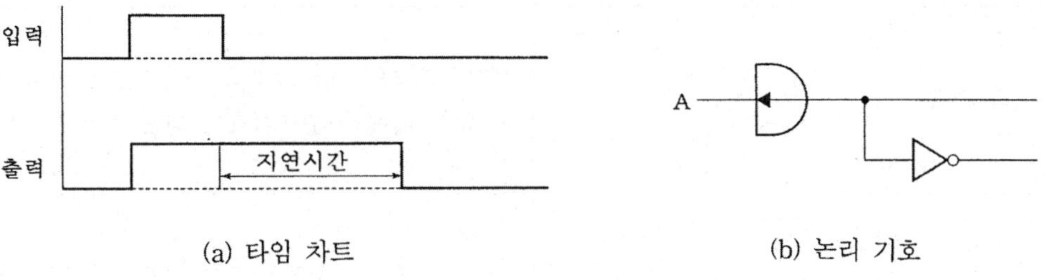

(a) 타임 차트   (b) 논리 기호

그림 6-58 OFF 타이머

㈐ 적산 타이머(한시 동작 순시 복귀) : 입력 신호가 ON 되는 시간을 적산하여 타이머의 설정 시간에 도달하면 동작하는 타이머이다.

3-3 논리 회로와 기호

표 6-6 논리 회로와 기호 (계속)

논리 회로명	기 호	작 동 설 명
AND 회로	A, B — Y	논리적 회로라 하며, 모든 입력이 1인 때에만 출력이 1이 되는 회로
OR 회로	A, B — Y	논리합 회로라 하며, 입력 중 어느 하나 또는 모두가 1일 때 출력이 1이 되는 회로
NOT 회로	A — Y	논리부 회로라고도 하며, 입력이 1일 때 출력은 0, 입력이 0이면 출력이 1이 되는 회로
NAND 회로	A, B — Y	NOT 회로와 AND 회로의 조합으로서 입력이 모두 1일 때에만 출력이 0이 되는 회로

표 6-6 논리 회로와 기호

논리 회로명	기 호	작 동 설 명
NOR 회로	A, B → Y	NOT 회로와 OR 회로의 조합으로 입력이 모두 0인 때에만 출력이 1이 되는 회로
ON 딜레이 타이머 회로	A → Y	입력이 1로 되어도 출력이 나오지 않다가 설정시간이 경과 후 출력이 1로 되는 회로
OFF 딜레이 타이머 회로	A → Y	입력을 주었다가 제거하여 입력이 0이 된다음 설정 시간 경과 후 출력이 1로 되는 회로
플립플롭 회로	A → (S) → Q, B → (R) → $\overline{Q}$	입력 A가 1일 때 출력 X는 1로 되고, 입력 A가 0으로 된 후에도 계속 1이 되다가 입력 B에 1의 신호가 가해지면 리셋되는 회로
바이너리 카운터 회로	A → BC → Q, $\overline{Q}$	입력 A에 1이 2회 가해질 때마다 출력 X가 1회 작동하는 회로
금지 회로	A, B → Y	AND 회로의 응용이며, 입력 B가 1인 때에는 절대로 출력 X가 1이 되지 않는 회로
원쇼트 회로	A → Y	입력 A가 1로 된 다음 일정 시간 동안만 출력이 1로 되는 회로
플리커 회로	A → Y	입력 A가 1인 상태에 있을 때 출력은 일정한 주기로 ON-OFF 동작을 반복하는 회로

표 6-6 논리 회로와 기호 (계속)

논리 회로명	기 호	작 동 설 명
입력 변환 회로 (인터페이스 회로)	A —▱— Y	입력 레벨을 로직 레벨로 변환하는 회로
출력 변환 회로 (증폭 회로)	A —▷— Y	로직 레벨 신호를 증폭하여 릴레이 및 램프 구동에 사용되는 회로 (드라이버 회로)
출력 변환 회로 (인터페이스 회로)	A —▯— Y	로직 레벨 신호를 출력 레벨의 신호로 변환 하는 회로

4. MIL 논리 회로

MIL 논리 회로는 반도체 집적 회로 (IC)의 신뢰성이 향상됨에 따라 미군에서 통일화
된 전자 회로용 논리 기호이다. 1962년 미군 규격 MIL-STD-805 B "Graphic symbols
for Logic Diagram" 으로 제정되어 세계적으로 이 기호를 사용하게 되었다.

4-1 MIL 논리 기호

(1) MIL 논리 기호의 특징

IC 논리 회로에서는 논리 레벨(level)을 전압의 고저로 나누어 높은 전위(high level)를
"H", 낮은 전위(low level)를 "L"로 표현하고 있다. H를 논리의 "1", L을 논리의 "0"에
대응시킬 때 정논리(positive logic), H를 논리의 "0",
L을 논리의 "1"에 대응시킬 때 부논리(negative logic)
라 하며 이들의 관계는 표 6-7과 같다.

표 6-7 정·부논리

전압 (level)	정논리	부논리
H	1	0
L	0	1

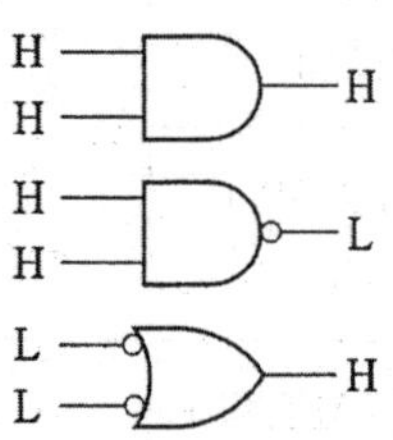

그림 6-59 MIL 기호

정·부 논리에 의하여 논리 회로 기능의 표현이 가능하게 되었다. 논리 기호의 입력측에 작은 원이 있을 때는 L 입력이고 그 소자가 능동임을 나타내며, 또한 출력측에 작은 원이 있을 때는 L 출력이며 그 소자가 능동임을 의미한다. 작은 원은 능동을 H에서 L로 옮기는 기호이며 정논리에서 부논리로 변환하는 것을 의미한다.

여기서 능동(active)이란 소자 자체 회로에 대한 능동이 아니고 입력이 있을 때 출력이 나오는 동작을 말한다.

(2) 정논리와 부논리

동일한 회로를 MIL 논리 기호를 이용하여 정논리와 부논리로 변환하면 표 6-8과 같다. MIL 논리 기호를 사용하면 정논리와 부논리의 교환은 상당히 간단하게 된다. 즉, AND형과 OR형을 서로 바꾸고, 입·출력 단자에 작은 원을 그리면 된다.

표 6-8 정논리와 부논리의 비교

논리 소자	논리 기호 (정 논 리)	논리 기호 (부 논 리)	논리식
AND	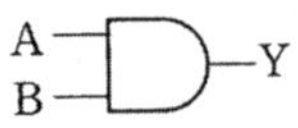	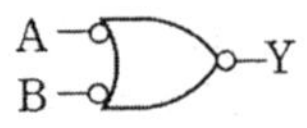	$Y = A \cdot B = \overline{\overline{A} + \overline{B}}$
OR	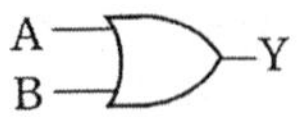	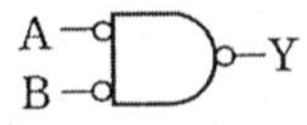	$Y = A + B = \overline{\overline{A} \cdot \overline{B}}$
NOT	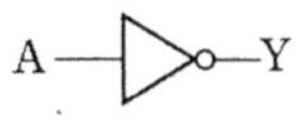	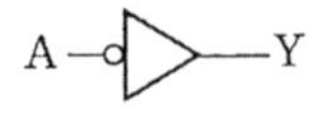	$Y = \overline{A}$
NAND	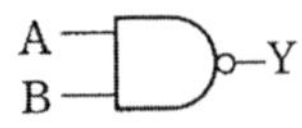	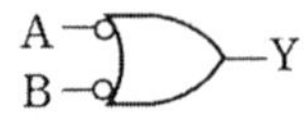	$Y = \overline{A \cdot B} = \overline{A} + \overline{B}$
NOR	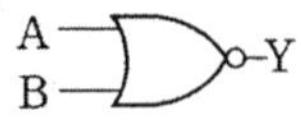	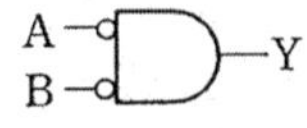	$Y = \overline{A + B} = \overline{A} \cdot \overline{B}$
INHIBIT NAND	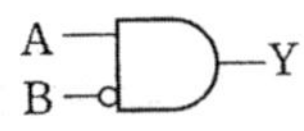	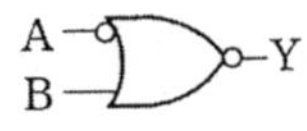	$Y = A \cdot \overline{B} = \overline{\overline{A} + B}$
EXCLUSIVE OR	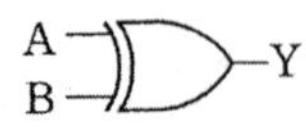	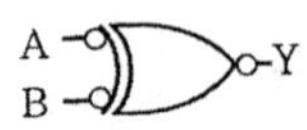	$Y = A \oplus B = \overline{A \odot B}$
EQUIVALENCE NOR	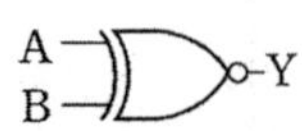	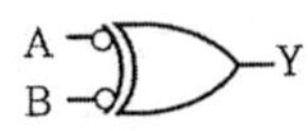	$Y = A \odot B = \overline{A \oplus B}$

4-2 IC 논리 회로의 변환

무접점 논리 소자를 한 개의 패키지(package) 속에 집적화시켜 논리 기능을 여러 회로로 구성시켜서 시판하고 있으며, 논리 회로에 사용하는 집적 회로를 디지털 IC 라고 한다.

(1) NAND 회로 변환

① AND-NAND 변환 : AND 회로를 NAND 회로와 NOT 회로로 다음과 같이 변환한다. AND 회로 $(Y=A \cdot B)$를 부정시키면 NAND 회로 $(\overline{Y}=\overline{A \cdot B})$가 되며, 이것을 또 부정시키면 AND 회로 $(\overline{\overline{Y}}=\overline{\overline{A \cdot B}}=A \cdot B)$로 되돌아간다. 이를 논리 회로도로 나타내면 그림 6-60과 같다.

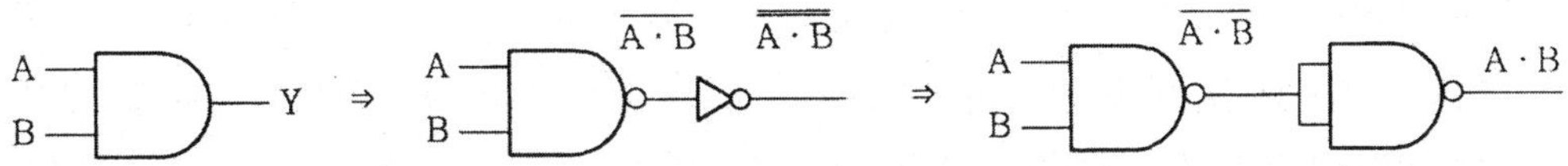

그림 6-60 AND 를 NAND 로 변환

② OR-NAND 변환 : OR 회로를 NAND 회로와 NOT 회로로 다음과 같이 변환한다. OR 회로 $(Y=A+B)$를 이중 부정하면 $\overline{\overline{Y}}=\overline{\overline{A} \cdot \overline{B}}=\overline{\overline{A}}+\overline{\overline{B}}=A+B$ 로 된다. 이를 논리 회로도로 나타내면 그림 6-61과 같다.

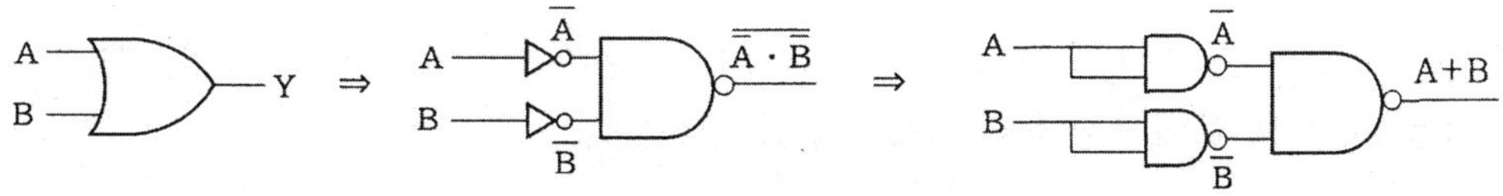

그림 6-61 OR 를 NAND 로 변환

③ NOT-NAND 변환 : NOT 회로를 NAND 회로를 사용하여 나타낼 경우 NAND 회로의 입력을 한 개로 묶어서 그림 6-62와 같이 변환한다.

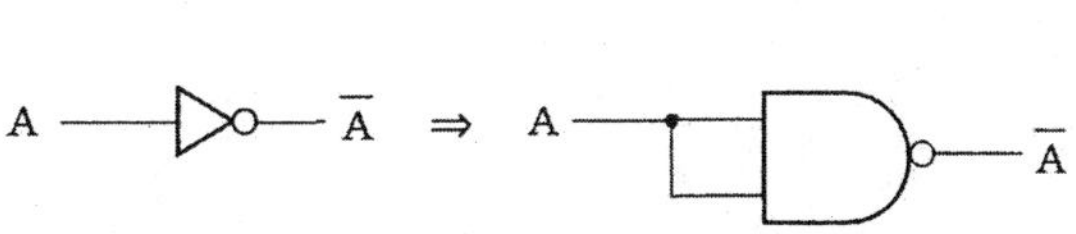

그림 6-62 NOT 를 NAND 로 변환

(2) NOR 회로 변환

① AND−NOR 변환 : AND 회로를 NOR 회로와 NOT 회로로 다음과 같이 변환한다. AND
회로 $(Y=A \cdot B)$ 를 이중 부정하면 $\overline{\overline{Y}} = \overline{\overline{A \cdot B}} = \overline{\overline{A} + \overline{B}} = \overline{\overline{A}} \cdot \overline{\overline{B}} = A \cdot B$ 로 된다.
이를 논리 회로도로 나타내면 그림 6−63과 같다.

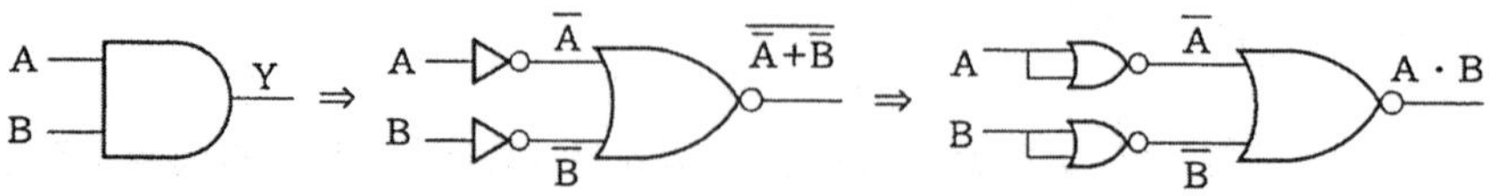

그림 6-63 AND 를 NOR 로 변환

② OR−NOR 변환 : OR 회로를 NOR 회로와 NOT 회로로 다음과 같이 변환한다. OR 회
로 $(Y=A+B)$ 를 이중 부정하면 $\overline{\overline{Y}} = \overline{\overline{A+B}} = \overline{\overline{A} \cdot \overline{B}} = \overline{\overline{A}} + \overline{\overline{B}} = A+B$ 로 된다. 이
를 논리 회로도로 나타내면 그림 6−64와 같다.

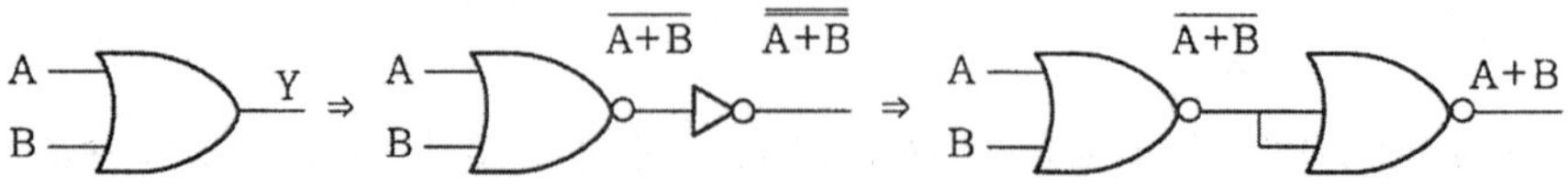

그림 6-64 OR 을 NOR 로 변환

③ NOT−NOR 변환 : NOT 회로를 NOR 회로를 사용하여 나타낼 경우 NOR 회로의 입
력을 한 개로 묶어서 그림 6−65와 같이 변환한다.

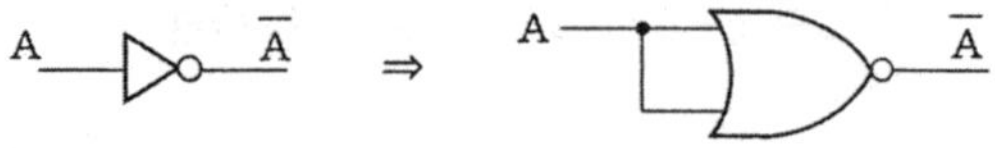

그림 6-65 NOT 를 NOR 로 변환

4-3 IC 논리 회로의 구성

(1) A·B+$\overline{C}$ 회로 변환

① A·B+$\overline{C}$ 회로를 구성하려면 그림 6-67과 같이 AND, OR, NOT 소자 등 3개의 IC를 사용하여 구성하므로 비경제적이다.

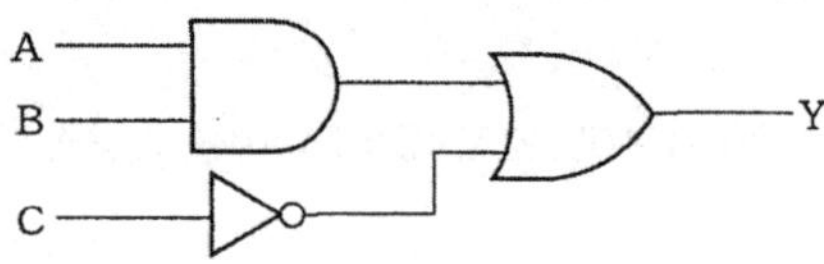

그림 6-66　논리 회로

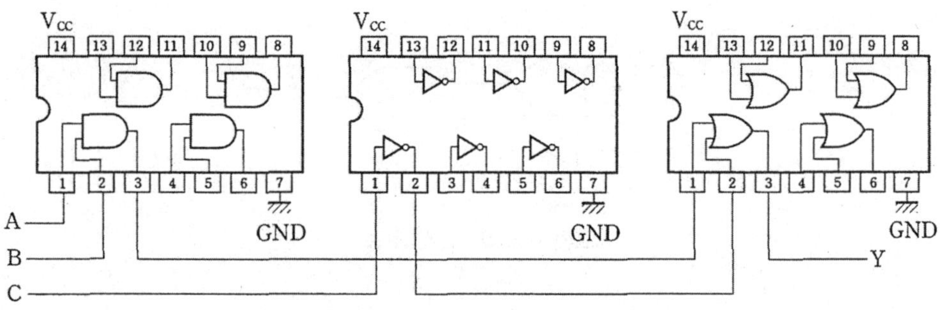

그림 6-67　AND, OR, NOT 소자를 사용한 구성 회로

② 그림 6-66의 논리 회로를 그림 6-68과 같이 NAND 회로로 변환하면 NAND 소자 한 개만을 사용하여 그림 6-69와 같이 회로를 구성하므로 경제적이다.

$$A \cdot B + \overline{C} = \overline{\overline{A \cdot B + \overline{C}}} = \overline{\overline{A \cdot B} \cdot C}$$

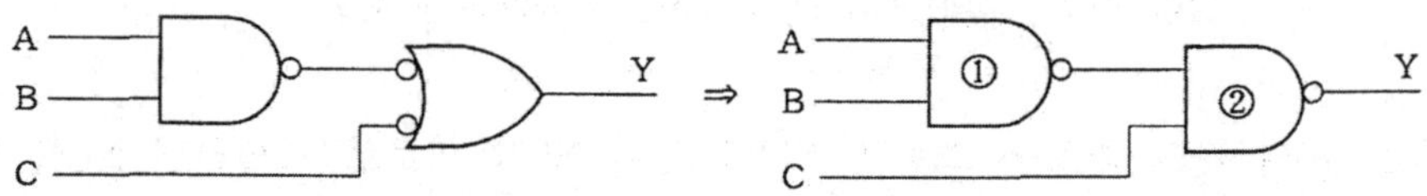

그림 6-68　논리 회로 변환

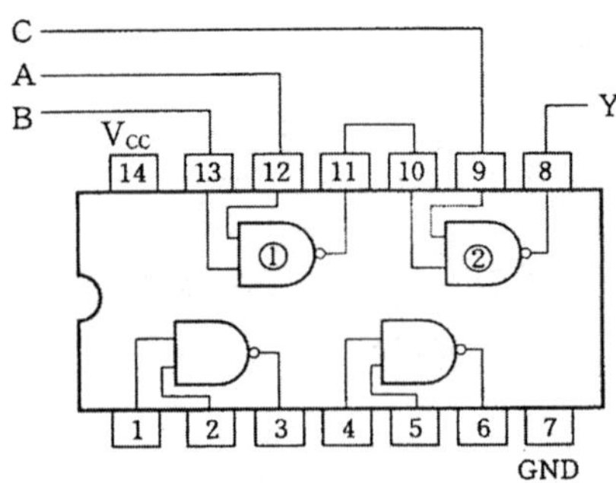

그림 6-69　NAND 소자 (CN 7400)를 사용한 구성 회로

(2) $(A \cdot B) + \overline{C}$ 회로 변환

① $(A+B) \cdot \overline{C}$ 회로를 구성하려면 그림 6-71과 같이 AND, OR, NOT 소자 등 3 개의 IC를 사용하여 구성하므로 비경제적이다.

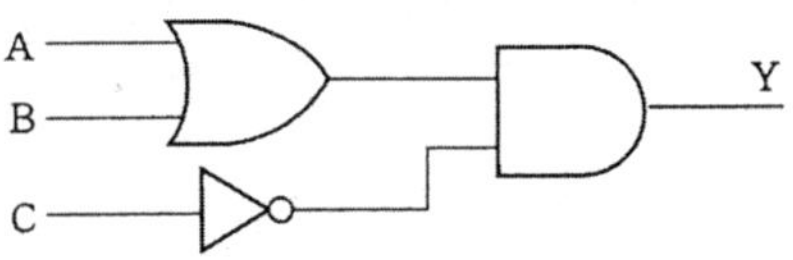

그림 6-70　논리 회로

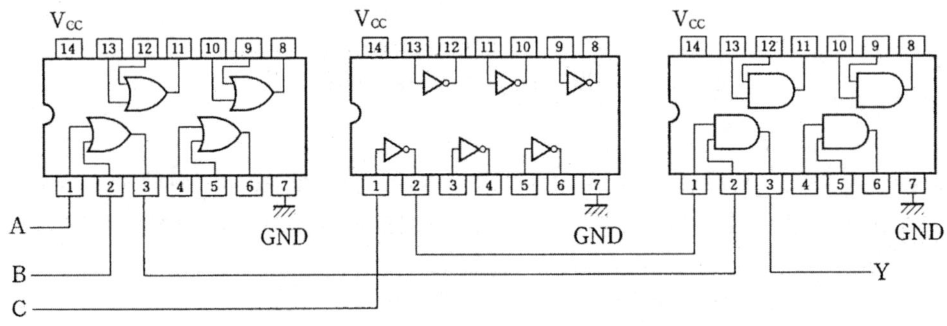

그림 6-71　AND, OR, NOT 소자를 사용한 구성 회로

② 그림 6-70의 논리 회로를 그림 6-72와 같이 NOR 회로로 변환하면 NOR 소자 한 개만을 사용하여 그림 6-73과 같이 회로를 구성하므로 경제적이다.

$$(A+B) \cdot \overline{C} = \overline{\overline{(A+B) \cdot \overline{C}}} = \overline{\overline{(A+B)} + C}$$

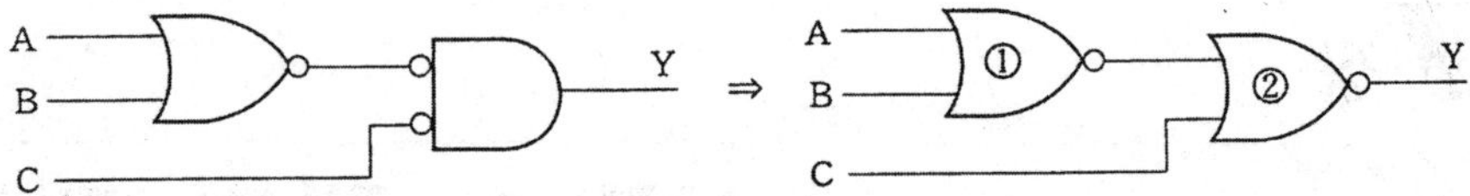

그림 6 - 72 논리 회로 변환

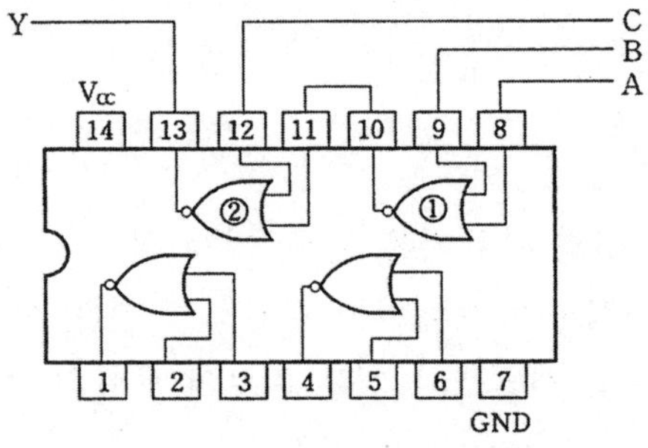

그림 6 - 73   NOR 소자 (CN 7402)를 사용한 구성 회로

제 7 장

시퀀스 제어 회로

복잡한 시퀀스 회로를 살펴보면 기본 회로, 기능 회로 및 응용 회로로 구성되어 있다. 따라서 시퀀스 회로를 구성하기 위해서는 시퀀스의 기본 회로를 이해하지 않고는 응용 회로를 설계할 수 없으므로 시퀀스의 기본 회로의 종류와 기능 및 동작 원리에 대하여 살펴보자.

1. 릴레이 회로

1-1 기본 회로

(1) ON 회로

ON 회로는 그림 7-1과 같이 스위치 PBS$_1$를 누르면 릴레이 R에 전류가 흘러 릴레이의 코일이 여자되어 릴레이 R의 a 접점이 폐회로 (ON)를 이루어 램프 L이 점등되고, 스위치 PBS$_1$에서 손을 떼면 전류가 차단되어 릴레이 R의 a 접점이 개회로 (OFF)되어 램프 L이 소등되는 가장 기본적인 회로로 a 접점을 이용하므로 A 접점 회로라고도 한다.

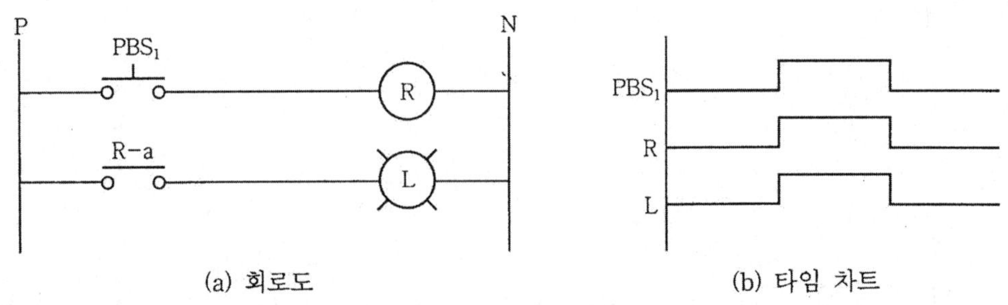

(a) 회로도　　　　　　　(b) 타임 차트

그림 7-1 ON 회로

❧ 동작 설명

① 전원을 투입하였을 때 : PBS₁이 차단되어 릴레이 R이 동작되지 않아 릴레이 a 접점에 의해 램프 L은 소등된다.

② 기동 스위치 PBS₁를 눌렀을 때 : P 전원 → PBS₁ → 릴레이 코일 → N 전원 순으로 전류가 흘러 릴레이의 코일이 여자되어 릴레이 R-a 접점이 닫혀 램프 L이 점등된다.

③ 기동 스위치 PBS₁에서 손을 떼었을 때 : P 전원과 N 전원이 차단되어 릴레이의 코일이 소자되어 릴레이 R-a 접점이 열려 램프 L이 소등된다.

(2) OFF 회로

OFF 회로는 그림 7-2와 같이 스위치 PBS₁를 누르면 릴레이 R에 전류가 흘러 릴레이의 코일이 여자되어 릴레이 R의 b 접점이 개회로 (OFF)를 이루어 램프 L이 소등되고, 스위치 PBS₁에서 손을 떼면 전류가 차단되어 릴레이 R의 b 접점이 폐회로 (ON)되어 램프 L이 점등되는 가장 기본적인 회로로 b 접점을 이용하므로 B 접점 회로라고도 한다.

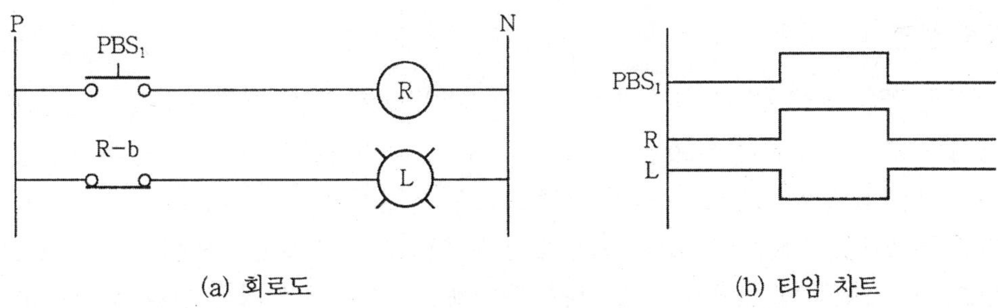

(a) 회로도　　　　　　(b) 타임 차트

그림 7-2 OFF 회로

❧ 동작 설명

① 전원을 투입하였을 때 : PBS₁이 차단되어 릴레이 R이 동작되지 않지만 릴레이 b 접점에 의해 램프 L은 점등된다.

② 기동 스위치 PBS₁를 눌렀을 때 : P 전원 → PBS₁ → 릴레이 코일 → N 전원 순으로 전류가 흘러 릴레이의 코일이 여자되어 릴레이 R-b 접점이 열려 램프 L이 소등된다.

③ 기동 스위치 PBS₁에서 손을 떼었을 때 : P 전원과 N 전원이 차단되어 릴레이의 코일이 소자되어 릴레이 R-b 접점이 닫혀 램프 L이 소등된다.

(3) 직렬 회로

직렬 회로는 a 접점을 출력으로 하는 AND 회로와 b 접점을 출력으로 하는 NAND 회로가 있다. AND 회로는 그림 7-3의 두 개의 스위치 PBS₁, PBS₂가 모두 ON일 때 적색 램프 (RL)가 점등되는 출력 회로이며, NAND 회로는 AND 회로의 반대로 두 개의 스위치 PBS$_1$, PBS$_2$가 모두 OFF일 때 녹색 램프 (GL)가 점등되는 출력 회로이다.

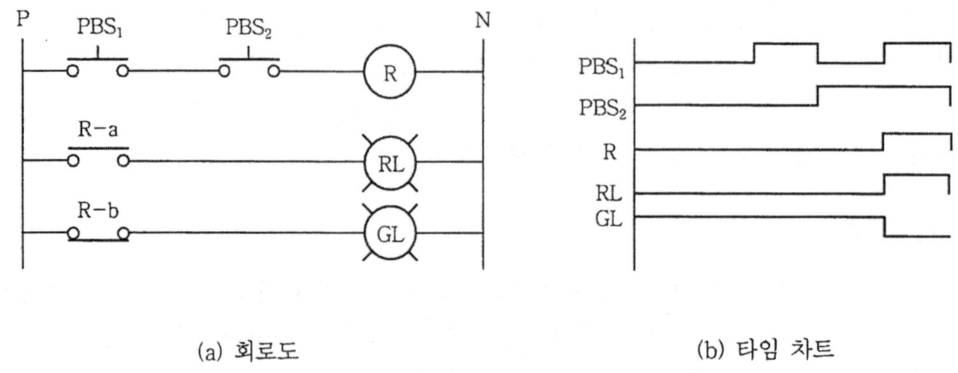

(a) 회로도   (b) 타임 차트

그림 7-3 직렬 회로

✿ 동작 설명

① 스위치 PBS$_1$, PBS$_2$를 누르지 않았을 때 (전원 투입) : 입력 PBS$_1$, PBS$_2$가 열려 있으므로 릴레이 코일에 전류가 흐르지 않으므로 릴레이가 소자된 상태이다. 적색 램프 (RL)는 a 접점이 열려 소등되고, 녹색 램프 (GL)는 b 접점이 닫혀 점등된다.

② 스위치 PBS$_1$만 눌렀을 때 : 입력 PBS$_2$가 열려 있으므로 릴레이 코일에 전류가 흐르지 않으므로 릴레이가 소자된 상태이다. 적색 램프 (RL)는 a 접점이 열려 소등되고, 녹색 램프 (GL)는 b 접점이 닫혀 점등된다.

③ 스위치 PBS$_2$만 눌렀을 때 : 입력 PBS$_1$이 열려 있으므로 릴레이 코일에 전류가 흐르지 않으므로 릴레이가 소자된 상태이다. 적색 램프 (RL)는 a 접점이 열려 소등되고, 녹색 램프 (GL)는 b 접점이 닫혀 점등된다.

④ 스위치 PBS$_1$, PBS$_2$ 모두 눌렀을 때 : P 전원 → PBS$_1$ → PBS$_2$ → 릴레이 코일 → N 전원 순으로 전류가 흘러 릴레이의 코일이 여자된 상태이다. 적색 램프 (RL)는 a 접점이 닫혀 점등되고, 녹색 램프 (GL)는 b 접점이 열려 소등된다.

(4) 병렬 회로

병렬 회로는 a 접점을 출력으로 하는 OR 회로와 b 접점을 출력으로 하는 NOR 회로가 있다. OR 회로는 그림 7-4의 두 개의 스위치 PBS$_1$, PBS$_2$ 중 하나 또는 모두 ON일 때 적색 램프 (RL)가 점등되는 출력 회로이며, NOR 회로는 OR 회로의 반대로 두 개의 스위치 PBS$_1$, PBS$_2$가 모두 OFF일 때 녹색 램프 (GL)가 점등되는 출력 회로이다.

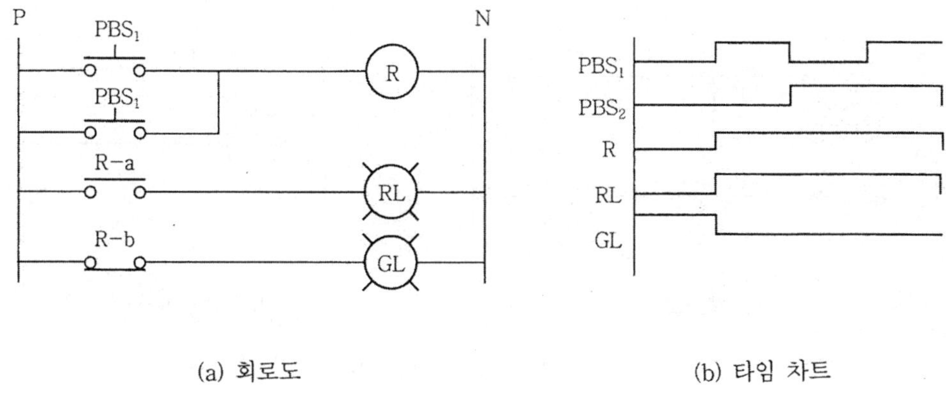

(a) 회로도　　　　　(b) 타임 차트

그림 7-4 병렬 회로

🌀 동작 설명

① 스위치 PBS_1, PBS_2를 누르지 않았을 때 (전원 투입) : 입력 PBS_1, PBS_2가 열려 있으므로 릴레이 코일에 전류가 흐르지 않으므로 릴레이가 소자된 상태이다. 적색 램프 (RL) 는 a 접점이 열려 소등되고, 녹색 램프 (GL)는 b 접점이 닫혀 점등된다.

② 스위치 PBS_1만 눌렀을 때 : 입력 PBS_1이 닫혀 있으므로 릴레이 코일에 전류가 흘러 릴레이가 여자된 상태이다. 적색 램프 (RL)는 a 접점이 닫혀 점등되고, 녹색 램프 (GL)는 b 접점이 열려 소등된다.

③ 스위치 PBS_2만 눌렀을 때 : 입력 PBS_2가 닫혀 있으므로 릴레이 코일에 전류가 흘러 릴레이가 여자된 상태이다. 적색 램프 (RL)는 a 접점이 닫혀 점등되고, 녹색 램프 (GL)는 b 접점이 열려 소등된다.

④ 스위치 PBS_1, PBS_2 모두 눌렀을 때 : 입력 PBS_1, PBS_2가 닫혀 있으므로 릴레이 코일에 전류가 흘러 릴레이가 여자된 상태이다. 적색 램프 (RL)는 a 접점이 닫혀 점등되고, 녹색 램프 (GL)는 b 접점이 열려 소등된다.

(5) 자기 유지 (self holding) 회로

릴레이의 메모리 기능을 이용하여 스위치에서 손을 떼어도 동작이 유지되는 회로를 자기 유지 회로라 하며, 동작 원리는 그림 7-5와 같이 스위치 PBS_1을 누르면 릴레이가 여자되어 스위치와 병렬로 접속한 릴레이 R-a 접점이 닫힌다. 이 때 스위치 PBS_1에서 손을 떼도 릴레이 R-a 접점에 의해 릴레이 코일에 전류가 흘러 동작이 계속 유지되는 자기 유지 회로이다.

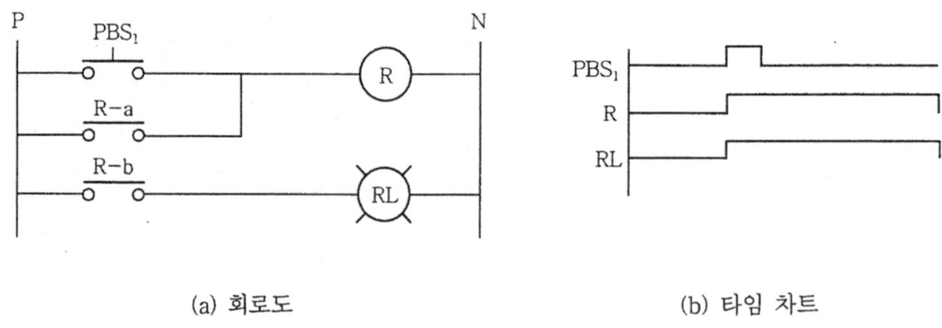

(a) 회로도   (b) 타임 차트

그림 7-5 자기 유지 회로

❀ 동작 설명

① 스위치 PBS₁, PBS₂를 누르지 않았을 때(전원 투입) : 입력 PBS₁이 열려 있으므로 릴레이 코일에 전류가 흐르지 않으므로 릴레이가 소자된 상태이다. 적색 램프(RL)는 a 접점이 열려 소등된다.

② 스위치 PBS₁을 눌렀을 때 : 입력 PBS₁이 닫혀 있으므로 릴레이 코일에 전류가 흘러 릴레이가 여자된 상태이다. 적색 램프(RL)는 a 접점이 닫혀 점등된다.

③ 스위치 PBS₁에서 손을 떼었을 때 : 입력 PBS₁이 열려 있어도 병렬로 접속한 릴레이 R－a 접점이 닫혀 스위치 PBS₁에서 손을 떼어도 릴레이 R－a 접점에 의해 릴레이 코일에 전류가 흘러 동작이 계속 유지된다.

(6) 기동 우선 회로

기동 우선 회로는 스위치 PBS₁, PBS₂를 동시에 눌렀을 때 릴레이가 동작하는 회로로서 소화전의 양수기와 같이 운전이 우선되는 제어 회로에 이용하는 회로이다.

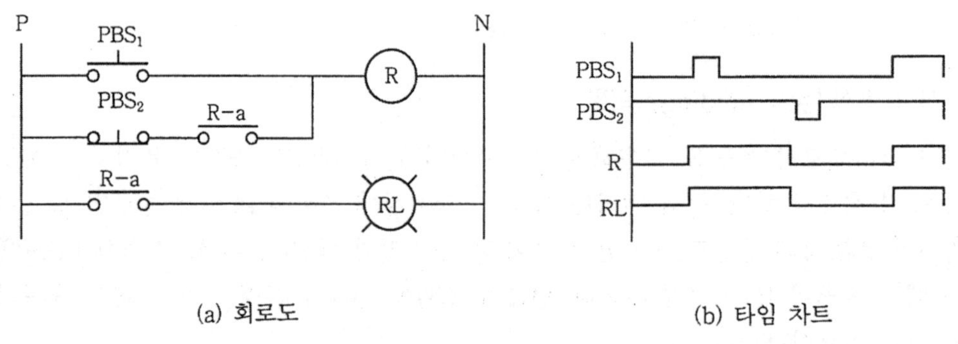

(a) 회로도   (b) 타임 차트

그림 7-6 기동 우선 회로

☄ 동작 설명

① 스위치 PBS$_1$, PBS$_2$를 누르지 않았을 때 (전원 투입) : 입력 PBS$_1$이 열려 있으므로 릴레이 코일에 전류가 흐르지 않으므로 릴레이가 소자된 상태이다. 적색 램프 (RL)는 a 접점이 열려 소등된다.

② 기동 스위치 PBS$_1$을 눌렀을 때 : 입력 PBS$_1$이 닫혀 있으므로 릴레이 코일에 전류가 흘러 릴레이가 여자된 상태이다. 적색 램프 (RL)는 a 접점이 닫혀 점등된다.

③ 기동 스위치 PBS$_1$에서 손을 떼었을 때 : 입력 PBS$_1$이 열려 있어도 병렬로 접속한 릴레이 R-a 접점이 닫혀 스위치 PBS$_1$에서 손을 떼어도 릴레이 R-a 접점에 의해 릴레이 코일에 전류가 흘려 동작이 계속 유지된다.

④ 정지 스위치 PBS$_2$를 눌렀을 때 : 입력 PBS$_2$가 열려 있으므로 릴레이 코일에 전류가 흐르지 않아 릴레이가 소자된 상태이다. 적색 램프 (RL)는 a 접점이 열려 소등된다.

⑤ 스위치 PBS$_1$, PBS$_2$를 동시에 눌렀을 때 : 입력 PBS$_1$이 닫혀 있으므로 릴레이 코일에 전류가 흘러 적색 램프 (RL) 등이 점등되는 기동 우선 회로 (동작 우선 회로, 운전 우선 회로)이다.

(7) 정지 우선 회로

정지 우선 회로는 스위치 PBS$_1$, PBS$_2$를 동시에 눌렀을 때 릴레이가 동작하지 않는 회로로서 안전 운전이 요구되는 일반적인 자동 제어 회로에 이용하는 회로이다.

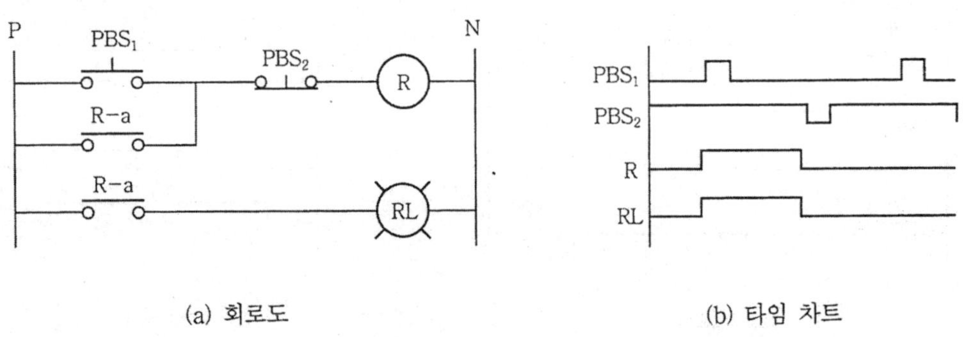

(a) 회로도   (b) 타임 차트

그림 7-7 기동 우선 회로

☄ 동작 설명

① 스위치 PBS$_1$, PBS$_2$를 누르지 않았을 때 (전원 투입) : 입력 PBS$_1$이 열려 있으므로 릴레이 코일에 전류가 흐르지 않으므로 릴레이가 소자된 상태이다. 적색 램프 (RL)는 a 접점이 열려 소등된다.

② 기동 스위치 PBS₁을 눌렀을 때: 입력 PBS₁이 닫혀 있으므로 릴레이 코일에 전류가 흘러 릴레이가 여자된 상태이다. 적색 램프(RL)는 a접점이 닫혀 점등된다.

③ 기동 스위치 PBS₁에서 손을 떼었을 때: 입력 PBS₁이 열려 있어도 병렬로 접속한 릴레이 R-a접점이 닫혀 스위치 PBS₁에서 손을 떼어도 릴레이 R-a접점에 의해 릴레이 코일에 전류가 흘려 동작이 계속 유지된다.

④ 정지 스위치 PBS₂를 눌렀을 때: 입력 PBS₂가 열려 있으므로 릴레이 전류가 흐르지 않아 릴레이가 소자된 상태이다. 적색 램프(RL)는 a접점이 열려 소등된다.

⑤ 스위치 PBS₁, PBS₂를 동시에 눌렀을 때: 입력 PBS₂가 열려 있으므로 릴레이 코일에 전류가 흐르지 않으므로 릴레이가 소자되어 적색 램프(RL) 등이 점등되지 않는 정지 우선 회로(복귀 우선 회로)이다.

1-2 응용 회로

(1) 기동 우선 촌동 회로

기동 우선 촌동 회로는 jog 회로라고도 하며, 기동 스위치 PBS₁, 정지 스위치 PBS₂ 외에 필요시 부분 동작시키는 촌동 스위치 PBS₃이 있으며 촌동 스위치 PBS₃은 a접점과 b접점을 동시에 사용하는 스위치이다. 기동 우선 촌동 회로는 스위치 PBS₁, PBS₂를 동시에 눌렀을 때 릴레이가 동작하는 회로이다.

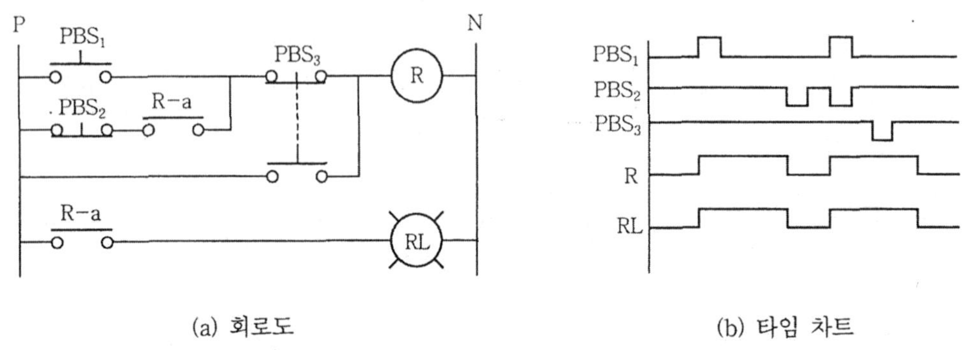

(a) 회로도   (b) 타임 차트

그림 7-8 기동 우선 촌동 회로

동작 설명

① 스위치 PBS₁, PBS₂, PBS₃을 누르지 않았을 때: 입력 PBS₁이 열려 있으므로 릴레이 코일에 전류가 흐르지 않으므로 릴레이가 소자된 상태이다. 적색 램프(RL)는 a접점이 열려 소등된다.

② 기동 스위치 PBS₁을 눌렀을 때 : 입력 PBS₁이 닫혀 있으므로 릴레이 코일에 전류가 흘러 릴레이가 여자된 상태이다. 적색 램프 (RL)는 a 접점이 닫혀 점등된다.

③ 기동 스위치 PBS₁에서 손을 떼었을 때 : 입력 PBS₁이 열려 있어도 병렬로 접속한 릴레이 R−a 접점이 닫혀 스위치 PBS₁에서 손을 떼어도 릴레이 R−a 접점에 의해 릴레이 코일에 전류가 흘려 동작이 계속 유지된다.

④ 정지 스위치 PBS₂를 눌렀을 때 : 입력 PBS₂가 열려 있으므로 릴레이 전류가 흐르지 않아 릴레이가 소자된 상태이다. 적색 램프 (RL)는 a 접점이 열려 소등된다.

⑤ 스위치 PBS₁, PBS₂를 동시에 눌렀을 때 : 입력 PBS₁이 닫혀 있으므로 릴레이 코일에 전류가 흘러 릴레이가 여자되어 적색 램프 (RL) 등이 점등되는 기동 우선 회로 (동작 우선 회로, 운전 우선 회로)이다.

⑥ 촌동 스위치 PBS₃을 눌렀을 때 : 촌동 스위치 PBS₃의 b 접점이 열려 자기 유지 회로가 차단되고, a 접점이 닫혀 릴레이 코일에 전류가 흘러 릴레이가 여자된 상태이다. 적색 램프 (RL)는 a 접점이 닫혀 점등된다.

⑦ 촌동 스위치 PBS₃에서 손을 떼었을 때 : 촌동 스위치 PBS₃의 a 접점은 열려 릴레이 코일에 전류가 흘러 릴레이가 소자된 상태가 되며, PBS₃의 b 접점은 릴레이가 소자된 후 닫혀 자기 유지 회로에 전류가 흐르지 않으므로 적색 램프 (RL)는 a 접점이 열려 소등된다.

(2) 정지 우선 촌동 회로

정지 우선 촌동 회로는 jog 회로라고도 하며, 기동 스위치 PBS₁, 정지 스위치 PBS₂ 외에 필요시 부분 동작시키는 촌동 스위치 PBS₃이 있으며 촌동 스위치 PBS₃은 a 접점과 b 접점을 동시에 사용하는 스위치이다. 정지 우선 촌동 회로는 스위치 PBS₁, PBS₂를 동시에 눌렀을 때 릴레이가 동작하지 않는 회로이다.

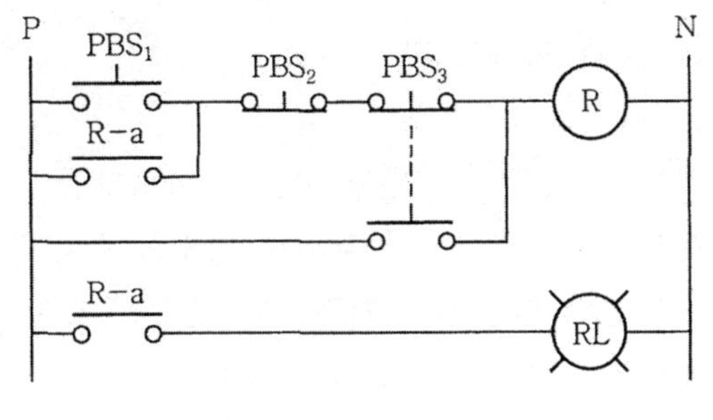

(a) 회로도

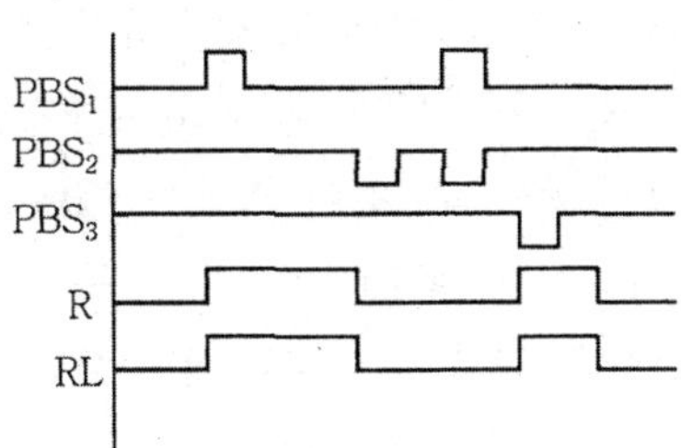

(b) 타임 차트

그림 7 - 9 정지 우선 촌동 회로

♻ 동작 설명

① 스위치 PBS$_1$, PBS$_2$, PBS$_3$을 누르지 않았을 때 : 입력 PBS$_1$이 열려 있으므로 릴레이 코일에 전류가 흐르지 않으므로 릴레이가 소자된 상태이다. 적색 램프 (RL)는 a 접점이 열려 소등된다.

② 기동 스위치 PBS$_1$을 눌렀을 때 : 입력 PBS$_1$이 닫혀 있으므로 릴레이 코일에 전류가 흘러 릴레이가 여자된 상태이다. 적색 램프 (RL)는 a 접점이 닫혀 점등된다.

③ 기동 스위치 PBS$_1$에서 손을 떼었을 때 : 입력 PBS$_1$이 열려 있어도 병렬로 접속한 릴레이 R−a 접점이 닫혀 스위치 PBS$_1$에서 손을 떼어도 릴레이 R−a 접점에 의해 릴레이 코일에 전류가 흘려 동작이 계속 유지된다.

④ 정지 스위치 PBS$_2$를 눌렀을 때 : 입력 PBS$_2$가 열려 있으므로 릴레이 코일에 전류가 흐르지 않아 릴레이가 소자된 상태이다. 적색 램프 (RL)는 a 접점이 열려 소등된다.

⑤ 스위치 PBS$_1$, PBS$_2$를 동시에 눌렀을 때 : 입력 PBS$_2$가 열려 있으므로 릴레이 코일에 전류가 흐르지 않으므로 릴레이가 소자되어 적색 램프 (RL) 등이 점등되지 않는 정지 우선 회로 (복귀 우선 회로)이다.

⑥ 촌동 스위치 PBS$_3$을 눌렀을 때 : 촌동 스위치 PBS$_3$의 b 접점이 열려 자기 유지 회로가 차단되고, a 접점이 닫혀 릴레이 코일에 전류가 흘러 릴레이가 여자된 상태이다. 적색 램프 (RL)는 a 접점이 닫혀 점등된다.

⑦ 촌동 스위치 PBS$_3$에서 손을 떼었을 때 : 촌동 스위치 PBS$_3$의 a 접점은 열려 릴레이 코일에 전류가 흘러 릴레이가 소자된 상태가 되며, PBS$_3$의 b 접점은 릴레이가 소자된 후 닫혀 자기 유지 회로에 전류가 흐르지 않으므로 적색 램프 (RL)는 a 접점이 열려 소등된다.

(3) 인터로크 회로

인터로크 회로는 회로의 보호나 작업자의 안전을 위해 동작되는 계전기의 b 접점을 다른 계전기와 직렬로 접속하여 계전기의 동작을 금지하는 회로이며, 선행 동작 우선 회로 또는 상대 동작 금지 회로라고도 한다.

그림 7−10과 같이 스위치 PBS$_1$, PBS$_2$의 2개 중 먼저 동작한 스위치의 회로가 우선으로 동작하는 회로이며, 다른 쪽의 입력 신호가 들어오더라도 동작되지 않도록 상대방의 b 접점을 직렬로 연결한 회로이다. 점선으로 연결된 부분은 전기적으로 연결된 것이 아니고 릴레이가 동작하면 접점이 동작하는 기계적인 연결을 나타내고 있다.

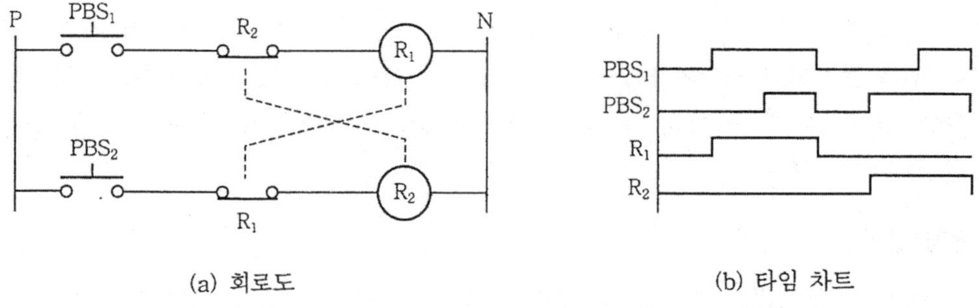

(a) 회로도   (b) 타임 차트

그림 7-10 인터로크 회로 (선행 우선 회로)

🎐 동작 설명

① 스위치 PBS_1, PBS_2를 누르지 않았을 때 : 입력 PBS_1과 PBS_2가 열려 있으므로 릴레이 R_1, R_2가 소자된다.

② 스위치 PBS_1을 누른 후 스위치 PBS_2를 눌렀을 때 : P 전원 → PBS_1 → R_2의 b 접점 → R_1 → N 전원 순으로 전류가 흘러 R_1이 동작하여 릴레이 R_1-b 접점이 열려 스위치 PBS_2를 ON하더라도 R_2는 동작할 수 없다.

③ 스위치 PBS_2를 누른 후 스위치 PBS_1을 눌렀을 때 : P 전원 → PBS_2 → R_1의 b 접점 → R_2 → N 전원 순으로 전류가 흘러 R_2가 동작하여 릴레이 R_2-b 접점이 열려 스위치 PBS_1을 ON하더라도 R_1은 동작할 수 없다.

(4) 순차 동작 회로

순차 동작 회로는 순차적으로 작동이 요구되는 컨베이어 장치와 동작 순서가 어긋나면 안 되는 기계 설비에 적용되는 회로이다. 정해진 순서에 따라 입력되었을 때만 회로가 동작하고, 동작 순서가 틀리면 동작하지 않는 회로로 체인(chain) 회로, 직렬 우선 회로라고도 한다.

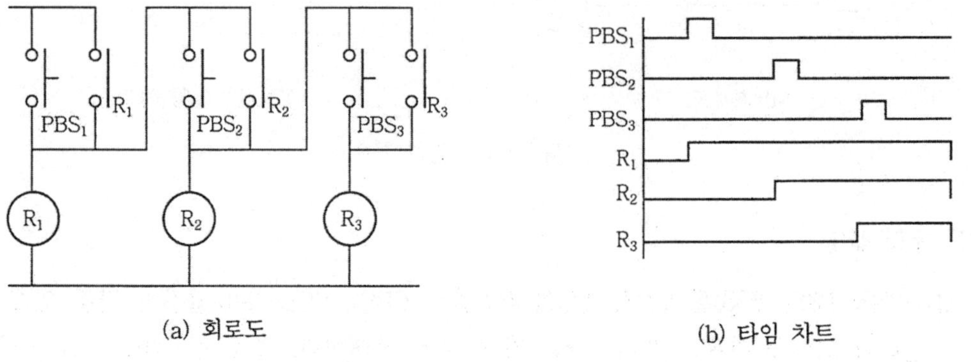

(a) 회로도   (b) 타임 차트

그림 7-11 순차 동작 회로 (chain 회로)

그림 7-11과 같이 스위치 PBS_1에 의해 릴레이 R_1이 동작한 후 스위치 PBS_2에 의해 릴레이 R_2가 동작되고 스위치 PBS_3에 의해 릴레이 R_3 순서로 동작하는 회로이다. 여기서 릴레이 R_2는 R_1이 동작하지 않으면 동작하지 않고, 릴레이 R_3은 R_1과 R_2가 동작하지 않으면 동작하지 않는다.

⚙ 동작 설명

① 스위치 PBS_1를 눌렀을 때 : 릴레이 R_1이 동작하고 R_1의 a 접점에 의해 R_1 릴레이 코일에 전류가 흘러 R_1 동작이 계속 유지된다.

② 스위치 PBS_2를 눌렀을 때 : 릴레이 R_2가 동작하고 R_2의 a 접점에 닫힌다. P 전원 → R_1의 a 접점 → PBS_2 → R_2 → N 전원 순으로 전류가 흘러 R_2가 동작한다.

③ 스위치 PBS_3을 눌렀을 때 : 릴레이 R_3이 동작하고 R_3의 a 접점에 닫힌다. P 전원 → R_1의 a 접점 → R_2의 a 접점 → PBS_3 → N 전원 순으로 전류가 흘러 R_3이 동작한다.

(5) 일치 회로

일치 회로는 그림 7-12와 같이 두 스위치 PBS_1, PBS_2의 입력 상태가 모두 ON 되어 있거나 또는 동시에 OFF 되어 있을 때에만 적색 램프 (RL)가 점등이 되고, 두 스위치 PBS_1, PBS_2 중 어느 하나만 ON되어 두 입력의 상태가 일치하지 않으면 점등되지 않는 회로이다.

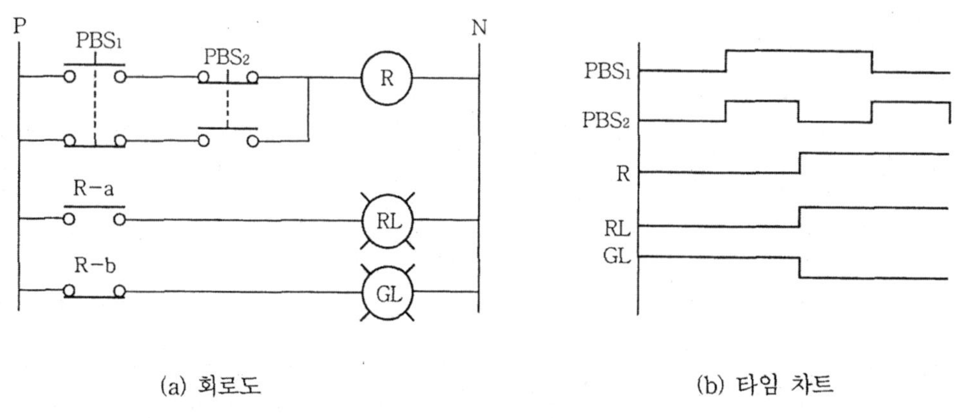

(a) 회로도   (b) 타임 차트

그림 7-12 일치 회로

⚙ 동작 설명

① 스위치 PBS_1, PBS_2를 누르지 않았을 때 : 입력 PBS_1, PBS_2의 b 접점이 닫혀 있으므로 릴레이 코일에 전류가 흘러 릴레이가 여자된 상태이다. 적색 램프 (RL)는 R-a 접점이 닫혀 점등되고, 녹색 램프 (GL)는 R-b 접점이 열려 소등된다.

② 스위치 PBS₁, PBS₂ 모두 눌렀을 때 : 입력 PBS₁, PBS₂의 a 접점이 닫혀 있으므로 릴레이 코일에 전류가 흘러 릴레이가 여자된 상태이다. 적색 램프 (RL)는 R−a 접점이 닫혀 점등되고, 녹색 램프 (GL)는 R−b 접점이 열려 소등된다.

③ 스위치 PBS₁만 눌렀을 때 : PBS₁의 b 접점과 PBS₂의 a 접점이 열려 있으므로 전류가 흐르지 않아 릴레이가 소자된 상태이다. 적색 램프 (RL)는 R−a 접점이 열려 소등되고, 녹색 램프 (GL)는 R−b 접점이 닫혀 점등된다.

④ 스위치 PBS₂만 눌렀을 때 : PBS₁의 a 접점과 PBS₂의 b 접점이 열려 있으므로 전류가 흐르지 않아 릴레이가 소자된 상태이다. 적색 램프 (RL)는 R−a 접점이 열려 소등되고, 녹색 램프 (GL)는 R−b 접점이 닫혀 점등된다.

⑤ 적색 램프 (RL)는 일치 회로의 출력을 녹색 램프 (GL)는 배타 회로의 출력을 나타내고 있다.

(6) 배타 회로

배타 회로는 일치 회로의 반대로, 그림 7−13과 같이 두 스위치 PBS₁, PBS₂의 입력 상태가 모두 ON 되어 있거나 또는 동시에 OFF 되어 있으면 녹색 램프 (GL)가 점등되지 않고, 두 스위치 PBS₁, PBS₂ 중 어느 하나만 ON 되어 두 입력의 상태가 일치하지 않을 때만 점등되는 회로이다.

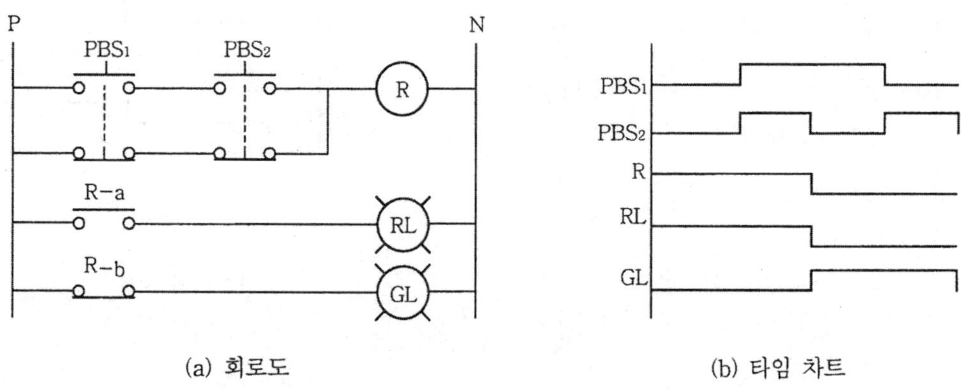

(a) 회로도 (b) 타임 차트

그림 7 - 13 배타 회로

☆ 동작 설명

① 스위치 PBS₁, PBS₂를 누르지 않았을 때 : 입력 PBS₁, PBS₂의 a 접점이 열려 있으므로 릴레이 코일에 전류가 흐르지 않아 릴레이가 소자된 상태이다. 적색 램프 (RL)는 R−a 접점이 열려 소등되고, 녹색 램프 (GL)는 R−b 접점이 닫혀 점등된다.

② 스위치 PBS₁, PBS₂ 모두 눌렀을 때 : 입력 PBS₁, PBS₂의 b 접점이 열려 있으므로 릴레

이 코일에 전류가 흐르지 않아 릴레이가 소자된 상태이다. 적색 램프 (RL)는 R-a 접점이 열려 소등되고, 녹색 램프 (GL)는 R-b 접점이 닫혀 점등된다.

③ 스위치 PBS₁만 눌렀을 때 : PBS₁의 a 접점과 PBS₂의 b 접점이 닫혀 있으므로 전류가 흘러 릴레이가 여자된 상태이다. 적색 램프 (RL)는 R-a 접점이 닫혀 점등되고, 녹색 램프 (GL)는 R-b 접점이 열려 소등된다.

④ 스위치 PBS₂만 눌렀을 때 : PBS₁의 b 접점과 PBS₂의 a 접점이 닫혀 있으므로 전류가 흘러 릴레이가 여자된 상태이다. 적색 램프 (RL)는 R-a 접점이 닫혀 점등되고, 녹색 램프 (GL)는 R-b 접점이 열려 소등된다.

⑤ 적색 램프 (RL)는 배타 회로의 출력을, 녹색 램프 (GL)는 일치 회로의 출력을 나타내고 있다.

(7) 금지 회로 (inhibit 회로)

금지 회로는 그림 7-14와 같이 입력 스위치 PBS₁이 ON 되면 램프가 점등되나 이 상태에서 금지(NOT) 스위치 PBS₂를 ON 하면 출력이 소멸되어 램프가 소등되는 회로이며 시퀀스의 진행을 중단시킬 때 적용된다.

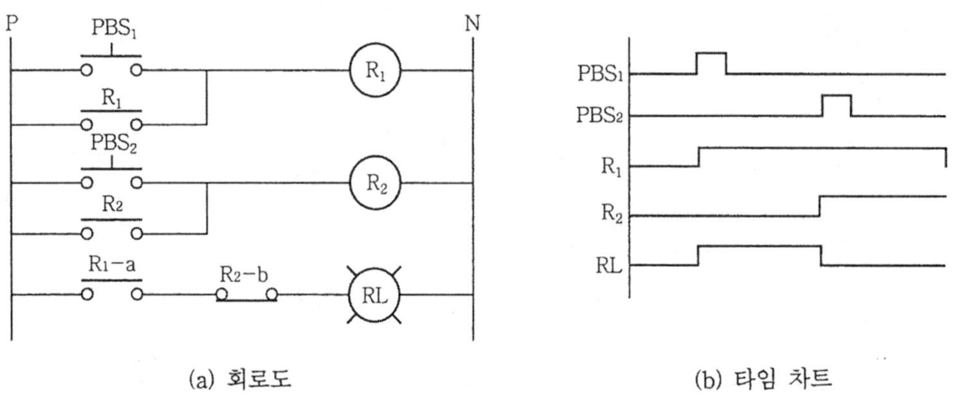

(a) 회로도   (b) 타임 차트

그림 7-14 금지 회로

❀ 동작 설명

① 입력 스위치 PBS₁과 금지 스위치 PBS₂를 누르지 않았을 때 : 입력 PBS₁, PBS₂의 a 접점이 열려 있으므로 릴레이 코일에 전류가 흐르지 않아 릴레이 R₁과 R₂가 소자된 상태이다. 적색 램프 (RL)는 R₁-a 접점이 열려 소등된다.

② 입력 스위치 PBS₁을 눌렀을 때 : 입력 스위치 PBS₁의 a 접점이 닫혀 릴레이 R₁에 전류가 흘러 릴레이 R₁이 여자되며 R₁-a 접점에 의해 자기 유지 회로가 된다. 적색 램프 (RL)는 R₁-a 접점이 닫혀 점등된다.

③ 금지 스위치 PBS_2를 눌렀을 때 : 금지 스위치 PBS_2의 a 접점이 닫혀 릴레이 R_2에 전류
가 흘러 릴레이 R_2가 여자되며 R_2-a 접점에 의해 자기 유지 회로가 된다. 적색 램프
(RL)는 R_1-a 접점이 닫혀 있으나 R_2-b 접점이 열려 소등된다.

2. 타이머 회로

입력 신호를 인가한 후 순시적으로 출력되지 않고 일정한 시간만큼 지난 후 출력이
나타나는 회로를 시간 지연 회로(time delay circuit)라 하며, 시간 지연 회로에는 ON
시간 지연(ON time delay) 회로와 OFF 시간 지연(OFF time delay) 회로 및 일정 시간
동안만 동작하는 단안정(ONE−SHOT) 회로가 있다.

① 순시 동작 : 동작 신호 입력 후 순시적으로 동작하는 것
② 한시 동작 : 동작 신호 입력 후 일정 시간 후 동작하는 것
③ 순시 복귀 : 복귀 신호 입력 후 순시적으로 복귀하는 것
④ 한시 복귀 : 복귀 신호 입력 후 일정 시간 후 복귀하는 것

(1) ON delay 회로 (한시 동작 순시 복귀)

ON delay 회로는 입력 신호를 인가하면 순시적으로 출력되지 않고 일정한 시간만큼
지난 후 출력이 나타나고 입력 신호가 제거되면 순시적으로 복귀하는 시간 지연 회로이
며 ON delay 회로에는 ON timer를 사용한다.

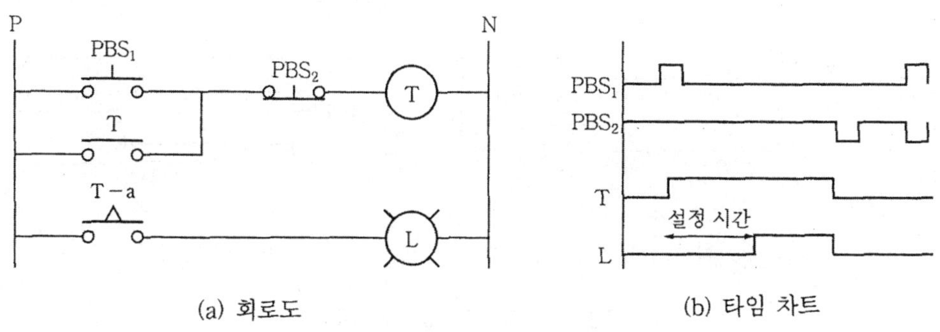

(a) 회로도　　　　(b) 타임 차트

그림 7 - 15　ON delay 회로

❀ 동작 설명

① 스위치 PBS_1, PBS_2를 누르지 않았을 때 : 입력 PBS_1이 열려 있으므로 타이머 코일에 전
류가 흐르지 않으므로 타이머가 소자된 상태이다. 램프 L은 타이머의 한시 동작 a

접점이 열려 소등된다.

② 기동 스위치 PBS₁을 눌렀을 때 : 입력 PBS₁이 닫혀 있으므로 타이머 코일에 전류가 흘러 타이머가 여자되며 입력 PBS₁이 열려 있어도 병렬로 접속한 타이머의 순시 동작 a 접점이 닫혀 자기 유지 회로가 된다. 램프 L은 타이머의 한시 동작 a 접점에 의해 타이머의 설정 시간 이후에 닫혀 점등된다.

③ 정지 스위치 PBS₂를 눌렀을 때 : 입력 PBS₂가 열려 있으므로 타이머 코일에 전류가 흐르지 않아 타이머가 소자된 상태이다. 램프 L은 타이머의 순시 복귀에 의해 a 접점이 열려 소등된다.

④ 스위치 PBS₁, PBS₂를 동시에 눌렀을 때 : 입력 PBS₂가 열려 있으므로 타이머 코일에 전류가 흐르지 않으므로 타이머가 소자된 상태이다. 램프 (L) 등이 점등되지 않는 정지 우선 회로 (복귀 우선 회로)이다.

(2) OFF delay 회로 (순시 동작 한시 복귀)

OFF delay 회로는 입력 신호를 인가하면 순시적으로 출력되고 복귀 신호를 인가하면 순시적으로 복귀하지 않고 일정 시간만큼 지난 후에 복귀하는 시간 지연 회로이며, ON delay timer의 b 접점을 이용하는 방법과 OFF delay timer의 a 접점을 이용하여 회로를 구성할 수 있다. 그림 7-16 은 ON delay timer의 b 접점을 이용한 회로를 나타내고 있다.

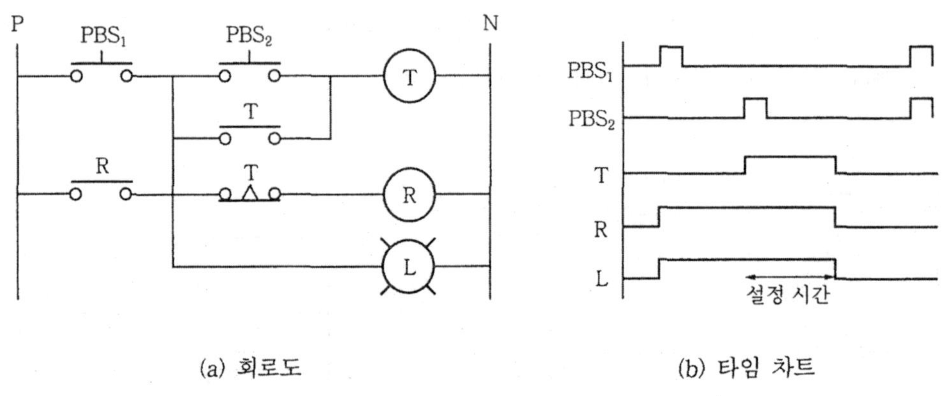

그림 7-16 OFF delay 회로

☙ 동작 설명

① 스위치 PBS₁, PBS₂를 누르지 않았을 때 : 입력 PBS₁과 릴레이 R의 a 접점이 열려 있으므로 타이머 T, 릴레이 R은 소자된 상태이다. 램프 L은 소등된다.

② 스위치 PBS₁을 눌렀을 때 : 스위치 PBS₁의 a 접점이 닫혀 타이머 T의 한시 b 접점에 의해 릴레이 R이 여자되고 릴레이 R 의 a 접점에 의하여 자기 유지 회로가 된다. 램 프 L은 릴레이 R의 a 접점에 의해 점등 상태가 계속 유지된다.

③ 스위치 PBS₂를 눌렀을 때 : 스위치 PBS₂의 a 접점이 닫혀 타이머 T가 여자되어 타이 머 T의 순시 a 접점에 의하여 자기 유지 회로가 된다. 램프 L 은 계속 점등 상태를 유지하나 타이머의 설정 시간이 지난 후에는 타이머 T가 소자되어 타이머 T의 한 시 b 접점에 의해 릴레이 R이 소자되므로 램프 L은 소등된다.

④ 스위치 PBS₁, PBS₂를 동시에 눌렀을 때 : 타이머 T와 릴레이 R이 동시에 여자된다. 램 프 L은 점등된 후 타이머의 설정 시간이 지난 후 소등된다.

(3) 일정 시간 동작 회로 (one shot circuit)

일정 시간 동작 회로는 스위치 한 개를 사용하여 입력을 인가하면 출력된 후 타이머 의 설정 시간이 경과되면 자동적으로 출력이 정지하는 회로로 자동 출입문 등에 사용되 는 회로이다.

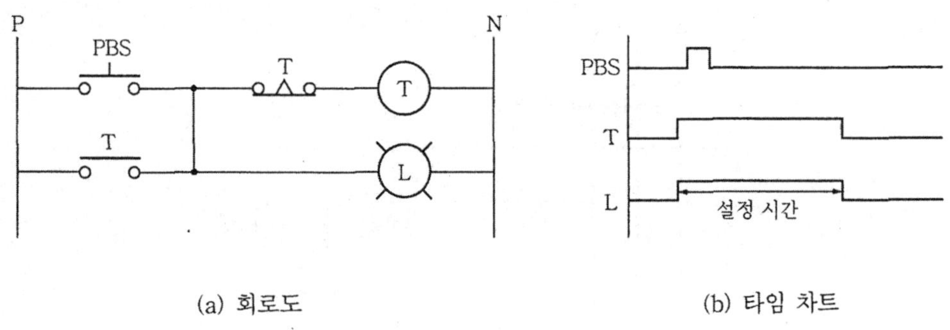

(a) 회로도   (b) 타임 차트

그림 7 - 17 일정 시간 동작 회로

☙ 동작 설명

① 스위치 PBS를 누르지 않았을 때 : 입력 스위치 PBS가 열려 있으므로 타이머 T가 소자 된 상태이다. 램프 L 은 소등된다.

② 스위치 PBS를 누른 후 떼었을 때 : 스위치 PBS의 a 접점이 닫혀 타이머 T가 여자되어 타이머 T의 순시 a 접점에 의해 자기 유지 회로가 된다. 타이머 T의 설정 시간이 지난 후에는 타이머 T의 한시 b 접점이 열려 타이머 T가 소자된다. 램프 L 역시 타 이머의 순시 a 접점에 의해 점등된 후 설정 시간이 지난 후에는 타이머 한시 b 접점 에 의해 타이머가 소자되면 타이머의 순시 a 접점이 열려 소등된다.

3. 전동기 회로

전동기의 제어 회로를 도면으로 나타낼 때 전동기의 결선 회로인 주 회로와 제어 회로를 함께 나타내야 한다. 이는 전동기를 제어하는 신호 증폭, 변환기, 전동기를 보호하는 보호용 기기들의 구성 관계를 나타내어 설치 현장에서 도면과 같은 결선 작업을 할 수 있기 때문이다.

3-1 기본 회로

(1) 전전압 기동 회로

3상 유도 전동기의 전전압 기동 회로는 소형 전동기를 운전할 때 정격 전압을 인가하는 방법으로 기동 스위치 PBS_{ON} 을 누르면 전동기가 회전하고 정지 스위치 PBS_{OFF} 를 누르면 전동기가 정지하는 회로이다.

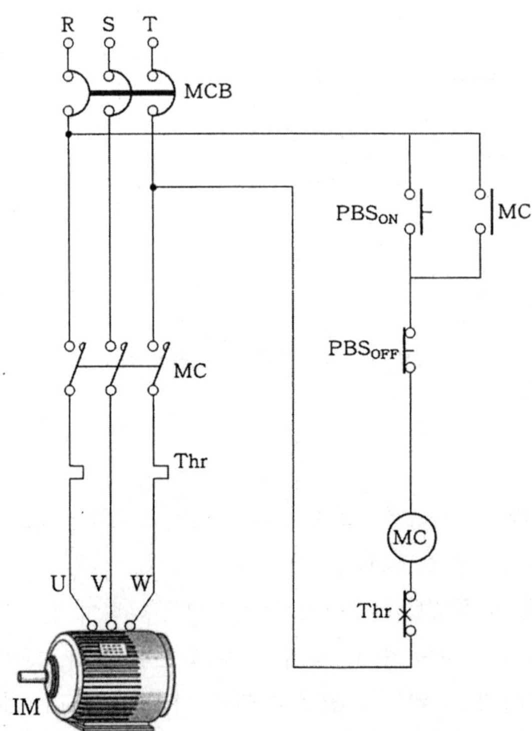

그림 7-18 전전압 기동 회로

☙ 동작 설명

① 배선용 차단기 MCB 를 닫으면 제어 회로에 전원이 투입된다.

② 기동 스위치 PBS_{ON} 을 누르면

(가) 전자 접촉기 MC₁이 여자되어 주 회로 MC 접점을 닫는다.

(나) MC의 a접점이 닫혀 자기 유지 회로가 된다.

(다) 주 회로 MC 접점이 닫혀 전전압으로 전동기가 기동 운전한다.

③ 정지 스위치 PBS_{OFF} 를 누르면 MC 가 소자되어 전동기가 정지한다.

④ 전동기에 과부하가 흐르면 열동형 과부하 계전기 Thr 이 동작하여 유지형 b접점
이 열려 모든 기기가 처음 상태로 복귀한다.

(2) 리액터 기동 회로

리액터 기동 회로는 전동기의 1차측에 직렬로 기동 리액터를 연결하여 기동시에는 리
액터에 의해 전압을 감압한 전원으로 기동하고 속도가 상승하면 리액터를 차단하여 전
전압으로 전동기를 운전하는 저전압 기동법이다.

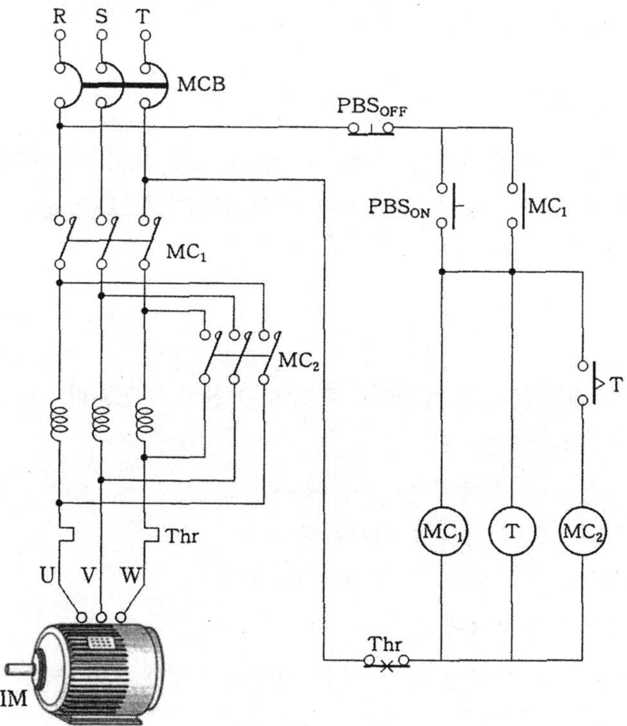

그림 7-19 리액터 기동 회로

⚙ 동작 설명

① 배선용 차단기 MCB를 닫으면 제어 회로에 전원이 투입된다.

② 기동 스위치 PBS_{ON}을 누르면

　㈎ 전자 접촉기 MC_1이 여자된다.

　㈏ MC_1의 a접점이 닫혀 자기 유지 회로가 된다.

　㈐ 동시에 타이머 T가 여자된다.

　㈑ 주 회로 MC_1 접점이 닫혀 전원이 리액터를 통과함으로써 감압된 전압으로 전동
　　기가 기동한다.

③ 타이머 T가 설정 시간에 도달하면

　㈎ 타이머 한시 a접점이 닫혀 MC_2가 여자된다.

　㈏ 주 회로 MC_1, MC_2 접점이 닫혀 전전압으로 전동기가 운전된다.

　㈐ 리액터와 MC_2가 병렬 연결된 경우 전류는 저항이 없는 MC_2 회로 쪽으로 전류
　　가 흐른다.

④ 정지 스위치 PBS_{OFF}를 누르면 MC_1, MC_2, T가 소자되어 전동기가 정지한다.

⑤ 전동기에 과부하가 흐르면 열동형 과부하 계전기 Thr이 동작하여 유지형 b접점이
　열려 모든 기기가 처음 상태로 복귀한다.

(3) 기동 보상기 기동 회로

　기동 보상기 회로는 단권 변압기의 구조로 구성된 기동 보상기를 이용하여 감압된 전
원으로 전동기를 기동한 후 속도가 상승하면 기동 보상기를 단락시켜 전전압으로 전동
기를 운전하는 저전압 기동법이다.

⚙ 동작 설명

① 배선용 차단기 MCB를 닫으면 제어 회로에 전원이 투입된다.

② 기동 스위치 PBS_{ON}을 누르면

　㈎ 기동 보상기용 전자 접촉기 MC_3이 여자된다.

　㈏ MC_3의 a접점이 닫혀 MC_1이 여자된다

　㈐ MC_1의 a접점이 닫혀 자기 유지 회로가 된다.

　㈑ 동시에 타이머 T가 여자된다.

　㈒ 주 회로 MC_3, MC_1 접점이 닫혀 전원 전압을 감압한 기동 보상기의 2차 선간 전
　　압으로 전동기가 기동한다.

③ 타이머 T가 설정 시간에 도달하면

　㈎ 타이머 한시 b접점이 열려 MC_3이 소자된다.

(나) 타이머 한시 a 접점이 닫혀 MC₂ 가 여자된다.

(다) 주 회로 MC₁, MC₂ 접점이 닫혀 전전압으로 전동기가 운전된다.

(라) MC₂ 와 MC₃ 이 동시에 동작하는 것을 방지하기 위해 서로 상대방 b 접점을 연결한 인터로크 회로를 구성하고 있다.

④ 정지 스위치 PBS_OFF 를 누르면 MC₁, MC₂, MC₃, T 가 소자되어 전동기가 정지한다.

⑤ 전동기에 과부하가 흐르면 열동형 과부하 계전기 Thr 이 동작하여 유지형 b 접점이 열려 모든 기기가 처음 상태로 복귀한다.

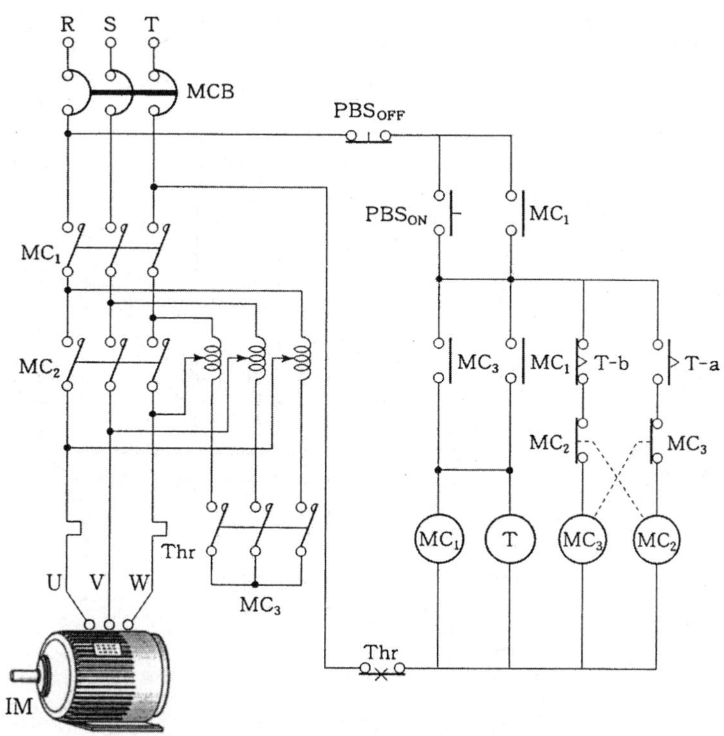

그림 7 - 20 기동 보상기 기동 회로

(4) Y-△ 기동 회로

Y-△ 기동 회로는 유도 전동기의 고정자 권선의 결선을 외부의 전자 접촉기에 의하여 Y 결선으로 결선하여 전압을 $\dfrac{1}{\sqrt{3}}$ 로 감압하여 기동한 후 전동기의 속도가 상승하면 △ 결선으로 바꾸어 전전압으로 운전하는 방법이다.

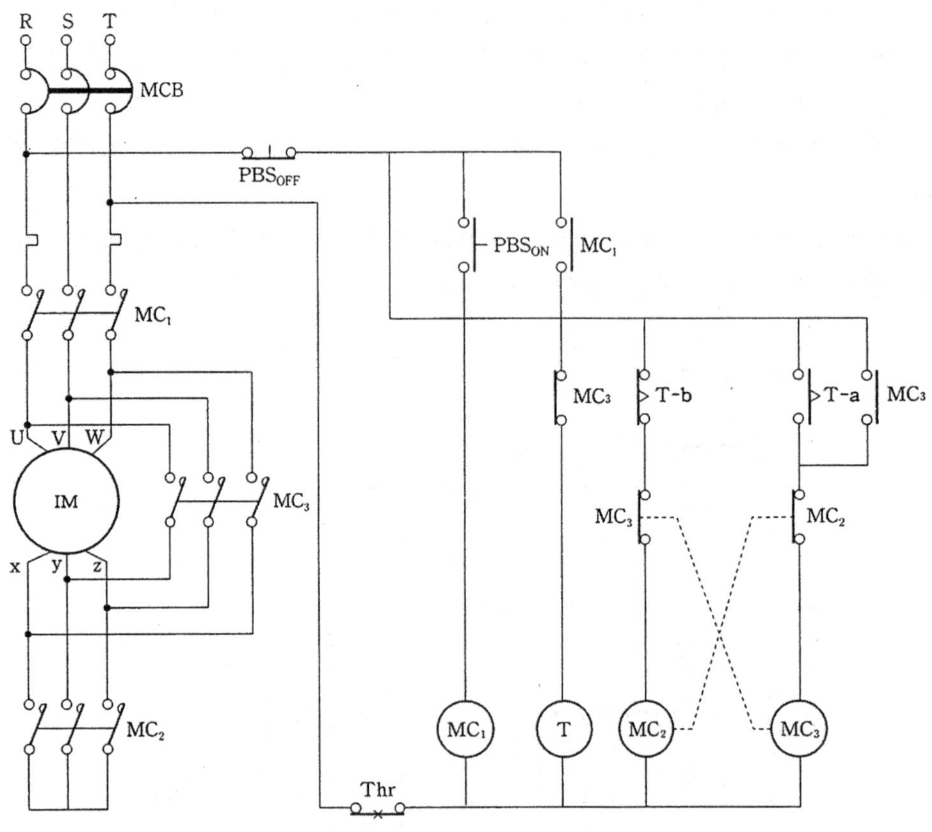

그림 7 - 21 Y - ⊿ 기동 회로

⚙ 동작 설명

① 배선용 차단기 MCB 를 닫으면 제어 회로에 전원이 투입된다.

② 기동 스위치 PBS_{ON} 을 누르면

  ㈎ 전자 접촉기 MC_1 이 여자되어 주 회로 MC_1 접점을 닫는다.

  ㈏ MC_1 의 a 접점이 닫혀 자기 유지 회로가 된다.

  ㈐ 타이머 한시 b 접점이 닫혀 Y 결선 전자 접촉기 MC_2 가 여자된다.

  ㈑ 동시에 타이머 T 가 여자된다.

  ㈒ 주 회로 MC_1, MC_2 접점이 닫혀 Y 결선으로 전동기가 기동된다.

③ 타이머 T 가 설정 시간에 도달하면

  ㈎ 타이머 한시 b 접점이 열려 MC_2 가 소자된다.

㈏ 타이머 한시 a 접점이 닫혀 MC_3 이 여자된다.

㈐ 주 회로 MC_1, MC_3 접점이 닫혀 $\varDelta$ 결선으로 전동기가 운전된다.

㈑ Y 결선용 MC_2 와 $\varDelta$ 결선용 MC_3 이 동시에 동작하는 것을 방지하기 위해 서로 상대방의 b 접점을 연결한 인터로크 회로를 구성하고 있다.

④ 정지 스위치 PBS_{OFF} 를 누르면 MC_1, MC_2, MC_3, T 가 소자되어 전동기가 정지한다.

⑤ 전동기에 과부하가 흐르면 열동형 과부하 계전기 Thr 이 동작하여 유지형 b 접점이 열려 모든 기기가 처음 상태로 복귀한다.

(5) 촌동 회로

촌동 회로는 기계 설비의 조정을 위하여 전동기를 순간적으로 기동 또는 정지시킬 경우에 사용하는 미동 운전 제어 회로이며 조그 (jog) 회로라고도 한다.

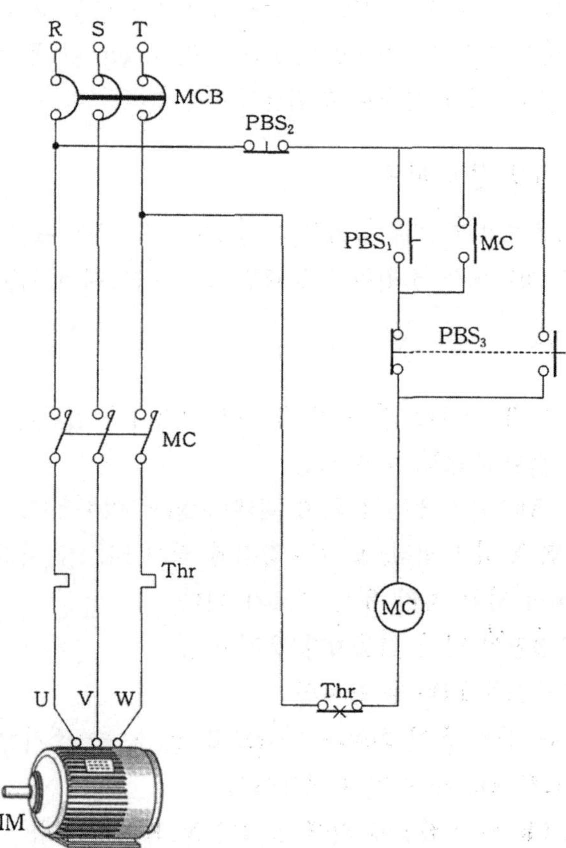

그림 7 - 22　촌동 회로

🌀 동작 설명

① 배선용 차단기 MCB를 닫으면 제어 회로에 전원이 투입된다.

② 기동 스위치 PBS_1을 누르면

　㉮ 전자 접촉기 MC 가 여자되어 주 회로 MC 접점을 닫는다.

　㉯ MC 의 a 접점이 닫혀 자기 유지 회로가 된다..

　㉰ 주 회로 MC 접점이 닫혀 전동기가 자기 유지 회로에 의해 연속 운전된다.

③ 촌동 스위치 PBS_3을 누르면

　㉮ PBS_3 의 b 접점이 열려 MC 가 소자되어 자기 유지 회로가 해제된다.

　㉯ 동시에 PBS_3 의 a 접점이 닫혀 MC 가 소자되어 처음 상태로 복귀한다.

　㉰ PBS_3 을 누르는 동안에는 주 회로 MC 접점이 닫혀 전동기가 운전된다.

　㉱ 촌동 회로는 전동기가 운전 중이나 정지 중일 때도 PBS_3 을 누르는 동안만 전동
　　기가 운전된다.

④ 정지 스위치 PBS_2 를 누르면　MC 가 소자되어 전동기가 정지한다.

⑤ 전동기에 과부하가 흐르면 열동형 과부하 계전기 Thr 이 동작하여 유지형 b 접점
　이 열려 모든 기기가 처음 상태로 복귀한다.

(6) 스위치 한 개로 기동 정지 회로

　스위치 한 개를 이용하여 기동과 정지하는 회로로 정지 상태에서 스위치를 누르면 운
전 상태가 되고 운전 상태에서 스위치를 누르면 정지하는 제어 회로이다.

🌀 동작 설명

① 배선용 차단기 MCB 를 닫으면 제어 회로에 전원이 투입된다.

② 정지 상태에서 스위치 PBS 를 누르면

　㉮ X_2 의 b 접점, MC 의 b 접점에 의해 릴레이 X_1이 여자된다.

　㉯ X_1이 여자되면 X_2의 b 접점, X_1의 a 접점에 의해 MC 가 여자된다.

　㉰ MC 의 a 접점이 닫혀 자기 유지 회로가 된다.

　㉱ 주 회로 MC 접점이 닫혀 전동기가 운전된다.

③ 운전 상태에서 스위치 PBS 를 누르면

　㉮ 스위치 PBS 는 자기 유지 회로가 아니므로 X_1, X_2 는 소자된 상태이다.

　㉯ 운전 상태이므로 MC 는 여자된 상태이다.

　㉰ X_1의 b 접점, MC 의 a 접점에 의해 릴레이 X_2 가 여자된다.

　㉱ X_2 가 여자되면 X_2 의 b 접점이 열려 MC 가 소자된다.

　㉲ MC 가 소자되면 주 회로의 MC 접점이 열려 전동기가 정지된다.

④ 전동기에 과부하가 흐르면 열동형 과부하 계전기 Thr 이 동작하여 유지형 b 접점
이 열려 모든 기기가 처음 상태로 복귀한다.

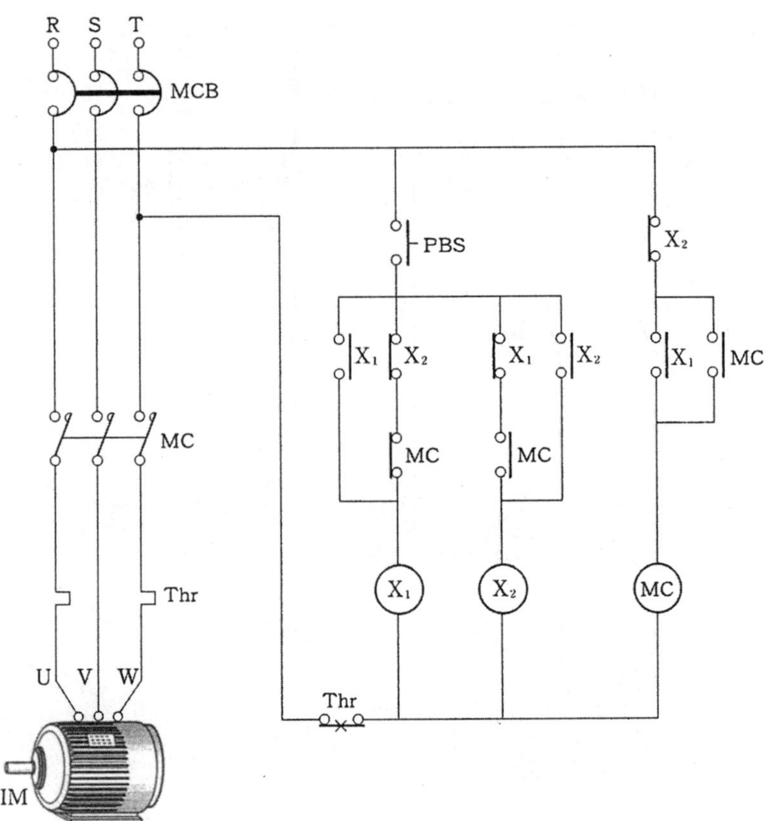

그림 7 - 23 스위치 한 개로 기동 정지 회로

(7) 단상 콘덴서 전동기 기동

단상 유도 전동기에서 가장 효율이 좋은 콘덴서 전동기는 세탁기, 냉장고, 펌프 등 가
정용 전동기용으로 많이 사용하고 있다.

콘덴서 전동기는 주 권선과 보조 권선을 전기각 90°로 극축을 달리하여 권선이 감겨
있고 보조 권선에는 콘덴서를 직렬로 접속하여 보조 권선의 전류 위상을 주 권선보다
진상으로 동작시킨다.

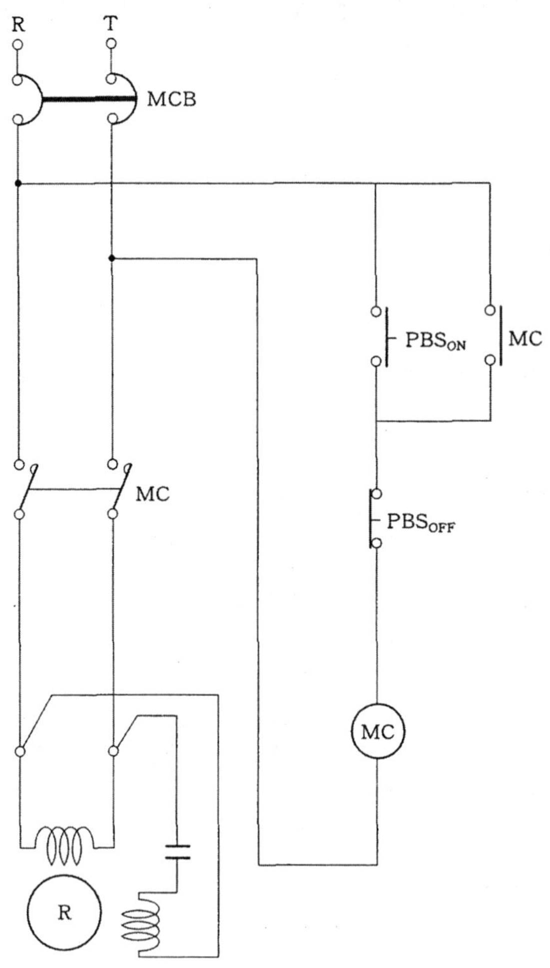

그림 7 - 25 단상 콘덴서 전동기 기동 회로

🌀 동작 설명

① 배선용 차단기 MCB 를 닫으면 제어 회로에 전원이 투입된다.

② 기동 스위치 PBS ON 을 누르면

　㈎ 전자 접촉기 MC 가 여자되어 주 회로 MC 접점을 닫는다.

　㈏ MC 의 a 접점이 닫혀 자기 유지 회로가 된다.

　㈐ 주 회로 MC 접점이 닫혀 전동기가 기동 운전한다.

③ 정지 스위치 PBS OFF 을 누르면 MC 가 소자되고 모든 기기가 처음 상태로 복귀한다.

(8) 정역 운전 회로

정역 운전 회로는 유도 전동기의 전원 R, S, T 의 3단자 중 2단자의 접속을 바꾸어 전동기의 회전 방향을 변경하는 방법으로 전자 개폐기 2개를 사용하여 전동기의 주 회로 결선을 바꾸어 정역 회전을 변환시킨다.

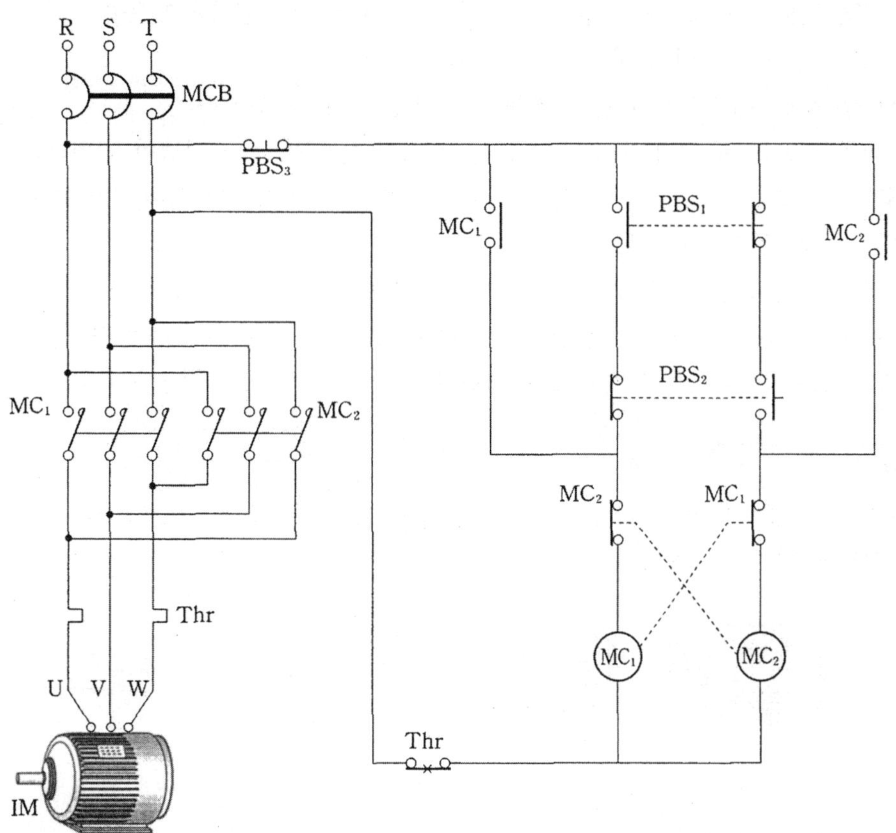

그림 7 - 24 정역 운전 회로

☄ 동작 설명

① 배선용 차단기 MCB 를 닫으면 제어 회로에 전원이 투입된다.

② 정방향 스위치 PBS₁을 누르면

  ㈎ 정방향 전자 접촉기 MC₁이 여자되어 주 회로 MC₁ 접점을 닫는다.

  ㈏ MC₁의 a 접점이 닫혀 자기 유지 회로가 된다.

  ㈐ 주 회로 MC₁ 접점이 닫혀 전동기가 정방향으로 운전된다.

③ 정방향 운전 중 역방향 스위치 PBS_2를 누르면 PBS_2의 a 접점이 닫히더라도 정방향 전자 접촉기 MC_1이 여자된 상태에서는 인터로크 회로에 의해 역방향 전자 접촉기 MC_2는 동작하지 않는다.

④ 정지 스위치 PBS_3을 누르면 MC_1이 소자되어 전동기가 정지한다.

⑤ 역방향 스위치 PBS_2를 누르면

　(가) 역방향 전자 접촉기 MC_2가 여자되어 주 회로 MC_2 접점을 닫는다.

　(나) MC_2의 a 접점이 닫혀 자기 유지 회로가 된다.

　(다) 주 회로 MC_2 접점이 닫혀 전동기가 역방향으로 운전된다.

⑥ 역방향 운전 중 정방향 스위치 PBS_1을 누르면 PBS_1의 a 접점이 닫히더라도 역방향 전자 접촉기 MC_2가 여자된 상태에서는 인터로크 회로에 의해 정방향 전자 접촉기 MC_1는 동작하지 않는다.

⑦ 정지 스위치 PBS_3을 구하면 MC_2가 소자되어 전동기가 정지한다.

⑧ 전동기에 과부하가 흐르면 열동형 과부하 계전기 Thr이 동작하여 유지형 b 접점이 열려 모든 기기가 처음 상태로 복귀한다.

▌참 고

・**3상 유도 전동기의 회전 방향** : 전동기의 회전 방향은 전동기의 부하측에서 보았을 때 시계 방향으로 회전할 때 정방향이라 한다.

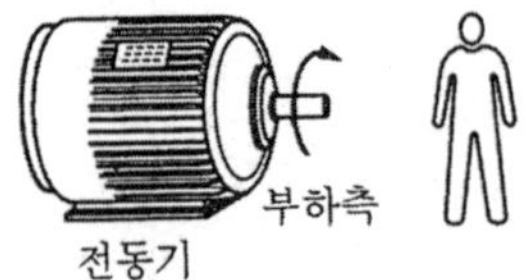

(9) 단상 콘덴서 전동기 정역 회로

단상 콘덴서 전동기의 회전 방향 변경은 전동기 내 보조 권선의 전류의 극성을 바꾸어 운전한다.

↻ 동작 설명

① 배선용 차단기 MCB 를 닫으면 제어 회로에 전원이 투입된다.

② 정방향 스위치 PBS_1을 누르면

　(가) 정방향 전자 접촉기 MC_1이 여자되어 주 회로 MC_1 접점을 닫는다.

　(나) MC_1의 a 접점이 닫혀 자기 유지 회로가 된다.

　(다) 주 회로 MC_1 접점이 닫혀 전동기가 정방향으로 운전된다.

③ 정방향 운전 중 역방향 스위치 PBS₂를 누르면

  ㈎ PBS₂의 a 접점이 닫히더라도 정방향 MC₁이 여자된 상태에서는 인터로크 회로
  에 의해 역방향 MC₂는 동작되지 않는다.

  ㈏ 정지 스위치 PBS₃을 누른 후 역방향 운전을 한다.

④ 정지 스위치 PBS₃을 누르면 MC₁이 소자되어 전동기가 정지한다.

⑤ 역방향 스위치 PBS₂를 누르면

  ㈎ 역방향 전자 접촉기 MC₂가 여자되어 주 회로 MC₂ 접점을 닫는다.

  ㈏ MC₂의 a 접점이 닫혀 자기 유지 회로가 된다.

  ㈐ 주 회로 MC₂ 접점이 닫혀 전동기가 역방향으로 운전된다.

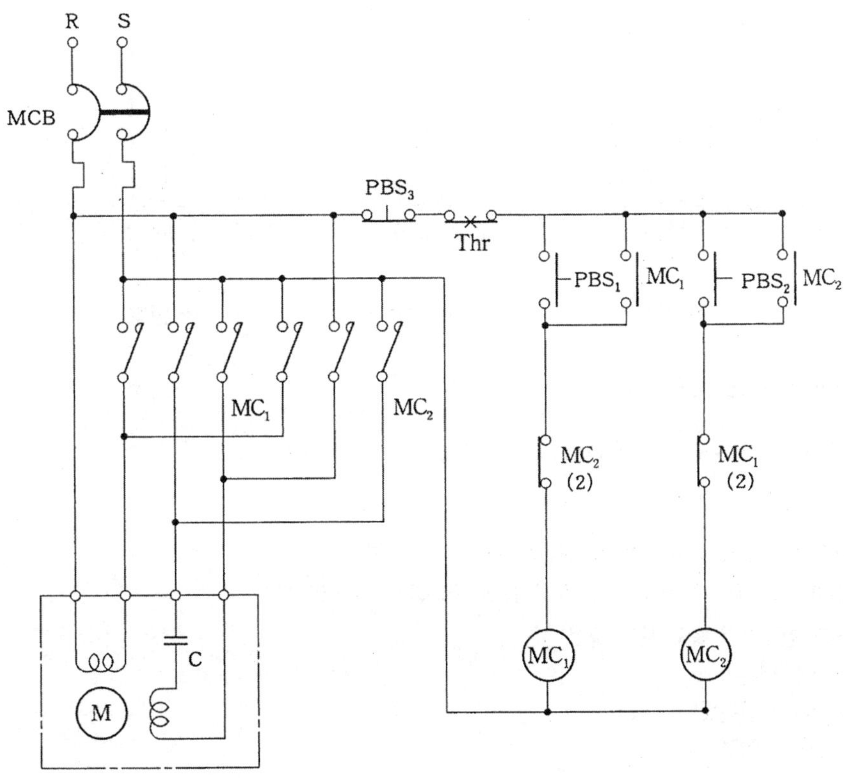

그림 7 - 26 단상 콘덴서 전동기의 정역 회로

참 고

1. 단상 유도 전동기의 정역

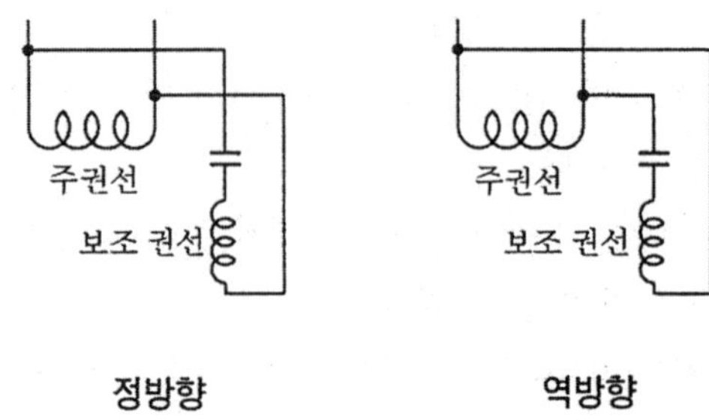

2. 삼상 유도 전동기의 정역

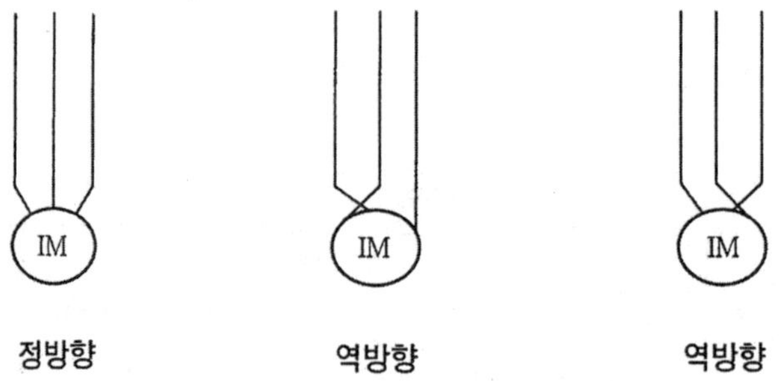

3. 유도 전동기의 속도

동기속도 $N_s = \dfrac{120f}{P}\,[\text{rpm}] = \dfrac{2f}{P}\,[\text{rps}]$

회전속도 $N = N_s(1-s)$ (여기서, s : 슬립)

4. 우리 나라에서 유도 전동기의 최대 속도

주파수 60 Hz 로 최소 극수 2 극이므로 3600 rpm 이다.

5. 유도 전동기의 속도 제어 방법

① 극수 변환법
② 주파수 변환법
③ 전압 조정법

제8장

시퀀스 제어 실험

1. 릴레이 회로

1-1 릴레이 정지 우선 회로

(1) 동작 설명

① NFB를 투입하면 정지 램프 GL은 점등된다.

② PBS$_{ON}$을 누르면 릴레이 X가 동작하여 X-b는 개로, X-a는 폐로되어 GL은 소
등되고, RL은 점등된다.

③ PBS$_{ON}$을 놓아도 릴레이 1-3번 접점에 의하여 자기 유지되어 릴레이는 계속 동작
한다.

④ PBS$_{OFF}$를 누르면 릴레이 X의 전원이 차단되어 X-b는 폐로, X-a는 개로되어
GL은 점등되고, RL은 소등된다.

⑤ PBS$_{ON}$, PBS$_{OFF}$를 동시에 누르면 기동되지 않는 정지 우선 회로이다.

(2) 시퀀스 회로도

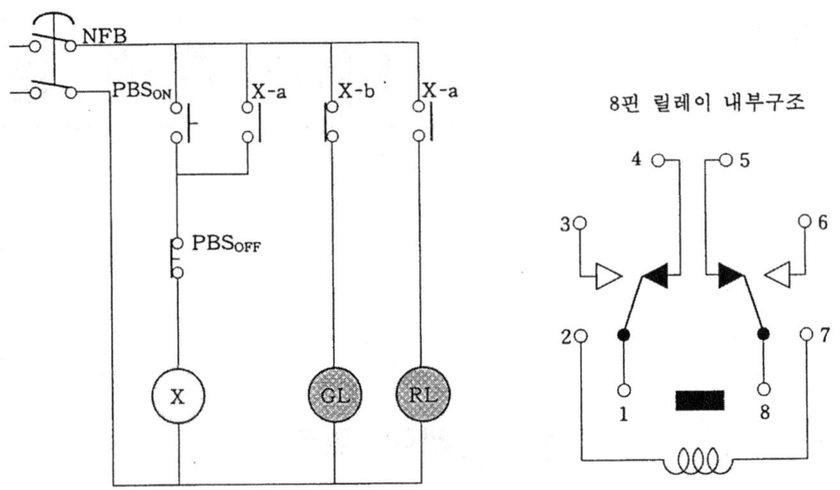

(3) 논리도

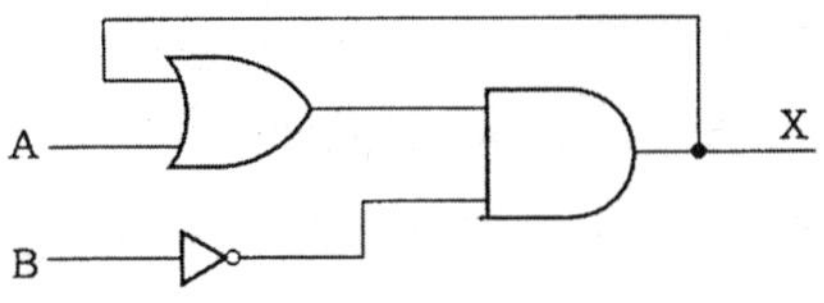

(4) 논리식

$$X = (A + X) \cdot \overline{B}$$
$$= \overline{\overline{A} \cdot \overline{\overline{X}} \cdot \overline{B}} \quad \text{(NAND 회로)}$$
$$= \overline{\overline{A + X + B}} \quad \text{(NOR 회로)}$$

(5) 실체 배선도

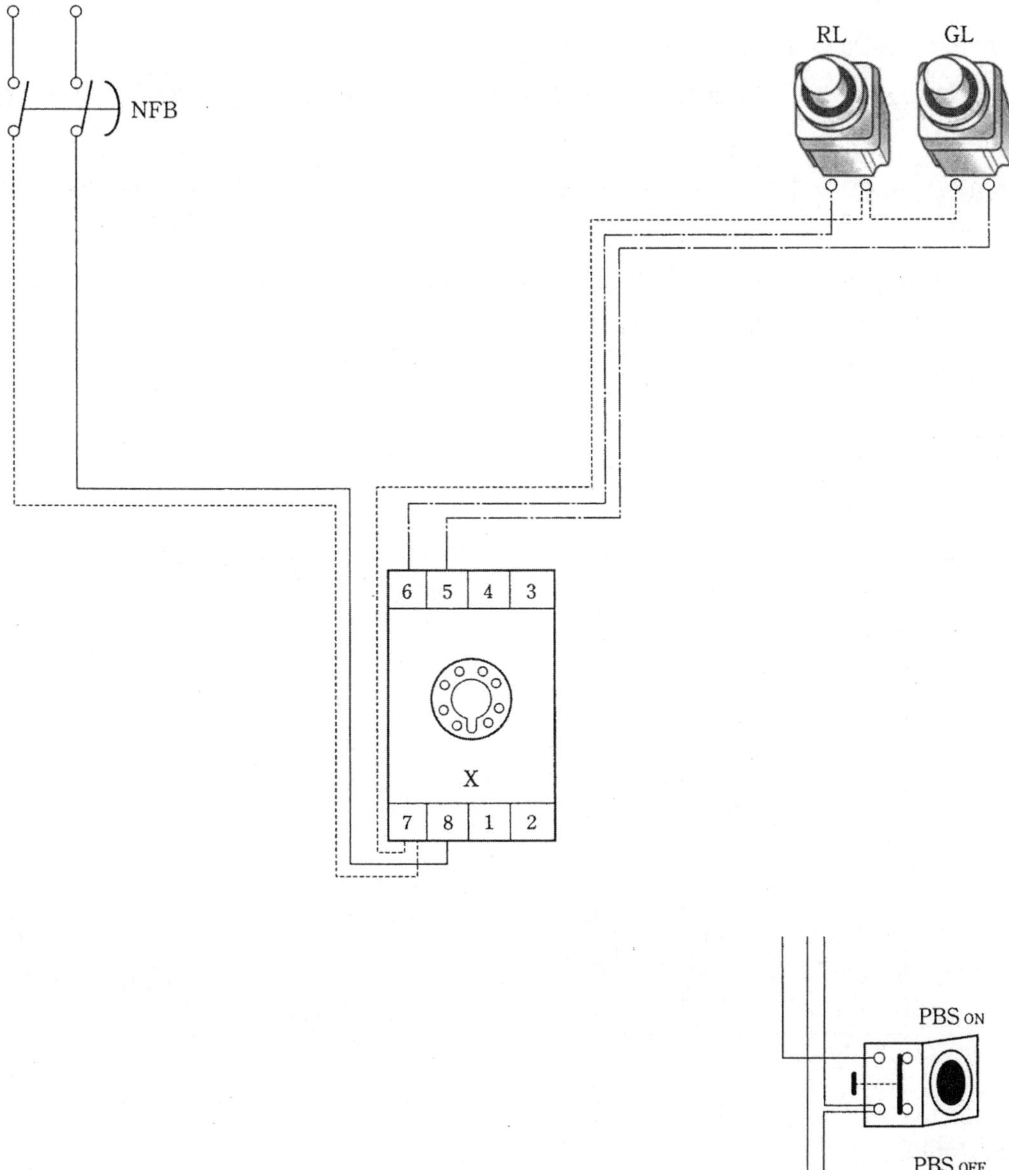

I-2 릴레이 기동 우선 회로

(1) 동작 설명

① NFB 를 투입하면 전원 램프 GL 은 점등된다.

② PBS$_{ON}$ 을. 누르면 릴레이 X 가 동작하여 X−b 는 개로, X−a 는 폐로되어 GL 은 소
등되고, RL 은 점등된다.

③ PBS$_{ON}$ 을 놓아도 릴레이 1−3번 접점에 의하여 자기 유지되어 릴레이는 계속 동작
한다.

④ PBS$_{OFF}$ 를 누르면 릴레이 X 의 전원이 차단되어 X−b 는 폐로, X−a 는 개로되어
GL 은 점등되고, RL 은 소등된다.

⑤ PBS$_{ON}$, PBS$_{OFF}$ 를 동시에 누르면 기동하는 기동 우선 회로이다.

(2) 시퀀스 회로도　　　　　　　　　(3) 논리도

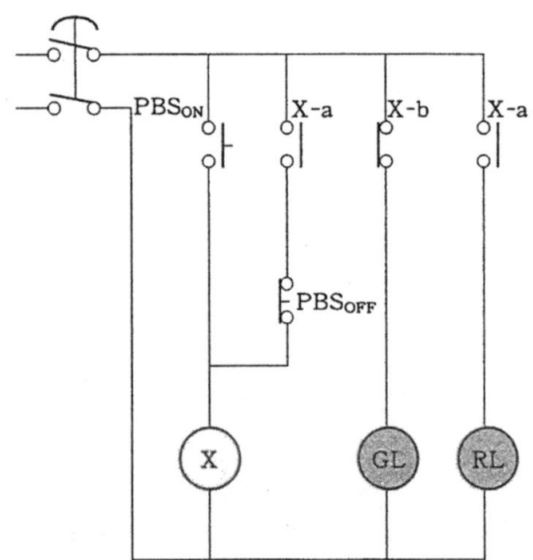
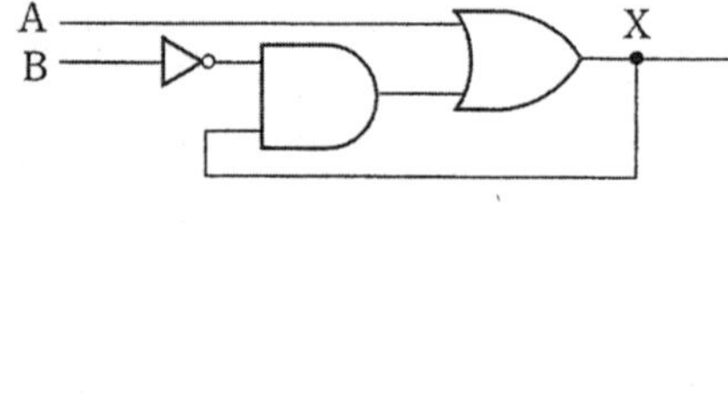

(4) 논리식

$$X = (A+B) \cdot X$$
$$= \overline{\overline{A} \cdot \overline{B} \cdot \overline{X}} \quad \text{(NAND 회로)}$$
$$= A + \overline{\overline{B} + \overline{X}} \quad \text{(NOR 회로)}$$

(5) 실체 배선도

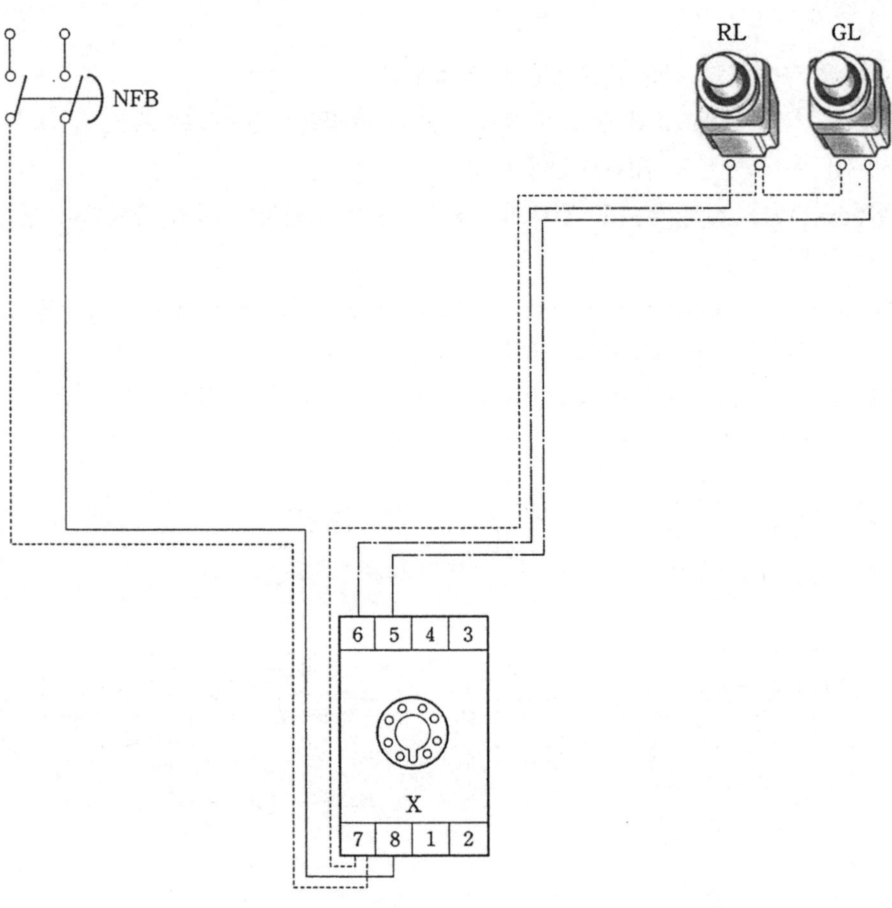

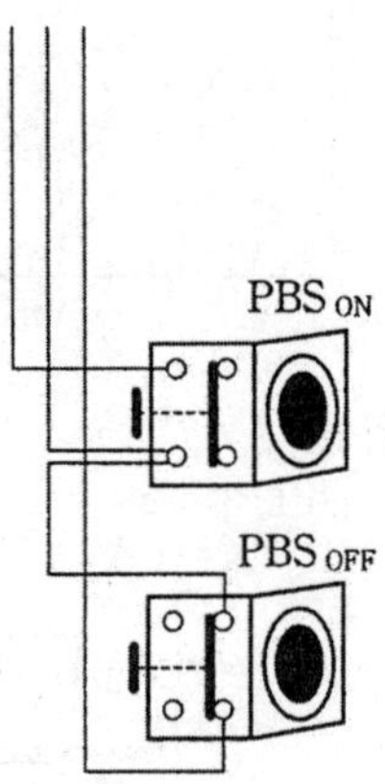

1-3　릴레이 정지 우선 2개소 운전 회로

(1) 동작 설명

① NFB를 투입하면 전원 램프 GL은 점등된다.

② PBS$_{ON1}$ 혹은 PBS$_{ON2}$를 누르면 릴레이 X가 동작하여 X-b는 개로, X-a는 폐로되어 GL은 소등되고, RL은 점등된다.

③ PBS$_{ON1}$, PBS$_{ON2}$를 놓아도 릴레이 1-3번 접점에 의하여 자기 유지되어 릴레이는 계속 동작한다.

④ PBS$_{OFF1}$ 혹은 PBS$_{OFF2}$를 누르면 릴레이 X의 전원이 차단되어 X-b는 폐로, X-a는 개로되어 GL은 점등되고, RL은 소등된다.

⑤ PBS$_{ON1}$-PBS$_{OFF1}$ 과 PBS$_{ON2}$-PBS$_{OFF2}$를 다른 곳에 설치하여 2개소 운전하는 정지 우선 회로이다.

(2) 시퀀스 회로도　　　　　　　　　(3) 논리도

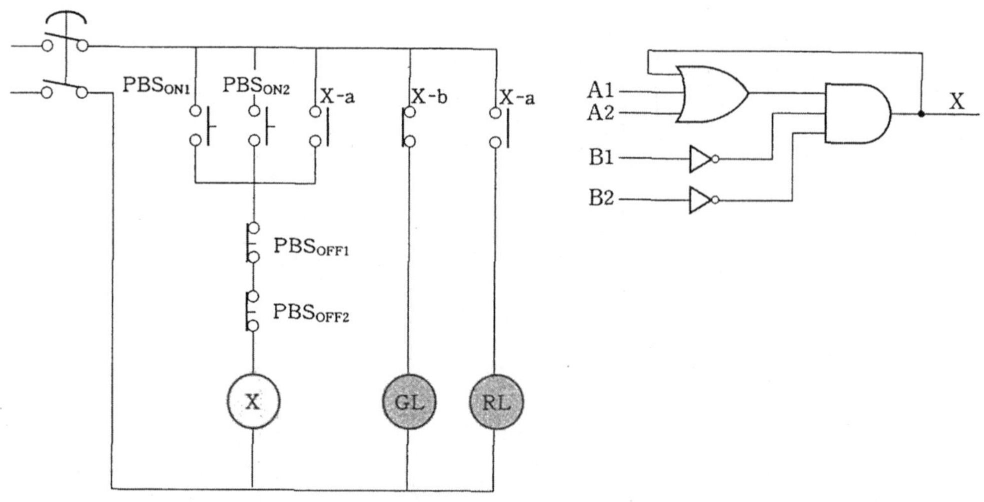

(4) 논리식

$$X = (A_1 + A_2 + X) \cdot B_1 B_2$$

$$= A_1 \overline{B_1}\, \overline{B_2} + A_2 \overline{B_1}\, \overline{B_2} + \overline{B_1}\, \overline{B_2}\, X$$

$$= \overline{\overline{A_1 \overline{B_1}\, \overline{B_2}} \cdot \overline{A_2 \overline{B_1}\, \overline{B_2}} \cdot \overline{\overline{B_1}\, \overline{B_2}\, X}}$$

(5) 실체 배선도

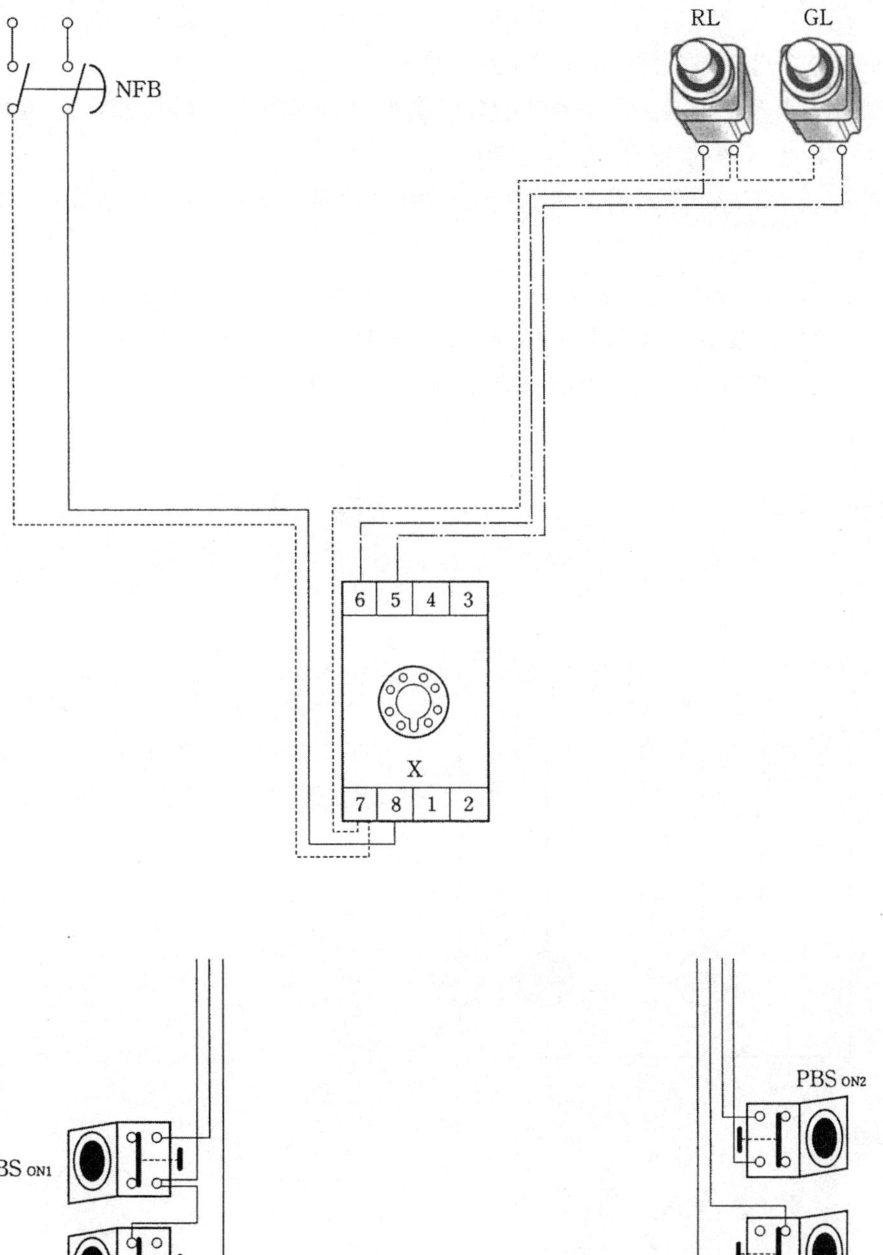

1 - 4 릴레이 기동 우선 2개소 운전 회로

(1) 동작 설명

① NFB 를 투입하면 전원 램프 GL 은 점등된다.

② PBS$_{ON1}$ 혹은 PBS$_{ON2}$ 를 누르면 릴레이 X 가 동작하여 X-b 는 개로, X-a 는 폐로되어 GL 은 소등되고, RL 은 점등된다.

③ PBS$_{ON1}$, PBS$_{ON2}$ 를 놓아도 릴레이 1-3번 접점에 의하여 자기 유지되어 릴레이는 계속 동작한다.

④ PBS$_{OFF1}$ 혹은 PBS$_{OFF2}$ 를 누르면 릴레이 X 의 전원이 차단되어 X-b 는 폐로, X-a 는 개로되어 GL 은 점등되고, RL 은 소등된다.

⑤ PBS$_{ON1}$-PBS$_{OFF1}$ 과 PBS$_{ON2}$-PBS$_{OFF2}$ 를 다른 곳에 설치하여 2개소 운전하는 기동 우선 회로이다.

(2) 시퀀스 회로도

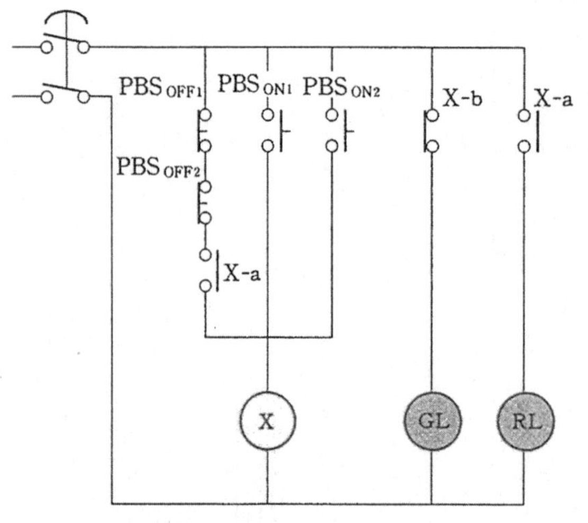

(3) 논리도

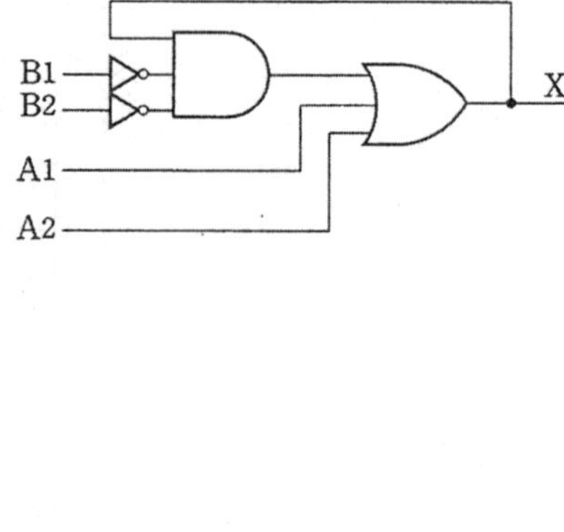

(4) 논리식

$$X = A_1 + A_2 + \overline{B_1}\,\overline{B_2}\,X$$

$$= \overline{\overline{A_1\,A_2} \cdot \overline{\overline{B_1\,B_2}X}}$$

$$= \overline{A_1 + A_2 + \overline{\overline{B_1 + B_2} + \overline{X}}}$$

(5) 실체 배선도

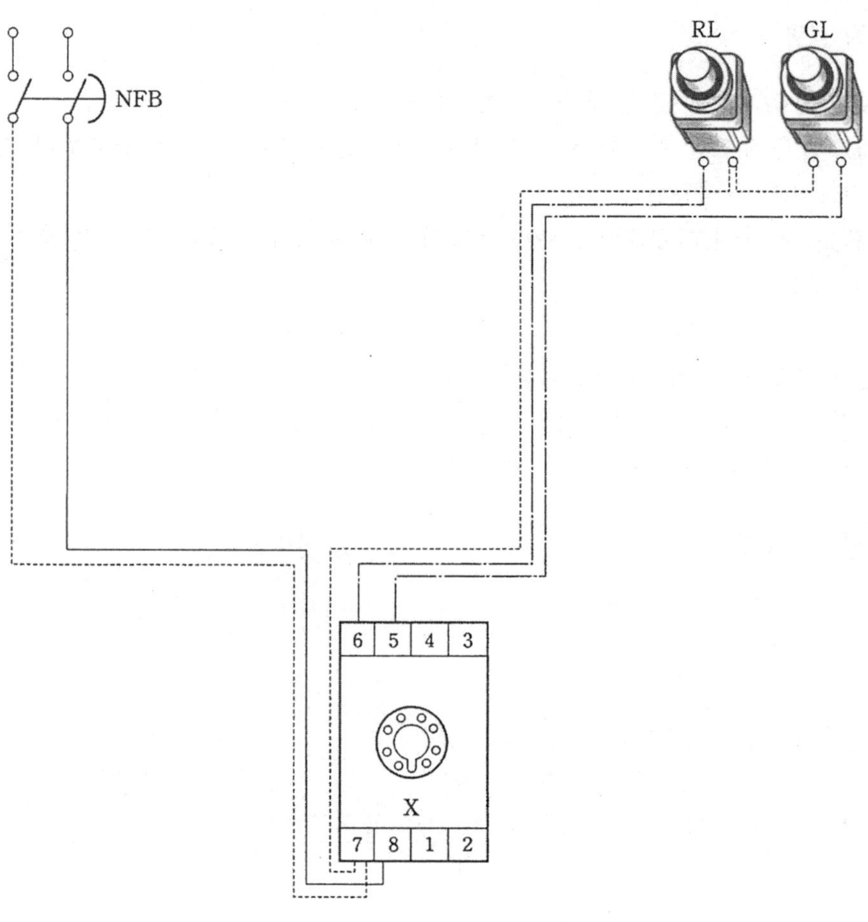

1-5 릴레이 정지 우선 인칭 회로

(1) 동작 설명

① NFB를 투입하면 전원 램프 GL은 점등된다.

② PBS_ON을 누르면 릴레이 X가 동작하여 X-b는 개로, X-a는 폐로되어 GL은 소등되고, RL은 점등된다.

③ PBS_ON을 놓아도 릴레이 1-3번 접점에 의해 자기 유지되어 릴레이는 계속 동작한다.

④ PBS_OFF를 누르면 릴레이 X의 전원이 차단되어 X-b는 폐로, X-a는 개로되어 GL은 점등되고, RL은 소등된다.

⑤ PBS_3은 a접점이나 b접점을 동시에 사용하는 인터로크 스위치로서 PBS_3에 의하여 동작되는 정지 우선 인칭(촌동) 회로이다.

(2) 시퀀스 회로도 　　　　　　　　　(3) 논리도

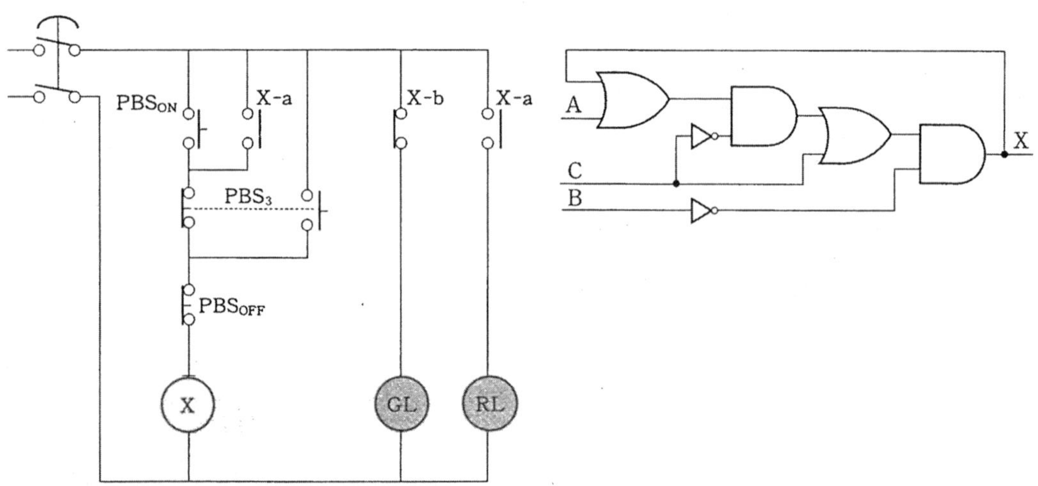

(4) 논리식

$$X = \{(A_1 + X)\overline{C} + C\} \cdot \overline{B}$$

(5) 실체 배선도

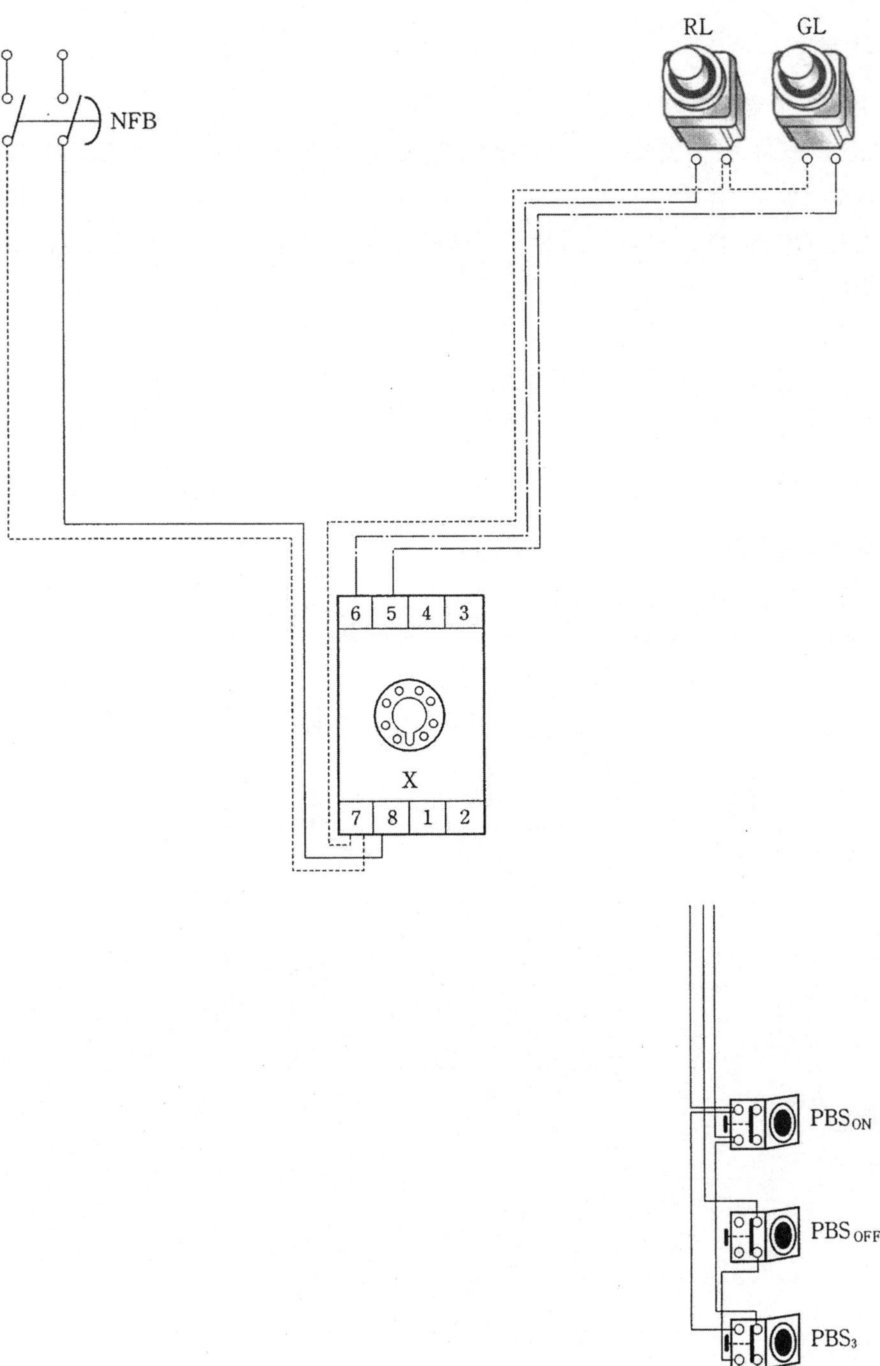

1-6 릴레이 기동 우선 인칭 회로

(1) 동작 설명

① NFB 를 투입하면 전원 램프 GL 은 점등된다.

② PBS$_{ON}$ 을 누르면 릴레이 X 가 동작하여 X−b 는 개로, X−a 는 폐로되어 GL 은 소등되고, RL 은 점등된다.

③ PBS$_{ON}$ 을 놓아도 릴레이 1−3번 접점에 의하여 자기 유지되어 릴레이는 계속 동작한다.

④ PBS$_{OFF}$ 를 누르면 릴레이 X 의 전원이 차단되어 X−b 는 폐로, X−a 는 개로되어 GL 은 점등되고, RL 은 소등된다.

⑤ PBS$_3$ 은 a 접점과 b 접점을 동시에 사용하는 인터로크 스위치로서 PBS$_3$ 에 의하여 동작되는 기동 우선 인칭(촌동) 회로이다.

(2) 시퀀스 회로도

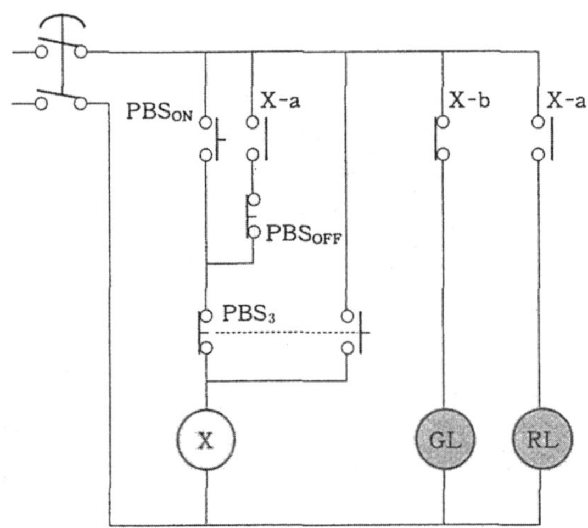

(3) 논리도

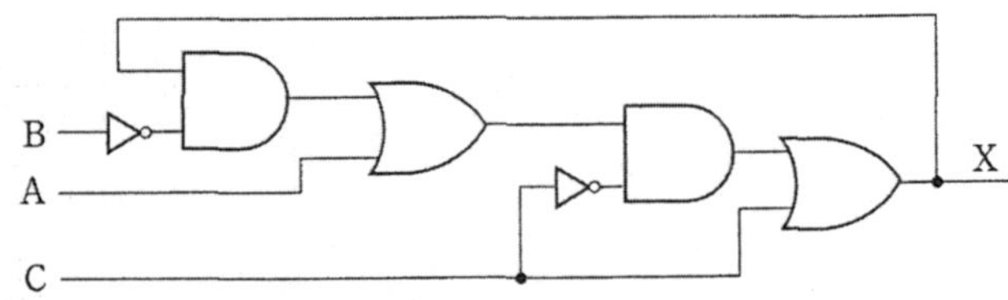

(4) 논리식

$$X = \{\,\overline{B} \cdot X + A)\overline{C}\,\} + C = \overline{B}\,\overline{C}X + A\overline{C} + C = \overline{\overline{B}\,\overline{C}X \cdot \overline{A\overline{C}}} + \overline{C}$$

(5) 실체 배선도

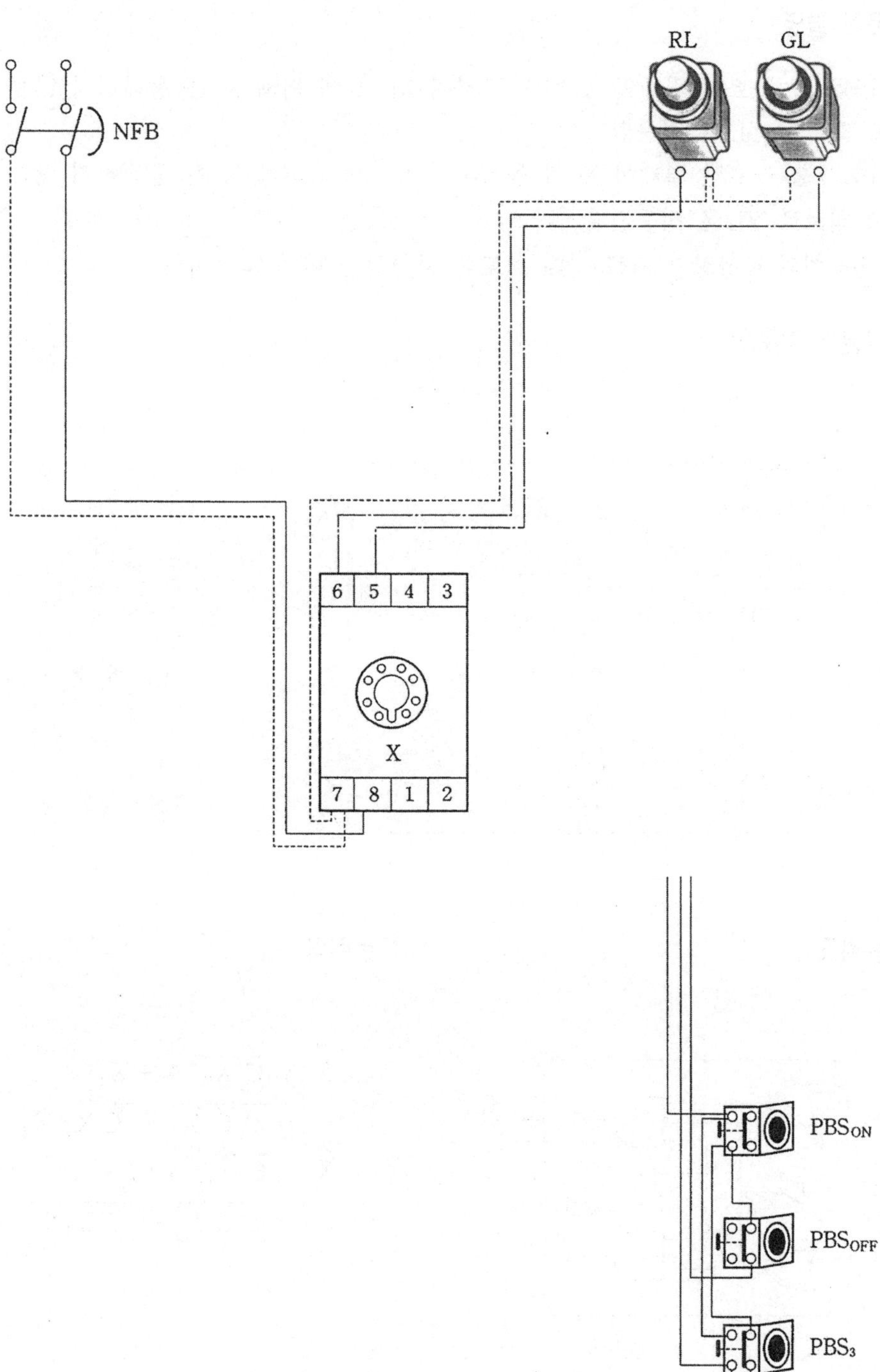

1 − 7 릴레이 인터로크 (단동) 회로

(1) 동작 설명

① PBS$_1$ 을 누르면 릴레이 X$_1$ 이 동작하여 X$_1$−b 에 의해 X$_2$ 는 동작하지 않는 인터로크 회로로 GL 은 점등된다.

② PBS$_2$ 를 누르면 릴레이 X$_2$ 가 동작하여 X$_2$−b 에 의해 X$_1$ 은 동작하지 않는 인터로크 회로로 YL 은 점등된다.

③ 릴레이의 b 접점에 의해 상대 회로를 차단하는 단동 회로이다.

(2) 시퀀스 회로도

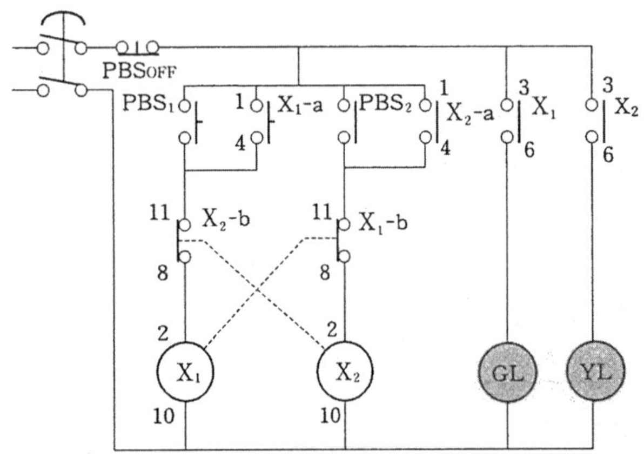
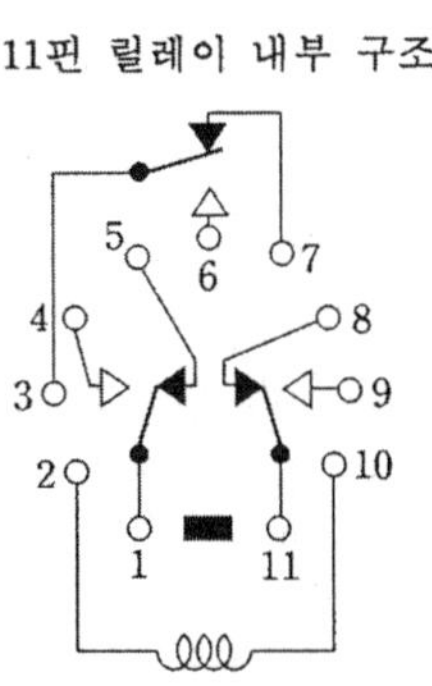

(3) 논리도

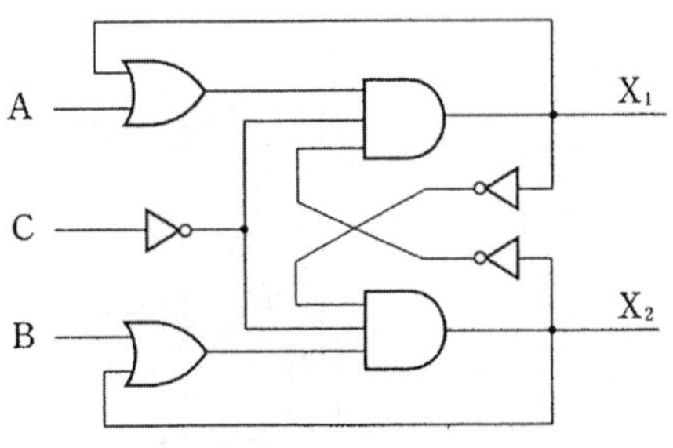

(4) 논리식

$$X_1 = \overline{C}\ \overline{X_2}\,(A + X_1)$$
$$= \overline{A\overline{C}\ \overline{X_2}} \cdot \overline{\overline{C}\ X_1\ \overline{X_2}}$$
$$X_2 = \overline{C}\ \overline{X_1}\,(B + X_2)$$
$$= \overline{B\overline{C}\ \overline{X_1}} \cdot \overline{\overline{C}\ X_1 X_2}$$

(5) 실체 배선도

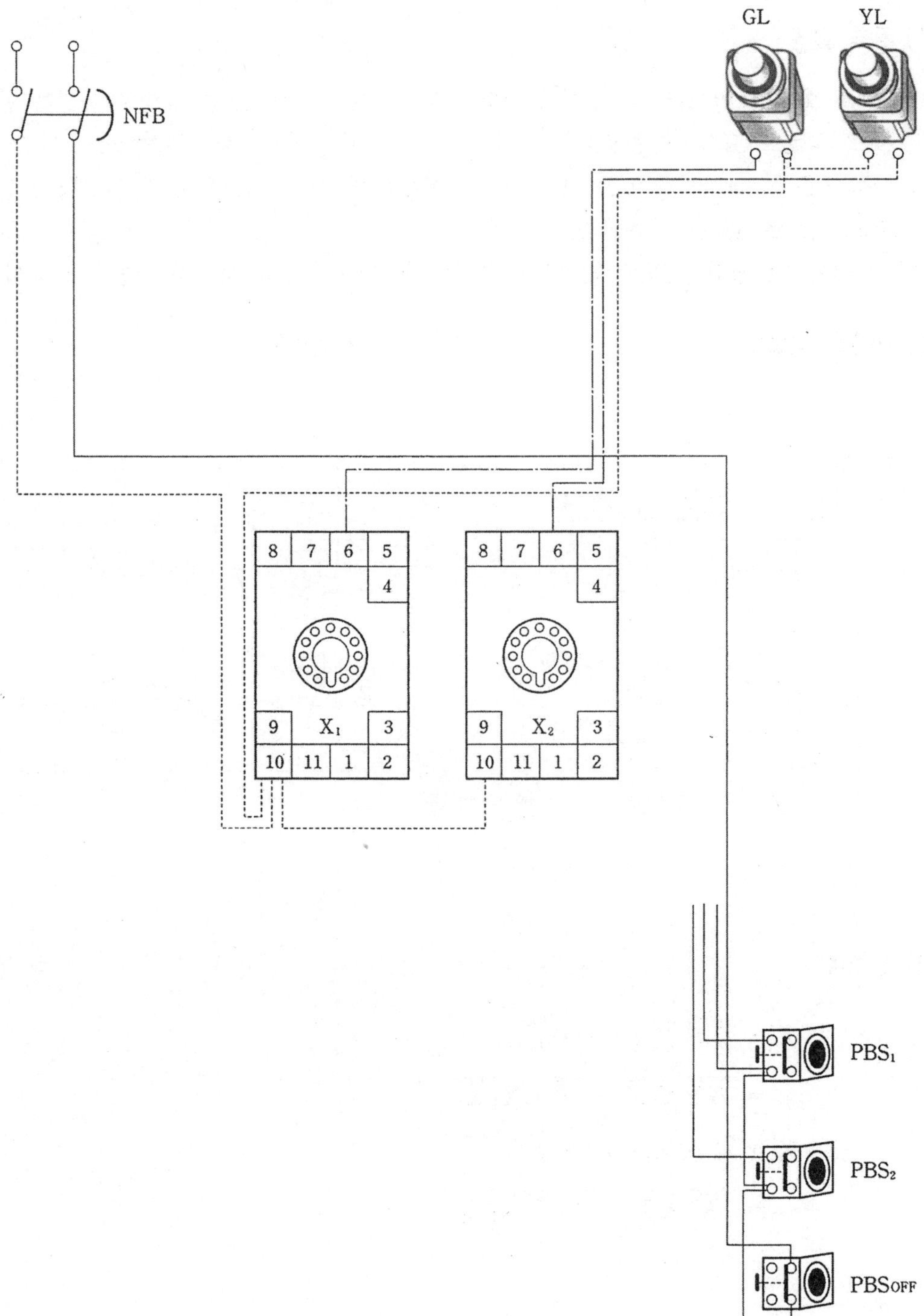

GL
YL
NFB
8 7 6 5
4
X₁
9 3
10 11 1 2
8 7 6 5
4
X₂
9 3
10 11 1 2
PBS₁
PBS₂
PBSOFF

1-8 릴레이 인터로크 (연동) 회로

(1) 동작 설명

① PBS$_1$ 을 누르면 릴레이 X$_1$ 이 동작하여 X$_1$-b 에 의하여 X$_2$ 는 동작하지 않는 인터
로크 회로로 GL 은 점등된다.

② PBS$_2$ 를 누르면 릴레이 X$_2$ 가 동작하여 X$_2$-b 에 의하여 X$_1$ 은 동작하지 않는 인터
로크 회로로 YL 은 점등된다.

③ 릴레이의 b 접점과 PBS$_1$ 및 PBS$_2$ 에 의하여 상대 회로를 차단하는 연동 회로이다.

(2) 시퀀스 회로도   ## (3) 논리도

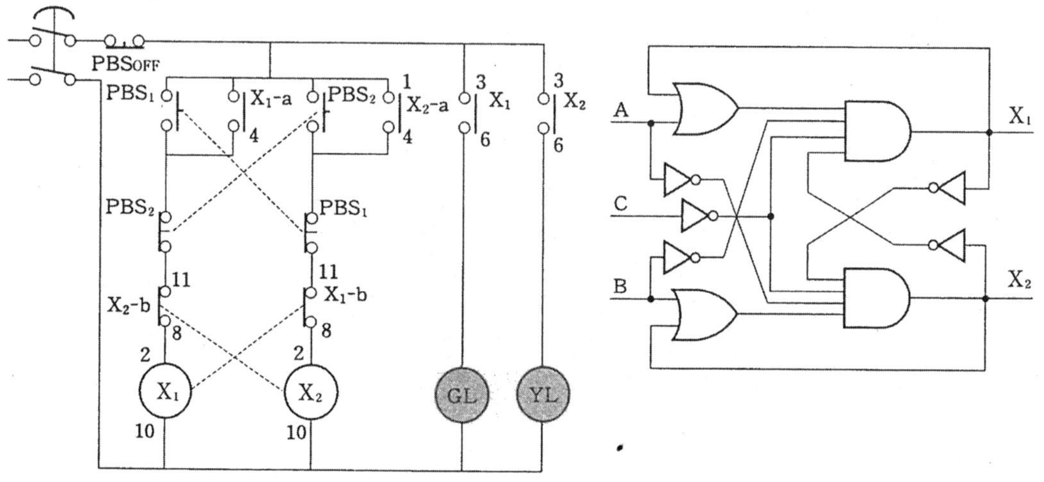

(4) 논리식

$$X_1 = \overline{C}\,\overline{B}\,\overline{X_2}(A + X_1)$$

$$= \overline{A\,\overline{B}\,\overline{C}\,\overline{X_2}} \cdot \overline{\overline{B}\,\overline{C}X_1\overline{X_2}}$$

$$X_2 = \overline{C}\,\overline{A}\,\overline{X_1}(B + X_2)$$

$$= \overline{A\,B\,\overline{C}X_1} \cdot \overline{\overline{A}\,\overline{C}\,\overline{X_1}X_2}$$

(5) 실체 배선도

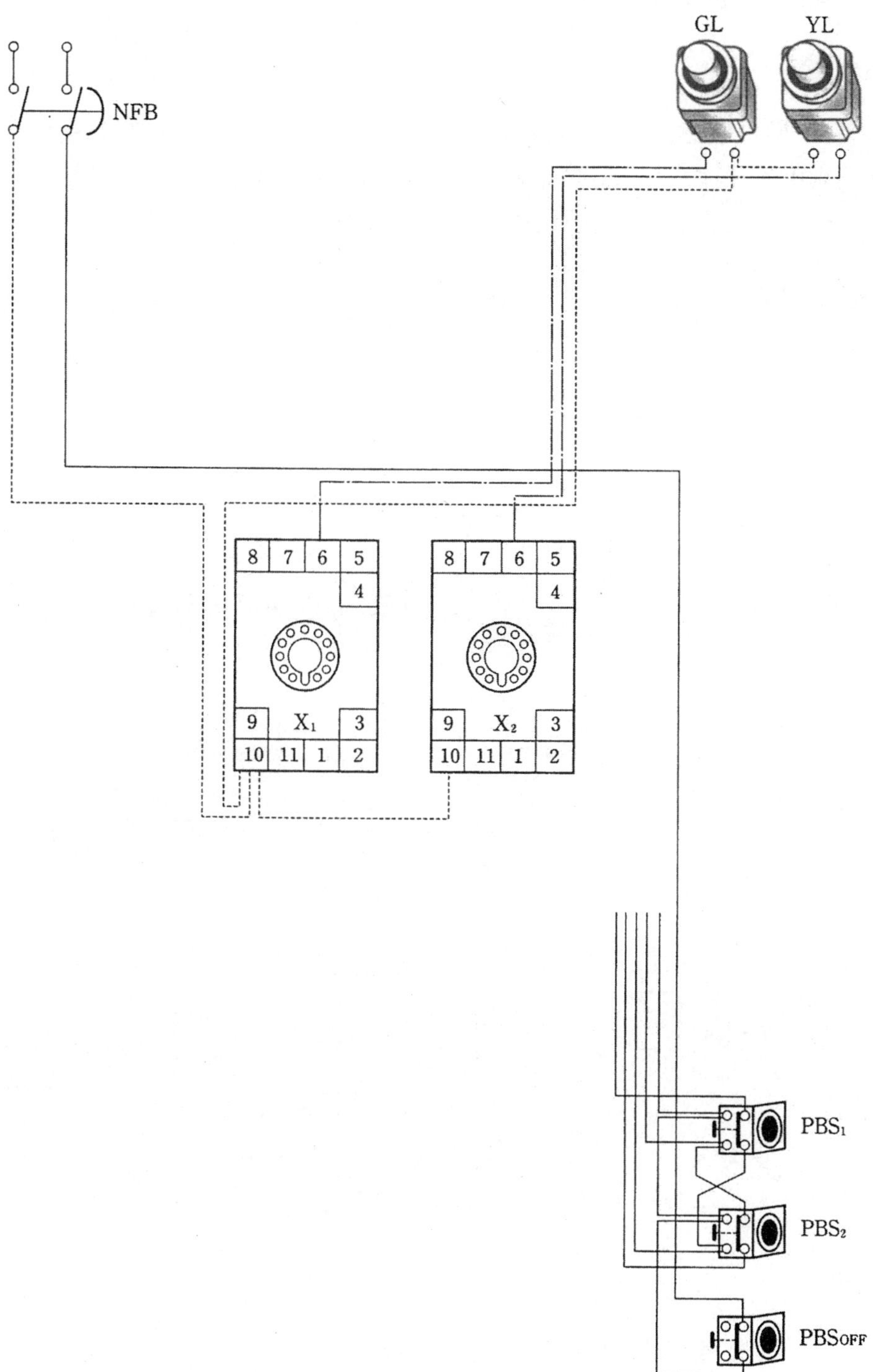

1-9 릴레이 순차 동작 회로

(1) 동작 설명

① 기동 스위치 PBS$_{ON}$을 누르면 릴레이 X$_1$이 동작하고 X$_1$-a에 의해 릴레이 X$_2$가 동작하여 X$_1$-a와 X$_2$-a에 의해 자기 유지 회로가 된다.

② 정지 스위치 PBS$_{OFF}$를 누르면 릴레이 X$_1$, 릴레이 X$_2$는 소자된다.

(2) 시퀀스 회로도

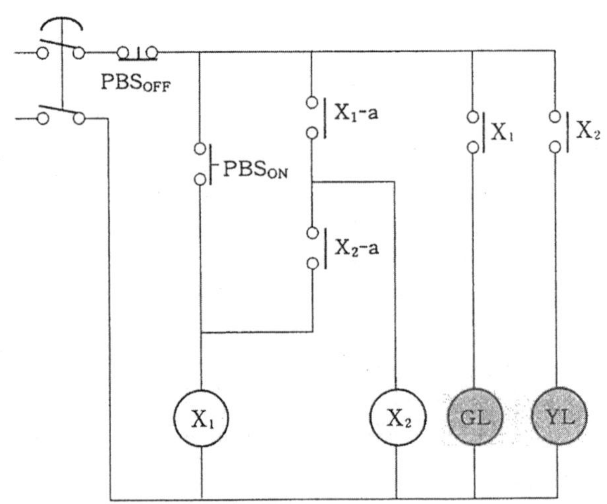

(3) 논리도

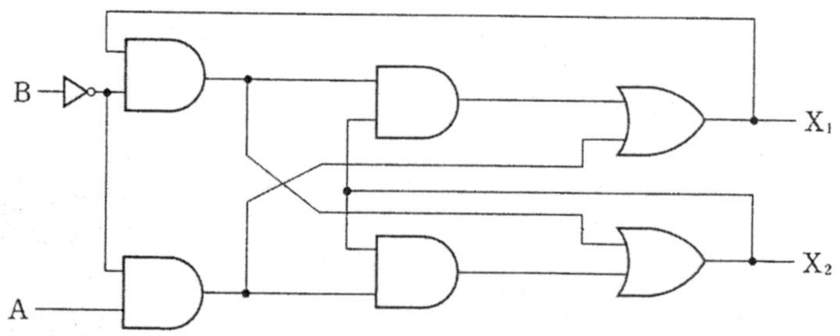

(4) 논리식

$$X_1 = \overline{B} \cdot (A + X_1 X_2) = A\overline{B} + \overline{B}X_1 X_2$$

$$X_2 = \overline{B} \cdot (A X_2 + X_1) = A\overline{B}X_2 + \overline{B}X_1$$

(5) 실체 배선도

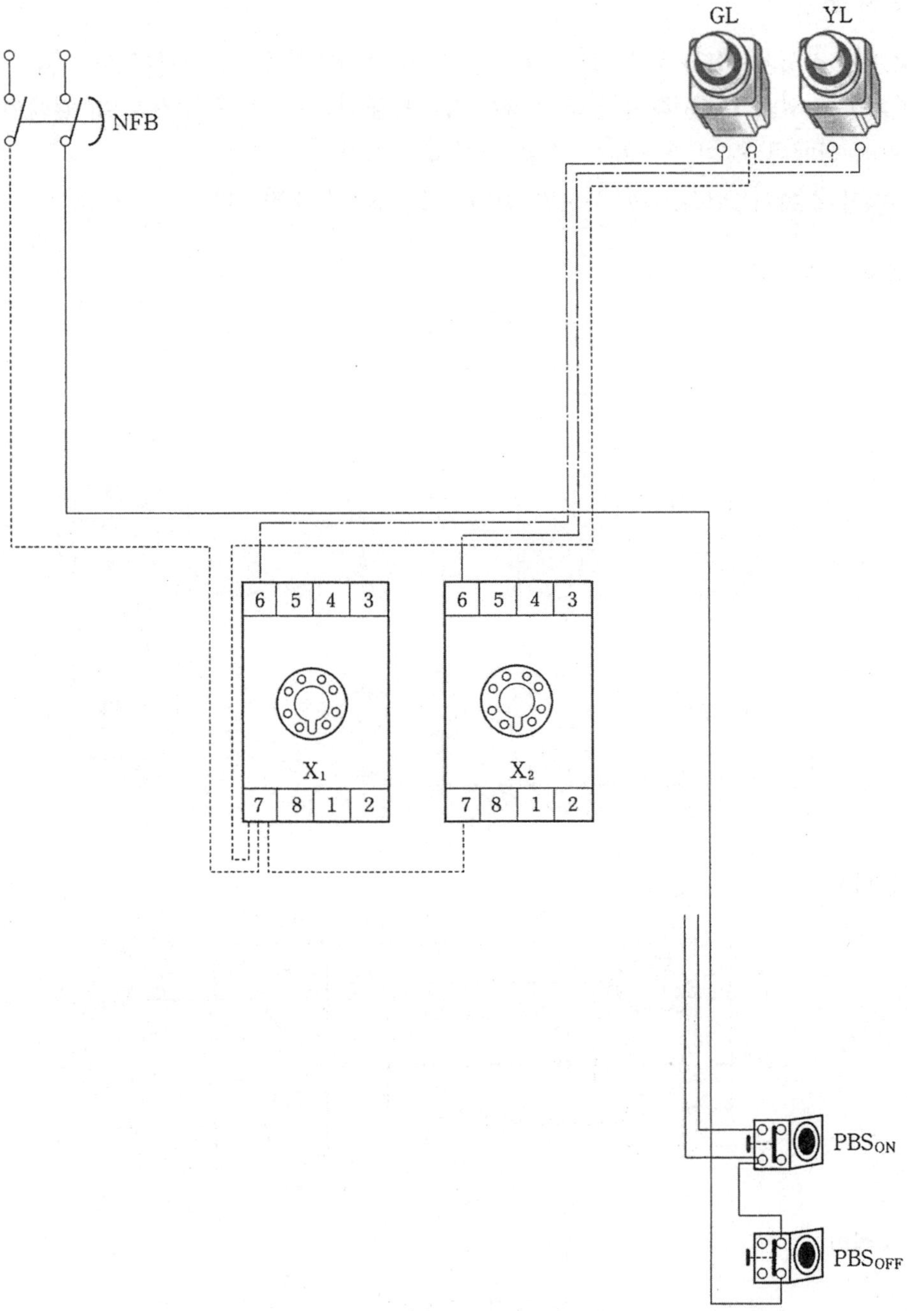

1−10 릴레이 순차 제어 회로

(1) 동작 설명

① 기동 스위치 PBS₁을 누르면 릴레이 X_1이 동작하여 GL은 점등된다.

② 기동 스위치 PBS₂를 누르면 릴레이 X_2가 동작하여 YL은 점등되며, 릴레이 X_1에 의해 릴레이 X_2가 동작하는 순차 제어 회로이다.

③ 정지 스위치 PBS_OFF를 누르면 릴레이 X_1, X_2가 소자된다.

(2) 시퀀스 회로도

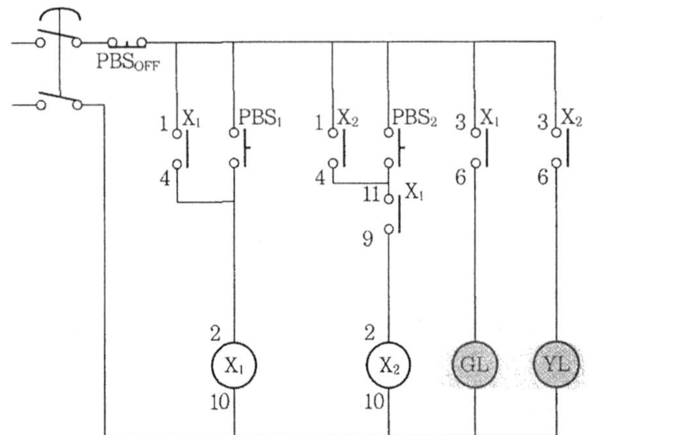

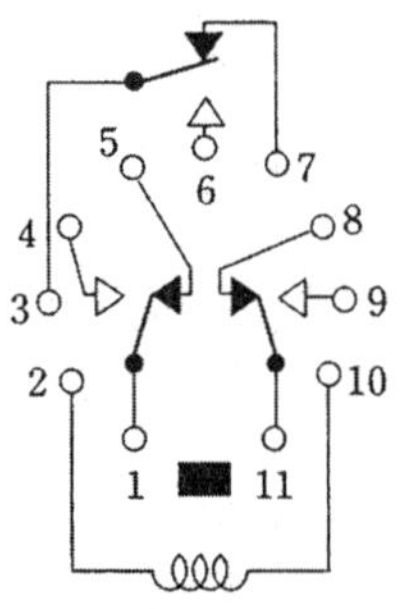

(3) 논리도

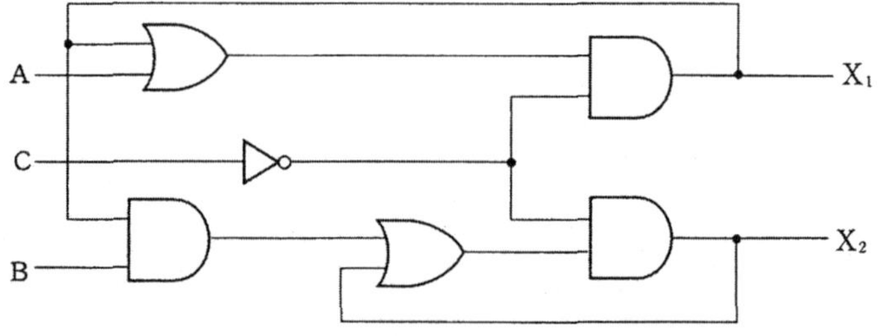

(4) 논리식

$$X_1 = \overline{C} \cdot (A + X_1) = \overline{\overline{A\,\overline{C}} \cdot \overline{\overline{C}X_1}}$$

$$X_2 = C \cdot (B X_1 + X_2) = \overline{\overline{B\,\overline{C}X_1} \cdot \overline{\overline{C}X_2}}$$

(5) 실체 배선도

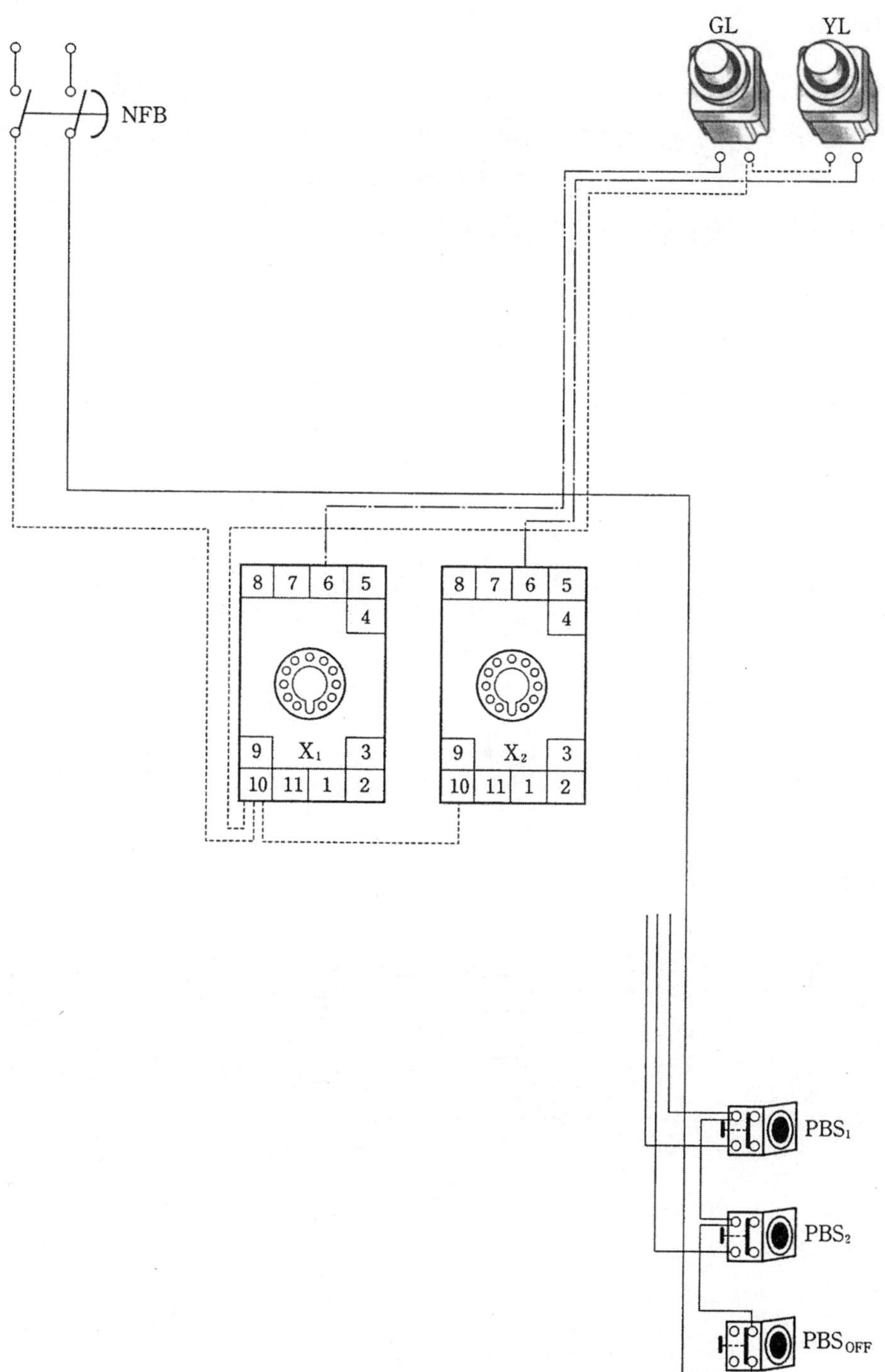

1 - 11 릴레이 신입 신호 회로

(1) 동작 설명

① 기동 스위치 PBS_1 을 누르면 릴레이 X_1 이 동작하여 GL 은 점등된다.

② 기동 스위치 PBS_2 를 누르면 릴레이 X_2 가 동작하여 YL 은 점등되며, 스위치 PBS_1 과 PBS_2 중 먼저 누르는 스위치에 의해 동작하는 신입 신호 회로이다.

③ 정지 스위치 PBS_{OFF} 를 누르면 릴레이 X_1, X_2 가 소자된다.

(2) 시퀀스 회로도

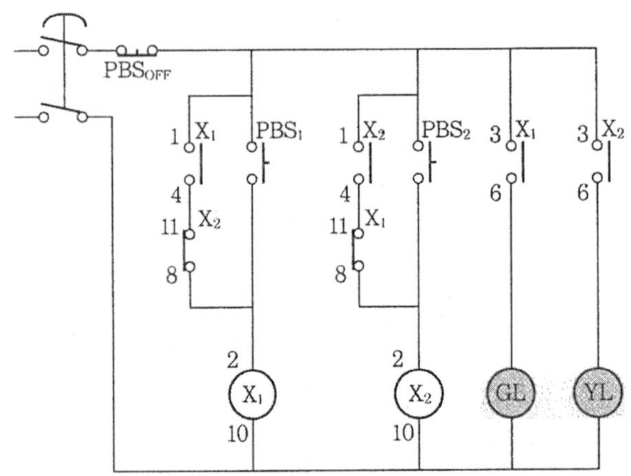

(3) 논리도

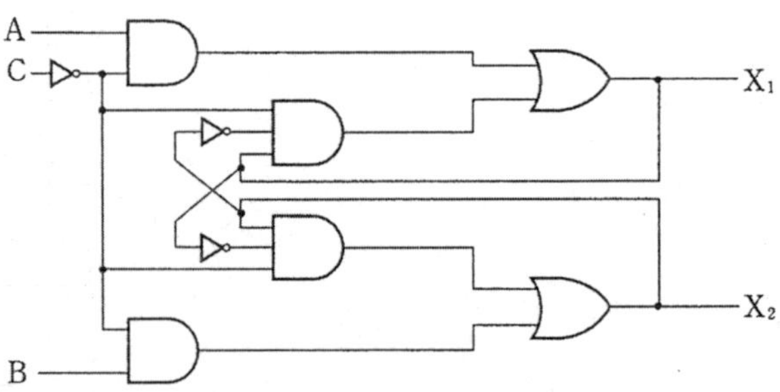

(4) 논리식

$$X_1 = \overline{C} \cdot (A + X_1 \overline{X_2}) = A\overline{C} + \overline{C}X_1\overline{X_2}$$

$$X_2 = \overline{C} \cdot (B + \overline{X_1}X_2) = B\overline{C} + \overline{C}\,\overline{X_1}X_2$$

(5) 실체 배선도

NFB
GL
YL
8 7 6 5
4
9 X₁ 3
10 11 1 2
8 7 6 5
4
9 X₂ 3
10 11 1 2
PBS₁
PBS₂
PBS OFF

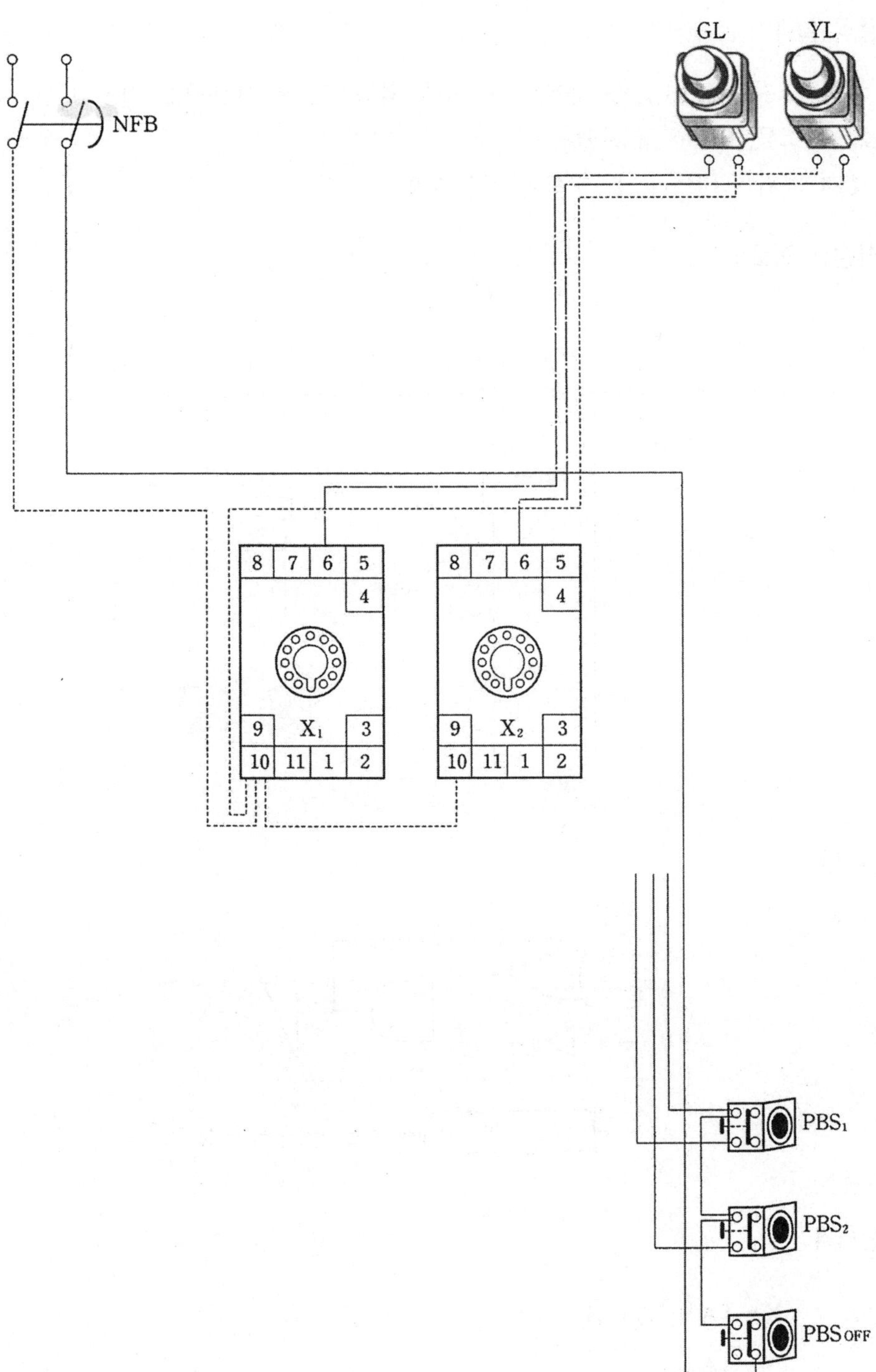

1-12 타이머 회로 (한시 동작 순시 복귀)

(1) 동작 설명

① 기동 스위치 PBS$_{ON}$ 을 누르면 T-b에 의해 GL은 점등되고 일정 시간 지난 후 GL은 소등, RL은 점등한다.

② 정지 스위치 PBS$_{OFF}$ 를 누르면 타이머가 소자된다.

(2) 시퀀스 회로도

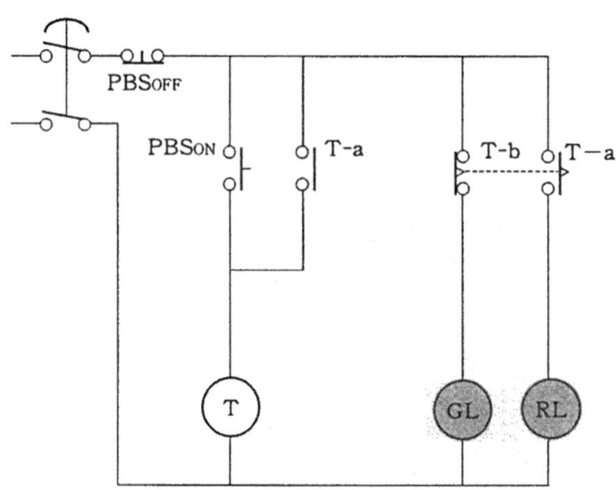

(3) 논리도

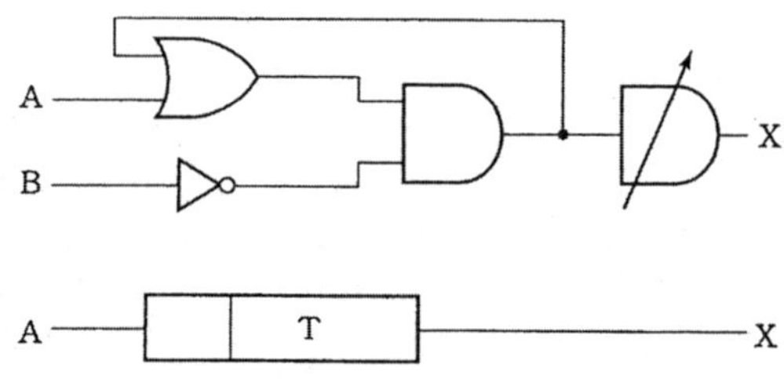

(4) 논리식

$$X = (A + X) \cdot \overline{B}$$

(5) 실체 배선도

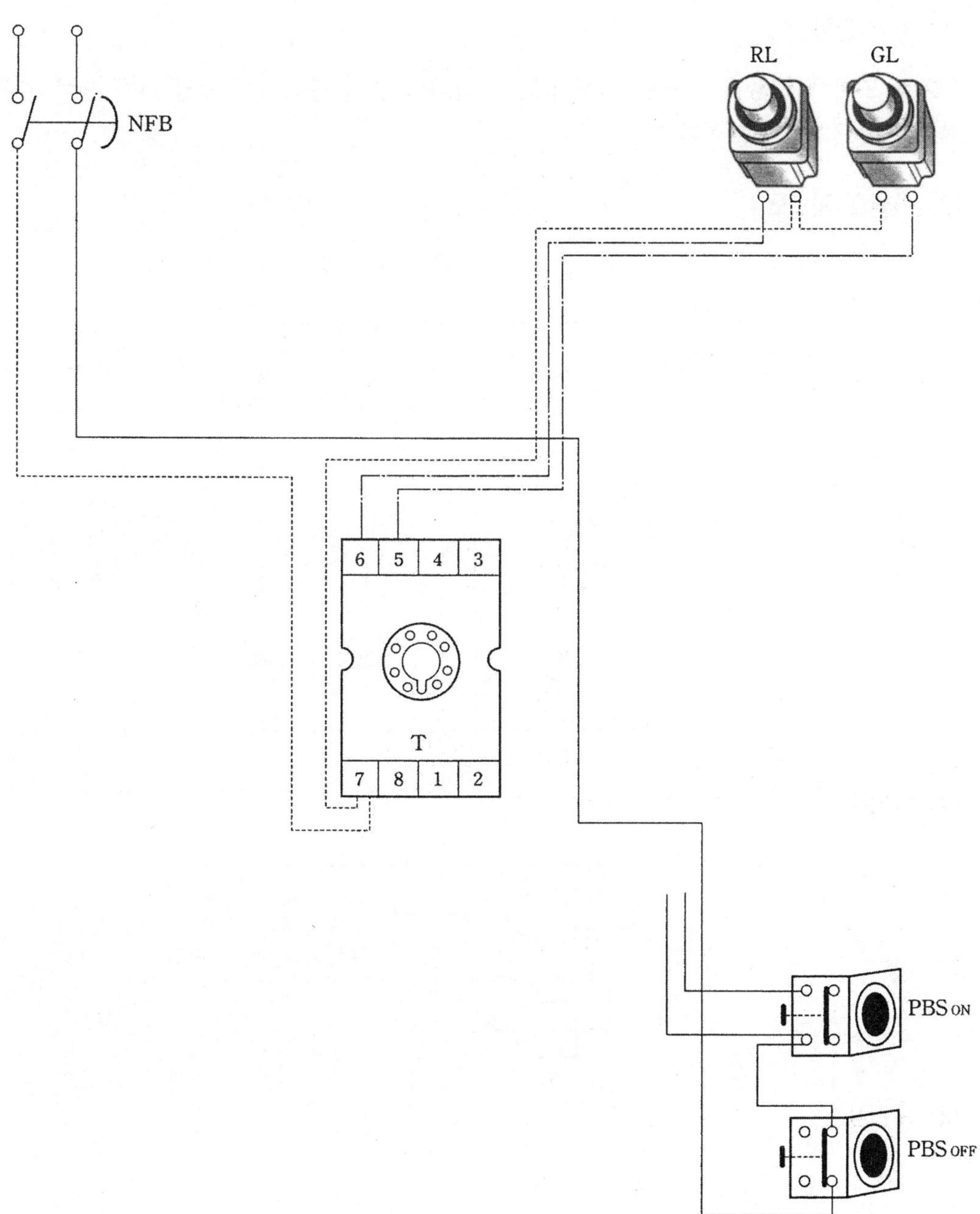

1-13 단안정 회로 (일정 시간 동작)

(1) 동작 설명

 기동 스위치 PBS를 누르면 릴레이 X와 타이머 T가 동작하여 일정 시간 후에 자동 적으로 차단되는 회로이다.

(2) 시퀀스 회로도

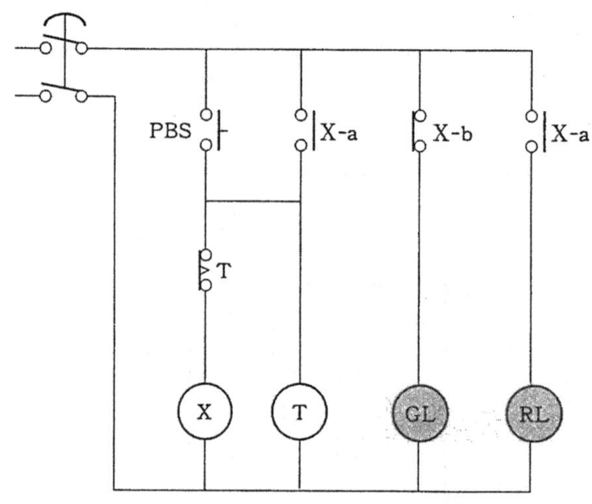

(3) 논리도

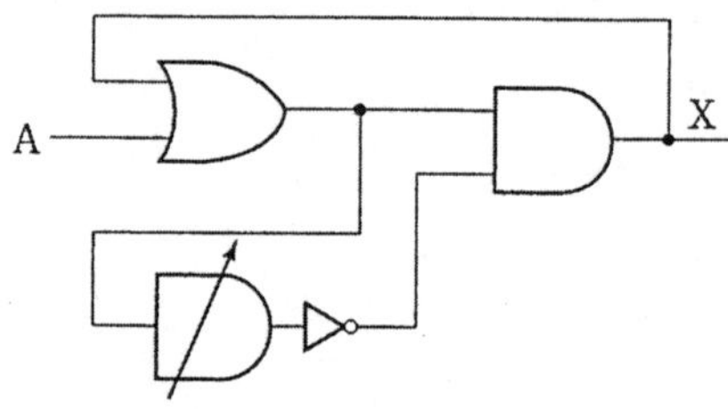

(4) 논리식

$$X = (A + X) \cdot \overline{T}$$

(5) 실체 배선도

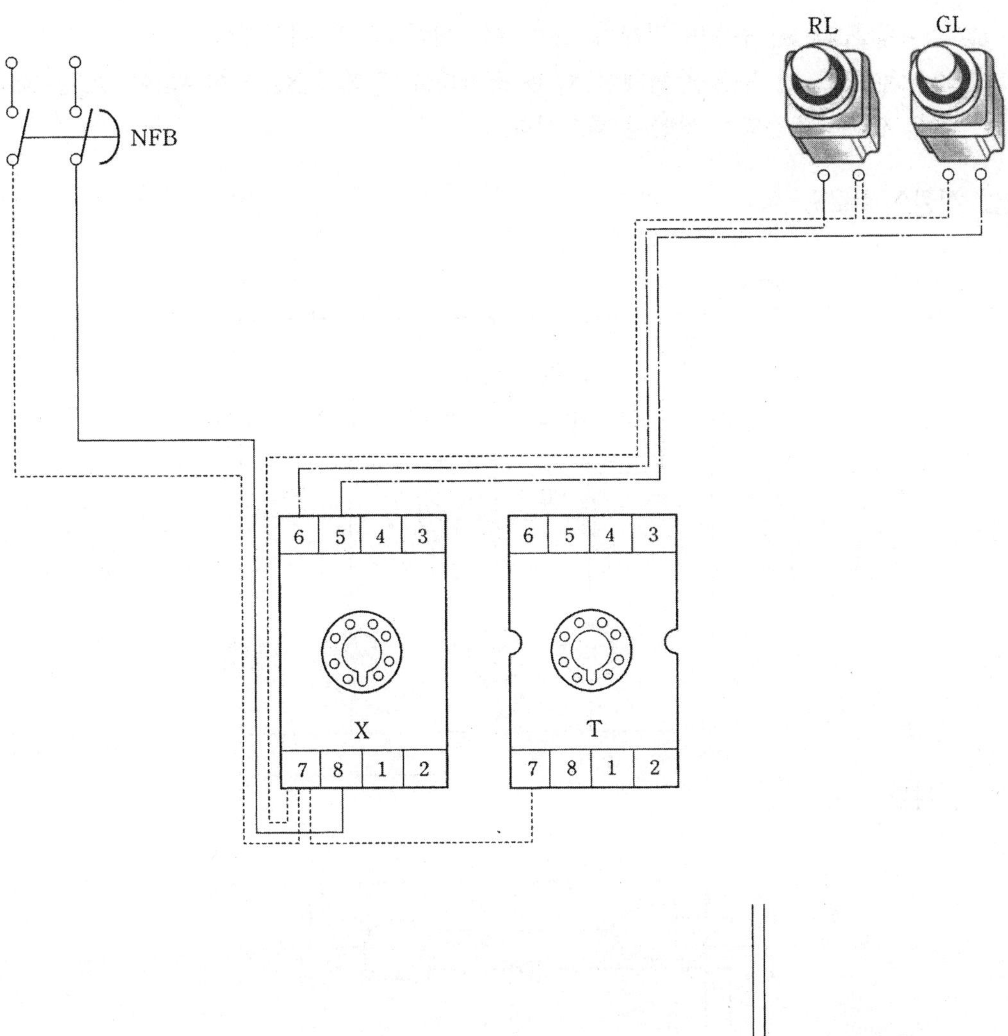

1 - 14   쌍안정 회로 (플립플롭)

(1) 동작 설명

① 스위치 PBS_1 을 누르면 릴레이 X_1 이 여자되어 GL 은 점등된다.

② 스위치 PBS_2 를 누르면 릴레이 X_1 은 소자되고, 릴레이 X_2 가 여자되어 GL 은 소등되며, YL 은 점등되는 쌍안정 회로이다.

(2) 시퀀스 회로도

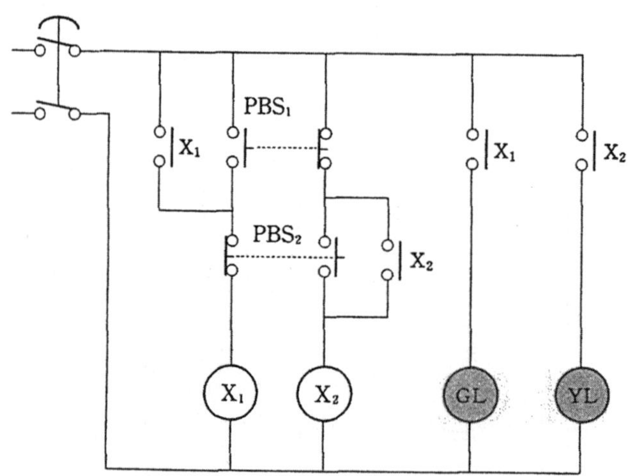

(3) 논리도

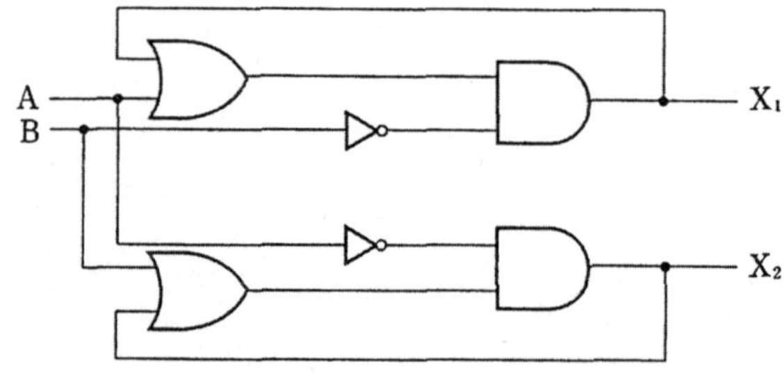

(4) 논리식

$$X_1 = (A + X_1) \cdot \overline{B} \qquad X_2 = (B + X_2) \cdot \overline{A}$$

(5) 실체 배선도

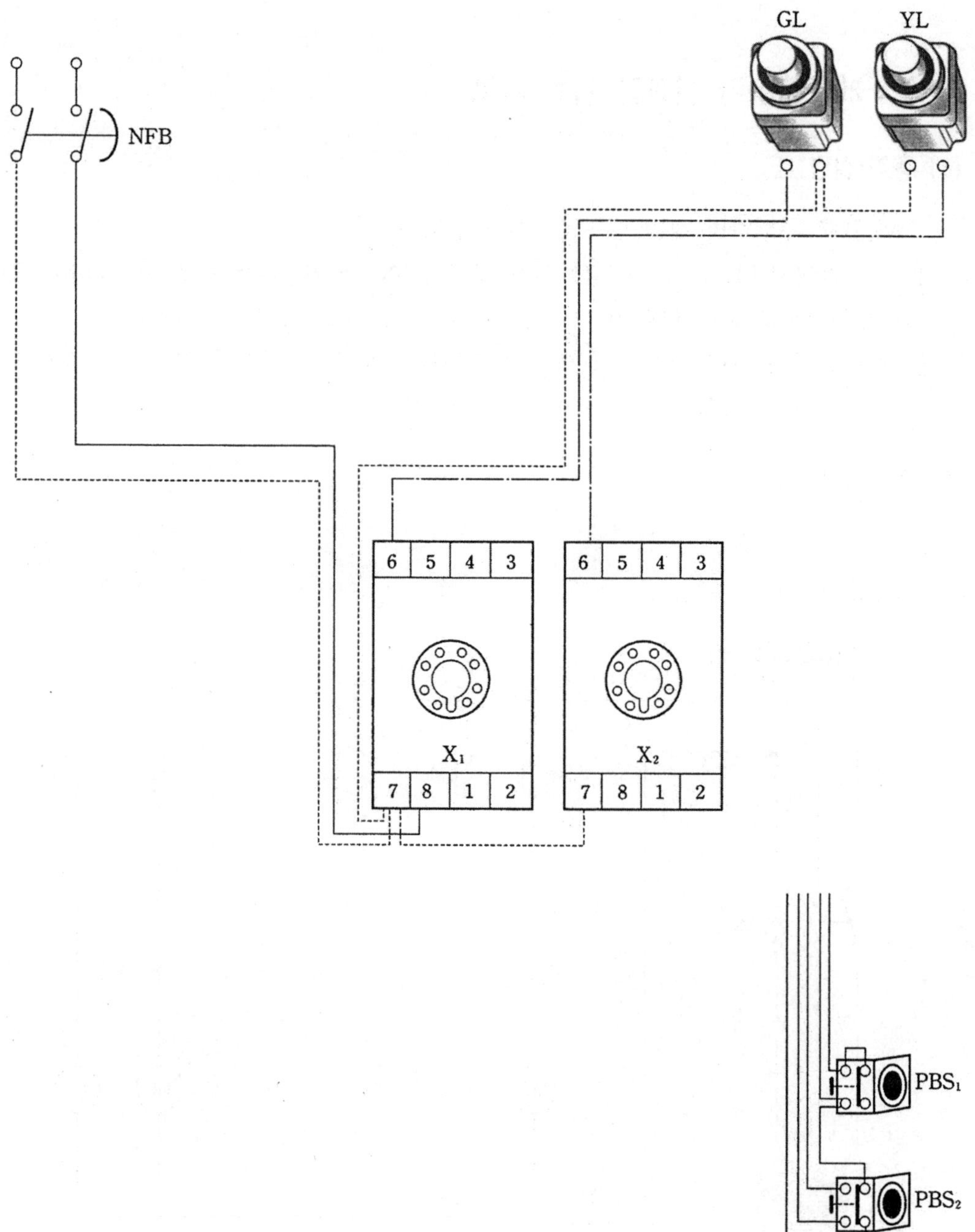

2. 전동기 회로

2-1 3상 전동기 전전압 기동 회로

(1) 동작 설명

① MCB 를 투입하면 정지 램프 GL 은 점등된다.

② 기동 스위치 PBS$_{ON}$ 을 누르면 전자 개폐기 MC 가 여자되어 자기 유지되면서 전동기가 회전하고 운전 램프 RL 은 점등되며, 정지 램프 GL 은 소등된다.

③ 정지 스위치 PBS$_{OFF}$ 를 누르면 전자 개폐기 MC 가 소자되어 전동기가 멈추고 운전 램프 RL 은 소등되며, 정지 램프 GL 은 점등된다.

(2) 시퀀스 회로도

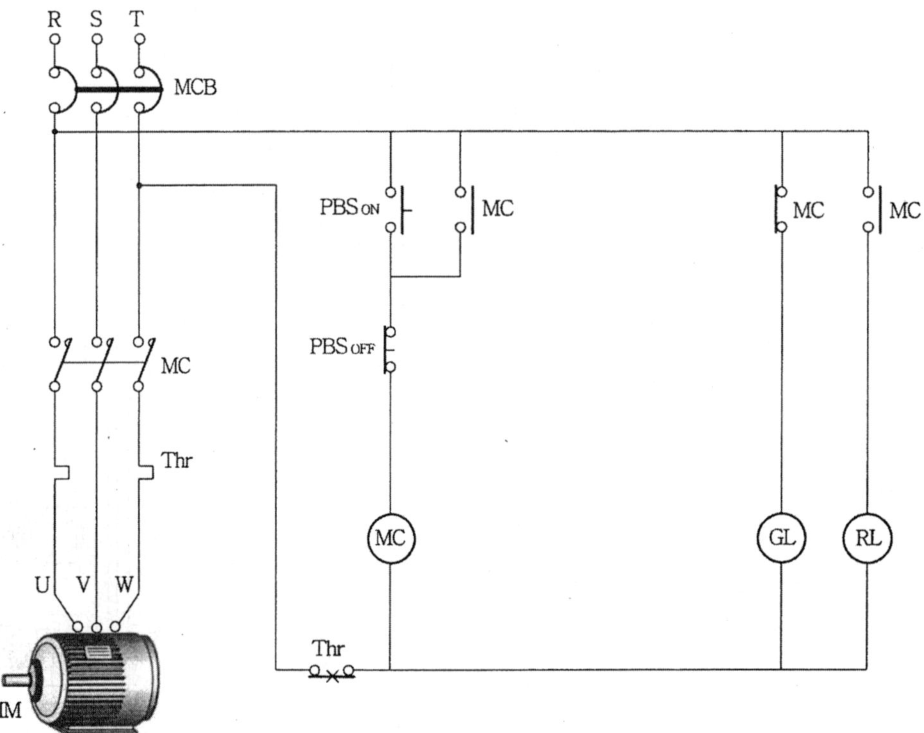

(3) 실체 배선도

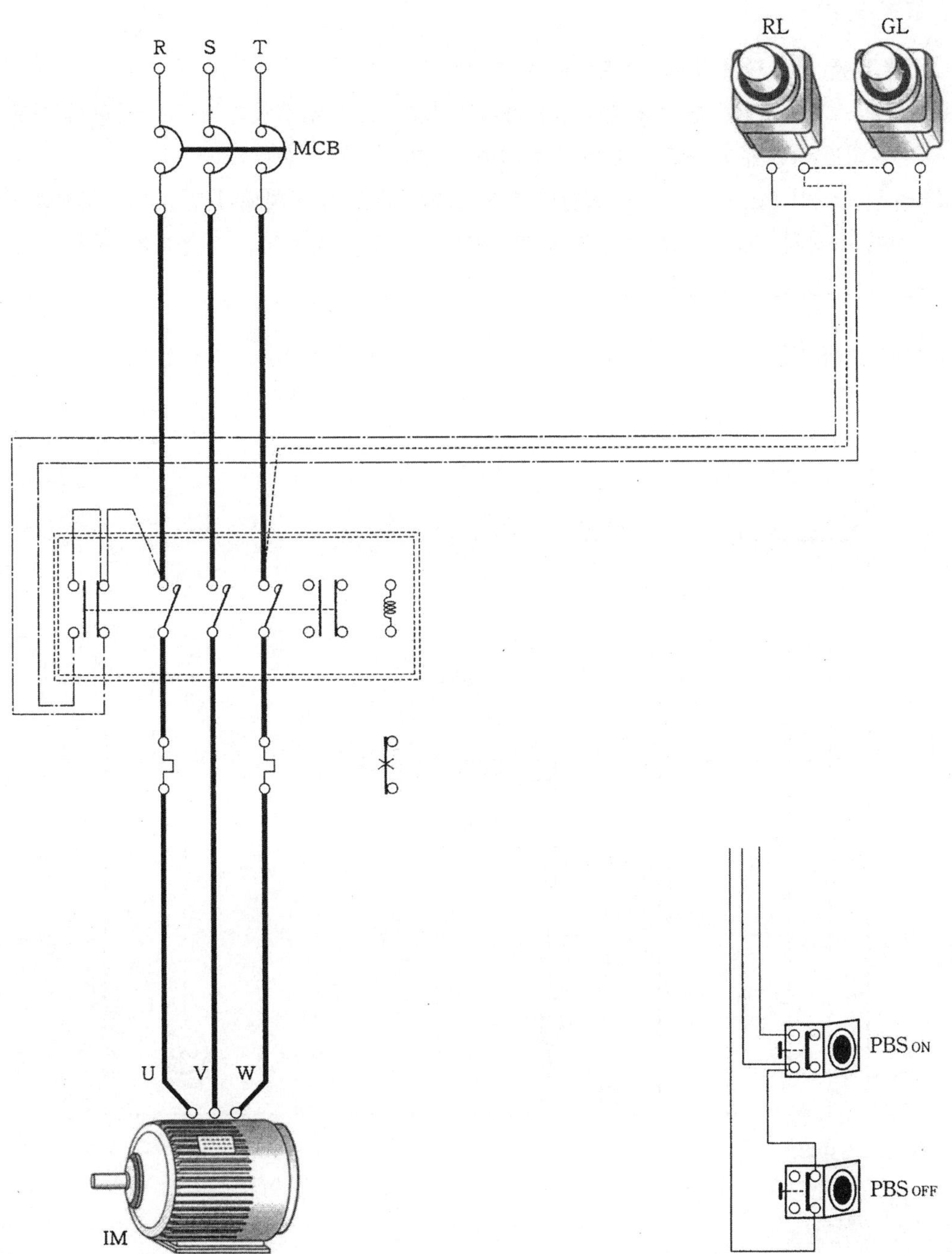

2-2 3상 전동기 촌동 회로

(1) 동작 설명

① MCB를 투입하면 정지 램프 GL은 점등된다.

② 기동 스위치 PBS₁을 누르면 전자 개폐기 MC가 여자되어 자기 유지되면서 전동기가 회전하고 운전 램프 RL은 점등되며, 정지 램프 GL은 소등된다.

③ 촌동 스위치 PBS₂를 누르는 동안만 전자 개폐기 MC가 여자되어 전동기가 회전한다.

④ 정지 스위치 PBS$_{OFF}$를 누르면 전자 개폐기 MC가 소자되어 전동기가 멈추고 운전 램프 RL은 소등되며, 정지 램프 GL은 점등된다.

(2) 시퀀스 회로도

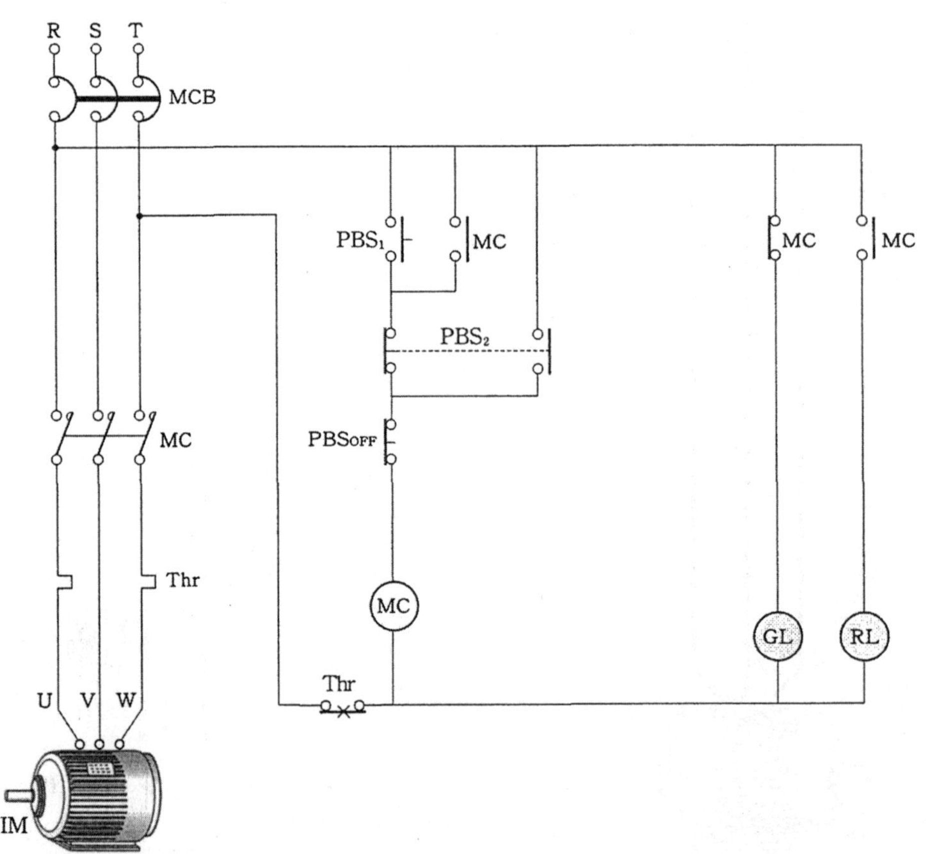

(3) 실체 배선도

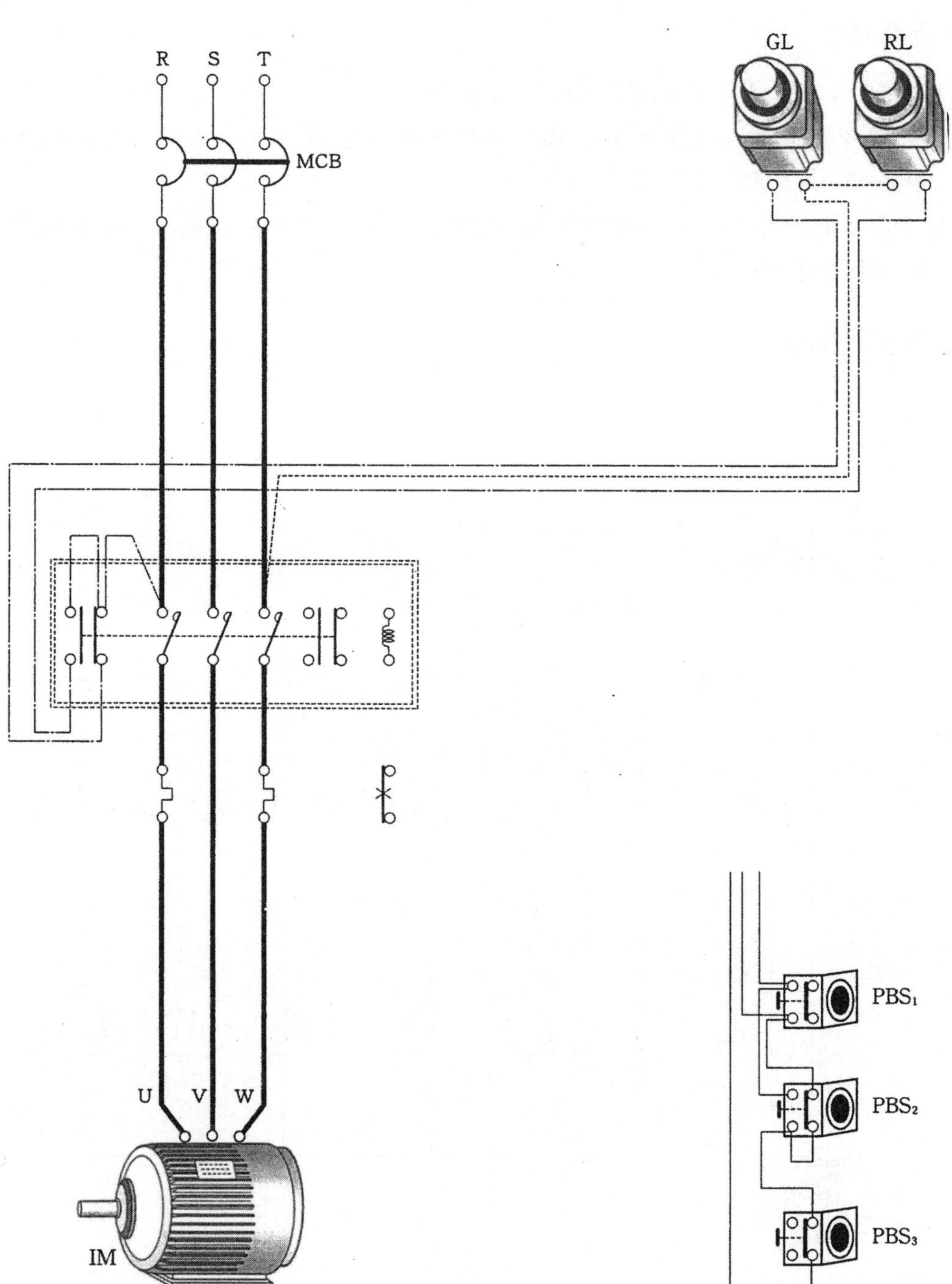

2-3 버튼 스위치 한 개로 기동 정지 회로

(1) 동작 설명

① MCB를 투입하면 전원 램프 GL은 점등된다.

② 스위치 PBS를 누르면 X_2-b, $MC-b$을 통하여 X_1이 여자되어 MC가 동작하여 전동기가 회전한다.

③ 스위치 PBS를 한 번 더 누르면 X_1-b, $MC-a$을 통하여 X_1, MC가 소자되어 전동기가 정지한다.

(2) 시퀀스 회로도

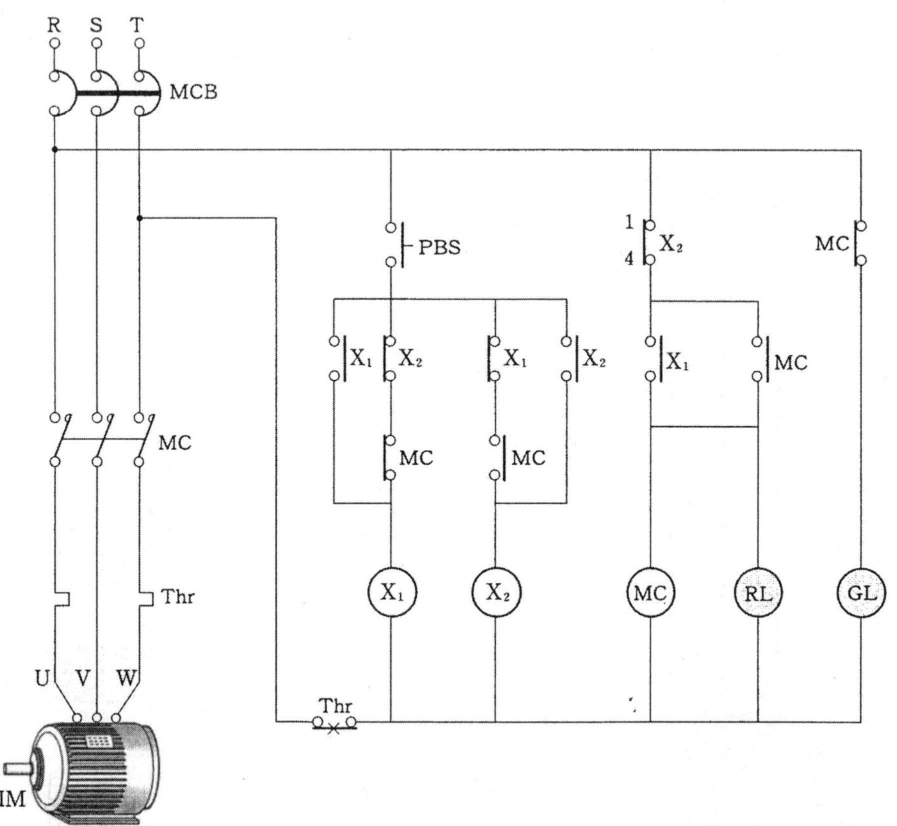

(3) 실체 배선도

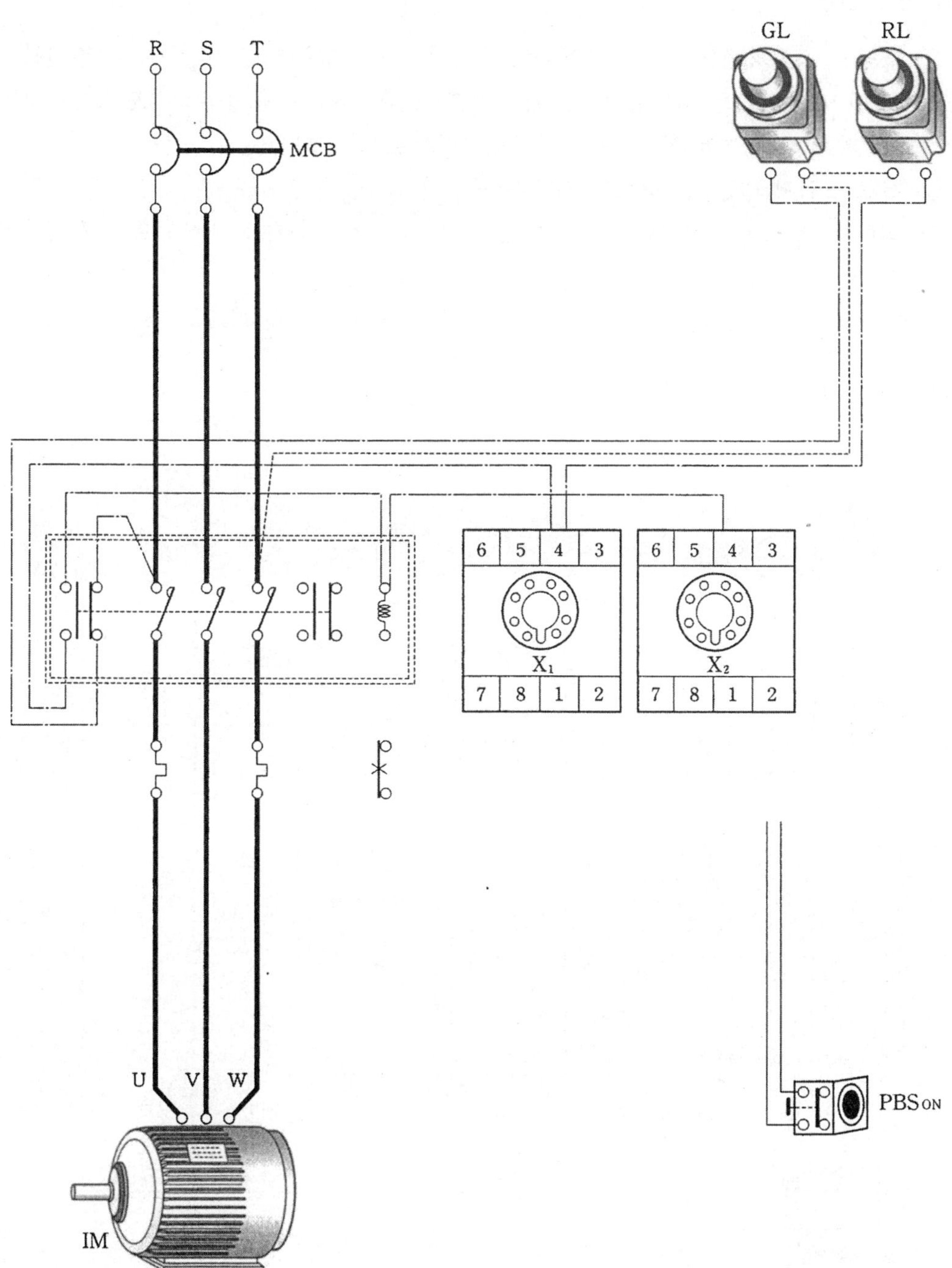

2-4 정역 운전 회로

(1) 동작 설명

① 정방향 스위치 PBS_1 을 누르면 MC_1 이 여자되어 전동기가 정방향으로 회전하며, 정회전 램프 YL 은 점등된다. 이 때 역방향 스위치 PBS_2 를 누르더라도 MC_1-a 에 의해 자기 유지 회로에 의하여 계속 정방향으로 회전한다.

② 정지 스위치 PBS_3 을 누르면 전동기가 정지한다.

③ 역방향 스위치 PBS_2 를 누르면 MC_2 가 여자되어 전동기가 역방향으로 회전하며, 역회전 램프 GL 은 점등된다. 이 때 PBS_1, PBS_2, MC_1, MC_2 에 의해 인터로크 회로를 구성하여 동시에 MC_1, MC_2 가 동시에 동작되지 않도록 회로를 보호한다.

(2) 시퀀스 회로도

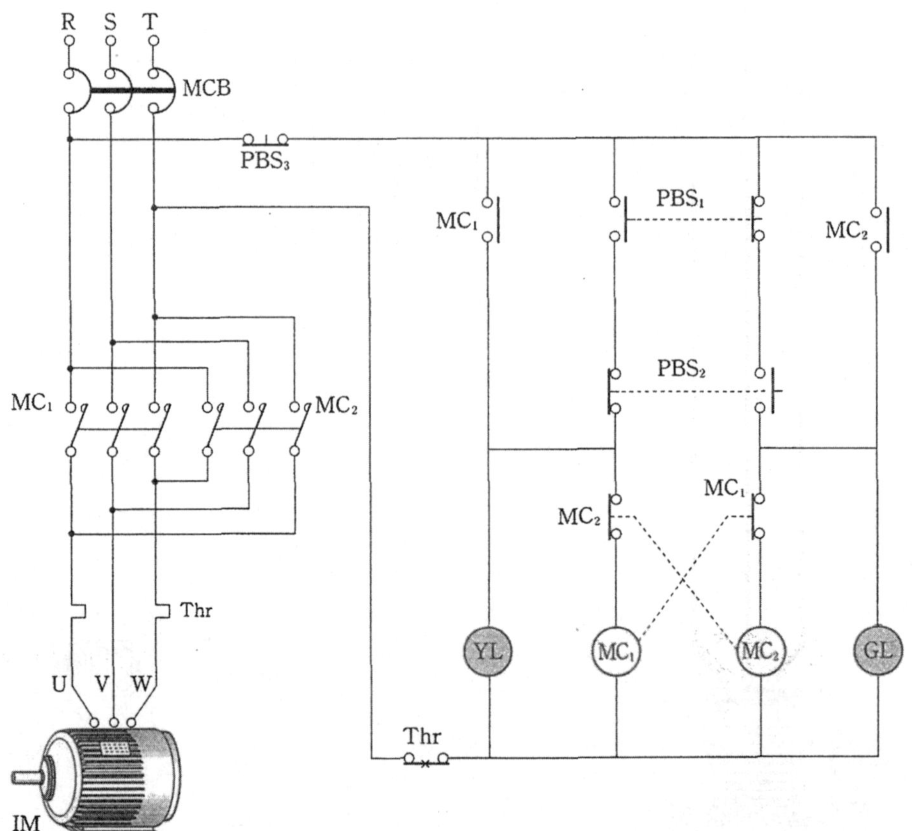

(3) 실체 배선도

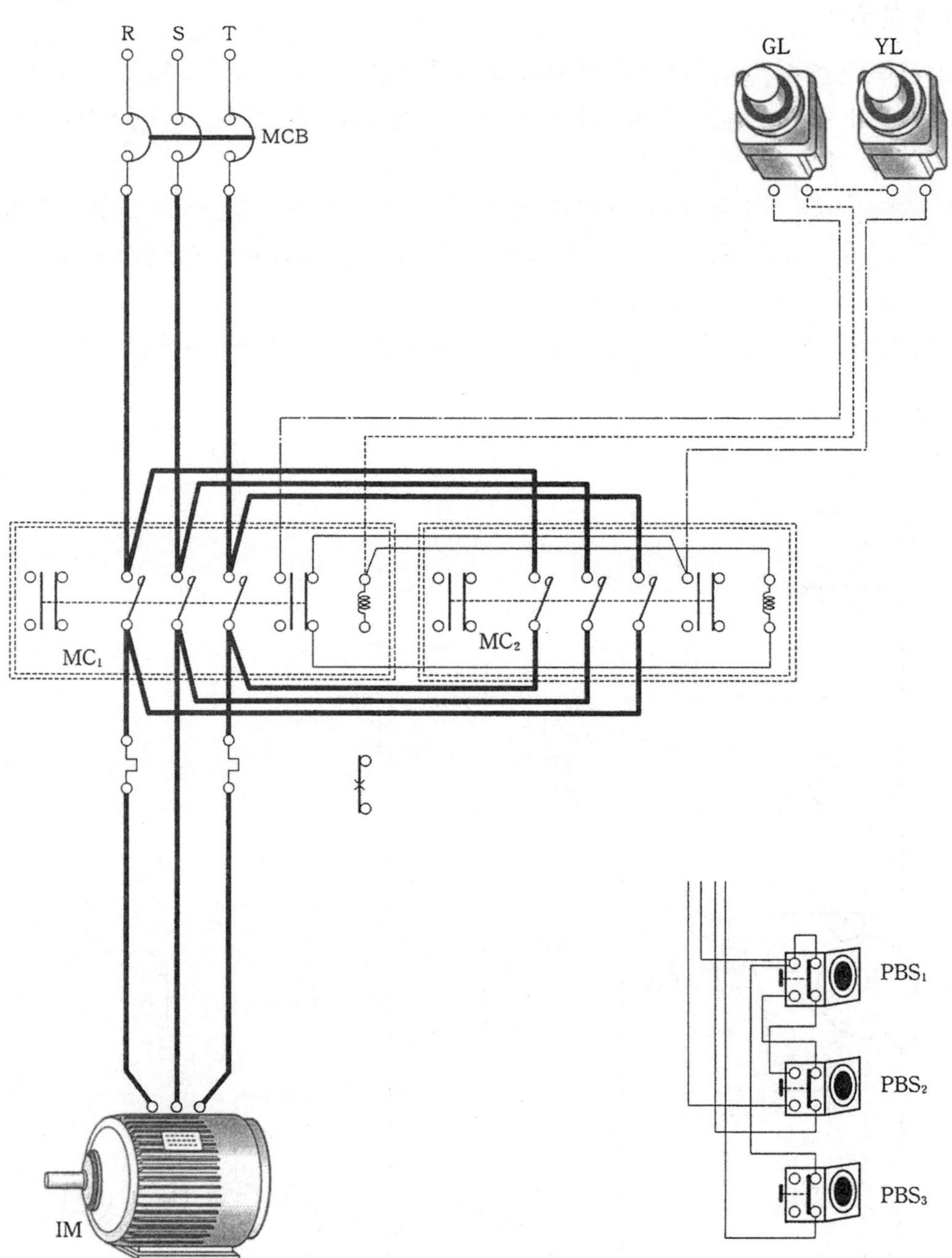

2-5 자동 Y - ⊿ 기동 회로

(1) 동작 설명

① 기동 스위치 PBS_{ON} 을 누르면 MC_1 이 여자되고, 타이머 T 가 여자되면서 일정 시간 동안 T-b, MC_3-b 접점에 의해 MC_2 가 여자되어 MC_1, MC_2 가 동작하여 Y 결선으로 전동기가 기동된다.

② 일정 시간 이후에 T-b 접점에 의해 개회로가 되므로 MC_2 가 소자되고, T-a, MC_2-b 접점에 의해 MC_3 이 여자되어 MC_1, MC_3 이 동작하여 Y 결선에서 ⊿ 결선으로 변환되어 전동기가 정상 운전된다.

③ MC_2 와 MC_3 동시에 동작되는 것을 방지하기 위하여 인터로크 회로를 구성한다.

(2) 시퀀스 회로도

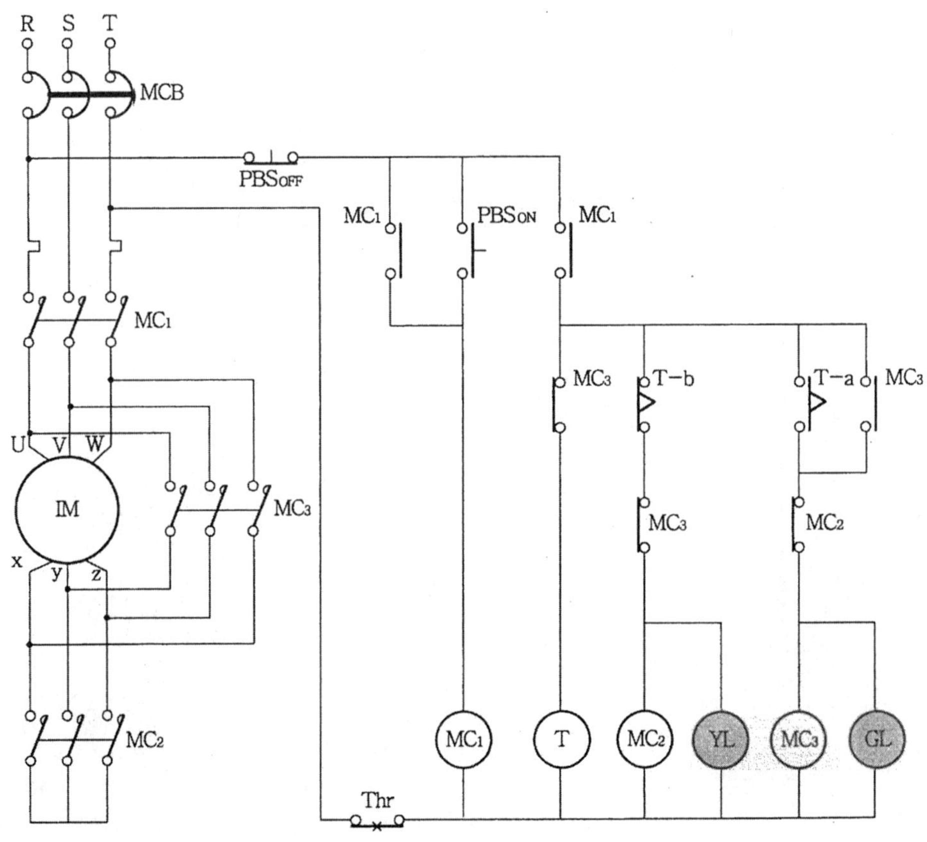

(3) 실체 배선도

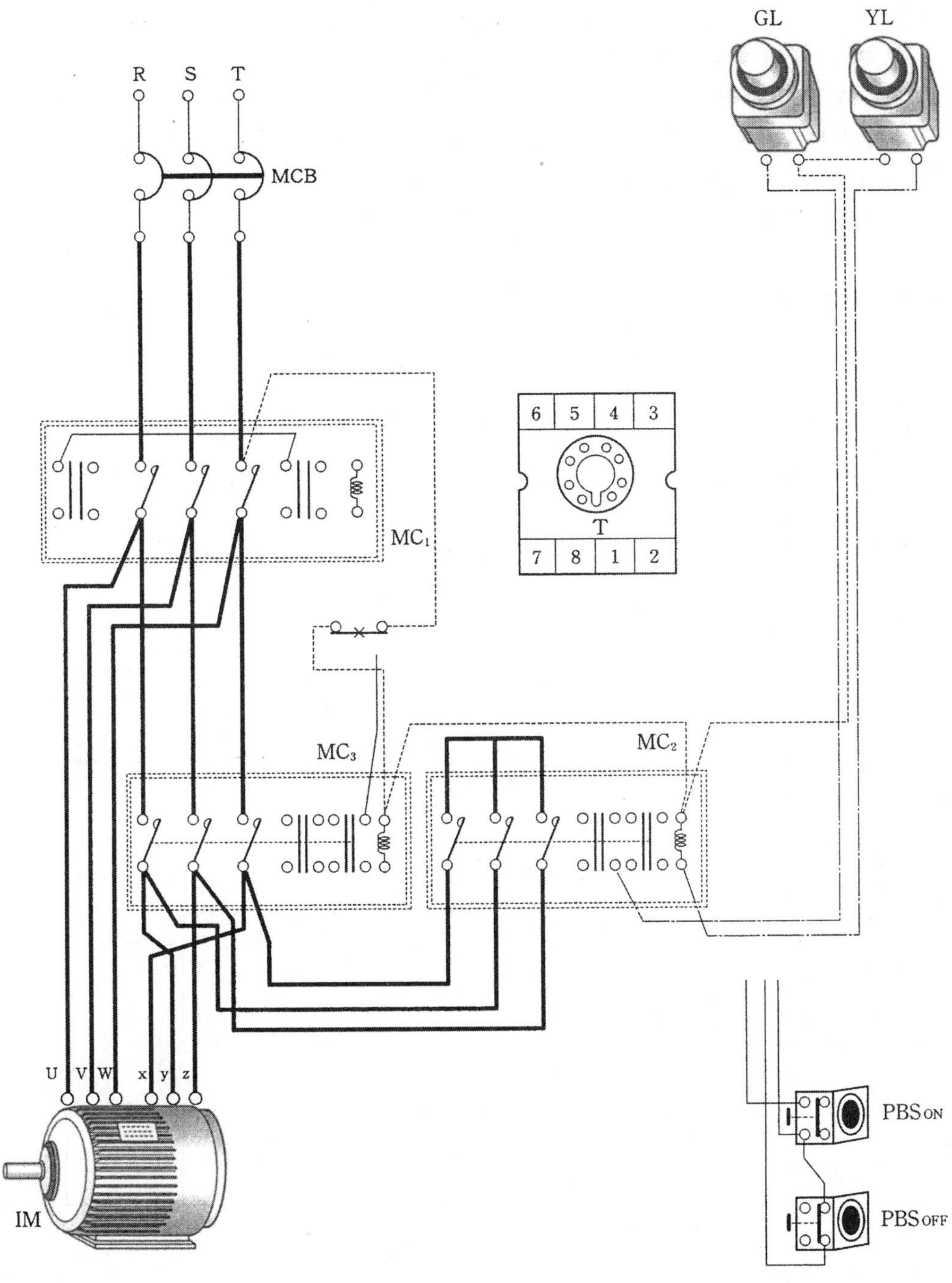

2-6 단상 콘덴서 전동기 기동 회로

(1) 동작 설명

① MCB 를 투입하면 전원 램프 GL 은 점등된다.

② 기동 스위치 PBS$_{ON}$ 을 누르면 MC 이 여자되어 자기 유지되면서 콘덴서 전동기가 회전하고 전원 램프 GL 은 소등, 운전 램프 RL 은 점등된다.

③ 정지 스위치 PBS$_{OFF}$ 를 누르면 MC 가 소자되어 콘덴서 전동기가 정지하고, 전원 램프 GL 은 점등, 운전 램프 RL 은 소등된다.

(2) 시퀀스 회로도

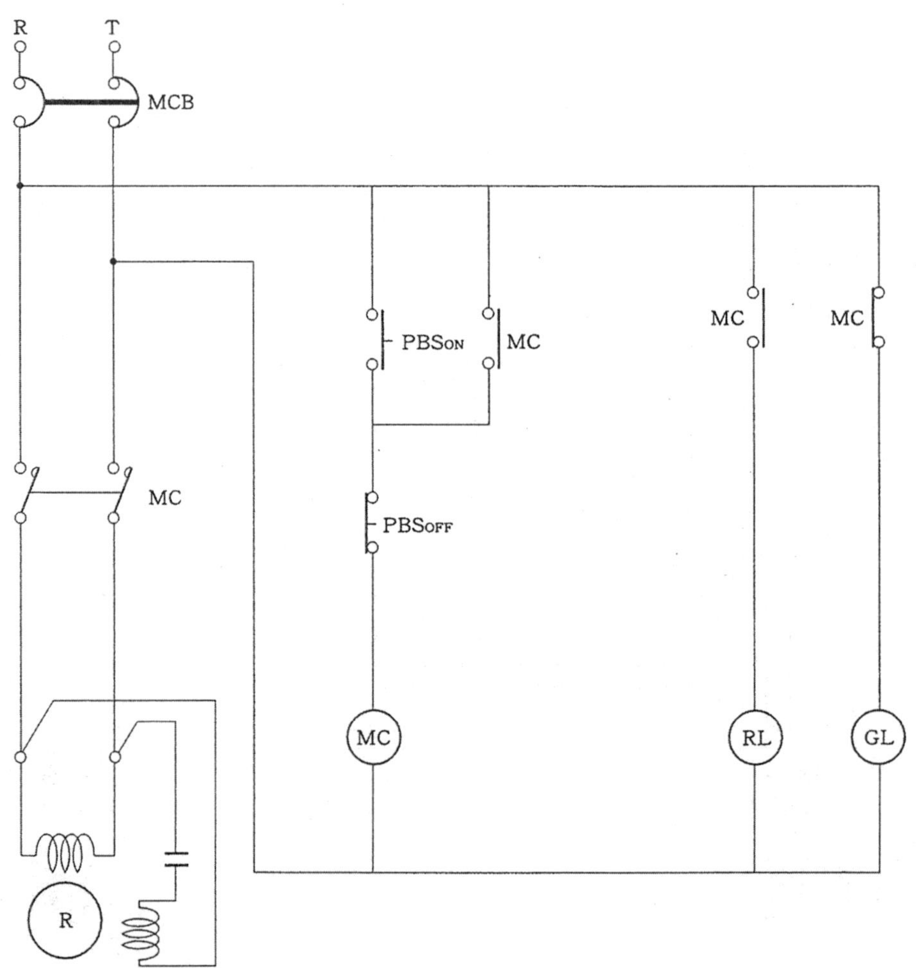

(3) 실체 배선도

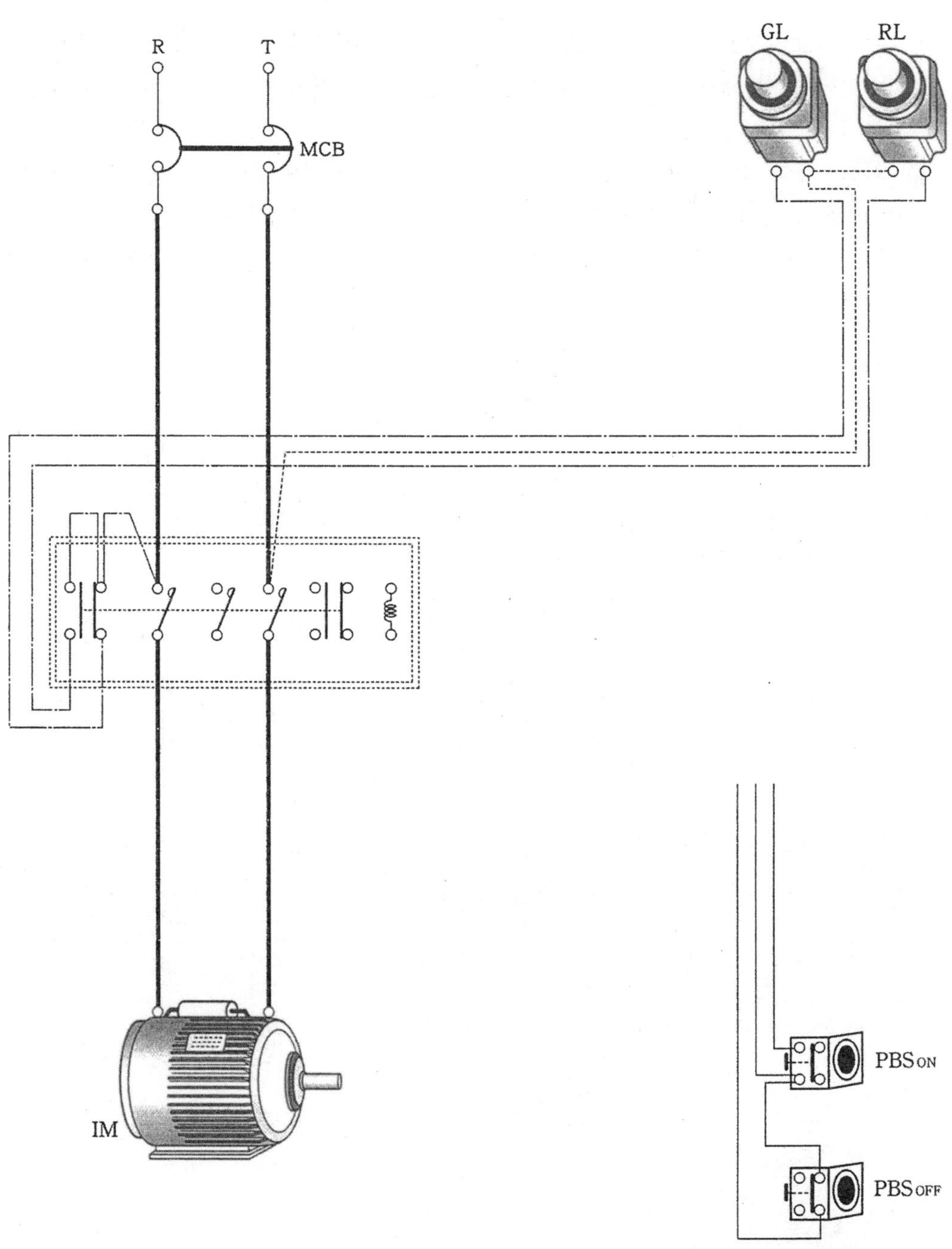

2-7 자동 양수 제어 회로

(1) 동작 설명

① 실렉터 스위치를 수동(Man)으로 놓고 기동 스위치 PBS_{ON} 을 누르면 릴레이 X 가 여자되어 전자 개폐기 MC 가 여자되므로 펌프가 동작되고 정지 스위치 PBS_{OFF} 를 누르면 펌프가 정지된다.

② 실렉터 스위치를 자동(Auto)으로 놓으면 리밋 스위치의 LS-H, LS-L 의 b 접점에 의해 릴레이 X 가 여자되어 전자 개폐기 MC 가 여자되므로 펌프가 동작되고, 리밋 스위치 LS-H 의 b 접점이 개로가 되면 펌프가 정지하는 자동 양수 제어 회로이다.

(2) 시퀀스 회로도

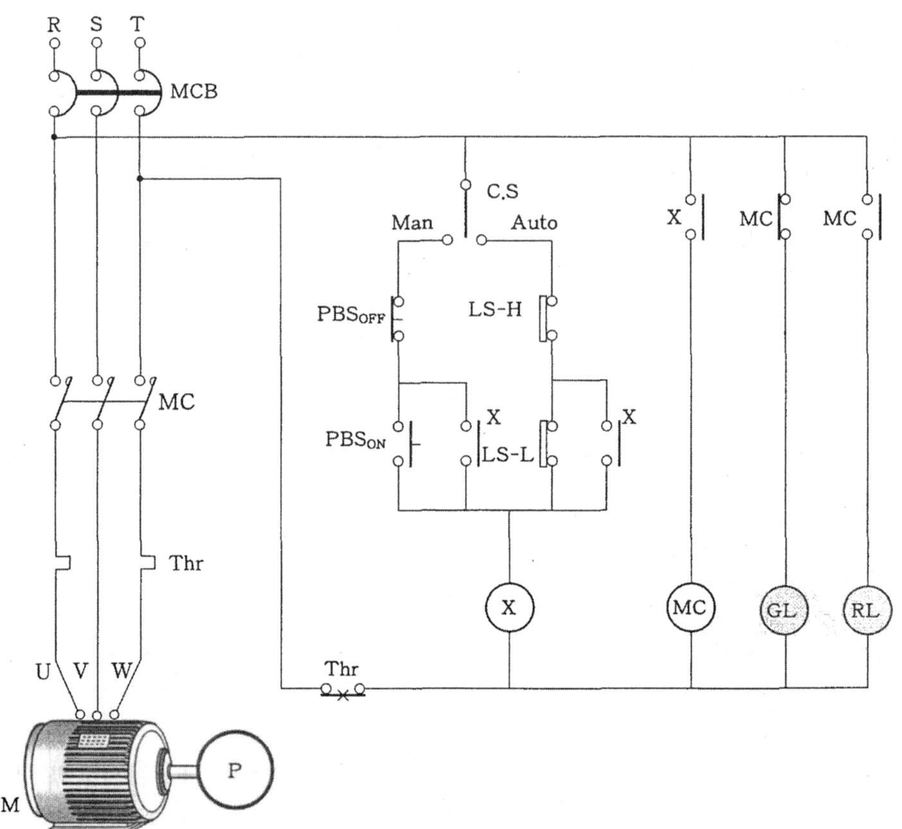

(3) 실체 배선도

R S T
MCB
GL RL
8 7 6 5
4
9 X 3
10 11 1 2
Auto
Man
C.S
PBS ON
PBS OFF
에어벤트
LS-H
오버플로
물탱크
급수관
LS-L
급수구
급수원

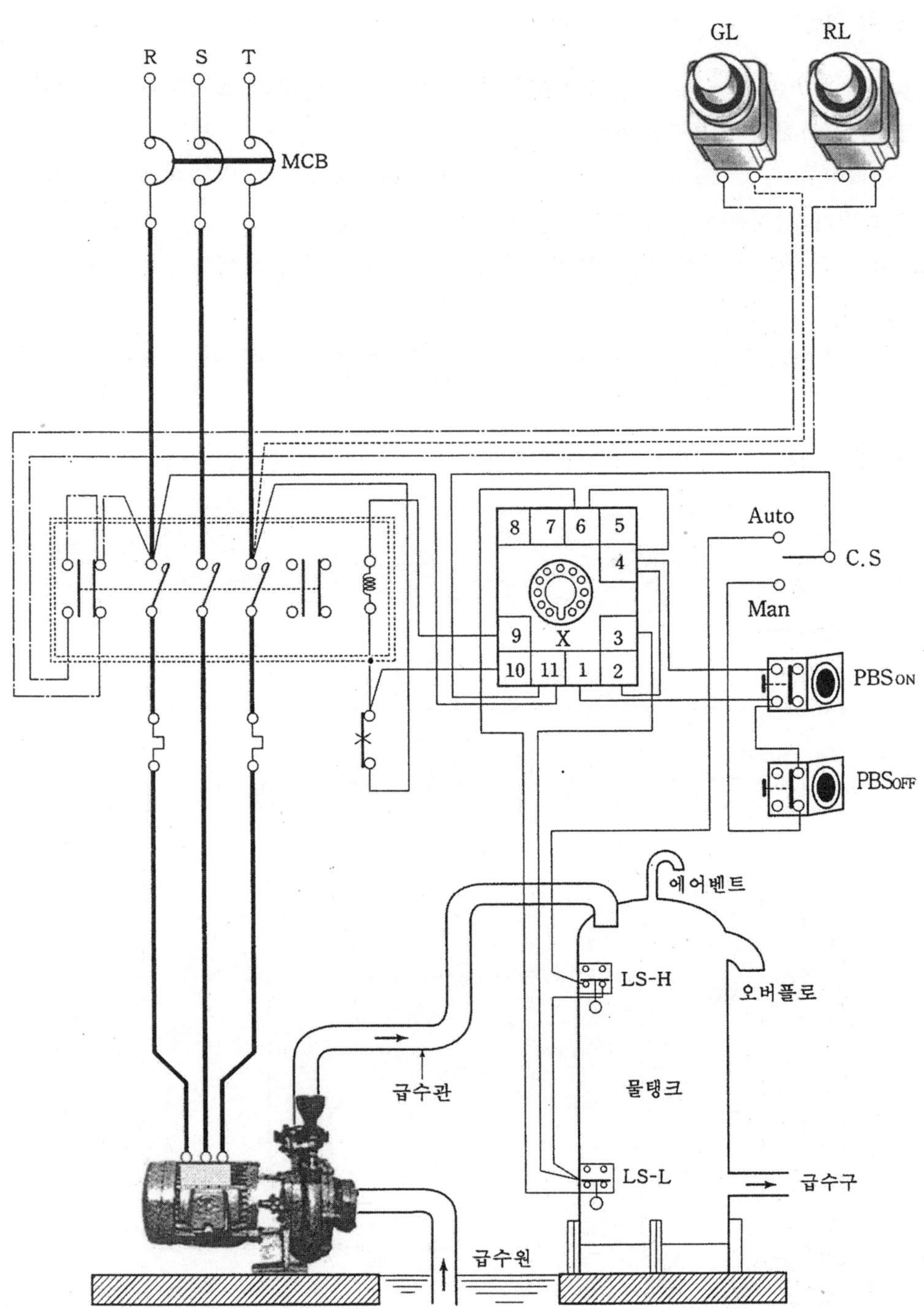

2-8 컨베이어 제어 회로

(1) 동작 설명

① 기동 스위치 PBS$_{ON}$ 을 누르면 MC 가 여자되어 자기 유지 회로로서 전동기가 회전하여 컨베이어가 움직인다.

② 컨베이어가 동작하여 도그가 LS$_1$ 에 도착하면 MC 의 자기 유지 회로가 차단되어 전동기가 정지하면서 타이머가 동작한다.

③ 타이머에 의해 일정 시간 후 T-a 접점에 의해 릴레이가 여자되어 전동기가 회전하고 LS$_1$-a 접점이 개회로를 이루어 타이머 T 가 소자된다.

④ 도그가 LS$_2$ 에 도착하면 LS$_2$-b 접점에 의해 릴레이가 소자되어 원래의 상태로 되돌아간다.

(2) 시퀀스 회로도

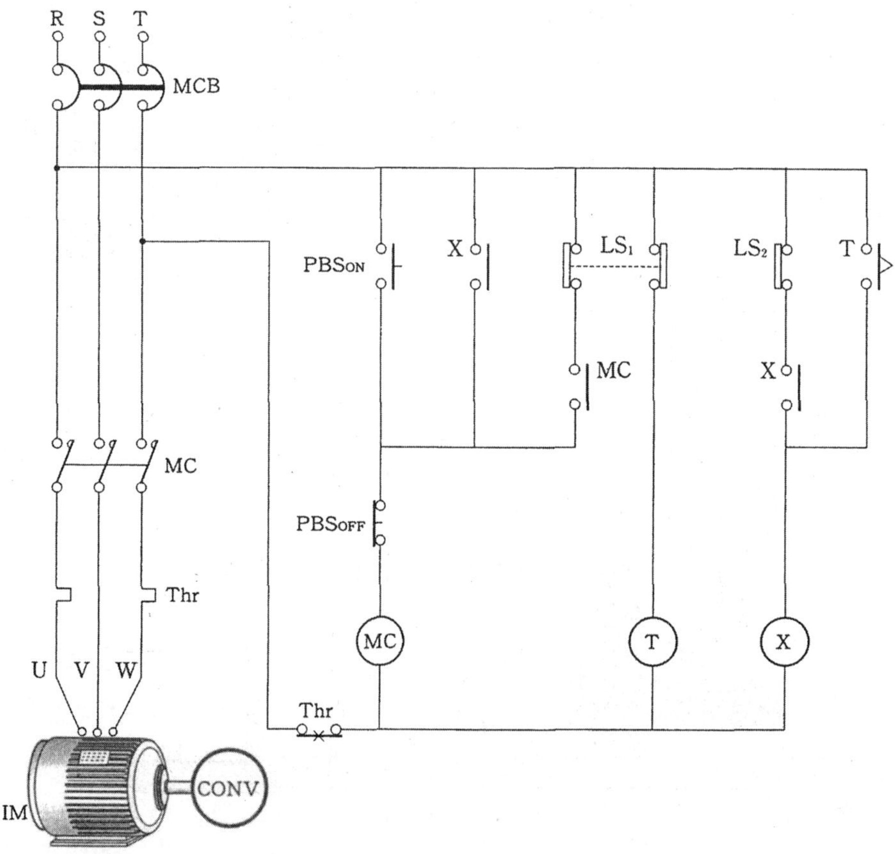

(3) 실체 배선도

R S T
MCB
PBS ON
PBS OFF
6 5 4 3
6 5 4 3
X
T
7 8 1 2
7 8 1 2
컨베이어
도그
접촉한다.
벨트
IM
LS₁
LS₂

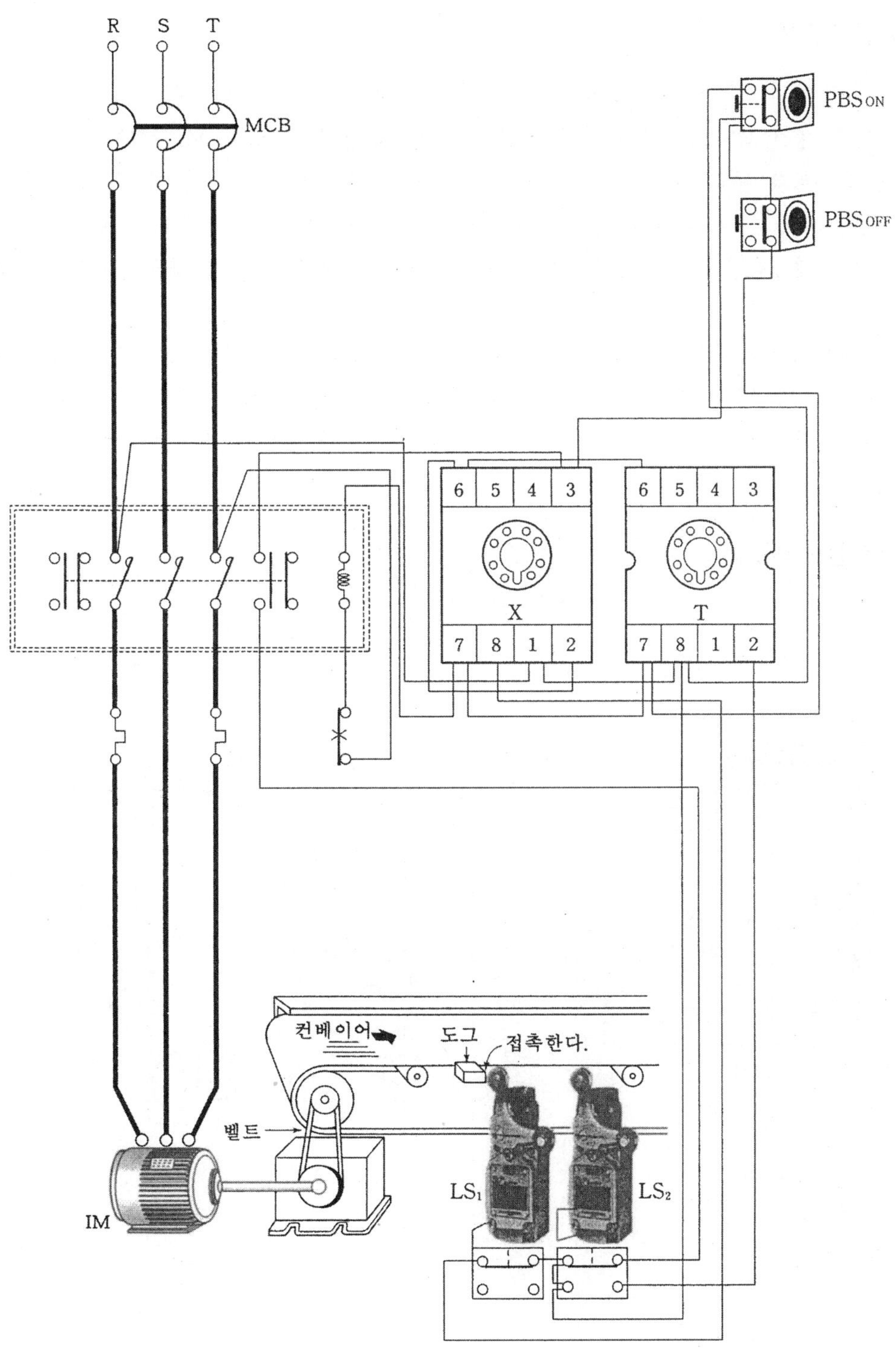

2-9 리프트 자동 반전 회로

(1) 동작 설명

① 정방향 기동 스위치 PBS_1 을 누르면 LS_2-b, MC_2-b 에 의해 MC_1 이 여자되어 자기 유지 회로로서 전동기가 정방향으로 회전하여 리프트가 상승한다.

② 리프트가 동작하여 도그가 LS_2 에 도착하면 MC_1 이 소자되어 전동기가 정지하고, LS_1-a 에 의해 타이머 T_2 가 동작하여 일정 시간 후 LS_2-b, MC_2-b, T_2-a 접점에 의해 MC_2 가 소자되어 전동기가 역방향으로 회전하여 리프트가 반대로 하강한다.

③ 리프트가 동작하여 도그가 LS_1 에 도착하면 MC_2 가 소자되어 전동기가 정지하고, LS_2-a 에 의해 타이머 T_1 이 동작하여 일정 시간 후 LS_1-b, MC_1-b, T_1-a 접점에 의해 MC_1 이 소자되어 전동기가 정회전하여 리프트가 자동적으로 반전되면서 상하 동작을 반복한다.

(2) 시퀀스 회로도

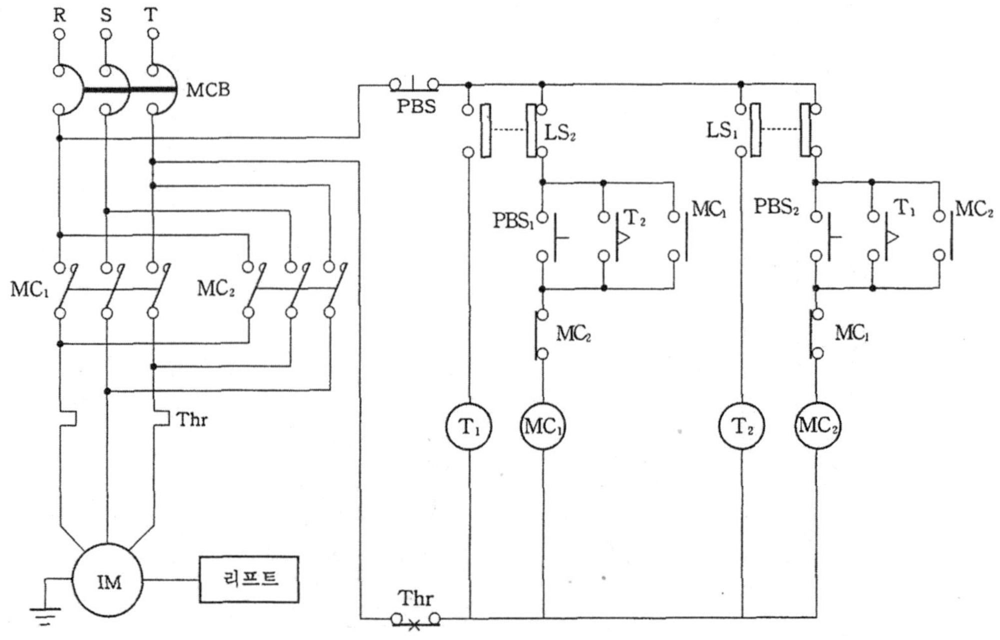

(3) 실체 배선도

R S T
MCB
PBS₁
PBS₂
PBS₃
MC₁
MC₂
6 5 4 3
6 5 4 3
T₁
T₂
7 8 1 2
7 8 1 2
화물 리프트
로프
도그
2층 출입구
1층 출입구
가이드 레일
LS₂
LS₁

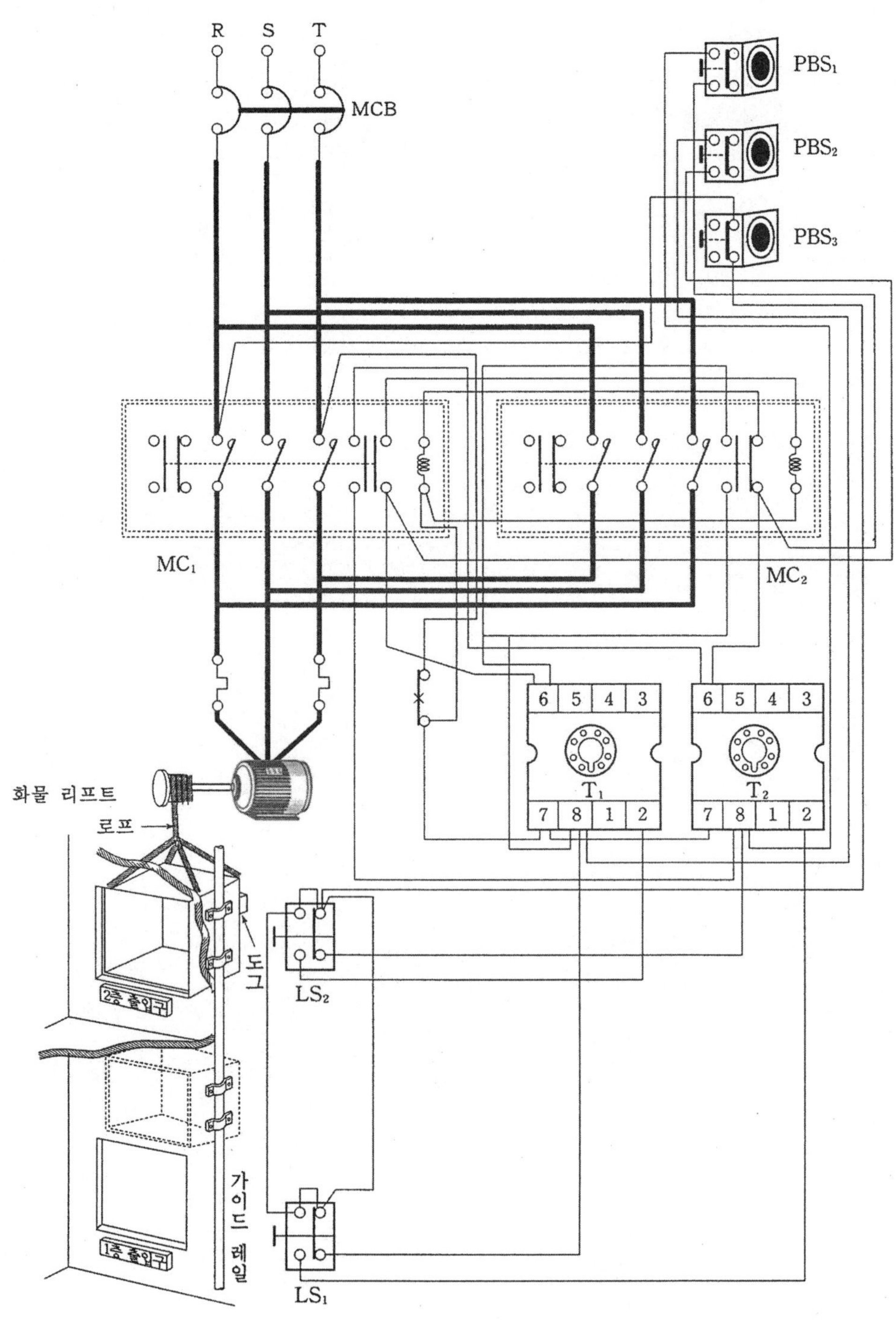